JN256806

透明導電膜の新展開Ⅲ
—ITOとその代替材料開発の現状—

Developments of Transparent Conductive Films III
—Present Status of ITO and its Substitute Material Developments—

《普及版／Popular Edition》

監修 南　内嗣

シーエムシー出版

はじめに

透明導電膜に関する書籍はLCDやPDPの普及に伴って1990年代の後半から数多く出版されている。特に，最新実用技術にフォーカスした書籍として1999年に「透明導電膜の新展開」（澤田豊監修，シーエムシー出版），そして続編として2002年に「透明導電膜の新展開Ⅱ」（澤田豊監修，シーエムシー出版）が出版された。これらの書籍は好評につき普及版として「透明導電膜」及び「透明導電膜Ⅱ」とタイトルを変更してそれぞれ再版され書店に並んでいる。前版から5年以上経過した，現在，以下のような学際的及び応用面において透明導電膜の新しい展開を予期させる，従来の延長線上にはない問題がクローズアップされている。

近年，酸化亜鉛を始めとして透明酸化物半導体エレクトロニクスが広く認知され，応用面とともに新しいこの学問分野の発展が期待されている。特異な物性を示す酸化物透明導電膜は，実用面での重要性にもかかわらず学際的で学問分野も明確にされていなかったが，上記新分野において透明酸化物半導体と定義される。環境問題に関連することとして，最近，ITOを含むインジウム化合物粉末の毒性に対する注意を喚起する報告がなされている。応用面では，例えば，フラットパネルディスプレイにおいてLCDやPDPの急速な普及と大画面化の進展がITO透明導電膜の大面積製膜及び大量使用を要求し，ITOの主原料で希少金属であるインジウムの資源問題と相俟って価格高騰や安定供給懸念という問題を生み出している。特に，ITOがインジウム使用量の80％以上を使っている現状では，2003年頃から始まった価格高騰に端を発した「インジウム問題」が注目されている。また，有機EL（OLED）や電子ペーパーの実用化とこれらにより実現が期待されるフレキシブルディスプレイでは，有機デバイスに適合する透明導電膜の開発が切望されている。さらに，本格的な商業生産が開始されたCIGSやSi薄膜太陽電池，及び色素増感太陽電池では，それぞれの用途に適合する機能や特性（性能）が要求され，ITO以外の材料からなる透明電極の実用化が進行している。以上の如く，近年，透明電極に要求される機能や特性（性能）が多様化し，ITOから特定用途に適合する個性派透明導電膜への期待が高まってきている。換言すると，従来，各種の透明導電膜材料が研究開発されていたにもかかわらずほとんどの用途において透明電極にはITOが使用されていたが，最近，透明電極イコールITOから○○透明電極と呼ばれる場面が増えている。すなわち，透明導電膜の研究開発におけるトレンドは省インジウム・脱インジウム（インジウムフリー）技術の開発，またそれらの新材料に適合する各種製膜・加工プロセスの開発に軸足がシフトしてきていると思われる。特に，2007年6月に文部科学省と経済産業省が連携を取ってそれぞれ「元素戦略プロジェクト」と「希少金属代替材料開発プロジェクト」を発表し，研究開発がスタートした。経済産業省のインジウムに関するプロジェクトでは，透明電極向けインジウムを50％低減することを目標として，ITOよりインジウム使用量の低減が可能な代替材料やインジウムを使用しない代替材料の開発を実施している。

上述したような最近の透明導電膜分野の展開に鑑みて「透明導電膜の新展開Ⅲ」の出版が企画された。監修に当たっては本シリーズの趣旨に沿って透明導電膜に関係する最先端技術，並びに実際に直面している重要な問題点にフォーカスした内容を取り上げるよう努力をしたつもりである。その間，文部科学省と経済産業省が連携を取ってそれぞれ「元素戦略プロジェクト」と「希少金属代替材料開発プロジェクト」をスタートさせることをニュース報道で知り，インジウム問題解決への方向性が明らかにされると考えた監修者の勝手な判断により，構成立案の先送りを認めていただいたため，依頼を受けてから出版まで１年以上の時間を費やす羽目になってしまった。このような事情から，上記プロジェクトの実施内容や期待される成果の詳細が明らかにされることを期待して，ITO代替材料開発プロジェクトに参画されているグループの代表的な方々にご執筆を依頼した。多くのLCD分野の関係各位のご理解とご協力そしてご支援がなければインジウム問題の解決は覚束ないと思われるが，本書がその解決推進の一助となれば監修者としてこの上ない喜びである。

最後になりましたが，ご多忙にもかかわらず本書の執筆を快く引き受けて下さった著者の皆様に深く感謝申し上げます。また，本書の構成立案の段階で色々とご協力を賜った金沢工業大学教授の宮田俊弘先生及び高知工科大学教授の山本哲也先生に感謝申し上げます。そして，本書を企画し，丁寧にフォローして下さった㈱シーエムシー出版の西出寿士氏に御礼申し上げます。

2008年３月

南　内嗣

普及版の刊行にあたって

本書は2008年に『透明導電膜の新展開Ⅲ—ITOとその代替材料開発の現状—』として刊行されました。普及版の刊行にあたり，内容は当時のままであり加筆・訂正などの手は加えておりませんので，ご了承ください。

2015年３月

シーエムシー出版　編集部

執筆者一覧（執筆順）

南内　嗣	金沢工業大学　光電相互変換デバイスシステム研究開発センター　教授
田中昭代	九州大学大学院　医学研究院　環境医学分野　講師
平田美由紀	九州大学大学院　医学研究院　環境医学分野　助教
大前和幸	慶應義塾大学　医学部　衛生学公衆衛生学教室　教授
矢作政隆	日鉱金属㈱　電子材料カンパニー　技術部　主席技師
中澤弘実	岩手大学大学院　工学研究科　フロンティア材料機能工学専攻　研究員
浮島禎之	㈱アルバック　千葉超材料研究所　第２研究部　第１研究室　室長
清田淳也	㈱アルバック　千葉超材料研究所　部長
小川倉一	三容真空工業㈱　技術顧問
宇都野　太	出光興産㈱　中央研究所　電子材料研究室
澤田　豊	東京工芸大学　工学部　ナノ化学科　教授
村松淳司	東北大学　多元物質科学研究所　多元ナノ材料研究センター長・教授
蟹江澄志	東北大学　多元物質科学研究所　多元ナノ材料研究センター　助教
佐藤王高	DOWAエレクトロニクス㈱　事業化推進室　主任研究員
大沢正人	㈱アルバック・コーポレートセンター　ナノパーティクル応用開発部　係長
油橋信宏	㈱アルバック・コーポレートセンター　ナノパーティクル応用開発部
林　茂雄	㈱アルバック・コーポレートセンター　ナノパーティクル応用開発部　主事補

小田正明	㈱アルバック・コーポレートセンター　ナノパーティクル応用開発部　部長
内海健太郎	東ソー㈱　東京研究所　主席研究員
尾山卓司	旭硝子㈱　中央研究所　統括主幹研究員
櫛屋勝巳	昭和シェル石油㈱　ニュービジネスディベロップメント部　担当副部長
山本哲也	高知工科大学　総合研究所　マテリアルデザインセンター　センター長・教授
藤田貴史	ナガセケムテックス㈱　研究開発部　研究開発第1課
一杉太郎	東北大学　原子分子材料科学高等研究機構　准教授；神奈川科学技術アカデミー（KAST）　ナノ光磁気デバイスプロジェクト
鯉田崇	㈱産業技術総合研究所　太陽光発電研究センター　研究員
内田孝幸	東京工芸大学　工学部　メディア画像学科　准教授
岩岡啓明	ジオマテック㈱　R&Dセンター　研究員
鈴木晶雄	大阪産業大学　工学部　電子情報通信工学科　教授
仁木栄	㈱産業技術総合研究所　太陽光発電研究センター　副センター長
松原浩司	㈱産業技術総合研究所　太陽光発電研究センター
反保衆志	㈱産業技術総合研究所　太陽光発電研究センター
柴田肇	㈱産業技術総合研究所　エレクトロニクス研究部門
中原健	ローム㈱　研究開発本部　先端化合物半導体研究開発センター　技術主査
重里有三	青山学院大学　大学院理工学研究科　機能物質創成コース　教授
今真人	青山学院大学　大学院理工学研究科 （現）凸版印刷㈱　ナノテクノロジー研究所

執筆者の所属表記は，2008年当時のものを使用しております。

目　次

【第1編　基礎】

第1章　材料技術，製膜技術及びプロセス適合化技術　南　内嗣

【第2編　インジウムベース透明電極の現状と問題点】

第2章　インジウム化合物の毒性とITO取り扱い上の注意
田中昭代，平田美由紀，大前和幸

第3章　In_2O_3系とZnO系の比較的検討　矢作政隆

第4章　In_2O_3系透明導電膜

【第3編　インジウム使用量削減の可能性】

第5章　ITOインク

第6章　In_2O_3ベース多元系酸化物透明導電膜

【第4編　インジウム未使用代替材料の可能性】

第7章　薄膜太陽電池用透明導電膜

第8章　LCD用ZnO系透明電極

【第5編　新しい応用展開の可能性】

第9章　有機系透明導電膜　**藤田貴史**

第10章　TiO_2系透明導電体　**一杉太郎**

第11章　近赤外線透過高移動度透明導電膜　**鯉田　崇**

第12章 有機EL用透明電極

第13章 ZnO系透明導電膜の新しい応用展開

第1編　基礎

第1章　材料技術，製膜技術及びプロセス適合化技術

南　内嗣*

1　はじめに

透明導電性酸化物（TCO）薄膜の分野における重要な研究開発課題は，大雑把に言うと「低抵抗率化」と「用途適合化」であり，アプローチは新規なTCO薄膜材料開発と製膜技術開発である。「低抵抗率化」は材料開発とその材料に最適な製膜技術の開発によって実施できるが，「用途適合化」では透明導電膜の研究開発と広範なユーザーとの密接な連携も必要となる。透明導電膜をデバイスの透明電極として実際に使用する場合は，用途に依存する多種多様な適合化技術が必要となる。しかし，実際の特定用途への適合化は一般的な特性（性能）についての議論は可能であるが，例えば，実際のLCD製造ラインのプロセス適合性等の詳細（公表されていない）を議論することは容易でないと思われる。

2　材料開発と製膜技術

TCO薄膜材料の研究開発は，SnO_2系に始まり1950年代からネサ膜が透明電極として実用され，パターニングが必要なLCD用透明電極用途の出現により1970年代からはスズ添加酸化インジウム（In_2O_3：Sn，通称ITO）が主流となり現在に至っている[1,2]。1980年代からは資源が豊富で安価な新しい材料としてZnO系の研究開発[3,4]，1990年代からは特定用途への適合化を目的として新規な材料である多元系（複合）酸化物の研究開発がスタートしている[5~8]。これまでに報告されているn形半導体を使ったTCO薄膜材料において，通常の透明電極用途で必要とされる10^{-4}Ωcm台の低抵抗率透明導電膜を作製可能な材料に限ると，表1に示すような二元化合物のSnO_2，TiO_2，In_2O_3，ZnO及びCdO，もしくは構成元素にSn，In，Zn及びCdの内の少なくとも一つの元素を含む三元化合物もしくは多元系（複合）酸化物のみである。同表に示しているように実用化（アモルファスもしくは多結晶薄膜）においては，製膜技術，製膜温度及び基板（下地）材料等の制約や毒性等からこれらの材料の多くは特定用途以外での採用が困難である。一方，p

---

*　Tadatsugu Minami　金沢工業大学　光電相互変換デバイスシステム研究開発センター　教授

表1　代表的なTCO薄膜材料

二　元	不　純　物	抵抗率	毒性
ZnO	Al, Ga, B, In,Y, Sc,V, Si, Ge, Ti, Zr, Hf // F	◎	
CdO	In, Sn	◎	××
In_2O_3	Sn, Ge, Mo, Ti, Zr, Hf, Nb, Ta, W, Te // F	◎	×
Ga_2O_3	Sn	△	
SnO_2	Sb, As, Nb, Ta // F	◎	
TiO_2	Nb, Ta	△	
三　元	不　純　物		
$MgIn_2O_4$		△	
$GaInO_3$, $(Ga, In)_2O_3$	Sn, Ge	△	
$CdSb_2O_6$	Y	△	×
三　元	多　元　系		
$Zn_2In_2O_5$, $Zn_3In_2O_6$	$ZnO-In_2O_3$	◎	
$In_4Sn_3O_{12}$	$In_2O_3-SnO_2$	◎	
$CdIn_2O_4$	$CdO-In_2O_3$	◎	×
Cd_2SnO_4, $CdSnO_3$	$CdO-SnO_2$	◎	×
Zn_2SnO_4, $ZnSnO_3$	$ZnO-SnO_2$	△	
	$ZnO-In_2O_3-SnO_2$	○	
	$CdO-In_2O_3-SnO_2$	○	×
	$ZnO-CdO-In_2O_3-SnO_2$	○	×

◎：非常に優れている，○：優れている，△：平均的，×：悪い，××：非常に悪い

形酸化物半導体からなる透明導電膜作製の試みは，1993年にNiO薄膜を用いて始めて報告され[9]，その後新規な透明導電性酸化物半導体材料の提案があり[10]，各種の材料を用いるp型酸化物半導体薄膜の作製が数多く報告されている[11]。しかし，透明電極用途に実用可能なp形透明導電膜は現在までのところ実現されていない。

製膜技術としては，直流マグネトロンスパッタリング法が現状では主流であるが，1990年代から新しい製膜技術を用いる低抵抗率酸化物透明導電膜の作製が数多く報告されている。例えば，直流アーク放電プラズマを加熱源として使用する真空蒸着法の一種であるアークプラズマ蒸着（イオンプレーティング）法を用いた低抵抗率ITOやZnO:Ga（GZO）透明導電膜の大面積高速成膜が報告されている[12,13]。マグネトロンスパッタリング法で問題となる基板上での大きな抵抗率分布をアークプラズマ蒸着法では生じないため低抵抗率化にも有利である。更に，塊状酸化物

焼結体ペレットを使用できるので原材料コストの差を製品コストに反映できる可能性がある。しかし，原理上蒸気圧の大きく異なる複数の材料を同時に蒸着することができないため，AZO膜の作製は困難であり，更に大面積基板上への静止製膜や極薄膜の膜厚制御及び枚葉式製膜が困難等の問題があり，LCD用透明電極形成等での採用は難しい。一方，アルキル化合物有機金属を原料として用いる有機金属化学気相成長（MOCVD）法を使用した透明導電膜作製が報告されている。例えば，ジエチル亜鉛（DEZ），純水（H_2O）及びジボラン（B_2H_6）を原料ガスとして使用するMOCVD法で，ホウ素添加ZnO（BZO）透明導電膜が低温基板上に作製されている[14]。現在，MOCVD法は薄膜太陽電池のBZO透明電極形成に実用化されているが[15]，LCD用透明電極形成への採用は多くの問題点があり困難と思われる。また，実験室レベルでの小面積少量の低速製膜に限定されるが，パルスレーザー蒸着（PLD）法では$10^{-5}\Omega$cm台の低抵抗率がITOやAZO透明導電膜において実現され[16,17]，低抵抗率化には最も優れた製膜技術であると言える。一方，1990年代からのLCDの着実な進展に伴って，実用製膜技術として直流マグネトロンスパッタ製膜技術を使用したLCD用ITO透明電極の形成技術が，10年以上に亘って本格的に研究開発された。その重要課題の一つが直流マグネトロンスパッタ製膜技術に最適なITO焼結体ターゲットの開発[18]であったことは，製膜技術開発において注目すべきことである。現状では，低抵抗率ITO透明導電膜を低温の大面積基板上に安定に高速で製膜可能な実用製膜技術は，ITO焼結体ターゲットを用いる直流マグネトロンスパッタリングのみである。

3　ITO代替技術開発の現状

3.1　インジウム問題[19,20]

上述の如くITO主流の透明導電膜市場は着実に成長を続けているが，近年透明導電膜を取り巻く環境に大きな変化が起きている。金属インジウム（In）の価格の高騰に誘発された資源問題への不安から，現状のITO全面依存へのリスク回避として，インジウムの有効利用や再利用技術並びにインジウムフリーやインジウム使用量を低減する代替材料技術の本格的な研究開発が開始されている。すなわち，図1に示すように1996年から国際的な金属インジウム価格の下落が続いていたが，2003年頃から急激に上昇に転じ，変動はあるものの高騰する前の6倍以上の高値を維持している[19]。このインジウム価格の高騰は，我が国を始めとしてフラットパネルディスプレイ（FPD）分野におけるLCDの台頭に伴いITO需要が，2003年頃の2～3倍程度まで急増したことに起因する（図2）[20]。勿論，この価格が国内のITO市場に直接反映されているとは思われないが，時を同じくして起こった亜鉛鉱山の閉山や亜鉛精錬事業からの撤退及び鉱山の事故に起因する供給不安と相俟って世界的な希少金属（レアメタル）への投機やレアメタル争奪戦への不

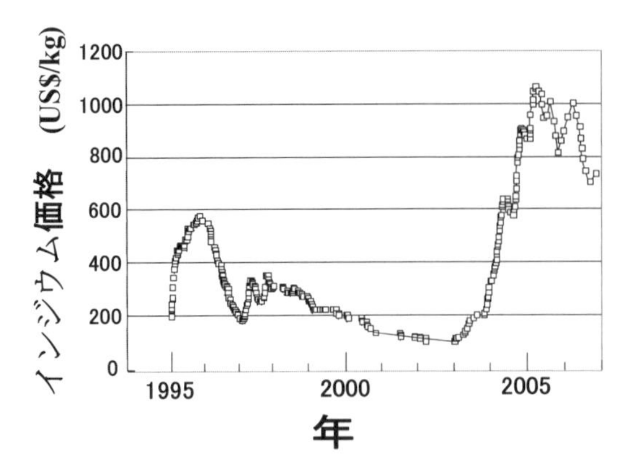

図1　インジウム価格の推移
（出典：工業レアメタル）

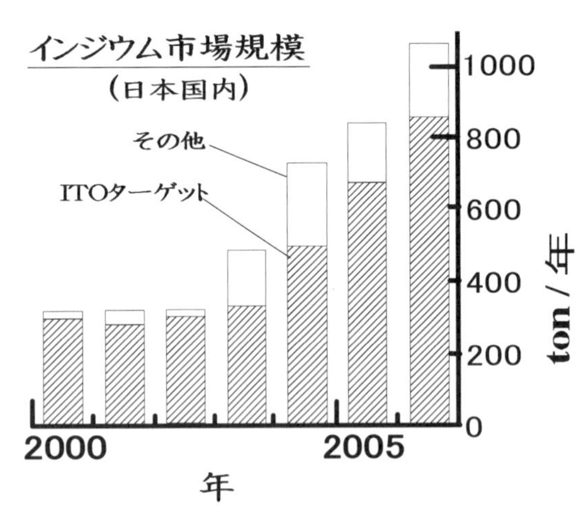

図2　インジウム市場（日本）の推移
（出典：日本メタル経済研究所）

安が背景にあると思われる。すなわち，主原料であるインジウムはレアメタル（クラーク数が68位で0.00001%）であり，地殻埋蔵量が少なく，産出国が中国などの一部の国に限られている。最近，国内の電子産業の高度化を急ぐ中国が輸出還付税の撤廃や輸出許可制度の強化など，レアメタルの保護政策を矢継ぎ早に打ち出してきている。図3から明らかなように，インジウム輸入量の大半を中国（韓国や日本のインジウム生産は，ほとんどがオーストラリア産亜鉛鉱石の亜鉛精錬副産物による）に依存する我が国の電子産業では深刻な影響が懸念される[20]。万一，中国でインジウムが禁輸対象品目に指定されるような事態が発生すれば，我が国の電子産業は極めて深刻な事態に陥ることが予想される。加えて，今後もFPDや太陽電池分野においてインジウム需要が益々増大すると予測され，金属インジウム価格（亜鉛精錬副産物からの生産の採算ベースは400～500ドル／kgと言われている）の低下は望めそうにない。

このような事態に鑑み，2006年6月に経済産業省・資源エネルギー庁から報告された「非鉄金属資源の安定供給確保に向けた戦略」において，探鉱開発の推進，リサイクル技術の開発・推進，代替材料の開発，希少金属の国家備蓄などがまとめられた。2007年度から経済産業省と文部科学省・JSTは連携して，それぞれ「希少金属代替材料開発プロジェクト」と「元素戦略プロジェクト」を実施している。経済産業省の「希少金属代替材料開発プロジェクト」では透明電極向けインジウムを現状から50%以上の低減を目指している。

この低減量を液晶ディスプレイ（LCD）用途（インジウム使用量が最大）だけで達成するためには，現在使用されているITO透明電極の70%程度をインジウムフリーな（もしくはインジウムをほとんど使用しない）代替材料に置き換えることが必要である。すなわち，図2に示すように2007年の我が国のインジウム使用量は1340トン(t)／年程度と推定されるが，その90％以上がITO透明電極用に使用され，ITOの80％以上がLCDに使用されている[19]。また，ほぼ全面的に採用されている直流マグネトロンスパッタ製膜技術を用いてITO透明電極を形成する場合，スパッタされる部分は使用したITOターゲットの約20％程度であり，LCDの透明電極として形成されるITOは，使用したITOターゲットの約10％程度である。具体的な例として，VA方式のLCDにおけるITO使用量は，52型において１g程度，15型では0.1g程度と報告されている。したがって，現状ではITOターゲットの未使用部分の再利用は小規模な需要を除けばほぼ完全に実施されているので，更に製膜装置の防着板や内壁からの回収及びエッチング溶液からの回収が確実に実施できれば80％以上のインジウムが再利用可能となる(図４)[20]。加えて，最近では使用済みLCDパネルからITOを回収する技術も検討されているので，将来的には90％以上の再利用が期待されている。一方，最近商業ベースで生産が本格的に開始されたCIGS($CuIn_{1-X}Ga_XSe_2$)太陽電池では１kWを発電する太陽電池を製造するためにインジウムが約1.2g必要と言われているので，製造量は１GW／年（インジウム使用量が12トン／年）以上にならないと問題となることはないと見積もられる[21]。しかし，太陽電池ではイン

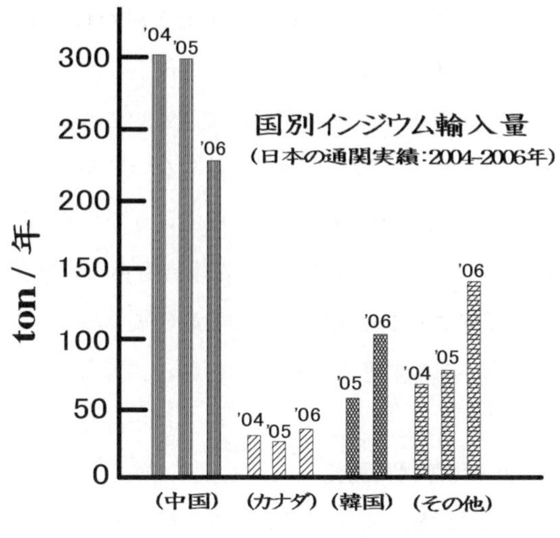

図３　国別インジウム輸入量
（出典：レアメタル・ニュース）

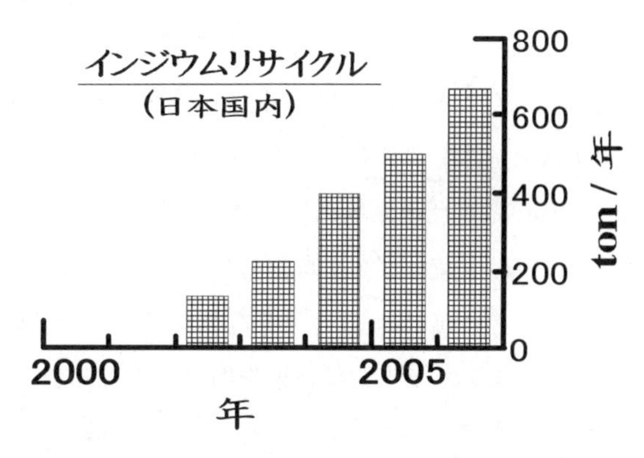

図４　インジウムリサイクル量（日本）の推移
（出典：日本メタル経済研究所）

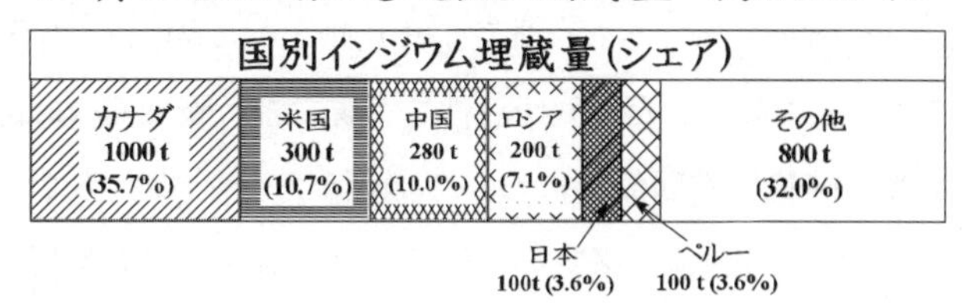

図５　インジウムの国別推定埋蔵量
（出典：米国地質調査所）

ジウム資源の回収・再利用が可能と思われるが，製品寿命はLCD等のFPDの場合と比べてかなり長く，20年（寿命と考えると）後のリサイクルは非現実的である。したがって，今後全インジウム使用量の10％程度が回収できないと考えると，将来的にも200トン／年程度のインジウム生産（全て輸入で賄わなければならない）が必要となる。一方，米国地質調査研究所によると世界のインジウム埋蔵量は図5に示すような推定値（2800トン）であるが，日本メタル経済研究所の試算案における約30000トンの報告もある[20,22]。いずれにしても，亜鉛精錬が止まればインジウムは生産されないので，亜鉛生産の続く限りインジウム生産が可能であり，インジウムの生産量やコストは亜鉛生産量に支配される。

3.2　代替材料開発

以上の結論として，インジウム供給不安の対策として「透明電極向けインジウム使用量を現状から50％以上の低減」を実現するためには，現状ではLCD用ITO透明電極におけるインジウム使用量の低減が必須である。現在，LCD用ITO透明電極の代替が可能なTCO薄膜材料はアモルファスZn-In-Sn-O多元系（複合）酸化物透明導電膜とZnO系透明導電膜のみである。しかし，Zn-In-Sn-O薄膜では全金属組成の50％以上のインジウムを含有しなければ使用できない（抵抗率が高くなる）のでLCD用ITO透明電極を全て置き換えても「インジウム使用量を現状から50％以上低減」は達成できない。したがって，現状ではLCD用ITO透明電極をインジウムフリーのZnO系透明導電膜に置き換える以外に方法はないだろう。いずれにしても，LCD用透明電極形成では直流マグネトロンスパッタリング以外に適用できる製膜技術が存在しないので，多元系材料のZn-In-Sn-O透明導電膜及び高度な製膜技術が要求されるZnO系透明導電膜の直流マグネトロンスパッタ製膜技術を開発することが求められる。しかし，これらの材料の酸化物透明導電膜を直流マグネトロンスパッタ製膜技術で作製するためには多くの解決しなければならない問題がある。すなわち，酸素欠損（金属リッチ）状態の酸化物薄膜の作製が不可欠であるが，ITOの母体材料である酸化インジウム（In_2O_3）は他の材料と比較して極めてスパッタリング製膜に適した材料である。これは，インジウムは亜鉛やスズと比較して蒸気圧が低いため十分に還元されたITO焼結体ターゲットを実現でき，酸素との結合力が適度に低いため製膜中の酸化反応の制御が容易である。また，酸化物としてのIn_2O_3の化学結合は，インジウムが大きな共有性を有するため優れた電気伝導性を実現でき，膜表面や結晶粒界が酸化性雰囲気中でも安定（電気伝導が酸化性雰囲気中において適度に安定）であることに起因すると思われる。結果として，ITOは通常の直流マグネトロンスパッタ製膜装置を使用して市販の焼結体ターゲットを用いて作製すれば，多分どこで誰がオペレートするかに依存することなく低抵抗率透明導電膜形成を再現できる。一方，ZnO系では研究室レベルで作製される透明導電膜の特性が，使用する製膜装置，購入したターゲット及びオペレーターに著しく依存する可能性がある。

先に指摘したように，使用するZnO系焼結体ターゲットの開発とそのターゲットに最適なスパッタ製膜技術の開発が極めて重要であり，世界に先駆けたその技術開発は戦略的にも意義深いと考える。しかし，先行するITO透明電極を後発のZnO系で代替するには，性能（特性）面でのハードルをクリアーするだけでは不十分であり，ITOに比べて原材料が極めて安いというZnO系最大のメリットを製品（ZnO透明電極形成）コストに反映させせなければならない。現状では原材料コストがITOターゲットのコストに占める割合はあまり大きくなく，主要経費のターゲット製造・加工費を削減する技術開発が必要である。現実の問題として，ITOより大幅なコスト削減を実現しなければ、LCD製造におけるZnO系透明電極の採用は期待できないと思われる。すなわち，インジウムの安定供給懸念だけではLCD製造においてITO代替の機運が熟さないだろう。

4　おわりに

以上のように最近の酸化物透明導電膜の研究開発は，省インジウム・脱インジウム（インジウムフリー）技術の開発，またそれらの新材料に適した各種製膜・加工プロセスの開発に軸足がシフトしてきていると思われる。このような視点から本書では，初版「透明導電膜の新展開」(1999年3月）及び「透明導電膜の新展開Ⅱ」(2002年10月）とは異なり，ITO透明導電膜の実際を詳細に理解すると共に省インジウムもしくはインジウムフリーな代替材料技術開発に関する最新情報をできるだけ多く盛り込んだつもりである。

文　献

1）水橋衛，セラミックス，**42**，21（2007）
2）澤田豊監修，透明導電膜の新展開，シーエムシー出版（1999）
3）南内嗣，応用物理，**61**（12），1255（1992）
4）澤田豊監修，透明導電膜の新展開Ⅱ，シーエムシー出版（2002）
5）南内嗣，ニューセラミックス，**9**（4），30（1996）
6）T. Minami, *J. Vac. Sci. Technol.*, **A17**, 1765-1772（1999）
7）T. Minami, *MRS Bulletin*, **25**, 38-44（2000）
8）T. Minami, *Semicond. Sci. Technol.*, **20**, S35-S44（2005）

9) H. Sato *et al.*, *Thin Solid Films*, **236**, 27-31 (1993)
10) H. Kawazoe *et al.*, *Nature*, **389**, 939 (1997)
11) 細野秀雄，平野正浩監修，透明酸化物機能材料とその応用，シーエムシー出版 (2006)
12) 南内嗣ほか，真空，**47**，734-741 (2004)
13) 山本哲也ほか，真空，**47**，742-747 (2004)
14) W. W. Wenas *et al.*, *Jpn. J. Appl. Phys.*, **30**, L441 (1991)
15) B. Sang *et al.*, *Sol. Energy Mater. Cells*, **67**, 237 (2001)
16) H. Agura *et al.*, *Thin Solid Films*, **445**, 263 (2003)
17) A. Suzuki *et al.*, *Jpn. J. Appl. Phys.*, **40**, L401 (2001)
18) K. Utsumi *et al.*, *Thin Solid Films*, **334**, 30-34 (1998)
19) 工業レアメタル，アルム出版社 (2006)
20) 南博志，レアメタル2007 (3) インジウムの需要・供給・価格動向，石油天然ガス・金属鉱物資源機構，171 (2007)
21) 和田隆博監修，化合物薄膜太陽電池の最新技術，シーエムシー出版 (2007)
22) 原田幸明，応用物理，**76** (9)，1020 (2007)

第２編　インジウムベース透明電極の現状と問題点

第2章 インジウム化合物の毒性とITO取り扱い上の注意

田中昭代*1，平田美由紀*2，大前和幸*3

1 はじめに

インジウムは希少金属であり，亜鉛精錬の副産物として産出され，最近では，インジウムの80％以上がインジウム・スズ酸化物（Indium−tin oxide: ITO）ターゲット材としてノート型パソコン，液晶テレビやプラズマテレビのフラットディスプレイ，携帯電話用の液晶ディスプレイの透明導電膜に用いられている。ITOに加えて，インジウムリン（Indium phosphide: InP）やインジウムヒ素（Indium arsenide: InAs）などの化合物半導体材料，蛍光体材料，ボンディング材，電池材料，歯科用合金，低融点合金として用いられ，今後その需要は急増している。

一方，1990年代半ばまでインジウムの毒性に関する知見が非常に少なかったことから，インジウム取り扱い作業者のインジウムの安全性についての配慮は乏しく，インジウムは"安全な金属"として認識されてきた。しかし，近年，ITOターゲット材の需要増加に伴い，インジウムの職業性曝露が注目され始めた。

2001年に世界で初めてITOの吸入に起因すると考えられる間質性肺炎による死亡例が我が国で発生した[1)]。さらに，動物実験ではInPの発がん性が確認され[2,3)]，インジウムの有害性が非常に懸念されている。

以下に，ITO，InP，InAsなどのインジウム化合物のヒトや実験動物における最近の知見およびITOを含むインジウム化合物取り扱い上の注意について述べる。

2 実験動物におけるインジウムの影響

インジウム化合物の生体影響は，投与経路や粒子径，溶解性によって非常に異なる。可溶性の塩化インジウム（$InCl_3$）の毒性は著しく強く，$InCl_3$のラットの気管内投与や鼻部曝露では肺障害が急激に発現したという報告がある[4,5)]。難溶性のInPをラットに経口投与した場合には，イン

＊1　Akiyo Tanaka　九州大学大学院　医学研究院　環境医学分野　講師
＊2　Miyuki Hirata　九州大学大学院　医学研究院　環境医学分野　助教
＊3　Kazuyuki Omae　慶應義塾大学　医学部　衛生学公衆衛生学教室　教授

ジウムの消化管からの吸収は非常に低く，毒性は発現しなかったが[6,7]，気管内に投与した場合，肺炎や肺胞上皮細胞の障害が強く発現し，これらの病変の程度は量－依存性であり[8]，極低濃度のInPの投与でも肺障害は惹起された[9]。経口投与ではInPの急性毒性はほとんど発現しないが，気管内投与では肺障害が強く惹起されることより，投与経路によってインジウム化合物の毒性発現の程度が異なると考えられる。

ラットやハムスターを用いた気管内投与による難溶性のInP，InAsおよびITOの亜慢性および慢性影響を表1に示している[2,3,10~14]。InAsおよびInPの気管内投与により，体重増加の抑制，重度の肺炎，肺の線維化，蛋白症様病変，前がん病変と考えられる肺の限局性扁平上皮の増生，扁平嚢腫が発生し，InAsやInPの発がん性が強く示唆される結果が得られた[10~14]。粒子径が小さいほど肺障害は強く，生体影響は粒子径に依存すると考えられる[11,12]。さらに，InAsやInPの気管内投与による血清インジウムの半減期が約420日と非常に長く[12]，肺障害が長期間にわたって持続した。このことは肺組織中からのInAsやInPの排泄が遅く，これらの粒子が長く貯留することによって肺胞上皮細胞や肺胞マクロファージに対して持続的な障害を引き起こしていると考えられる。ITOおよびInPの気管内投与では，ITOはInPに比べて肺炎や肺の線維化などの障

表1　InP，InAs およびITOの吸入および気管内投与による亜慢性および慢性影響実験

インジウム化合物	実験動物（観察期間）	肺病変	参考文献
InP InAs	ハムスター（2年間）	肺胞蛋白症様病変，肺胞および細気管支上皮細胞の増生，肺炎，肺気腫，骨異形成	Tanaka *et al.* (1996)[10]
InAs	ハムスター（8週間）	扁平上皮化生，角化を伴った限局性肺胞および細気管支上皮細胞の増生，肺炎	Tanaka *et al.* (2000)[11]
InP InAs	ハムスター（2年間）	扁平上皮化生を伴った限局性肺胞および細気管支上皮細胞の増生，肺炎	Yamazaki *et al.* (2000)[12]
InP	ラット，マウス（2年間）	腺腫，腺がん，肺胞上皮細胞の異型増殖，活動性肺炎，間質の線維性増殖，肺胞および細気管支上皮細胞の増生	NTP (2001)[2] Gottschling *et al.* (2001)[3]
ITO InP	ハムスター（16週間）	扁平上皮化生を伴った限局性肺胞および細気管支上皮細胞の増生，肺炎（InP），肺炎（ITO）	Tanaka *et al.* (2002)[14]
InAs	ハムスター（9週間）	扁平嚢腫，扁平上皮化生を伴った限局性肺胞および細気管支上皮細胞の増生，肺炎	Tanaka *et al.* (2003)[13]

害の程度は軽度ではあるが，肺障害が発現し，ヒトだけでなく，実験動物においてもITOの肺障害性が引き起こされることが明らかになった[14]。インジウム化合物の障害は肺以外の臓器においても認められ，上記のハムスターやラットを用いたInP，InAs，ITOの気管内投与によって，尿細管上皮の壊死，腎臓皮質や髄質の管腔内への壊死片や円柱の沈着などの腎障害や雄性生殖器重量低下，精巣上体の精子数の減少，精細管上皮の空胞化などの精巣障害が認められた[15~19]。特に精巣障害は血清のインジウム濃度に依存して発現し，血清インジウム濃度の低下に伴って精巣の障害は回復傾向を示した[18]。

アメリカのNational Toxicology Program[2]およびGottschlingら[3]はInPの吸入曝露実験を行い，肺の発がん性を報告した。表2に肺腫瘍発生率を示している。雌雄のラットおよびマウスを用いてInPの0.03mg/m^{3}の曝露濃度では2年間，0.1mg/m^{3}および0.3mg/m^{3}の曝露濃度では22週間（ラット）および21週間（マウス）の吸入曝露を行い，ラットおよびマウスのすべてのInP曝露群で肺腺腫と腺がんが発生し，ラットのオス0.3mg/m^{3}群では扁平上皮がんが発生している。しかし，扁平上皮がんはラットのメス，雌雄のマウスの各群では発生はない。肺腫瘍発生率は最低曝露濃度の0.03mg/m^{3}群を含むすべての曝露群で対照群に比べて有意に増加し，特にラットのオスでは曝露濃度と腫瘍発生率の間には明らかな量-反応関係が認められた。また，同じ実験系において，InPの肺での半減期は，マウス（0.1mg/m^{3}群；144日，0.3mg/m^{3}群；163日）およびラット（0.1mg/m^{3}群；262日，0.3mg/m^{3}群；291日）であり，InPが肺内に長期にわたって

表2　アメリカNational Toxicology Program（2001）のInPの吸入曝露実験におけるラットおよびマウスの肺腫瘍発生率（各群♂，♀各50匹）

実験群（曝露期間）		対照群（0mg/m^3）（2年）	0.03mg/m^3（2年）	0.1mg/m^3（22週；ラット 21週；マウス）	0.3mg/m^3（22週；ラット 21週；マウス）
ラット肺腫瘍発生率（%）					
肺腺腫＋肺腺がん	♂	14	44	60	70
	♀	2	20	12	52
肺扁平上皮がん	♂	0	0	0	8
	♀	0	0	0	0
マウス肺腫瘍発生率（%）					
肺腺腫＋肺腺がん	♂	12	30	44	26
	♀	8	22	30	28
肺扁平上皮がん	♂	0	0	0	0
	♀	0	0	0	0

National Toxicology Program (2001)[2] を改変

貯留することによって炎症が慢性的に持続し，そのために酸化的ストレス，DNA傷害を引き起こし，肺胞・細気管支上皮の増生から肺がんへと進展すると推測された。

InPの吸入曝露実験の結果から，国際がん研究機関（International Agency for Research on Cancer; IARC）の専門家会議では，InPの発がん性はヒトにおける証拠は不十分だが，動物に対しては十分な証拠があるというGroup 2A（ヒトに対しておそらく発がん性がある）に分類した[20]。しかし，InPに加えて，InAsの投与によっても肺の前がん病変として疑われる扁平嚢腫が観察されたことより，ITOを含むインジウム化合物が肺発がん性を示す可能性がある。さらに，一連の動物実験の結果から，インジウム化合物は気道から吸入された時の標的臓器である肺のみならず，遠隔臓器である腎臓や精巣に対しても障害を引き起こすと考えられる。各臓器の障害の程度は血清インジウム濃度に依存していることが示唆され，他の臓器においても障害が発現する可能性がある。難溶性のインジウム化合物は一旦体内に侵入すると体外への排泄が非常に遅く，そのために肺を含めた諸臓器で障害が顕著に現れるものと考えられる。

3　ヒトにおけるインジウムの影響

ヒトでのITO吸入に起因すると考えられる初めての症例は，2001年に日本で報告[1]され，肺の間質性肺炎による世界で初めて発生した死亡例の報告である。この症例は1994年から1997年の約3年間，ITOの加工，研磨に従事していた。乾性の咳，寝汗が続き，食欲不振の結果，体重が10kg減少し，肺の生検では，間質性肺炎の病像（図１A）を示し，肺病変部位に多数の微細粒子（図１B）が沈着していた。肺に沈着した微粒子のX線解析の結果，インジウムとスズが検出され，血清中からは290 μg/Lのインジウムが検出された。その後，病状が悪化し，2001年に両側性の気胸により死亡した。健常人の血清インジウム濃度は0.1 μg/L以下という報告[21]があり，この死亡例の血清インジウム濃度は健常人の少なくとも3,000倍の高値を示し，動物実験での報告[12]と同様の高いレベルである点が注目される。

最近，インジウム取り扱い作業者の間の疫学調査が実施され，インジウム吸入によって間質性肺障害が惹起されることが報告された。Chonanら[22]は108人のインジウム取り扱い作業者を対象に肺の高分解能コンピューター断層撮影（HRCT），呼吸機能検査，肺の間質性肺炎の指標であるKL-6，血清インジウム濃度の測定を行い，HRCT検査で23名に肺の間質性変化，40名に血清KL-6の異常高値（基準値：500U/mL未満）を認めた。さらに，血清インジウム濃度により対象者を４グループに分け，最高値を示すグループ（血清インジウム濃度：22.2～126.8 μg/L）では最低値グループ（0.2～2.9 μg/L）に比べて，インジウム曝露期間が長く，血清KL-6値は上昇し，HRCTでの肺の間質性および気腫変化が大きく，肺拡散能は低下していた。血清インジ

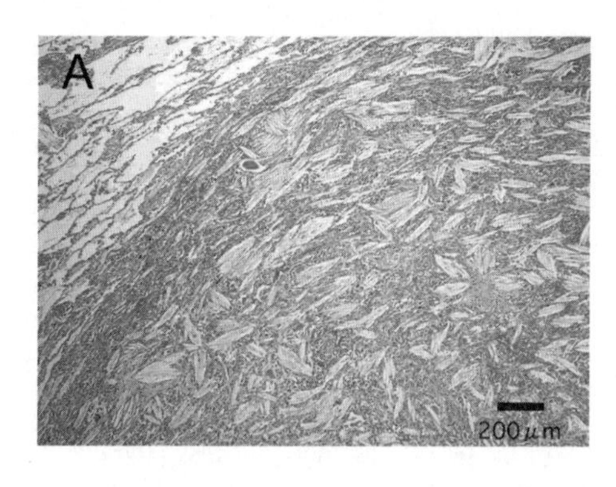

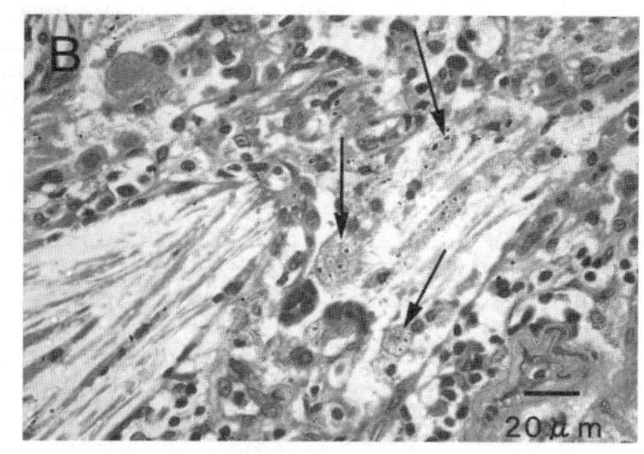

図1　死亡例における肺生検の病理写真

（Homma *et al., J. Occup. Health,* **45**, 137-139 (2003)[1] より転載）

間質性肺炎の病像(A)を呈し，多数のITO粒子が肺胞腔や肺胞マクロファージの細胞質内で認められる(B)。

ウム濃度はKL-6の値やHRCT上の変化の程度とよく相関し，インジウムの職業性曝露によって肺障害が引き起こされる可能性が強く示唆された。さらに，Hamaguchiら[23]はITO製造工場やインジウムリサイクル工場のインジウム男性曝露者93名と男性非曝露者93名について疫学調査を行った。質問票による呼吸器症状や作業内容の調査，呼吸機能検査，HRCT検査，血清KL-6，SP-DおよびSP-A（肺の間質性肺炎の指標），血清CRP（炎症の指標），血清インジウム濃度について測定した。2つのグループ間でインジウム曝露者の血清インジウム濃度（幾何平均：8.25μg/L）は非曝露者（同：0.25μg/L）に比べて有意に高く，曝露群の血清KL-6，SP-DおよびSP-Aの値も非曝露群に比べて有意に上昇していた。しかし，呼吸機能検査結果やHRCT検査による肺の間質性変化や気腫性変化の有症率は有意な差はなかった。曝露群の血清KL-6，SP-D（基準値：110ng/mL未満）およびSP-A（同：43.8ng/mL未満）に関して各基準値を超えた者の割合は非曝露群に比べて有意に高く，特に血清インジウム濃度とKL-6，血清インジウム濃度とSP-Dの値の間には非常に明瞭な量－影響関係や量－反応関係が示された。この研究からインジウム化合物粉塵の吸入によって間質性肺障害を引き起こすことが明らかになった。

インジウムに起因する最初の死亡例を含め，ITO取り扱い作業者の間で，表3に示すように間質性肺障害の症例がいくつか報告されている[1,24～27]。これらの症例のインジウム取り扱い従事期間は比較的短く，肺障害が確認された年齢は20歳代後半から40歳代前半と若い年齢であり，従来の塵肺と異なりインジウムを含む粉塵の作業歴が数年から十数年のような短い期間で発症しているのが特徴である。死亡例を除いた血清インジウム濃度は40～127μg/Lであり，健常人のレベル（0.1μg/L以下）に比べてはるかに高い濃度を示しているが，死亡例の約1/7～1/2である。

表3　インジウム化合物吸入による肺障害の症例報告

症例報告	年齢（歳）	主な取り扱いインジウム化合物	インジウム取り扱い作業従事期間（年）	血清インジウム濃度（μg/L）	血清KL-6（U/mL）
Homma *et al.* (2003)[1)a]	27	ITO	3	290	–[b]
Homma *et al.* (2005)[24)]	30	ITO	4	51	799
田口ら(2006)[25)]	31	ITO	12	40	1930
	39	ITO	12	127	3570
	28	ITO	8	99	1190
武内ら(2006)[26)]	45	インジウム化合物	20	92	6395
中野ら(2007)[27)]	43	ITO，インジウム化合物	5	65	3450

a：死亡例
b：測定値の記載無し

血清KL-6の値は799～6395（U/mL）を示し，基準値（基準値：500U/mL未満）の約2倍から13倍と高値である。KL-6の値が症例2では基準値を上回ってはいるが，他の症例に較べていくぶん低い値を示している点に関し，4年間ITO作業に従事し，その後ITO作業から離れて4年が経過した時点で受診しているためKL-6の値が低下したことが推測される。

これらのインジウム取り扱い作業者集団の疫学調査の結果や症例報告からインジウム化合物粉塵の吸入によって間質性肺障害が惹起されることはほぼ確実な知見であり，血清インジウム濃度はインジウム曝露の指標として，さらにHRCT検査や血清KL-6，SP-DおよびSP-Aは健康影響指標として有用であると考えられる。一方，インジウム化合物の発がん性に関しては現在までのところヒトでの報告はなく，動物実験でのみInPの発がん性が証明されているが，ヒトにおけるITOを含む種々のインジウム化合物の発がん性は否定できない。ITOを含むインジウム関連産業の歴史が比較的浅いため，ヒトでの発がん性を評価するには作業者のインジウム化合物の吸入開始時期から現時点までの期間が短い。いわゆる発がんの潜伏期間を考慮すれば，今後少なくとも20年から30年間以上にわたる長期間の追跡調査が必要である。

4　インジウムによる健康障害の予防と対策

2001年に初めてインジウム吸入に起因すると考えられる死亡例が発生するまではインジウムは法規制物質ではなかったために，インジウム取り扱い職場でのインジウムの粉塵対策について特

表4　インジウム・スズ酸化物等取り扱い作業にかかわる作業環境管理，作業管理，労働衛生教育

Ⅰ　作業環境管理	
1．設備に係る措置	(1)　遠隔操作の導入又は工程の自動化 (2)　粉じんの発散源を密閉する設備の設置 (3)　局所排気装置の設置 (4)　プッシュプル型換気装置の設置 (5)　湿潤な状態に保つための設備の設置
2．作業環境測定等	(1)　測定及び測定結果の評価 6カ月以内ごとに1回，空気中のインジウムの濃度を測定するとともに，単位作業場所の管理区分を決定すること。インジウム及びその化合物の管理すべき濃度基準0.1mg/m^3（インジウムとして）により作業環境管理を行うこと。
	(2)　評価の結果に基づく措置 事業者は，空気中のインジウムの濃度の測定結果の評価が第2管理区分又は第3管理区分に区分された場所については，速やかに作業環境を改善するため必要な措置を講じ，第1管理区分となるよう努めること。 (ア)　設備の密閉化の促進 (イ)　局所排気装置等の性能の強化 (ウ)　労働者のばく露を低減させる作業工程又は作業方法への変更
Ⅱ　作業管理	
1．呼吸用保護具の使用等	労働者に有効な呼吸用保護具を使用させること
2．清掃等	床等に飛散した粉状のインジウム・スズ酸化物については，二次発じんの防止のために定期的に清掃を行うこと
Ⅲ　労働衛生教育	
1．労働衛生教育の実施	(1)　インジウム・スズ酸化物等の物理化学的性質 (2)　インジウム・スズ酸化物等の有害作用，ばく露することによって生じる症状・障害及びACGIH等から提唱されているばく露限界濃度の内容 (3)　作業規程に基づく作業方法 (4)　呼吸用保護具の使用方法 (5)　その他健康障害を防止するために必要な事項

（厚生労働省　通達　基安化発第0713001号，(2004) より抜粋）

段注意は払われていなかった。2004年に厚生労働省より「インジウム・スズ酸化物等取り扱い作業における当面のばく露防止対策について」の通達[28]が出され，表4で示す作業環境管理，作業管理，労働衛生教育が提示された。厚生労働省の通達では健康管理について特に示されていない。作業環境中の管理すべき濃度基準は0.1mg/m^3（インジウムとして）と示されているが，この濃度基準は労働者の健康に対する影響が生じないための曝露限界濃度ではない点に注意する必要がある。動物実験においてInPとして0.03mg/m^{3}の濃度の吸入曝露の結果，肺がん発生が認められていることから，当面の作業環境目標濃度は0.01mg/m^3（インジウムとして）とし，最終的には0.001mg/m^{3}を達成することを強く推奨するものである。

一方，2007年に日本産業衛生学会，許容濃度委員会より「インジウムおよびその化合物」の生物学的許容値3 μg/L（血清中インジウムとして）の勧告[29]が提案された。その中で健康管理に関しては，年1回あるいは半年に1回程度インジウムによる肺障害の早期検出を目的とした呼吸器の自主検診の実施を勧告している。検診項目としては，血清インジウム濃度とKL-6の測定を推奨し，呼吸機能検査と胸部HRCT撮影は現在曝露者および過去曝露者ともに少なくとも1回は実施し，2回目以降の実施は上記の検査項目の結果から産業医が総合的に判断し，インジウム曝露者毎に実施頻度や間隔を決めるべきとしている。許容濃度委員会勧告の提案の中では，インジウムの作業環境濃度と肺病変との関連を示す知見がないことから作業環境中のインジウムの許容濃度は勧告されていない。

5　おわりに

1990年代までインジウムの健康障害に関する知見がほとんど把握されていなかったために，インジウム取り扱い作業者の間で発症した間質性肺障害が当初はインジウム吸入に関連しているとは考えられず，インジウム取り扱い作業は「有害な粉塵作業」という認識が低かった。最近になってようやく化学物質等安全データシート（Material Safety Data Sheet: MSDS）にインジウム化合物の有害性情報が記載されるようになり，インジウムを含む粉塵の有害性が認識されるようになった。しかし，国内外のインジウム取り扱い職場の事業者，管理者や作業者にインジウムの有害情報が未だに十分には周知されていないと考えられる。

エネルギー問題や環境問題の対応から将来的に薄膜太陽電池や鉛フリーはんだとしてもインジウム需要の増加が見込まれ，インジウム取り扱い作業では曝露機会の増大が考えられる。インジウムは“安全な金属”ではなく，“有害な金属”として認識する必要があり，今後，インジウム化合物の吸入曝露防止対策が精力的に行われ，新たなインジウム化合物の曝露が未然に防止されたとしても，過去に吸入されたインジウム化合物は長く肺に貯留すると考えられるので，将来にわたって長期的な健康管理体制の構築が必要であると考えられる。

文　　献

1）T. Homma *et al., J. Occup. Health,* **45**, 137（2003）
2）NTP TR 499, U. S. National Toxicology Program, Department of health and human services（2001）
3）B. C. Gottschling *et al., Toxicol. Sci.,* **64**, 28（2001）
4）M. E. Blazka *et al., Fund. Appl. Toxicol.,* **22**, 231（1994）
5）M. E. Blazka *et al., Environ. Res.,* **67**, 68（1994）
6）W. Zheng *et al., J. Toxicol. Environ. Health,* **43**, 483（1994）
7）I. Kabe *et al., J. Occup. Health,* **38**, 6（1996）
8）T. Uemura *et al., J. Occup. Health,* **39**, 205（1997）
9）K. Oda, *Ind. Health,* **35**, 61（1997）
10）A. Tanaka *et al., Fukuoka Acta Medica,* **87**, 108（1996）
11）A. Tanaka *et al., Fukuoka Acta Medica,* **91**, 21（2000）
12）K. Yamazaki *et al., J. Occup. Health,* **42**, 169（2000）
13）A. Tanaka *et al., J. Occup. Health,* **45**, 405（2003）
14）A. Tanaka *et al., J. Occup. Health,* **44**, 99（2002）
15）M. Omura *et al., Toxicol. Lett.,* **89**, 123（1996）
16）M. Omura *et al., J. Occup. Health,* **37**, 165（1995）
17）M. Omura *et al., Fund. Appl. Toxicol.,* **32**, 72（1996）
18）M. Omura *et al., J. Occup. Health,* **42**, 196（2000）
19）M. Omura *et al., J. Occup. Health,* **44**, 105（2002）
20）IARC, *IARC Monographs on the Evaluation of Carcinogenic Risks to Humans,* **86**, 197（2006）
21）千葉百子，日本臨床，**54**, 179（1996）
22）T. Chonan *et al., Eur. Respir. J.,* **29**, 317（2007）
23）T. Hamaguchi *et al., Occup. Environ. Med.,* in press
24）S. Homma *et al., Eur. Respir. J.,* **24**, 200（2005）
25）田口治ら，日本呼吸器学会雑誌，**44**，532（2006）
26）武内浩一郎ら，第46回日本呼吸器学会（2006）
27）中野真規子ら，産業医学ジャーナル，**30**, 25（2007）
28）厚生労働省，インジウム・スズ酸化物等取り扱い作業における当面のばく露防止対策について，基安化発第0713001号（2004）
29）日本産業衛生学会　許容濃度委員会，産業衛生学雑誌，**49**，196（2007）

第3章　In_2O_3系とZnO系の比較的検討

矢作政隆*

1　ITO（In_2O_3-SnO_2）代替材料のニーズとIn資源問題

ITO（In_2O_3-SnO_2）は，代表的な透明電極用材料として，フラットパネルディスプレイ，タッチパネル等広く応用展開されており，その需要は年率20%を超える増加でとどまる所を知らない。特に2003年から2006年にかけてのIn地金価格の高騰は8倍と驚異的で，その主な原因が全用途の80%を占めるITOとボンディング材と考えられる（図1）。

一方で，2006年以降は，継続的なITO需要増に反して，In価格は上げ止まり更に低下基調に転じた。この現象からは，戻りターゲット等の回収・リサイクルの順調な展開が推定されるが，これを反映して，「非In系透明電極用材料」の開発動機としての「In資源の供給不足」への懸念は，一時に比べてトーンダウンしたかに見える。

しかしながら，亜鉛鉱石の副産物としてのIn資源は，中国依存性が高まる傾向が予想され，安定的な供給への懸念は依然として存在する。即ち，「非In系透明電極用材料」は，資源枯渇のような喫緊の課題ではなく中長期的な課題として捉えられ，これに伴い品質的な要求レベルが高くなるのではないかと考えられる。

本章では，上記の観点から，ITO代替としての要求品質につき，「非In系透明電極用材料」として最も有望視されているZnO系透明導電体につき評価する事を目的として，ITOとの比較を試みる。

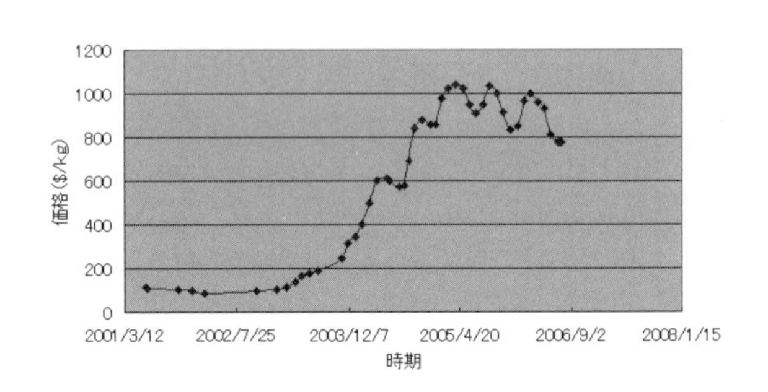

図1　最近のIn地金価格の推移（LMB 価格）

＊ Masataka Yahagi　日鉱金属㈱　電子材料カンパニー　技術部　主席技師

2　ITOとZnO系透明導電体の基本的性質の比較

2.1　化学的安定性の比較

透明電極材のデバイスとしての耐久性は，実用化に必須の要求項目である。一方で，ターゲットやデバイスの製造プロセスにおける，各プロセス環境（温度，雰囲気等）における相安定性も，品質管理上極めて重要な要因と考えられる。

上記の観点から，「ターゲットの相安定性」，「デバイス耐久性」等を間接指標として，各種化学的安定性につき，以下論ずる。

2.1.1　平衡状態図の比較

図2にIn_2O_3-SnO_2系状態図[1]を示す。一般的なITOの組成は，90wt％ In_2O_3-10wt％SnO_2（90.8mol％ $InO_{1.5}$-9.2mol％SnO_2）であり，図中当該組成を破線で描き加えた。フィルム形成もしくは後工程におけるプロセス温度は200℃前後と仮定すると，C_1単相の安定領域ではないが，スパッタリング成膜のような急冷プロセスでは一旦均一なアモルファス相を経るので，結晶化に伴う相分離は相応の駆動力が必要となるため，この程度の過飽和状態が維持され得る。この様な理由で，当該組成が経験的にベストな組成になったものと考えられる。

しかし，ターゲット製造プロセスにおいては，元々個々の相を原料としてスタートしているために，上記フィルムと同一の平衡点でも，これにアクセスする方向が全く正反対となる。即ち，C_1相に固溶できない過剰なSnO_2が微量析出する事になるが，1500K前後を境としてC_2相（高温側）またはT相（低温側）として析出する。実際のスパッタリングにおいては，ターゲット中の閉気孔，C_2相，T相は，不導体としてチャージアップして，アーキングやノジュールの原因相となり得るので，当該相のコントロールが品質差別化のキーポイントとなる。参考までに，これら原因相を制御する事で耐ノジュール性を向上させたターゲット（UHD-Ⅲ）と，改良前のターゲットとのノジュール被覆率の比較を図3に示す。ノジュールが1～2桁軽減されている事がわかる。

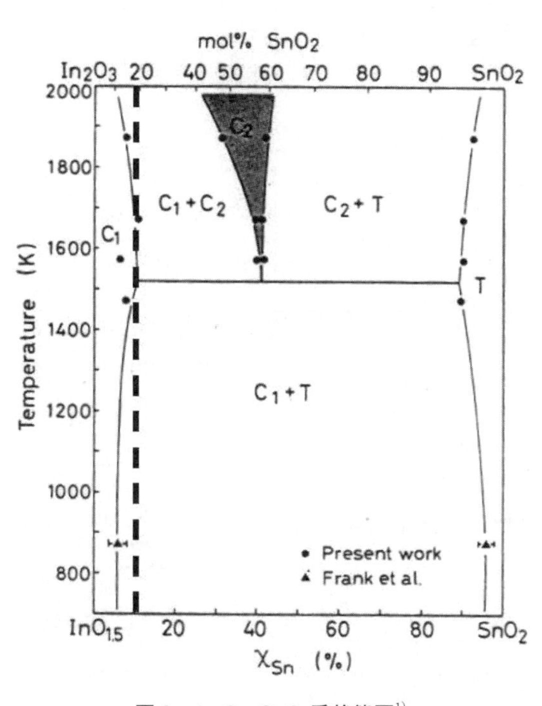

図2　In_2O_3-SnO_2系状態図[1]

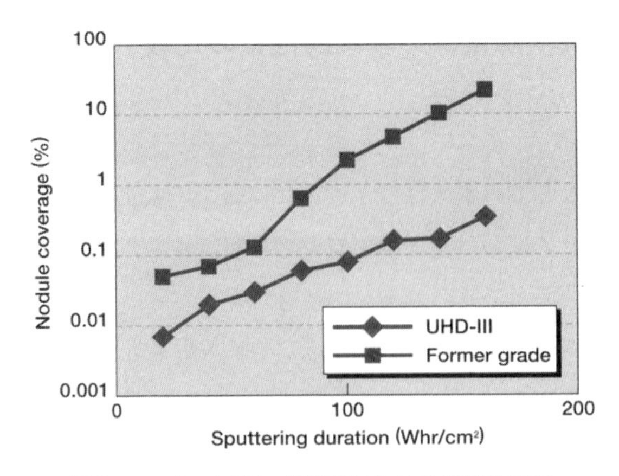

図3　スパッタリング試験における組織改善品（UHD-Ⅲ）と従来品の比較

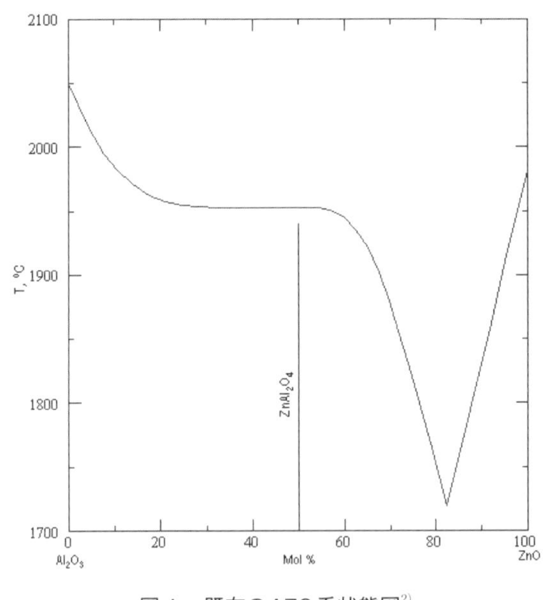

図4　既存のAZO系状態図[2)]

図4には，ZnO系透明導電体の一例として，既存のZnO-Al_2O_3系状態図[2)]を示す。出典はかなり旧く，最も興味あるZnO相のAl_2O_3溶解度が示されていない。AZOが安定に存在するか否かを判断する目的で，CALPHAD（状態図計算）により推定した結果を図5に示す。ZnO相のAl_2O_3溶解度は，1700～1800℃でピークを示し15%程度の溶解度が見込まれるが，500℃以下では殆ど固溶域を示さない。TFTプロセスにおける基板温度上限を300℃とすると，AZOは平衡相

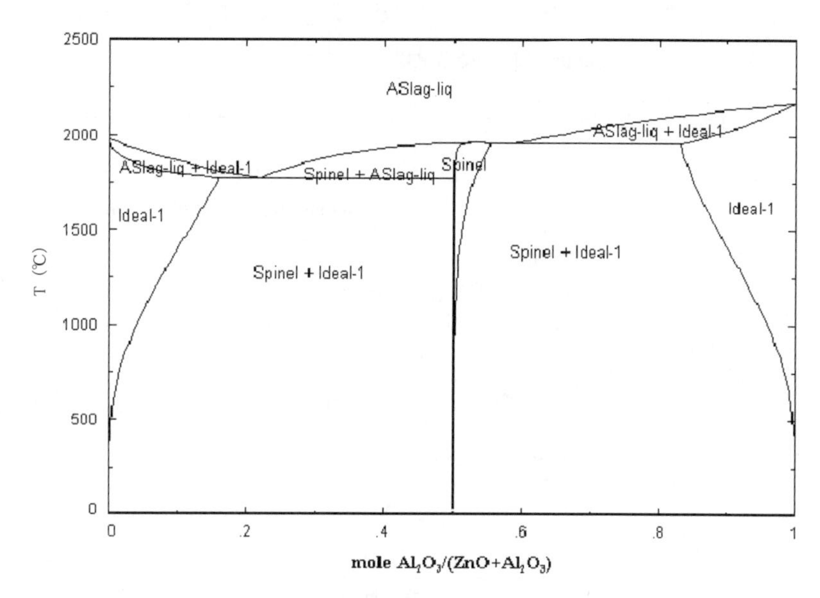

図5　CALFADによるAZO系計算状態図

として存在しないと推定される。

しかしながら，実際にスパッタリングで成膜すると，ITO同様急冷による過飽和状態が凍結され，擬似安定相として存在するものと理解される。当該過飽和度をITOと比較すると，AZOの方が相分離の駆動力が高いのではないかと思われる。

一方ターゲット製造プロセスにおいては，上記過飽和な均一相からの分離と逆方向からのアクセスとなり，ZnO相と$ZnAl_2O_4$（Spinel）相の2相共存域が安定と推定され，高電導度のZnO相に対し相対的に低電導相のSpinel相によるチャージアップが原因となるアーキング等が懸念される。

2.1.2　ターゲットの焼結プロセスにおける安定性

ITOターゲットの製造プロセスにおけるキーポイントの一つに，焼結中の揮発抑制がある。図6に，ITO揮発分子に関する蒸気圧の温度依存性（熱力学計算結果）を示す。亜酸化物であるSnOが最も蒸気圧が高く，これを抑止する事が重要である。

同様にZnO系TCOとして有望視されるGZO（一例としてZnO－3 mol％Ga_2O_3）につき，同様なプロットを図7に示す。ITOではドーパントであるSnO_2の亜酸化物が高蒸気圧を示したが，GZOでは母相のZnOからメタルZnの蒸気圧が高く，やはりこの揮発を如何に防ぐかがポイントの一つである。

したがって焼結プロセスには両者に同様な課題があるが，成膜時の雰囲気条件との関り，酸化

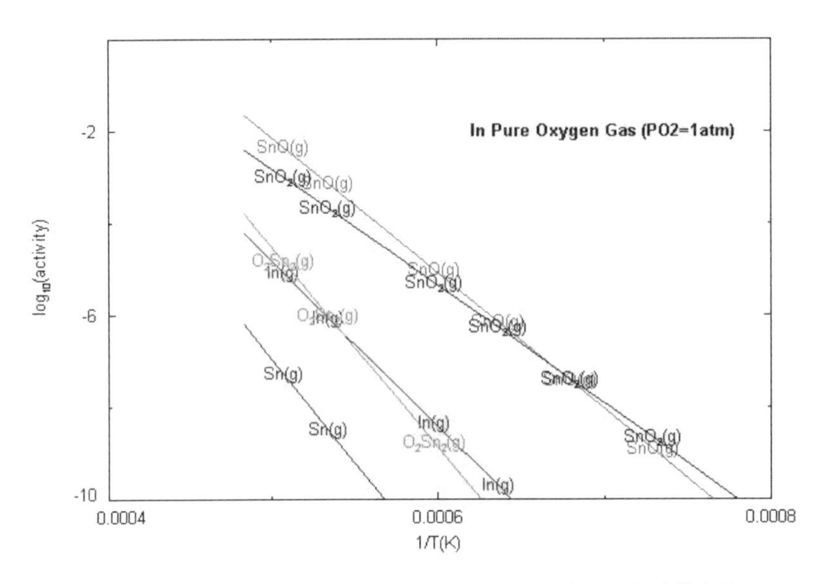

図６　ITOターゲットプロセスにおける揮発物蒸気圧の温度依存性

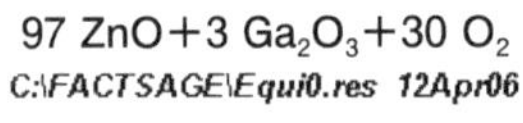

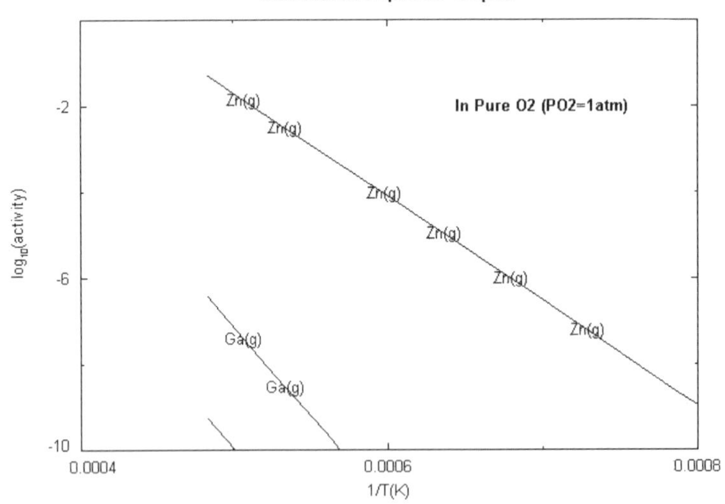

図７　GZOターゲットプロセスにおける揮発物蒸気圧の温度依存性

物の不定比性（2.2項で詳述）との兼ね合いもあり，どちらが技術的なハードルが高いかは単純な比較はできない。

2.1.3　フィルムの化学的・電気化学的安定性

TFT用透明電極の形成プロセスにおける最高温度条件が200℃と仮定し，図8に当該温度における酸素・窒素分圧の対数を軸としたP-P安定相図の比較を示す（ITO：(a)，AZO：(b)）。両者に共通の分圧範囲で示しているが，In，Snは，Zn，Alよりも比較的貴な金属であるため，

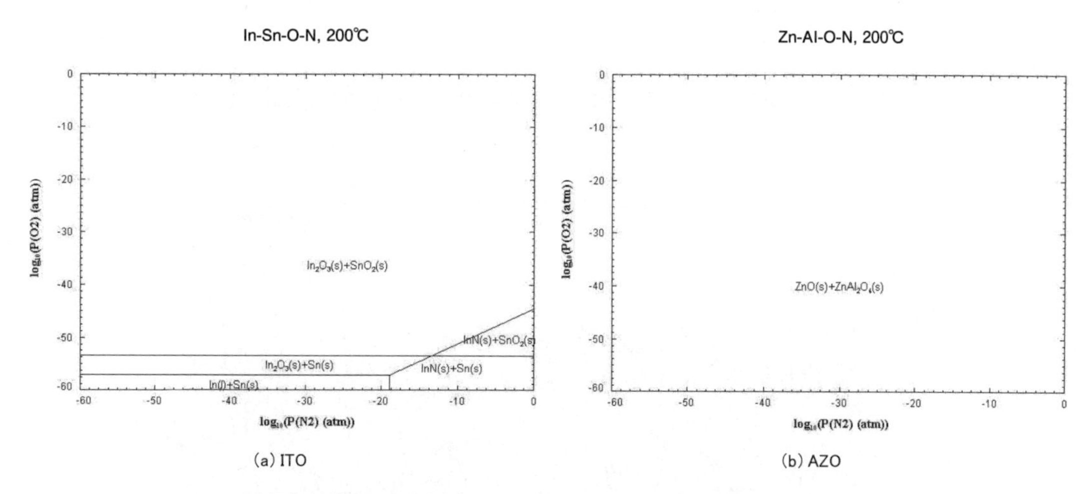

図8　(a)ITOと(b)AZOの200℃における化学安定相図の比較

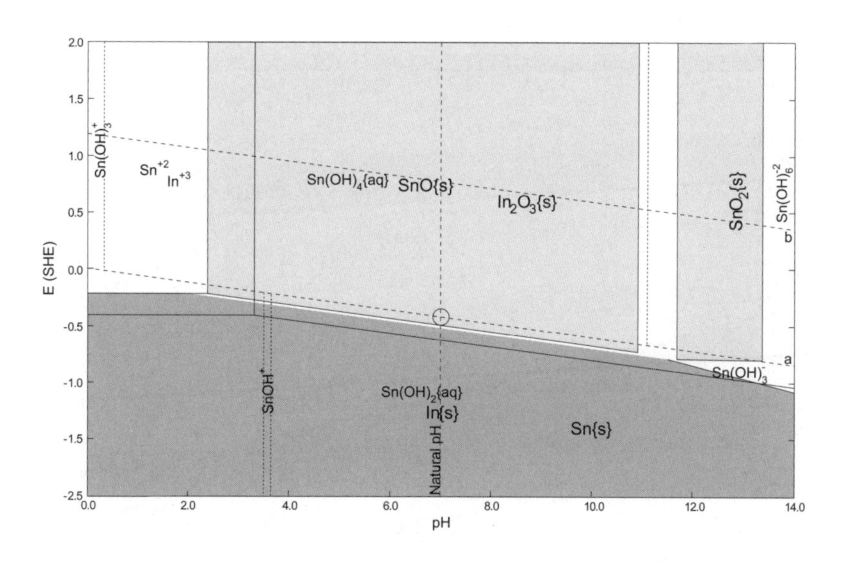

図9　ITOの電位-pHシミュレーション図（HNO_3/NH_3）

混合酸化物相としての安定性は，AZO系の方が優る様に見える。しかし実際には，相当厳しい還元雰囲気の環境でもない限り，その差は問題にならないと思われる。むしろ，2.1.1の項で述べた状態図上の比較において，In_2O_3相へのSnO_2溶解度（即ち固溶度）とZnO相へのAl_2O_3への溶解度を再度考慮すると，ITOの方が平衡状態に近く，比較的安定と考えられる。

また，電極形成プロセスとしてのエッチング特性は重要である。図9に一例として，ITOの硝酸／アンモニア滴定による電位-pH線図のシミュレーション例を示す。構成メタル酸化物がIn，Sn共にほぼ同じpH（2.5～3.5）より酸側で溶解する事が推定される。エッチング水溶液は多種あるが，硝酸In_2O_3とZnOの比較のため，硝酸・塩酸水溶液（1：1）とNaOHによる滴定を仮定

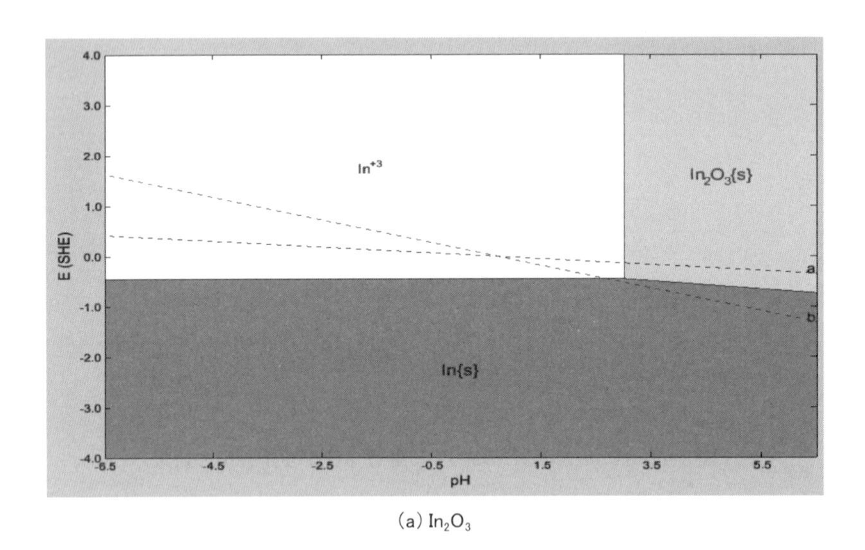

(a) In_2O_3

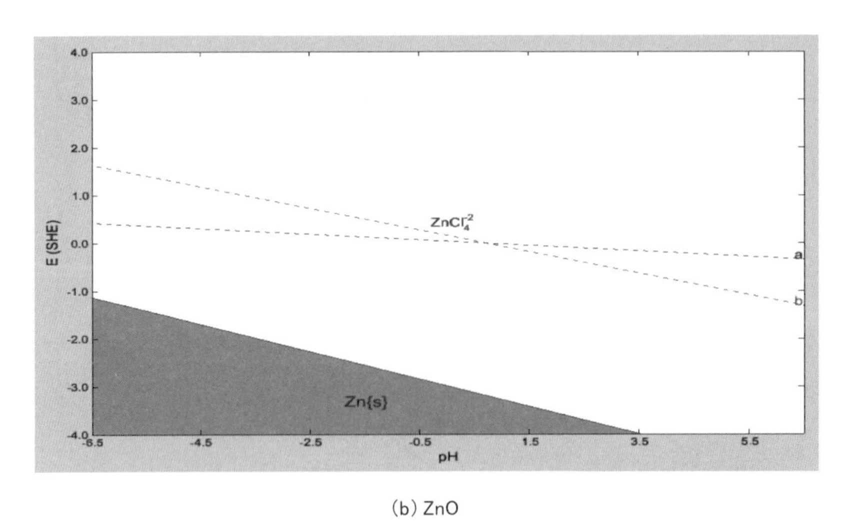

(b) ZnO

図10 (a)In_2O_3と(b)ZnO の電気化学的安定性の比較（HNO_3・HCl/NaOH）

して計算すると，図10を得る。当該水溶液系では，In_2O_3はpH＝3を境に，これより酸側で溶解，アルカリ側で固体安定であるが，ZnOはpH＝6でも固体安定ではない，と推定される。

即ち，ITOの代替としてZnO系が採用されるには，従来のITO用とは大幅に異なる独自のエッチング溶液の開発が必要である。

2.2　点欠陥構造

電子性セラミックスの機能を語る上で，点欠陥構造は極めて重要な要因である。図11に，G. FrankとH.KöstlinによるITOのKröger-Vink線図[3]を示す。主たる点欠陥の形態に対応して，酸素分圧に関する以下の3つの領域に区分される。

①　領域Ⅰ：$PO_2 < 10^{-35}$bar

極めて低酸素分圧（$PO_2 < 10^{-35}$bar）の領域では，＋2価の酸素イオン空孔濃度（$VO^{\cdot\cdot}$）が支配的で，これに相補的に励起される自由電子濃度を決定する。

②　領域Ⅱ：10^{-35}bar＜$PO_2 < 10^{-5}$bar

中間的な酸素分圧の領域（10^{-35}bar＜$PO_2 < 10^{-5}$bar）では，In^{3+}サイトに置換型に入ったSn^{4+}（$Sn_{In}^{\cdot}$）が支配的となり，自由電子濃度を決定。

③　領域Ⅲ：10^{-5}bar＜PO_2

高酸素分圧下では，上記In^{3+}サイト置換型Sn^{4+}と格子間O^{2-}の会合欠陥（$Sn_{In}^{\cdot}{}_2Oi''$）等が支配的で，一様でない挙動を示す。

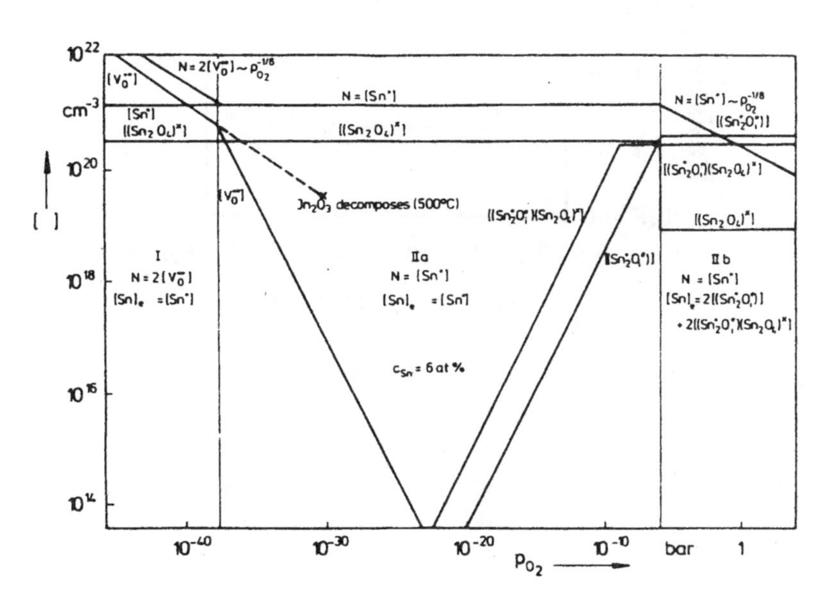

図11　ITOのKröger-Vink線図[3]

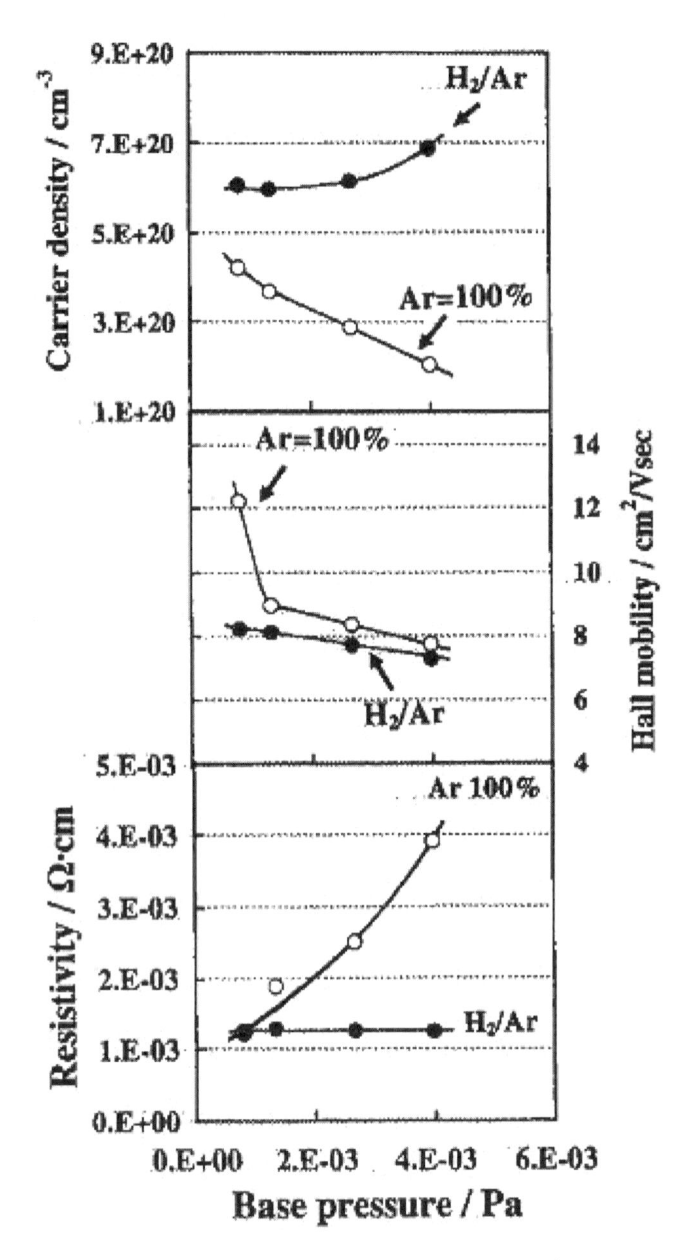

図12　GZO のスパッタリング中H_2導入効果[4)]

したがってITOは，不定比性起因の酸素イオン空孔を補償する自由電子と，ドーパント起因の自由電子，および会合欠陥の組み合わせで，広範な酸素分圧領域においてn型導電性を発現している。

一方ZnO系は，不定比性が比較的小さくほぼドーパントが支配的な電子欠陥構造と推定される。図12にTakeda，FukawaによるGZOのスパッタリング中の雰囲気条件に関する重要な結果を示す[4)]。H_2リークにより，GZO膜の結晶粒界に吸着する不純物O_2を還元除去し，これにより減少するキャリア濃度を高位安定させる事で，低抵抗化傾向を見出している。この事実より，ZnO系の自強的な欠陥平衡は，ITOよりもずっと還元雰囲気側で生ずると考えられ，ITOがスパッタリング中にO_2リークでも低抵抗が得られるという制御性に比べ，ZnO系は，ターゲット材料の製造条件における平衡より更に還元方向にシフトさせる事で低抵抗化するという難しさがある。

2.3　フィルムの微構造と抵抗率

ITOは一般的に室温成膜で非晶質化し，100～150℃のアニールまたは基板温度で結晶化するのに比べ，ZnO系は室温でも結晶化する。図13に，スパッタリング膜の微構造に関するThorntonのモデルを示す[5)]。GZO，AZO等ZnO系TCOのスパッタリング膜は，概ね図中の丸で囲った辺りの微構造である。透明電極材としての機能上，柱状結晶粒の粒界を電子が如何にスムースに移動できるかが重要と考えられる。即ち，この結晶粒の結晶性が良くなる条件（高基板温度，高真空度）および膜厚増加に伴い，粒界の整合性は良好になり，抵抗率は低くなると推定される。この推定膜厚依存性については，成膜初期の薄い膜では，相対的に結晶性が悪く粒界が乱れることに起因すると考えられる。

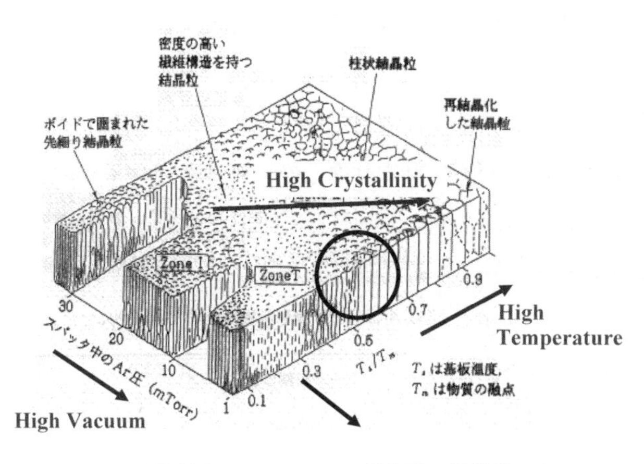

図13　一般的なスパッタリング薄膜の微構造と成膜条件の関係[5)]

上記推定の検証として，GZOの膜厚と抵抗率の関係を図14に示す。膜厚が1000Å以上では，抵抗値は比較的低位安定であるが，1000Å以下では，薄くなればなる程，抵抗率が増加する。これは，上記推定「成膜初期の薄い膜では，相対的に結晶性が悪く粒界が乱れることに起因する」で説明可能である。また，チャンバー内真空度については，より高真空（5×10^{-5}Pa）の場合の方が，低真空（1

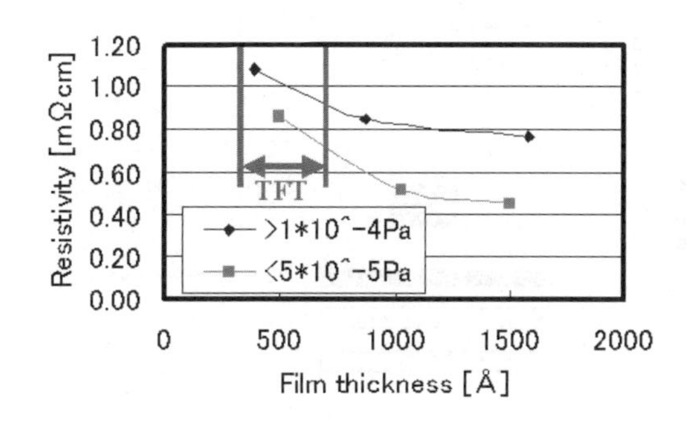

図14　GZOフィルムの抵抗率と膜厚の関係
パラメーターはチャンバー内圧

$\times 10^{-4}$Pa）の場合より低抵抗化していることがわかる。

上記ZnO系透明導電体フィルムの抵抗率と厚さの関係については，実際のTFT用透明電極の膜厚が400～1000Åである事から，ZnO系の開発における重要課題と考えられる。なお，現行のITOフィルムについては，このような膜厚依存性はほぼ見られない。

3　今後の展開

ITO代替として最も有望視されるZnO系透明導電体につき，ITOとの比較で述べてきた。その結果，ZnO系はITOの単純な代替材ではなく，採用に際しては，以下の材料設計・開発とプロセス開発が必要と考えられる。

① 1000Å以下の膜厚でも低位安定な抵抗率を有する材料系の開発

② ターゲット製造プロセスにおける組成安定化および微構造の制御

③ スパッタリング成膜条件の最適化によるチャージキャリア濃度の高位安定化とフィルム微構造の制御

④ 材料に適したエッチング液の開発とパターニング条件の最適化

①に関しては，既に多くの研究者達が開発中であるが，材料設計手法の一例として，第一原理計算によるバンド構造の推定を図15に示す。AZO，GZOが，浅いドナー順位を形成する事で高いチャージキャリア濃度が得られる材料である事がわかる。このような観点から，ZnO系に有望なドーパントは推定可能であるが，実際のドーパントが占めるサイト，母材の自強的電子欠陥濃度への影響，平衡論的な固溶度，フィルム微構造への影響等が複雑に絡むので，本格的な材料設計には総合的な解析が必要と思われる。

最近はパソコンのCPUの能力アップに伴い，統合的な科学計算が可能となってきており，ナ

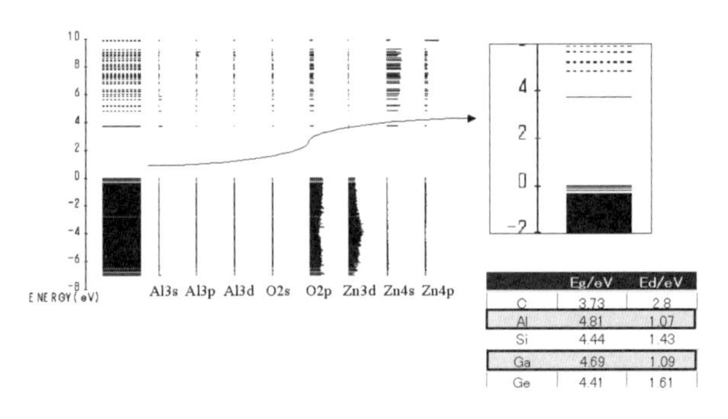

	Eg/eV	Ed/eV
C	3.73	2.8
Al	4.81	1.07
Si	4.44	1.43
Ga	4.69	1.09
Ge	4.41	1.61

図15　AZOの第一原理計算による推定バンド構造

右上：一部拡大，右下：他の材料系の結果

ノテク等で進捗目覚しい評価技術との組み合せで，ZnO系透明導電体においても確度の高い材料設計に基づくスピーディな開発が進められる事が期待される。

謝辞

本章の作成にあたり，過分な御推薦を下さいました金沢工業大学の南教授，常に材料学的知見を御教示頂いている東京大学の山口教授，透明酸化物に関する知見を御教示頂いている東京工業大学の細野教授，青山学院大学の重里教授，シミュレーション技術のご指導を頂いた関西学院大学の早藤教授，大阪大学の田中教授に，心から感謝致します。

文　献

1）H. Enoki, J. Echigoya and H. Suto, *Journal of Material Science*, **26**（15）, 4110（1991）
2）E. N. Burning, *J. Res. Natl. Bur. Stand.*, **8**（2）, 279（1932）
3）G. Frank and H. Kostlin, *Appl. Phys.*, **A27**, 197（1982）
4）S. Takeda and M. Fukawa, *Thin Solid Films*, **468**, 234（2004）
5）J. A. Thornton, *Ann. Rev. Mater. Sci.*, **7**, 239（1977）

第4章　In_2O_3系透明導電膜

1　ITOの基本特性

中澤弘実*

1.1　はじめに

現在，透明導電膜は，フラットパネルディスプレイや太陽電池を中心として広く用いられている。その中で，液晶，PDP，ELなどのフラットパネルディスプレイでは，抵抗が低く，エッチング性に優れ，作製工程や使用環境に対して安定な透明導電膜が必要となる。これらの条件を最も良く満たす透明導電膜は，現状ではIn_2O_3にSnをドープしたITO（In_2O_3: Sn）であり，それらの用途で中心的に用いられている。最近では大型の薄型テレビの急速な普及などに伴いITOの消費量も増加し，Inの資源的な枯渇の問題や価格の高騰の問題などが生じてきている。そのため，ZnOをはじめとした代替物質の研究が活発になされているが，ITO以上の特性をバランス良く満たす物質は得られておらず，ITOを代替するには至っていない。今後もフラットパネルディスプレイなどでは，暫くは透明導電膜としてITOが用いられるものと予想される。

本節では，ITO膜全般に渡って共通して見られる基本的な特性（電気的性質と光学的性質）を，構造（結晶構造とエネルギーバンド構造）の枠組は大きくは変わらないとして，主に伝導電子の濃度（キャリア濃度）と移動度の二つの因子を用いて簡潔に理解できるよう解説する。このキャリア濃度と移動度は，欠陥（酸素欠損，不純物，構造的な欠陥など）の量とそれによる電子の散乱のされ方によっておおよそ決まり，電子の輸送機構，伝導特性，光学特性などを簡便に理解するのに役に立つ。実例としてスパッタリング法で作製された実用的なITO膜の実験結果を示していくが，それらの結果の多くは他の製法で作製されたITO膜でも共通している。より詳しいITO膜の構造や特性についてはこれまでに膨大な研究の蓄積があり，詳しくまとめられた解説書や文献も数多くあるので[1~4)]，それらを参照されたい。

1.2　ITO（In_2O_3）の構造

ITOはn形の金属酸化物半導体であるIn_2O_3にSnがドープされた物質で，その結晶構造はIn_2O_3と同じである。In_2O_3の結晶構造には立方晶と六方晶の2種類があることが知られているが，そ

＊　Hiromi Nakazawa　岩手大学大学院　工学研究科　フロンティア材料機能工学専攻　研究員

のうち，六方晶の構造は高温高圧下でしか得られず，通常は空間群がIa3の立方晶の構造となる。この立方晶の構造はビックスバイト構造と呼ばれるやや複雑な構造で，格子定数は10.118Åと大きく，単位胞にIn_2O_3を16分子含み，In原子32個，酸素原子48個の合計80個の原子から構成される[5)]。この構造の中でInイオンの廻りには6個の酸素イオンが2つの陰イオンサイトを空として立方体の形に配置している。この配置の仕方には空のサイトが立体対角的に配位している場合と面対角的に配位している場合の二通りがあり，それぞれbサイト，dサイトと呼ばれている[5)]。

In_2O_3のエネルギーバンド構造についてはバンド計算や光電子分光の報告があり[5~8)]，状態密度や有効質量の値などについての計算と実験の結果は比較的良く一致する。それらによると，価電子帯はO2p軌道，伝導帯はIn5s軌道がそれぞれメインとなって構成されており，In_2O_3では大きく広がったIn5s軌道が重なりそこを電子が移動するため大きな電子伝導性を持つという直感的な予想を裏付ける。

1.3　ITO（In_2O_3）の導電性，透明性の起源

1.3.1　導電性

In_2O_3の中に酸素の欠損が生じると，その廻りのInに由来する電子が2個余ることになり，その電子は欠損部付近に緩く束縛され不純物準位を伝導帯のすぐ下に形成する。酸素欠損が増えると不純物準位のエネルギーは増加して伝導帯に入り込み，縮退状態となる。それに伴い欠損部付近に緩く束縛されていた電子は伝導帯の軌道である広がったIn5s軌道に入り込み，隣り合うIn5s軌道を次々に移動できるようになって伝導性を持つ。その様子を図1，図2に示す[9)]。

ITOの場合は，3価のInイオンが4価のSnイオンと置換されるので，酸素欠損に由来する余分な電子の他にSnに由来する1個の余分な電子が生じ，Snイオンの廻りに緩く束縛され伝導帯の下に不純物準位を形成する。Snの濃度が増すと酸素欠損の場合と同様にそのエネルギー準位は上昇して伝導帯に入り込み，縮退する。同時に，束縛電子は伝導帯のIn5s軌道に入り，伝導性が生じる（図1，図2）。

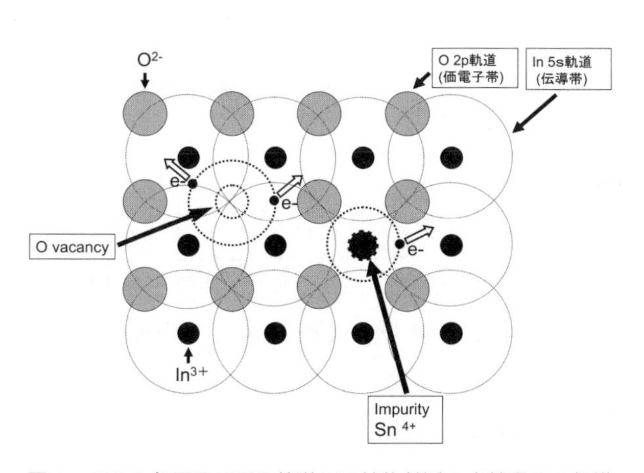

図1　ITOの各原子の原子軌道と不純物付近の束縛電子の伝導

このように，In_2O_3やITOでは，僅かな酸素欠損やSnの添加で不純物準位が伝導帯に入り込んだ縮退半

導体となり，導電性を持つ。

1.3.2　透明性

透明であるということは，可視域（約400〜700nm）で吸収，反射が少ないということを意味する。可視域で吸収が少なくなるためには，バンドギャップが可視域の短波長側の境界の波長約400nmのエネルギーに相当する約3eV以上であることが必要である。また，可視域で反射が少なくなるためには，プラズマ振動の波長[10]（キャリア濃度の平方根に反比例）が可視域の長波長側の境界の波長約700nm以上になるよう適度なキャリア濃度を持つことが必要となる。ITO（In_2O_3）の場合，その二つの条件をうまく満たしている。図3に代表的なITO膜の分光特性を示す[9]。図に見るように，ITOではバンドギャップが3eV以上あるのでそれによる吸収は400nm以下で起こる。また，約$1\times10^{21}cm^{-3}$のキャリア濃度を持つこのITO膜のプラズマ振動の波長は約1140nmとなり，それに対応する反射は約1000nm以上で起こる。これらのことによってITOは可視域で透明となる。

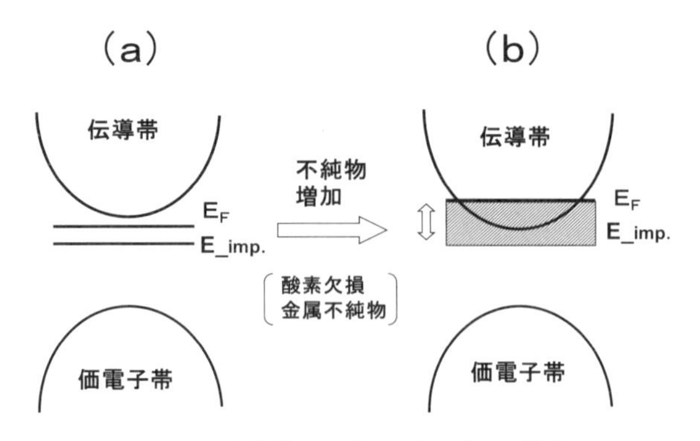

図2　半導体のエネルギーバンド構造
(a)通常の不純物半導体，(b)縮退半導体

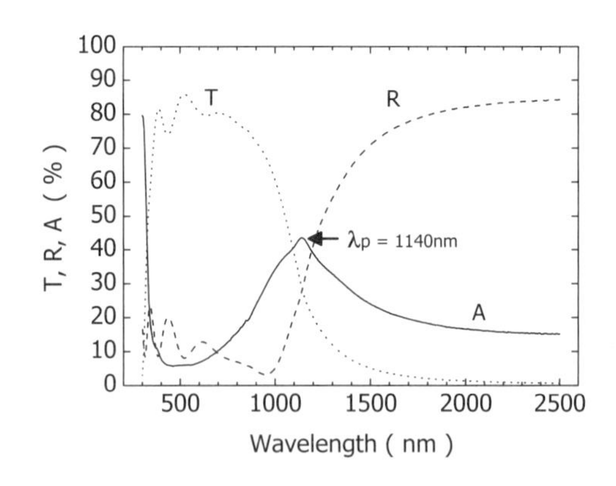

図3　スパッタリング法により300℃で作製したITO膜の分光スペクトル
T：透過率，R：反射率，A：吸収率

1.4　ITO（In_2O_3）の基本的な電子輸送機構

ITO（In_2O_3）の電子輸送の基本的な性質は，伝導電子の濃度と散乱の機構によって決まる。伝導電子の散乱因子としては，フォノン[11]，イオン化不純物[12]，結晶粒界[13]，中性不純物[14]，弱局在[15〜17]などが報告されている。In_2O_3では，Snの添加がないので中性不純物は考える必要はなく，また，結晶粒界の影響も比較的少ないので[12]，主な散乱因子はフォノン，イオン化不純物，弱局在の3つであるとして輸送機構を考えることができる。これらは，低温での抵抗の温度変化に対する係数（TCR）がそれぞれ，正，0，負として特徴づけられる。以下に，ITOの基にな

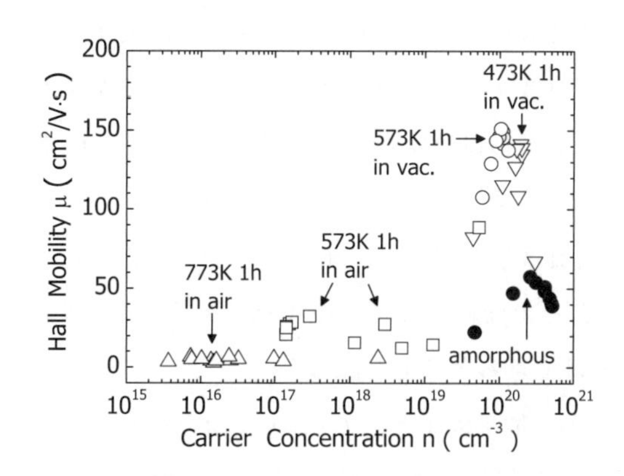

図4　アモルファスIn_2O_3膜および熱処理により結晶化したIn_2O_3膜の移動度μとキャリア濃度nの関係

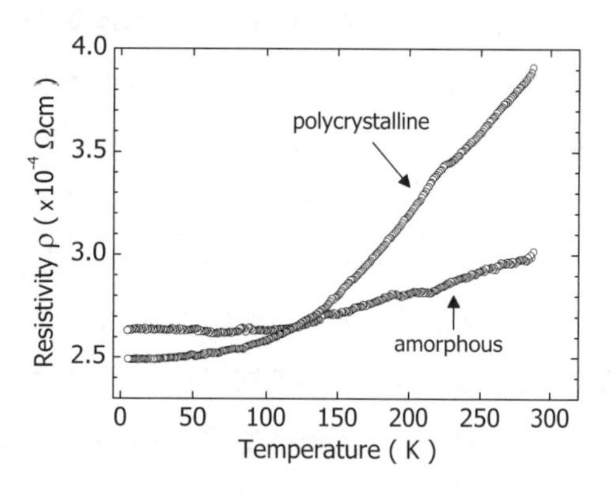

図5　アモルファスIn_2O_3膜および移動度の高い多結晶In_2O_3膜の抵抗率の温度変化

るIn_2O_3の電子輸送機構について簡単に述べる。

図4に，アモルファスのIn_2O_3膜とそれらをアニールして得られた結晶性の良いIn_2O_3膜についてホール抵抗測定を行い，移動度μをキャリア濃度nに対してプロットした図を示す[18]。図の中でキャリア濃度の増加は酸素欠損の増加に対応する。図に見るように結晶化した膜では$n = 10^{19}cm^{-3}$付近から移動度μが急激に立ち上がり，$n = 10^{20}cm^{-3}$付近で最大値約$150cm^2/V \cdot s$となる。In_2O_3のバルク単結晶での実験では，キャリア濃度が$1.5 \times 10^{18}cm^{-3}$で縮退すると報告されており[11]，$n = 10^{18} \sim 10^{19}cm^{-3}$の領域で電子の伝導性が生じると考えられる。$n = 10^{18} \sim 10^{20}cm^{-3}$の領域では，電子の輸送は，温度が下がるに従い抵抗が上昇するという弱局在に特徴的な性質を示すことが報告されている[16,17]。$n = 10^{20}cm^{-3}$付近の領域では，図5に示すように（多結晶膜），温度上昇に伴い抵抗も増加するフォノン散乱が支配的な金属的な性質を示す[18,19]。キャリア濃度がさらに増加すると，イオン化不純物（酸素空孔）による散乱の影響も大きくなり，抵抗の温度変化が少ない縮退半導体的な性質を示すと考えられている[18]。

アモルファスのIn_2O_3膜では構造の崩れによる欠陥が多いので，移動度μは図4に示すように小さくなる。図4で移動度が極大付近にあるアモルファス膜では，抵抗の温度変化は図5に示すように小さく，また，その移動度の値はイオン化不純物を2価の酸素空孔として縮退半導体でのイオン化不純物散乱モデル[20]により計算した値と良く一致するので，イオン化不純物散乱が優勢であると考えられる[18]。アモルファス膜の場合，キャリア濃度が小さい場合は弱局在，大きい場合はイオン化不純物散乱が優勢になると考えられる[15,21]。

また，一連の導入酸素量を変えて作製したサンプルのセットは，図4に示すように初期のアモルファス状態の膜でも，いずれの熱処理条件の膜でも上に凸の曲線を描く。キャリア濃度が小さい側での移動度の減少は弱局在，大きい側での減少は酸素欠損による構造的な欠陥の増加が原因と考えられる[18]。残留抵抗として残る構造的な欠陥による散乱は定量的には扱いにくいが，酸素欠損が増加しキャリア濃度が大きくなるほど，その影響も大きくなると考えられる。

以上のとおり，In_2O_3膜の電子の輸送の基本的な性質は，弱局在，フォノン，イオン化不純物の３つの散乱因子の寄与の割合によって決まり，それぞれが優勢な領域をキャリア濃度nと移動度μのプロット図（μ-n空間）の中でおおよそ区分けできると考えられる[18]。

ITO膜の場合は，不純物としてSnが入ってくるため，散乱因子としてIn_2O_3では考慮しなかったSnイオン化不純物と中性不純物が加わり，電子の輸送機構はやや複雑になる。一般には，Snが比較的効率良く活性化しキャリア濃度が大きくなるので，イオン化不純物散乱が支配的になる。抵抗率が比較的小さくなるITO膜では，キャリア濃度が$1\times10^{21}cm^{-3}$前後，移動度が30～50cm^2/V・s程度の値となり，その領域での基本的な電子の輸送機構は縮退半導体でのイオン不純物散乱モデル[20]でおおよそ説明することができる。Snの添加量の多いITO膜では，局所的なSnの複合酸化物に由来する中性不純物散乱の寄与も大きいと考えられる。熱処理を施したITO膜では弱局在などの影響も現れてくることが報告されている[22]。アモルファスのITO膜では，伝導電子の生成は主として酸素欠損によるが，電子の散乱においてはSnの寄与もあると考えられている[21]。

1.5　実用的なITO膜の基本特性

実用的なITO膜の一般的な特性について，実例を示しながら以下に述べる。ここでは，DCスパッタリング法により焼結ターゲットを用いて作製したITO膜の結果を示すが，他の方法で作製した膜でも結晶の方位や形状を除き，伝導特性と光学特性はほぼ共通している。

1.5.1　結晶構造，結晶性の成膜温度依存性

図６に，成膜温度を室温から300℃の間で変えて作製した各ITO膜（$SnO_2$10wt％）のXRDパターンを示す[9]。図に見るように，成膜温度が160℃以下では明確な回折ピークは見られず，膜はアモルファスまたは結晶性の悪い膜であることが分かる。成膜温度が200℃以上になると明瞭な回折

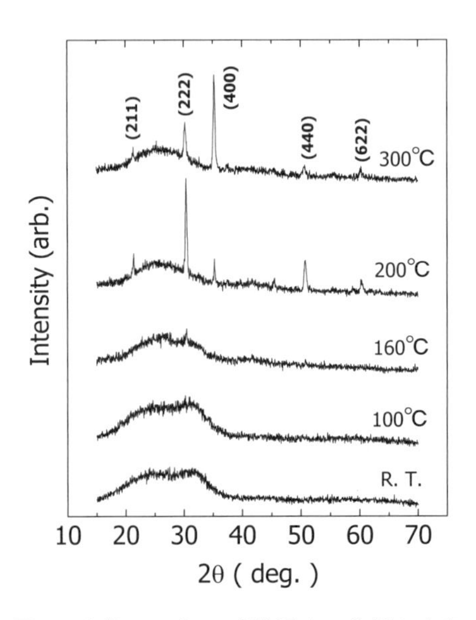

図６　室温～300℃の成膜温度で作製した各ITO膜（$SnO_2$10wt％）のXRDパターン

ピークが現れ，膜は結晶化することが分かる。そこに現れる回折ピークはいずれも立方晶のビックスバイト構造のピークとして指数付けすることができる。200℃と300℃の回折パターンには配向性に違いが見られ，200℃ではやや弱い（111）配向，300℃では強い（100）配向となる。この成膜温度が高いほど（400）ピークが強くなる傾向は，焼結ターゲットを用いてスパッタリング法で成膜した場合に見られる現象で，EB蒸着法やイオンプレーティング法では通常（111）配向となる[5]。この（100）配向になる原因ははっきりとは分かっていない。

他のSnO_2濃度のターゲットを用いて作製したITO膜も同様の傾向を示すが，SnO_2濃度が低いほど結晶化する成膜温度は低くなる。これは，SnO_2濃度が低いほど不純物が少ないので，結晶化しやすくなるためであると考えられる。EB蒸着法など他の手法を用いて作製した場合も，成膜温度が高いほど，ITO膜の結晶化は起きやすくなり結晶性も向上する。

1.5.2　表面形状

図7には，室温と300℃で成膜したITO膜（$SnO_2$10wt％）の表面SEM写真をそれぞれ示す[9]。室温成膜では，1.5.1で述べたとおり膜はアモルファスであるので結晶粒界は見られず，一様で平坦な形状を示している。300℃成膜では結晶の形を反映した表面凹凸が見られ，同じくらいの高さを持った細かな柱状晶が集合して一つのドメインをなし，さらにそのドメインが集合して膜が形成されている。各ドメインの中の柱状晶はいずれも表面が同じ形状で，同じ結晶方位を持っている。この構造は，スパッタリング法で作製した結晶化したITO膜に特徴的に見られる構造で，グレイン-サブグレイン構造と呼ばれている。その構造が形成される原因は，高いエネルギーを持ったスパッタ粒子の衝突を受けながら結晶が成長すること，およびその際結晶方位によって成長面の削られ方が違うことなどによると考えられている[23]。

他のSnO_2濃度のターゲットを用いて作製したITO膜も，In_2O_3も含めて同様の表面形状を示す。一方，EB蒸着法を用いて作製したITO膜では，結晶化した場合は通常の柱状晶となりグレイン

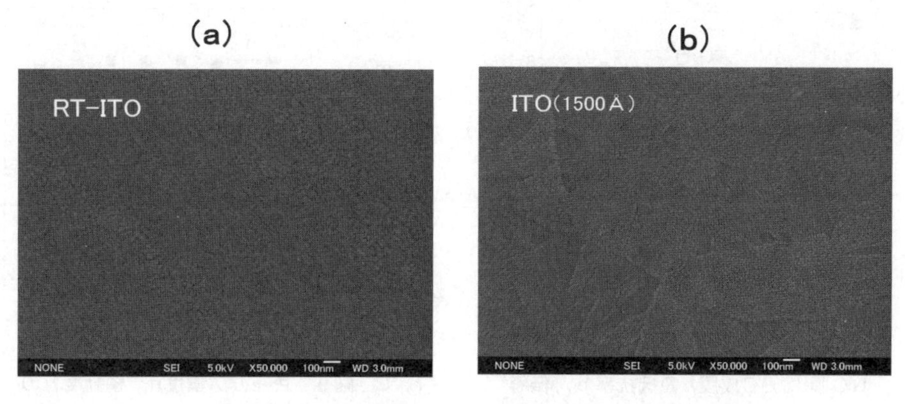

図7　室温(a)および300℃(b)で作製した各ITO膜の表面SEM観察像

–サブグレイン構造は形成されず，表面は粒状の結晶体が一様に密集したような形状となる[5)]。

1.5.3　伝導特性

図8に，抵抗率ρ，伝導率σのSnO_2濃度依存性を示す[9)]。いずれの値も各SnO_2濃度において300℃で最も抵抗率が下がる条件で作製されたITO膜の値である。図に示すように，Sn濃度の増加とともに抵抗率は減少し，$SnO_2$10wt％で抵抗率は最小値約$1.2\times10^{-4}\Omega\cdot cm$となる。さらにSn濃度を増加させると抵抗率は上昇する。伝導率は抵抗率の逆数なので，抵抗率とは逆のSn濃度依存性を示し，$SnO_2$10wt％で伝導率は最大となる。

キャリア濃度が比較的大きいITOの場合，電子の伝導は自由電子近似を使って近似的に扱うことができ，抵抗率ρと伝導率σは，電子の電荷e，キャリア濃度n，移動度μ，緩和時間τ，電子の有効質量m^*を用いて簡易的に次のように表すことができる[10)]。

$$\sigma = ne\mu$$
$$\rho = 1/\sigma = 1/ne\mu \quad (1)$$
$$\mu = e\tau/m^*$$

m^*は分光測定によるプラズマ周波数の値などから求められ，ITOでは約$0.3m_e$（m_e：電子の静止質量）である[4)]。キャリア濃度n，移動度μはホール抵抗測定から実測することができる。

図9に，図8で示したサンプルについてホール抵抗測定より求めたキャリア濃度nと移動度μをSnO_2濃度に対してプロットしたグラフを示す[9)]。図に見るように，nはSn濃度の増加とともに増加していくが，$SnO_2$10wt％でほぼ飽和に達し，それ以上Sn濃度が増加してもほぼ一定の値を示す。これは，SnO_2濃度が10wt％までは比較的効率良くSnが活性化しキャリア電子が増加す

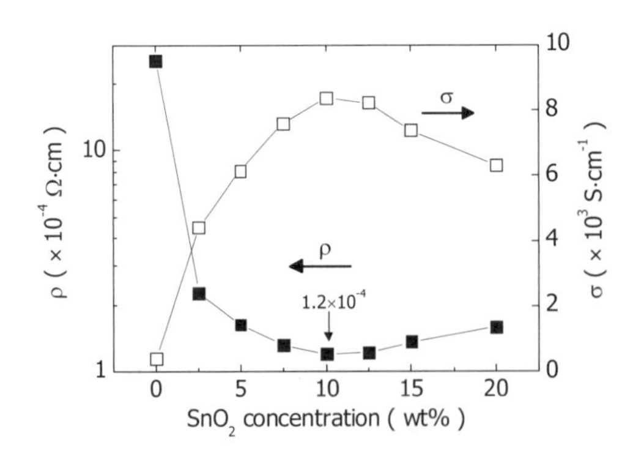

図8　ITO膜（300℃成膜）の抵抗率ρ，伝導率σのターゲットSnO_2濃度依存性

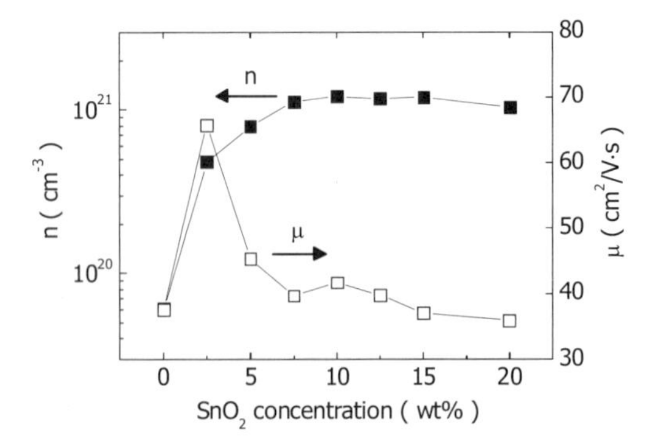

図9　キャリア濃度n，移動度μのターゲットSnO_2濃度依存性

るが，さらに添加量が増えるとSnイオン廻りの酸素の数が増えて中性不純物が形成され，キャリア電子の生成が抑制されることによるものと考えられる。一方，μはSn 0％のIn_2O_3を除き，Sn濃度の増加に伴い減少する傾向を示す。これは，Sn濃度の増加に伴い，イオン化不純物と中性不純物が増加することによるものと考えられる。以上のような振る舞いをnとμはSn濃度に対して示すので，それらの積に比例するσは$SnO_2$10wt％で最大となり，一方その逆数であるρは同じSn濃度で最小となる。

図10に，300℃で導入酸素量を変えて作製したITO膜（$SnO_2$10wt％）の抵抗率ρと伝導率σの導入酸素量依存性を示す[9]。図に見るように，ある導入酸素量でσ最大，ρ最小となる。図11には，同じサンプルのキャリア濃度nと移動度μの導入酸素量依存性を示す[9]。図に見るように，nは導入酸素量の増加に伴いなだらかに減少する。これは，酸素欠損の減少とSn廻りの中性不純物の形成によるものと考えられる。一方，μは導入酸素量の増加に伴い急激に増加したのち，その後，ほぼ一定の値を示す。最初の移動度の急激な増加は酸素欠損が減少し結晶性が向上することによると考えらえる。その後ほぼ一定の値を示すのは，酸素欠損の減少が緩やかになるのと同時に中性不純物なども形成され，全体的な欠陥の量にあまり変化がないことによるものと考えられる。以上のようなnとμの導入酸素量に対する振る舞いにより，それらの積にそれぞれ比例，反比例するσとρが，導入酸素量2 sccmでそれぞれ最大，最小になると考えられる。

図12には，成膜温度を変えて作製したITO膜（$SnO_2$10wt％）の抵抗率ρと伝導率σの成膜温度依存性を示す[9]。いずれの値も，各成膜温度において抵抗率が最も下がる条件で作製されたITO膜の値である。図に見るように，成膜温度が上昇するにつれてσは増加し，ρは減少していることが分かる。図13には，同じサンプルのキャリア濃度nと移動度μの成膜温度依存性を示す[9]。

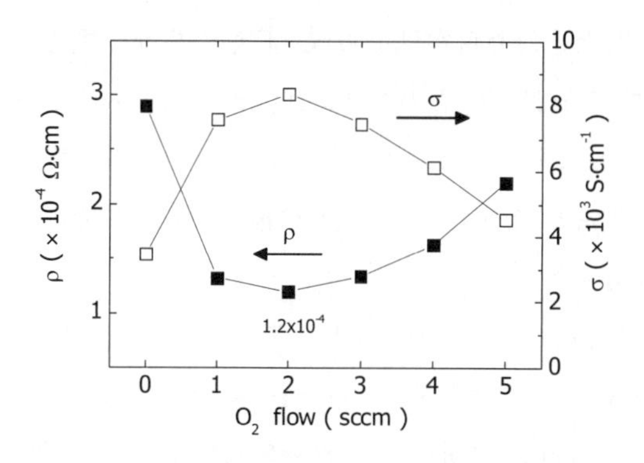

図10　導入酸素量を変えて作製したITO膜（$SnO_2$10wt％，300℃成膜）の抵抗率ρと伝導率σの導入酸素量依存性

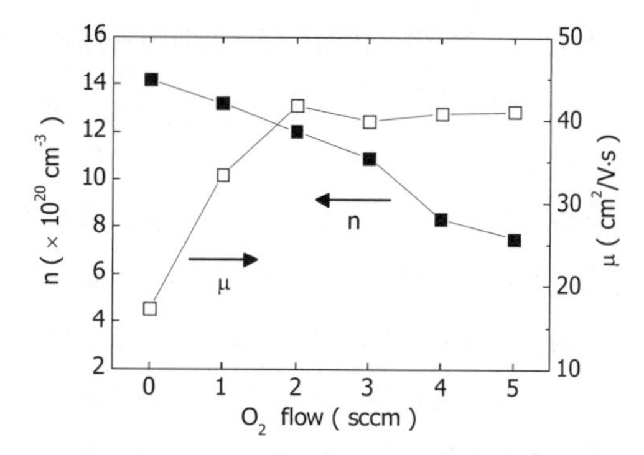

図11　キャリア濃度n，移動度μの導入酸素量依存性

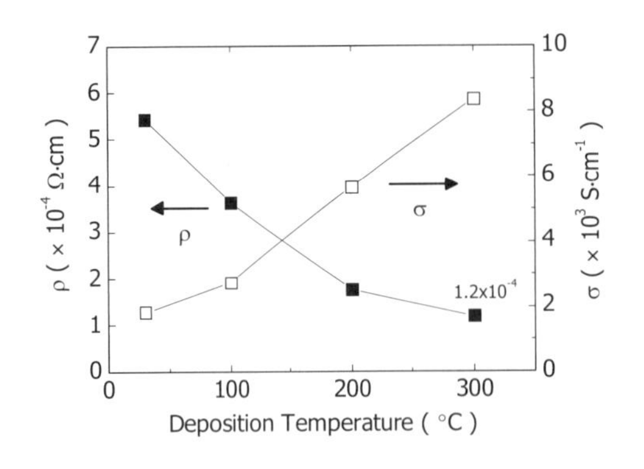

図12　成膜温度を変えて作製したITO膜（$SnO_2$10wt%）の抵抗率ρと伝導率σの成膜温度依存性

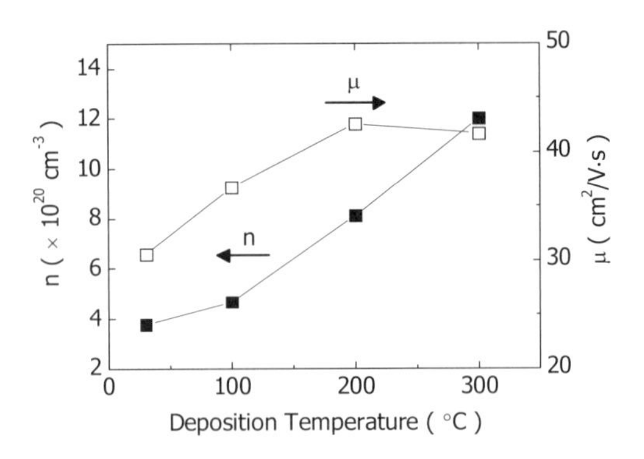

図13　キャリア濃度nと移動度μの成膜温度依存性

図に見るように，nは成膜温度の上昇に伴って増加する。これは成膜温度が高いほどSn廻りの格子が中性不純物となることなく形良く形成され，効率良くSnから伝導電子が生成されることによると考えられる。一方，μは成膜温度の上昇に伴って200℃までは増加するが，300℃では僅かに減少する。これは，成膜温度が高いほど結晶性が向上し構造的な欠陥が少なくなること，および300℃ではキャリア濃度が高くSnに由来するイオン化不純物も多いことによると考えられる。以上のようなnとμの成膜温度に対する振る舞いにより，それらの積にそれぞれ比例，反比例するσとρが，成膜温度の上昇に伴い，それぞれ増加，減少するものと考えられる。

1.5.4　光学特性

以下に示すITO膜は，$SnO_2$10wt%の焼結ターゲットを用いてスパッタリング法によりガラス基板上に作製したもので，透過率などの値はすべてガラス基板も含めての値である。

まず，ITO膜の全体的な光学特性は，図3に示したとおり可視域で吸収，反射が少なく透明である。その分光スペクトルは標準的なITO膜（300℃成膜）のものであるが，他の成膜方法，成膜条件で作製したITO膜でも全体的なプロファイルは同じようになる。ただし，結晶の欠陥の度合いやキャリア濃度の違いによって，吸収率，長波長側のプラズマ振動の波長，短波長側の吸収端の波長などが多少変化する（Burstein-Moss効果[24,25]など）。

図14に，300℃で導入酸素量を変えて作製した各ITO膜の可視域の透過率を示す[9]。ITO膜の膜厚はいずれも1500Åとしている。図に示すように，導入酸素量が0 sccmの場合，透過率は全体的にやや低い（平均約82%）が，導入酸素量が2 sccmに増加すると透過率も増加する（平均約86%）。これは導入酸素量が増えると膜中の欠陥が減少し，吸収率が減少することによると考えられる。導入酸素量がさらに増えた場合は，透過率は2 sccmでほぼ飽和しており，殆ど透過

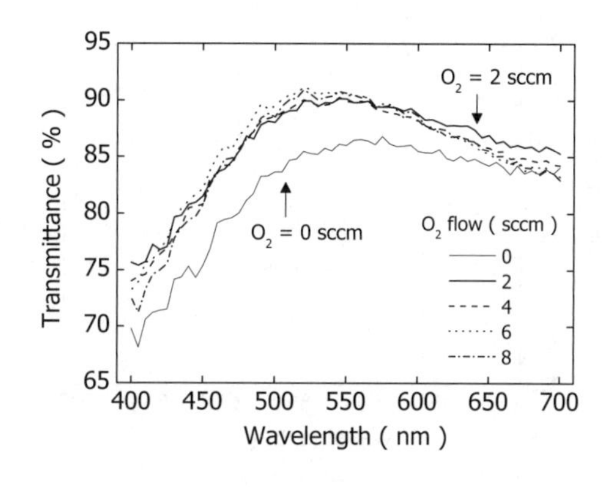

図14　導入酸素量を変えて作製した各ITO膜（$SnO_2$10wt％，300℃成膜）の可視域の透過率

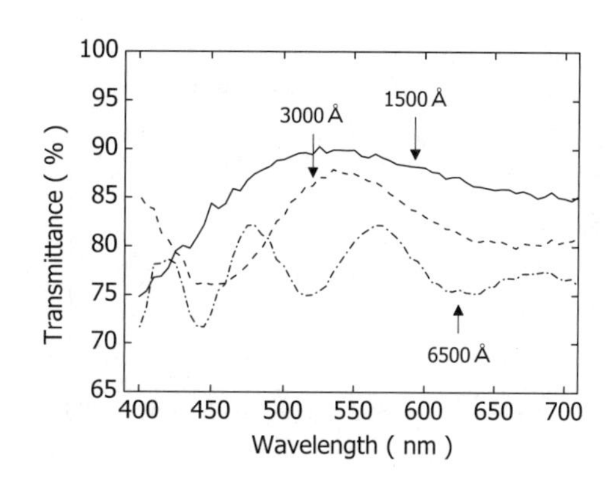

図15　膜厚を変えて作製した各ITO膜（$SnO_2$10wt％，300℃成膜）の可視域の透過率

率の増加は見られない。これは，図11のコメントで述べたように，導入酸素量が2 sccmで結晶中の欠陥の減少がほぼ飽和し，吸収率に変化がなくなることによると考えられる。

図15に，300℃で膜厚を変えて作製した各ITO膜の可視域の透過率を示す[9]。平均透過率は膜厚1500Åで86％，3000Åで82％，6500Åで77％であり，図からも分かるように膜厚が厚くなるほど透過率は減少する。これは単純に膜厚が厚いほど吸収が増加するためである。また，膜厚が厚くなるほど，分光スペクトルで極大，極小の数が増えてくる。これは，膜厚が厚いほど，下に示す光学的な干渉条件を満たす光の波長の数が増加することによる。

干渉条件：$nd = N \times \lambda / 4$　　(2)

n：屈折率，d：膜厚，λ：波長，N：整数

図16に，室温および300℃で成膜した各ITO膜の可視域の透過率を示す[9]。図に示すように，極大の位置は成膜温度が室温から300℃に上がると短波長側にシフトする。これは，上に示した式から，膜厚d，整数Nが共通なので成膜温度が室温から300℃へ上がると屈折率nが減少することを示している。その減少の原因の一つとして，膜は室温成膜ではアモルファス，300℃成膜では結晶化していることから，アモルファスよりも結晶質の方が膜の密度が小さくなっているということが考えられる。もう一つの原因は，次に述べる見かけのバンドギャップの大きさの増加であると考えられる。

図17には，室温，200℃，および300℃で成膜した各ITO膜の可視域の屈折率を示す[9]。図に見るように，成膜温度が上がるに従い，屈折率は400～700nmの全域に渡って減少する。この成膜温度が高いほど屈折率が小さくなる理由は次のように考えられる。まず，成膜温度が上昇しキャ

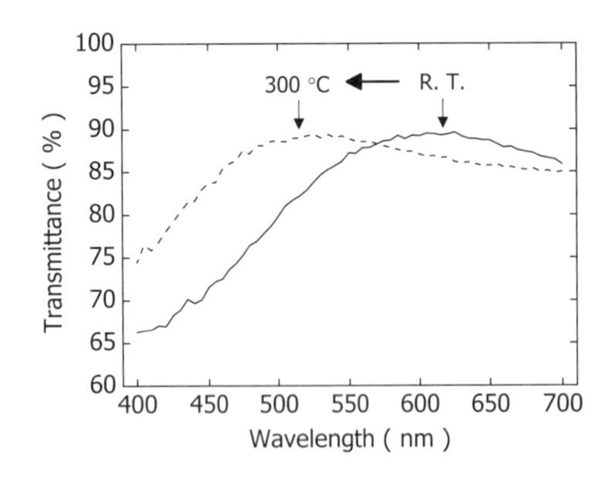

図16　室温および300℃で成膜した各ITO膜（$SnO_2$10wt％）の可視域の透過率

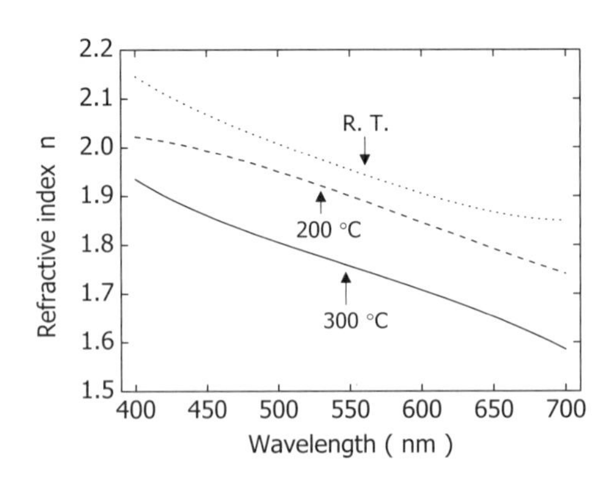

図17　室温，200℃および300℃で成膜した各ITO膜（$SnO_2$10wt％）の可視域の屈折率

リア濃度が増加すると，図2(b)のように伝導帯のフェルミ準位が上昇する。そのため，価電子帯の上端からフェルミ準位まで電子を励起するのに必要なエネルギーは増加し，見かけのバンドギャップは大きくなる（Burstein-Moss効果[24,25]）。屈折率は物質と光の相互作用の強さを反映した数値であり，物質中の電子を励起するのに必要なエネルギー（見かけのバンドギャップ）が大きくなるほど相互作用は弱くなり，屈折率も小さくなる。このような理由により，成膜温度が上昇しキャリア濃度が増加するのに伴って屈折率が減少するものと考えられる。成膜温度が高いサンプルほどキャリア濃度が大きく見かけのバンドギャップが増加することは，キャリア濃度の成膜温度依存性（図13）や吸収率の立ち上がりの波長（見かけのバンドギャップの大きさに反比例）が成膜温度が上がると短波長側にシフトすること（図18）から確認している[9]。

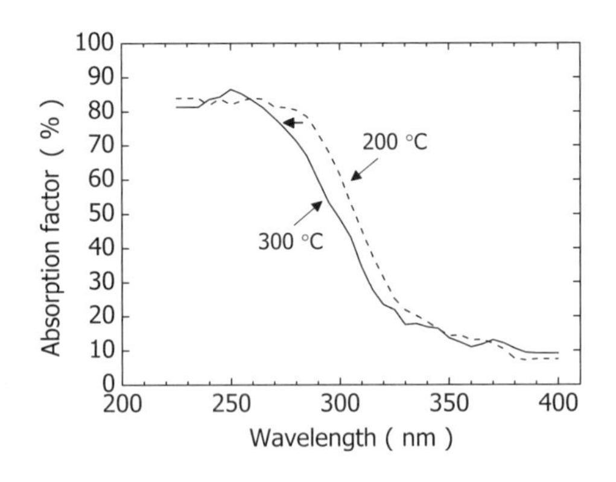

図18　200℃および300℃で成膜した各ITO膜（$SnO_2$10wt％）の300nm付近の吸収率

以上述べた伝導特性と光学特性の全体的な傾向や導入酸素量，膜厚，成膜温度などに対する依存性は，他のSnO_2濃度，成膜方法でも同じ傾向を示す。それらの特性は，伝導電子の濃度と移動度が分かれば，これまで述べたようにおおよそ理解することができる。

1.6　まとめと今後の課題

ITO膜の基本的な電子輸送機構，伝導特性，光学特性を，結晶構造とエネルギーバンド構造の基本的な枠組みは変わらないとして，主にキャリア濃度nと移動度μの二つの伝導パラメータを用いて概説した。それらの基本的な特性は，成膜方法などによらず多くのITO膜に共通している。

ITO膜の今後の課題としては，用途に応じて，伝導特性，光学特性，表面形状，各種耐性などをより最適化するということが挙げられる。しかしながら，ITOの特性はこれまでに数多くの研究がなされて限界に近いところまで向上したようにも感じられる。In資源の枯渇や価格の高騰などの問題もあり，今後は，ITOだけでなく他の透明導電膜も含めて全体的に透明導電膜の課題を解決していく必要があると考えられる。

文　献

1) 日本学術振興会　透明酸化物光・電子材料第166委員会編，“透明導電膜の技術”，オーム社（1999）
2) 澤田豊編，“透明導電膜の新展開Ⅱ”，シーエムシー出版（2002）
3) K. L. Chopra, S. Major and D. K. Pandya, *Thin Solid Films,* **102**, 1（1983）
4) I. Hamberg and C. G. Granqvist, *J. Appl. Phys.*, **60**, R123（1986）
5) 重里有三，“透明導電膜の技術” 第4章 第4.2節，p.82-119，オーム社（1999）
6) H. Okada, S. Iwata, N. Taga, S. Ohnishi, Y. Kaneta and Y. Shigesato, *Jpn. J. Appl. Phys.*, **36**, 5551（1997）
7) I. Tanaka, M. Mizuno and H. Adachi, *Phy. Rev. B,* **56**, 3536（1997）
8) M. Orita, H. Sakai, M. Takeuchi, Y. Yamaguchi, T. Fujimoto and I. Kojima, *Tras. Matter. Res. Soc. Jpn.*, **20**, 573（1996）
9) 中澤弘実，色素増感太陽電池セミナー「色素増感太陽電池における耐久性向上・高効率化技術」第一部 講演資料，技術情報協会，2003年11月
10) C. Kittel（著），宇野良清，津屋昇，森田章，山下次郎（共訳），“固体物理学入門”（第5版），丸善（1979）
11) R. L. Weiher, *J. Appl. Phys.*, **33**, 2834（1962）
12) R. Clanget, *Appl. Phys.*, **2**, 247（1973）
13) A. P. Roth and D. F. Williams, *J. Appl. Phys.*, **52**, 6685（1981）
14) Y. Shigesato and D. C. Paine, *Appl. Phys. Lett.*, **62**, 1268（1993）
15) J. R. Bellingham, M. Graham, C. J. Adkins and W. A. Phillips, *J. Non-Crystalline Solids,* **137 & 138**, 519（1991）

16) Z. Ovadyahu, *J. Phys. C: Solid State Phys.,* **19**, 5187 (1986)
17) Z. Ovadyahu, S. Moehlecke and Y. Imry, *Surface Sci.,* **113**, 544 (1982)
18) H. Nakazawa, Y. Ito, E. Matsumoto, K. Adachi, N. Aoki and Y. Ochiai, *J. Appl. Phys.,* **100**, 093706 (2006)
19) Z. S. Teweldemedhin, K. V. Ramanujachary and M. Greenblatt, *J. Solid State Chem.,* **86**, 109 (1990)
20) R. B. Dingle, *Philos. Mag.,* **46**, 831 (1955)
21) J. R. Bellingham, W. A. Phillips and C. J. Adkins, *J. Phys.: Condens. Matter,* **2**, 6207 (1990)
22) T. Ohyama, M. Okamoto and E. Otsuka, *J. Phys. Soc. Jpn.,* **52**, 3571 (1983)
23) M. Kamei, Y. Shigesato and S. Takaki, *Thin Solid Films,* **259**, 38 (1995)
24) E. Burstein, *Phys. Rev.,* **93**, 632 (1954)
25) T. S. Moss, *Proc. Phys. Soc. London,* **B67**, 775 (1954)

2 有機EL用透明導電膜

浮島禎之*

2.1 はじめに

透明導電膜はITO（Indium tin oxide）膜をはじめとして帯電防止膜，熱線反射膜，面発熱体，光電変換素子や各種フラットパネルディスプレイに広く用いられている。特に最近ではノートPCやカーナビ，PDA，携帯電話などの普及とともに，液晶ディスプレイ（LCD）での需要が急増している。最近では10世代に向けたパネルの大型化と量産用スパッタ装置の開発が重要視されている。2007年10月にソニー㈱から有機ELテレビの発売が発表されたこともあり，有機ELの開発が各社で活発化しており，透明導電膜に要求される特性も多様化している。

通常の有機EL（光をTFT基板側に取り出すボトムエミッション方式）の透明電極としては表面平滑性と低抵抗が要求される。最近では，下部にあるTFT駆動回路の制約から，光取り出し効率が落ちるために，光を有機層側へ取り出すトップエミッション型の有機ELディスプレイが盛んに研究されている。有機層上への成膜となる上部電極では，特に低ダメージな成膜方法が要求される。本稿ではLCDでのITO成膜技術について簡単に述べた後，有機ELディスプレイ用途に要求される透明導電膜の動向について概説する。

2.2 透明導電膜全般

2.2.1 透明導電膜の種類

一般的に透明導電膜にはAu，Ag，Cuなどの金属薄膜とIn_2O_3[1)]，SnO_2[2)]，ZnO[3)]，Cd_2SnO_4[4)]などをベースとした酸化物半導体などがある。

金属薄膜は可視光透過率を上げるためには薄くすることが条件である。金属薄膜を用いた場合，シート抵抗と透過率は相反関係にある。酸化物半導体はいずれもn型の導電性を示し，10^{18}～$10^{20}cm^{-3}$の高いキャリア電子密度と10～50$cm^2V^{-1}s^{-1}$もの高い電子易動度を合わせ持つ特異な半導体である。ドナー準位は，化学量論組成からの酸素欠損と添加元素のイオン化により形成され，比抵抗を大幅に低下することができる。

LCD製造装置においてはIn_2O_3にSnO_2を添加したITO膜がよく用いられている。その理由は①膜の比抵抗が小さく，可視光透過率に優れること，②大面積基板での湿式エッチングが比較的容易に行える，③高品位のターゲットが安価で供給される，等が挙げられる。

2.2.2 透明導電膜の作製方法

ITOを中心とした酸化物透明導電膜の作製方法には蒸着，スパッタなどの物理的作製法とスプ

＊ Sadayuki Ukishima ㈱アルバック 千葉超材料研究所 第2研究部 第1研究室 室長

レー，塗布，CVDなどの化学的作製法がある。

LCD製造プロセスにおいては膜特性，生産性の理由から物理的作製法を採用しているメーカーがほとんどである。中でもスパッタ法は，真空中への酸化剤導入の形で酸素欠損ドナーの最適化ができるため低抵抗膜が容易に得られること，基板の大型化に対してターゲットの大型化で比較的容易に対応できることなどからITO成膜法として用いられている。

その他，イオンプレーティング技術を用いたITO成膜法も低抵抗膜を作製できる。住友重機械工業㈱のPCS（Prasma Coating System）は多結晶ITO膜に比べて膜の平坦度が優れることから有機EL業界からも注目されている。ただし，大型基板対応にはプラズマ源を複数並べる等の工夫が必要である。

化学的作製法は現状，作製温度（焼成温度）が高く，比抵抗もスパッタやイオンプレーティングに比べ１～２桁高いのが課題として残っている。ただし，平面以外の基板への膜形成が容易であること，インクジェットプリンティング技術を用いたパターニングが可能なこと等がメリットである。

2.2.3 低抵抗化技術（低電圧スパッタ法）

ITO膜の低抵抗化技術として当社の開発した低電圧スパッタ法が有効である[5]。本方法はLCD以外にもPDP，太陽電池，タッチパネル等のITO量産技術として幅広く用いられている。スパッタ法を用いた場合，プラズマ中の負イオン（酸素イオン）がスパッタ電圧に応じた電界で基板方向へ加速されITO膜に入射される。このため，膜中で黒色絶縁性低級酸化物であるInOが形成され，ITO膜の抵抗を劣化する。通常の低電圧スパッタ法は永久磁石の磁場強度を増大すること

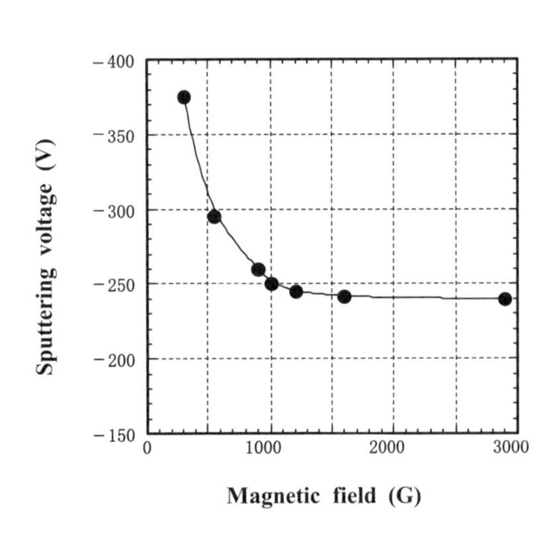

図１　磁場強度とスパッタ電圧の関係

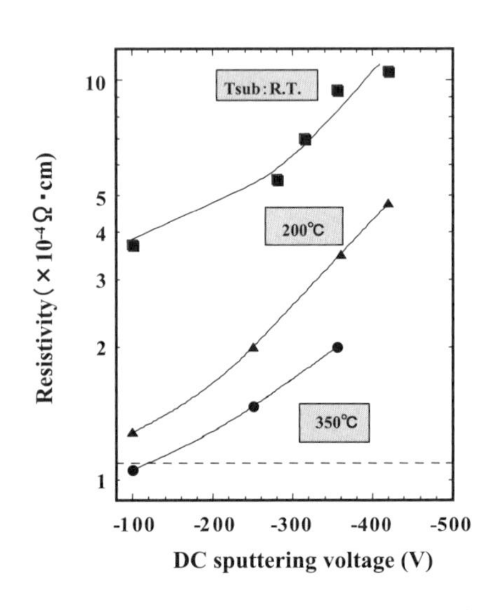

図２　スパッタ電圧とITO膜の比抵抗の関係

で低電圧化を図っている。この場合，1000G以上で－240V程度のスパッタ電圧になり，それ以上磁場強度を増加してもスパッタ電圧は低下しない（図1）。さらなる低電圧化のためには通常のDCカソードへRFを重畳し，プラズマ密度を増大することにより，低電圧化を図っている。図2に示すようにスパッタ電圧を低下させることによりITO膜の比抵抗を低下することができる。

2.3　有機EL用透明導電膜

2.3.1　有機ELとは

有機ELはOLED（Organic Light-Emitting Diode）とも呼ばれある種の有機蛍光体の薄膜に電界を印加すると発光する現象を利用した表示デバイスで次世代のフラットパネルディスプレイとして期待されている。現在FPDの主流となっているLCDと比較して，①バックライトが不要であることからより薄型・軽量化が可能となる，②自発光であることから視認性が高く，視野角の依存性がない，③応答速度が極めて速く（数十μs），動画の描画に優れている，④消費電力を抑制できる，⑤液晶ディスプレイに比べて部品点数が少ない，等の特徴を持っている。

現在カーステレオ表示パネルや携帯電話等で一部実用化されており，携帯電話，PDA，車載向け等の小画面規模の製品が期待されている。前述したようにソニー㈱からの有機ELテレビの販売の発表に刺激されて，今後も低分子系，高分子系の両方で有機ELの開発は加速され，有機ELは近い将来，FPD分野の中で急成長を遂げるものと推測される。

2.3.2　有機EL用透明導電膜に要求される特性

有機ELに使用される透明導電膜は低抵抗，高透過率，エッチング特性の他に表面平滑性が重要視される。有機ELディスプレイは①電流注入型のデバイスであること，②有機薄膜が100～200nmと薄いこと，③低分子系の材料は蒸着法で形成されるため下地の形状の影響を受けやすいこと，などの理由からITO表面に突起部が存在すると電界集中が起こり，ダークスポットの発生やリーク電流の増大につながる（図3）。リーク電流の増大はクロストークと呼ばれる発光点以外の隣で発光する現象が問題となり，パッシブタイプで使われる場合は特に顕著となる。このため，通常の多結晶ITO膜を有機EL用の透明導電膜に用いるためには研磨工程を必要とするためにコストアップの一因となっている。

有機ELを表示デバイスに用いる構造には，パッシブ型とアクティブ型があるがITO膜への要求としては，パッシブ型では低抵抗で表面平滑性が優れていること，アクティブ型ではTFT素子へのダメージを低減することと，研磨工程が行えないので平坦化された透明導電膜を直接形成できることである。

有機EL用の透明導電膜としては，上記で記述したボトムエミッション型の他にトップエミッ

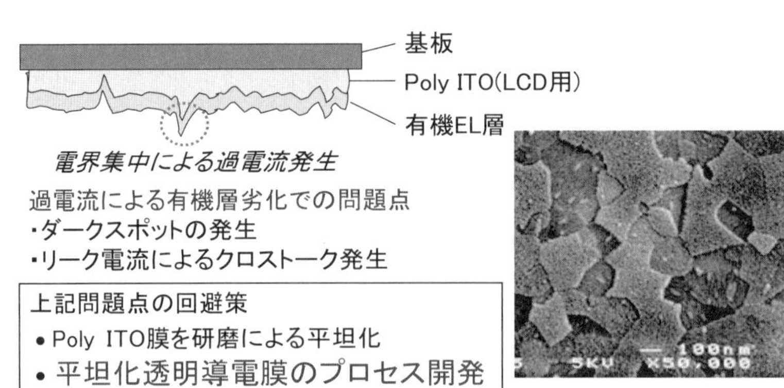

図3　有機EL用途のITO膜での平坦化の必要性

ション型の透明導電膜もある。トップエミッション型では有機膜上へ透明電極を形成するために特にダメージフリーな形成法であることが要求される。蒸着法はダメージフリーな手法であるが，生産性，基板の大型化を考慮するとスパッタ法が有利である。低ダメージなスパッタ方法として2.3.4項にて対向スパッタ法を紹介する。

2.3.3　表面平滑ITO（Super ITO）膜の作製法

(1)　H_2O添加による非晶質ITO膜

1997～98年当時，液晶ディスプレイのTFT基板作製に関して，非晶質ITO成膜技術が重要になっていた[6]。これは，①基板の大型化に伴い，多結晶ITOを均一に作製することが難しいこと，②多結晶ITOの湿式エッチングでは塩酸系の強酸が用いられるために，周辺の配線膜（アルミニウム系薄膜）へのダメージが懸念される場合があること，③多結晶ITOのエッチングは粒界から選択的に行われるため，加工精度よくパターニングできない等が挙げられる。画素電極としては抵抗値はある程度犠牲にしても弱酸で加工精度よくエッチングできる非晶質透明導電膜の要求が高まっていた。

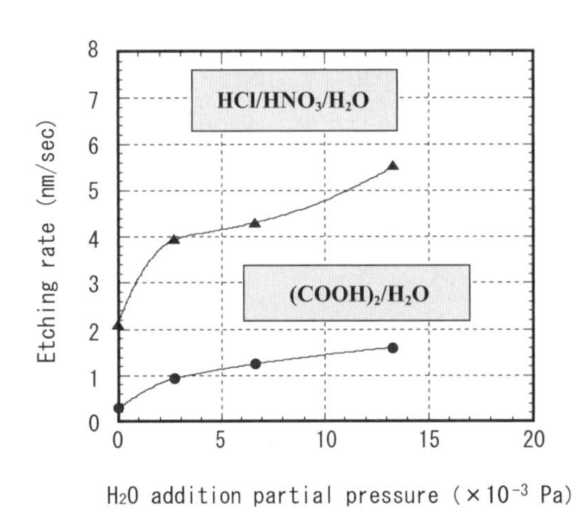

図4　H_2O添加量とITOエッチング速度の関係

低温成膜で安定した非晶質ITO膜を得る方法として，当社の開発した「H_2O添加法」が有効である[7]。ITO膜の結晶化温度は150～200℃付近にあるために，通常200℃以上の成膜温度で多結晶ITO膜が得られる。一方，低温成膜（従来のAr/O_2ガス系）だけで均一な非晶質ITO膜を安定して得ることが難しい。大気開放がない枚様式やインライン式の成膜装置の場合，成膜を繰り返す度にH_2O分圧が低下し一部の膜が微結晶化することによりエッチング速度が低下することが問題となる。このため，成膜チャンバー中の残留H_2O量を一定にするために，H_2Oを積極的にチャンバー内へ導入し，プロセスの安定化を図った。H_2O添加を行うことにより，微結晶化が阻害され，シュウ酸系などの弱酸でもエッチング速度が向上し（図4），比抵抗600 μΩcm程度の非晶質ITO膜が安定して得られるようになった。次の(2)項でも述べるが，結晶粒界のない平滑な膜が得られるために，加工精度のよいエッチングが行われるのが特徴である。

(2)　有機EL用透明導電（Super ITO）膜

当社では前述の非晶質ITO成膜技術をベースに有機EL用途として表面平滑性に優れた透明導電膜を開発した[8]。一つは通常のガラス基板上へ作製するタイプ（Super ITO A）である。Super ITO Aは低温で非晶質ITO膜作製後にアニール処理することにより，低抵抗化がなされる。もう一つは平面発光体やフレキシブル基板対応用に開発した常温形成のままで低抵抗値を実現したSuper ITO Bである。

図5に多結晶ITO膜とSuper ITO膜のAFM像を示す。多結晶ITO膜では結晶粒界が明確に見え，表面平滑性が悪いことがわかる。これに反してSuper ITO膜ではA，Bどちらのタイプでも表面平滑性に優れている。Rmax（測定範囲での最大凹凸の差）はAタイプで5.05nm，Bタイプで6.09nmと多結晶ITOの20.4nmの1/4倍程度である。このため，多結晶ITO膜を有機ELに用いた場合に必要とされていた研磨工程が省略されるので，工程の簡略化という点でメリットは大きい。また，アクティブ型の場合，TFT上に形成されたITO膜は研磨液によりTFT特性を損な

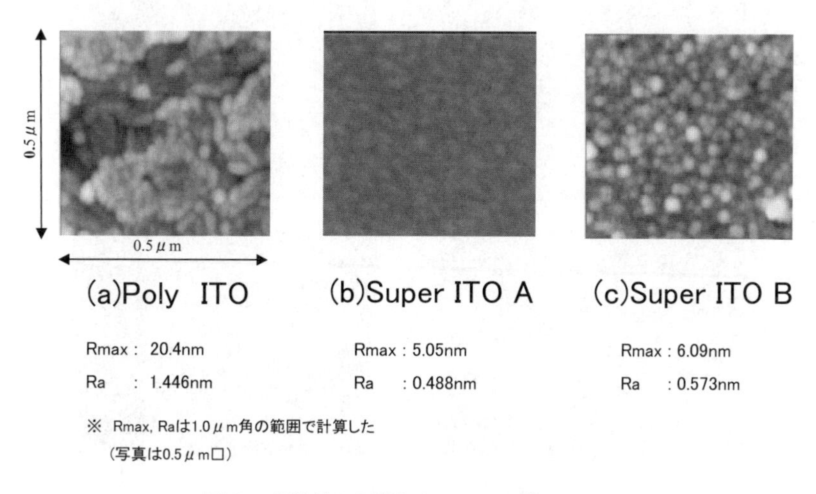

図5　多結晶ITO膜とSuper ITO膜のAFM

表1　Super ITO膜の抵抗値と特徴

膜　種	膜　厚	シート抵抗	比抵抗	作製中 最高温度	応　用
従来ITO	1000Å	20Ω/□	200μΩcm	200℃	
Super ITO A	1500Å	15.3Ω/□	230μΩcm	200℃	パッシブ素子，アクティブ素子
Super ITO B	1000Å	6Ω/□	60μΩcm	R. T.	フレキシブル素子，バックライト

う可能性があるため，多結晶ITO膜を使用することは難しい。以上のことから，表面平滑性に優れたSuper ITO膜はパッシブ，アクティブ型どちらの有機ELにも適した透明導電膜と言える。

Super ITO膜の抵抗値と応用について表1にまとめた。Aタイプのシート抵抗は膜厚150nmで15.3Ω/□（比抵抗230μΩcm）程度である。低電圧スパッタ法で作製した多結晶ITO膜の抵抗値が200μΩcmであるのでほぼ同等の値と言える。Bタイプは極薄の金属膜を導入し，膜構造を工夫することにより室温形成にも関わらず，膜厚100nmで6Ω/□（比抵抗60μΩcm）と超低抵抗な膜が得られる。　抵抗値が従来のITO膜に比べ，1/3程度と低いため面内で等電位面が容易に出せるために電圧降下が起こりにくく，バスラインなしで大面積での平面発光体を作製できる可能性がある。透過率は可視光領域（400～700nm）では，どちらも90％以上あり特に問題ない。

図6にウェットエッチングした時の多結晶ITO膜とSuper ITO Aの表面SEMを示す。透明導電膜上へフォトレジストでL＆Sのパターンを形成し，ウェットエッチング液で処理後，フォトレジストを除去した後の写真である。Super ITO A膜はエッジ形状がシャープで良好なエッチ

Poly ITO

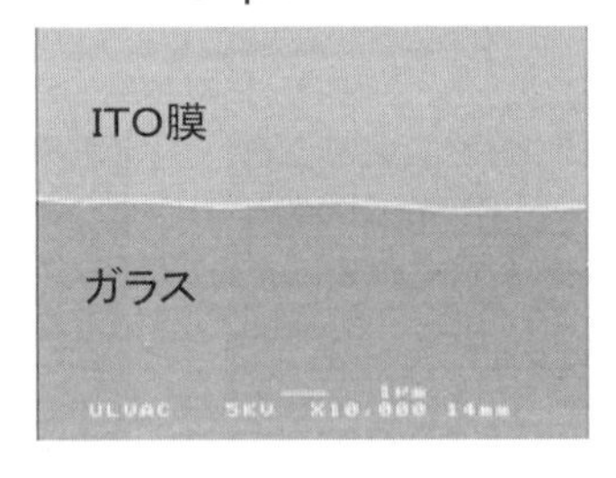

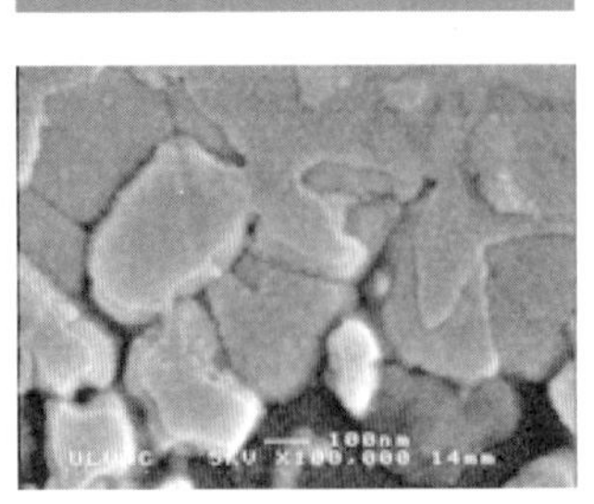

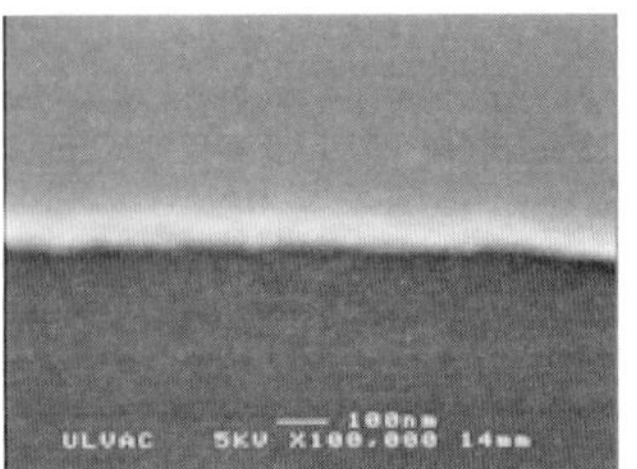

図6　多結晶ITO膜とSuper ITO膜のエッチング特性比較

ング特性を示しているが，多結晶ITO膜ではエッジ端部の形状が不良であることがわかる。多結晶ITOは結晶粒界を持つためにそこから選択的にエッチングが進行するためと推定される。高倍率のSEMで観察すると，エッジには結晶粒からエッチング液が染み込んで発生したと思われる鱗状のITO片が多数存在する。これらはデバイス作製においてクロストークや電界集中等の不具合を引き起こしたり，最悪の場合，作製工程で容易に剥れ落ちダスト源になり，ショートや断線と言った不具合も誘発する恐れがある。Super ITO膜はエッチング特性の面からも有機EL用透明電極として大きなアドバンテージとなる。

2.3.4　対向スパッタ法

透明導電膜の作製には蒸着法またはスパッタ法が用いられるが，有機膜上への薄膜形成には，蒸着法が用いられるのが一般的である。スパッタ粒子は蒸着と比較して数十～数百倍の運動エネルギーを有し，また，プラズマを用いるプロセスのため，荷電粒子（電子，イオン），反跳アルゴン，O_2ラジカルの発生があり各種のダメージが懸念される。有機ELのトップエミッション用透明導電膜等の低ダメージを必要とするスパッタ法には下地膜界面にダメージが少ないプロセスが要求される。その中で基板がプラズマの曝されない低ダメージなスパッタ法として対向スパッタ法が注目されている。プラズマ中の二次電子や酸素負イオンによる高エネルギー粒子の基板衝撃を抑制可能なITO膜の対向ターゲット式スパッタ法の有効性が報告されている[9～12]。

図7に対向式ターゲットと平行平板ターゲットを保持したインターバック式のスパッタ装置の概略を示す。ダメージレス成膜が必要な有機界面（初期層）を対向スパッタ法で行い，その後，平行平板マグネトロンスパッタで高速成膜をする構成となっている。

図8は一般的な有機EL材料として知られるtris（8-hydroxy-quinoline）aluminum（Alq_3，膜厚60nm）膜上に種々のスパッタ法でITO膜を形成し，ITO成膜前後のPhotoluminescence（PL）強度を比較した結果である。図8(a)，(b)は酸素導入しながら成膜した平行平板スパッタと対向ス

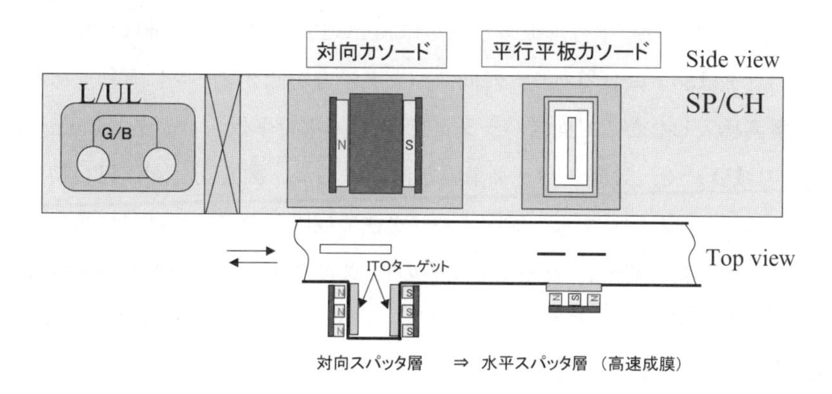

図7　低ダメージスパッタ装置の概略図

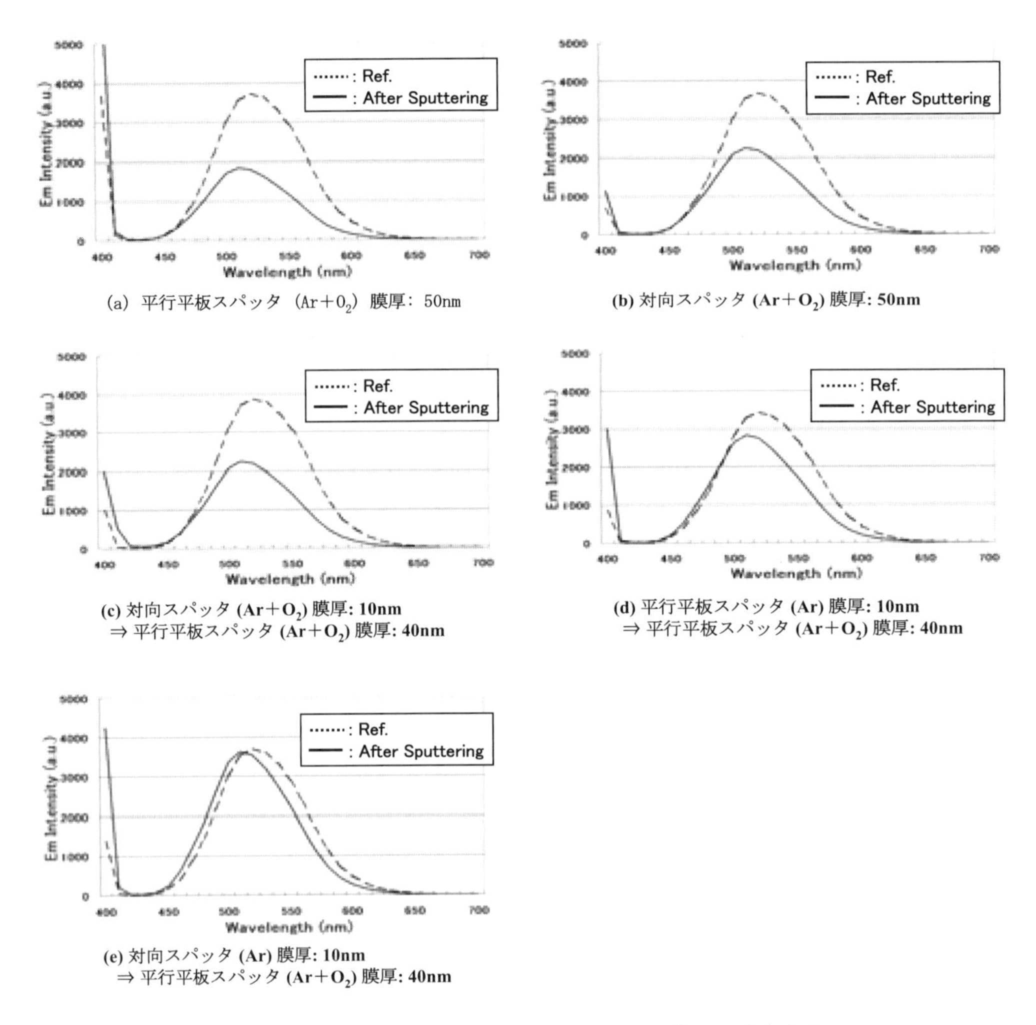

(a) 平行平板スパッタ（$Ar+O_2$）膜厚：50nm

(b) 対向スパッタ ($Ar+O_2$) 膜厚: 50nm

(c) 対向スパッタ ($Ar+O_2$) 膜厚: 10nm
⇒ 平行平板スパッタ ($Ar+O_2$) 膜厚: 40nm

(d) 平行平板スパッタ (Ar) 膜厚: 10nm
⇒ 平行平板スパッタ ($Ar+O_2$) 膜厚: 40nm

(e) 対向スパッタ (Ar) 膜厚: 10nm
⇒ 平行平板スパッタ ($Ar+O_2$) 膜厚: 40nm

図8　各種スパッタ法でITO膜を作製後のAlq_3膜のPL強度変化

パッタITO膜の比較である。平行平板スパッタはRef.（ITO未成膜時基板のPL強度）から56%減衰，対向スパッタは36%減衰であり，対向スパッタの方が低ダメージに有効であることがわかる。図8(c)は酸素導入しながら対向スパッタ（10nm）／平行平板スパッタ（40nm）の積層膜のPL強度（39%の減衰）で，対向スパッタ単膜と同等である。図8(d)，(e)はITO初期層（10nm）を酸素導入無しでそれぞれ平行平板，対向スパッタ法で成膜した後，二層目に酸素導入しながら平行平板スパッタで厚膜（40nm）を積層した膜のPL強度である。初期層を酸素導入しない場合は，平行平板でも14%減衰にとどまり（図8(d)），スパッタ初期層の酸素導入がAlq_3膜のPL劣化の主要因と言える。ただし，平行平板スパッタでは完全に酸素ダメージをなくすことが難しく，図8(e)のように初期層を酸素導入無しの対向スパッタを行うことでAlq_3のPL劣化を完全になくすことができる。

図9に対向スパッタ（T/S=95, 125, 155, 185 mm）と平行平板スパッタにおいて共に480nm成膜した際の放電途中での成膜時間における基板温度上昇を示す。各々480nm厚成膜した時における温度は，対向スパッタ（T/S=185 mm）は46℃，平行平板スパッタは68℃を示し，対向スパッタは温度上昇が少ないことからも，熱ダメージにも有利なプロセスであると言える。

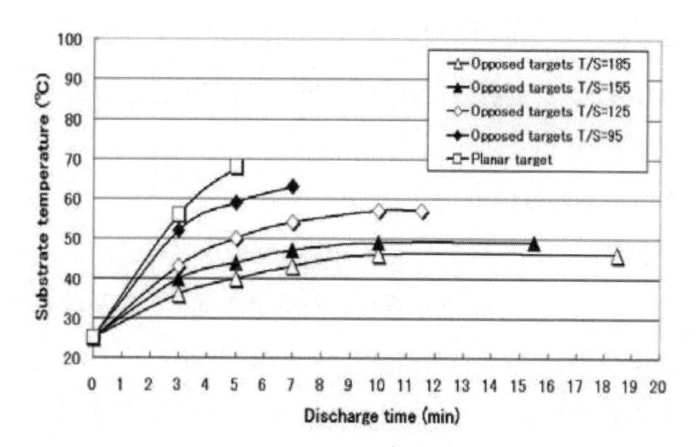

図9　対向スパッタ法でITO膜成膜時の基板温度上昇
T/SはTarget（ターゲット）とSubstrate（基板）の距離の略

2.3.5　In-Zn-O系透明導電膜

IZO膜は開発当初はIDIXO（Idemitsu Indium X-Metal Oxide）膜とも呼ばれ，出光興産が独自開発したIZOターゲットを用いて成膜される。ITOで用いられるSnO_2の代わりにZnOを10wt%添加している。ITO膜（In-Sn-O系）に比べて，広範囲の成膜条件（成膜温度：室温～350℃）で非晶質膜が得られるのが特徴である。このため，膜の表面平滑性にも優れている。比抵抗は300～400μΩcm程度で加熱成膜領域では結晶化するITO膜の方が低抵抗化であるが，逆に低温成膜領域ではIZO膜の方が低抵抗となる（図10）。IZO膜は非晶質ITO膜に比べてシュウ酸系の

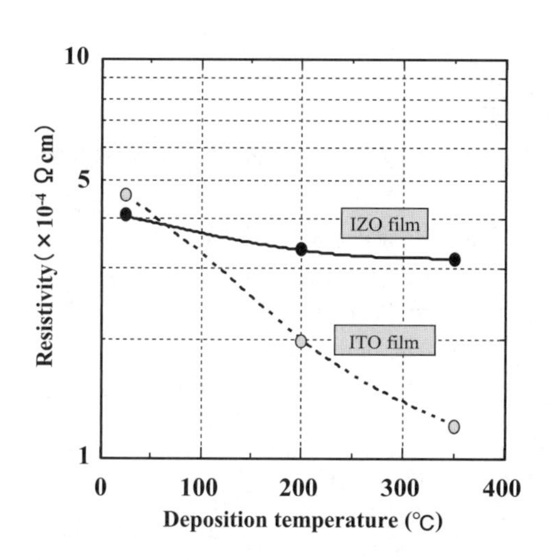

図10　ITO，IZO膜の成膜温度と比抵抗の関係

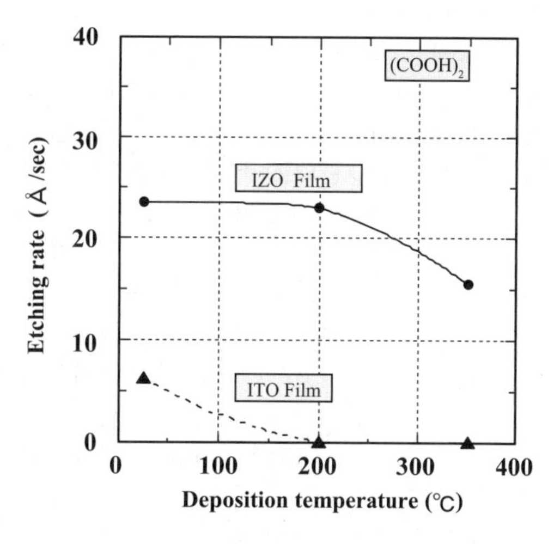

図11　ITO，IZO膜の成膜温度とエッチング速度の関係（シュウ酸系エッチャント）

エッチング速度が非常に速いのが特徴である（図11）。上記特徴から，アクティブマトリクス型の有機ELに使用される低温PolySi-TFTの画素電極として注目されている[13]。

2.4　おわりに

LCD向けのITOスパッタ技術の歴史から有機EL向けのITO膜成膜技術を中心に述べた。有機ELでは，表面平滑性を重視した透明導電膜の作製法が注目されている。我々は，液晶TFTの非晶質透明導電膜の作製技術をベースに低電圧スパッタ法で有機EL用に適した透明導電膜（Super ITO膜）を開発した。開発したプロセスを用いた透明導電膜では表面平滑性に優れる他，比抵抗，透過率，エッチング特性にも優れている。当社では液晶ディスプレイでの実績を活かし，基板の大型化，量産化を容易に行うことができるのもメリットである。また，トップエミッション用途など有機膜上への成膜では低ダメージなスパッタ法が要求されるが，対向スパッタ法によるITO膜作製技術の有用性について述べた。有機EL用途では有機層との界面を持つために，有機EL用透明導電膜として多様な特性が要求されると予想される。当社においても，有機EL製造装置や保護膜形成装置と合わせて有機EL用のスパッタプロセス開発，装置提供に尽力する所存である。

文　献

1)　木村，渡辺，石原，鈴木，伊東，真空，**30**（6），16（1987）
2)　鈴木，水橋，坂田，真空，**21**（5），14（1978）
3)　T. Minami, H. Nanto, S. Takata, *Jpn. J. Appl. Phys.,* **23**（5），L280（1984）
4)　N. Miyata, K. Miyake, S. Nao, *Thin Solid Films,* **58**, 385（1979）
5)　S. Ishibashi, Y. Higuchi, Y Ota, K. Nakamura, *J. Vac. Sci. Technol.,* **A8**（3），1403（1990）
6)　石橋，電子材料1998年6月号，99（1998）
7)　S. Ishibashi, Y. Higuchi, Y. Ota, K. Nakamura, *J. Vac. Sci. Technol.,* **A8**（3），1399（1990）
8)　浮島，伊藤，新井，清田，小松，石橋，*ULVAC Technical Journal,* No. 56, 1（2002）
9)　Y. Hoshi, M. Naoe, S. Yamanaka, *J. J. A. P.,* **16**, 1715-1716（1977）
10)　Y. Hoshi, H. Kato, K. Funatsu, *Thin Solid Films.,* **445**, 245-250（2003）
11)　原口，西川，植田，小川，真空，**47**, 187-190（2004）
12)　高澤，浮島，谷，石橋，真空，**49**（12），77-80（2006）
13)　Semiconductor FPD World，2001年9月号掲載記事，146（2001）

3　スパッタ法を用いたLCD用ITO膜の作製技術

清田淳也*

3.1　はじめに

LCDを中心とする平面型表示素子では，可視光領域で高透過率であり，また高い電気伝導性を有し且つ，高い加工特性（エッチングによる）が得られる透明導電膜が必要となる。従来Au，Agを中心とした貴金属の薄膜（5～20nm）が主流であった。しかし，これらの材料は金属であるがゆえに，抵抗値と透過率がトレードオフの関係にあり，前述の膜特性を充分に満たすことができなかった。

一方，In_2O_3-SnO_2膜（以下ITO）をはじめとする酸化物半導体は，3eV以上のバンドギャップであるために可視光領域での吸収が生じない。また，導電性に関しては化学量論組成から少し還元させた状態にする事により，酸素空孔による導電性が向上し，さらに各種添加物を添加することにより，比抵抗としては10^{-3}～10^{-4}Ωcm程度の抵抗が得られるようになった。また，加工性においては，各種添加元素，もしくは成膜中の雰囲気のガス添加により従来の結晶化した膜より優れた材料，プロセスが提案され，その結果として，酸化物半導体のITOは数百nmの薄膜において10Ω/□程度のシート抵抗が得られることと，可視光域での透過率が高いために各種フラットパネルディスプレイ，帯電防止膜，熱線反射膜，面発熱体，光電変換素子など広く用いられている。特に最近では，ノートPCや小型TV，携帯用情報端末などの普及とともに，液晶ディスプレイ（以下LCD）での需要が増加している。ここでは，平面型表示素子の中で特にLCD用のITO膜に着目し，その駆動方式の違いや，下地との相性から要求される膜特性が多様化してきている現状を総括する。

3.2　各種LCDにおける透明導電膜の要求特性と生産装置

LCDを中心とした産業界では，スパッタ法が広く用いられている。特に低電圧型のスパッタ法が膜形成方式として広く用いられている。同じスパッタ法を用いたITO膜においても，表1に示すように，デバイスによりITO膜に要求される膜特性は異なる。

また，それぞれの製品製造体制の特徴から使用される。スパッタ装置の形態も異なっている。

図1にスパッタ装置の模式図を示す。TN，STNや，CF用のITOは，主に通過成膜のインラインスパッタ装置を用いて生産される。また，TFT画素電極用のITO膜においては，キャリアを用いない，基板固定型の枚葉処理装置が広く用いられている。

通過成膜のインラインスパッタ装置においては，基板搬送中に基板を加熱処理し，さらに成膜

＊　Junya Kiyota　㈱アルバック　千葉超材料研究所　部長

表1　各種LCDに求められる膜特性

デバイス	ITO膜の目的	主な膜厚(nm)	シート抵抗(Ω/□)	主な下地層	その他
TN	駆動配線	15～ 30	60～100	SiO_2	低抵抗であること
STN	駆動配線	300～450	3.5～8	SiO_2	低抵抗であること
TFT	画素電極	35～140	30～120	TFT素子（ドレイン電極が下部にあることが多い）	エッチング特性 エッチングパターニング特性
CF	共通電極	120～160	10～30	カラーフィルター	カラーフィルターの耐熱性を考慮した低温成膜

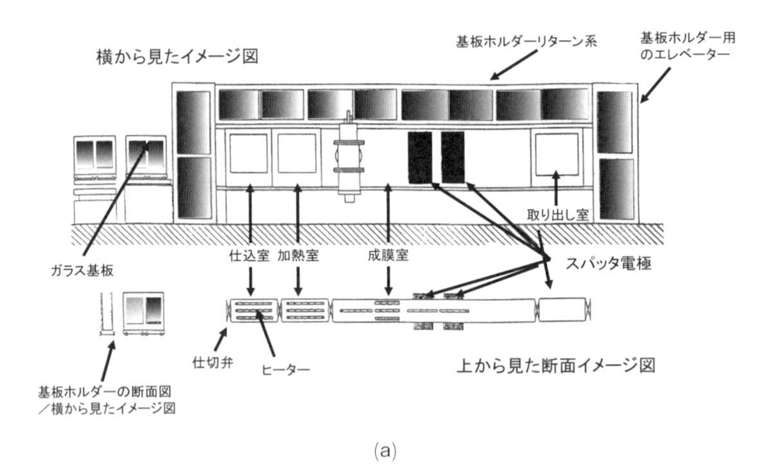

(a)

(b)

図1　スパッタ装置の模式図

(a)インラインスパッタ，(b)枚葉式スパッタ装置

できるために非常に高い生産性が得られる特徴があり，TN，STN及びCF用のITO成膜に用いられている。固定成膜型の枚葉処理装置は，最近のガラス基板の急激な大型化に伴い，縦型枚葉処理装置に推移してきている。弊社では，G6世代のスパッタ装置を世界に先駆け市場投入してきた。本装置技術の開発により，装置設置面積を大幅に低減することが可能となった。本装置技術は，TFT用のITO成膜に限らず，メタル配線膜においても広く使用されている。

また，著者等は大面積ガラス基板への均一スパッタ成膜技術として，ACスパッタ法を開発した。ガラス基板の大面積化に伴い，従来のDCスパッタ法では対向電極（以下，アノード）の均一配置とアノード面積の確保が課題となっていた。著者等は，隣接するターゲットをアノードとしたACスパッタ法を開発し，この課題を解決する事に成功した。現在，第7世代を超える大型ガラス基板へのITO成膜装置は，縦型枚葉装置であり，そのスパッタカソードにはACスパッタ法が採用されている[1)]。

3.3　TN，STN用透明導電膜の形成方法－低抵抗ITO膜の形成

高温成膜で低抵抗なITO膜が得られる事は広く知られている。しかし，量産装置においては，高温成膜による基板の反りや基板の変形により，ホルダーから基板が落下することや，取り出し時の基板急冷却時の基板へのダメージなどが懸念される。従って，低温低抵抗な成膜技術が求められていた。

著者等は，スパッタ法でITO膜を形成する際に，発生する負イオンによるプラズマダメージを低減させ，従来よりも大幅に低抵抗でエッチング特性の安定したITO膜を得ることができる

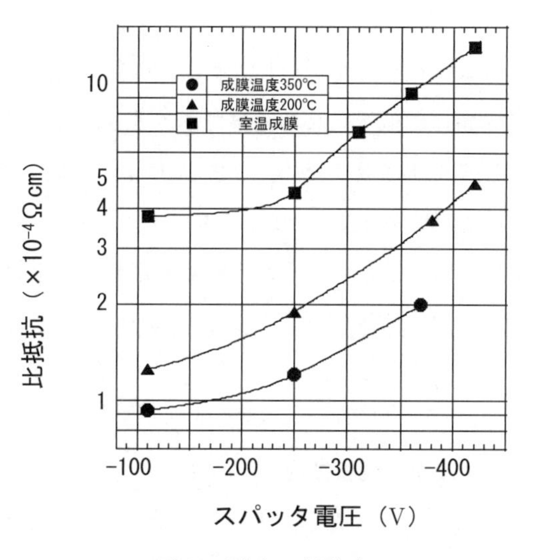

図2　電圧 vs 抵抗率

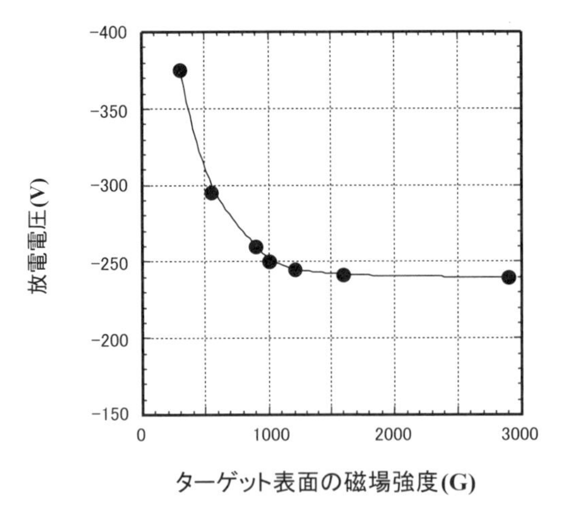

図３　ターゲット表面の磁場強度と放電電圧の関係

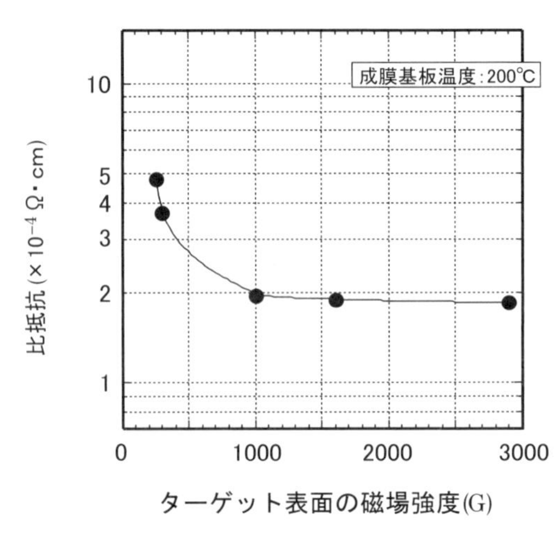

図４　ターゲット表面の磁場強度と比抵抗の関係

「低電圧スパッタ法」[2] を開発した。

図２に，量産に一般的に用いられている基板通過成膜によりITO膜を形成した場合のスパッタ電圧と抵抗率の関係を示す。

低電圧スパッタ法では，マグネトロンの磁場強度を増大させることで低電圧化を行っているが，磁場強度の増加だけでは電圧の低下は約1000G，－250V付近で飽和してしまい，これ以上磁場強度を増加してもスパッタ電圧はほとんど低下せずITO膜の比抵抗の変化は見られなかった。

図３，４の結果より，強磁場低電圧型カソードによるITO膜の低抵抗化は，強磁場化による効果ではなく，あくまでも放電電圧の低下による効果であることがわかる。

そこでさらにスパッタ電圧を低下させるため，－250V以下の領域では強磁場型DCカソードにさらにRFを重畳し，プラズマ密度を増大させることにより低電圧化を行っている。

TN，STNのITO膜においては，前述のように，駆動回路もITOを使用するために，極力比抵抗の低下の要求が強い。従来の高温成膜に加え，この「低電圧スパッタ法」の組み合わせが有効である。

3.4　低抵抗ITO/カラーフィルター成膜技術

ITO/カラーフィルター（以下，CF）成膜では，下地CF基板の耐熱性やアウトガスの点で，素ガラス上への成膜にはない難しさがある。CF上で低抵抗ITO膜を得ようとする場合，多結晶

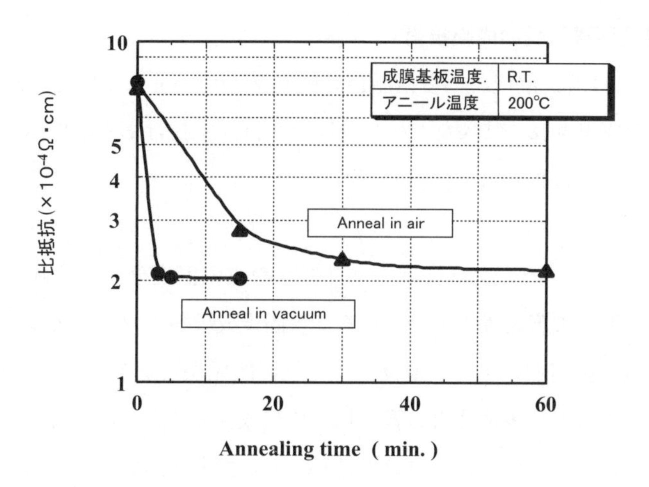

図5　アニール条件と比抵抗の関係

膜が安定して得られる200℃以上の温度で加熱成膜を行うのが一般的である。しかしCF基板上にITOの直接加熱成膜を行った場合，基板表面に吸着したガス及び，CF自体の熱分解で発生したガス等により，ITO膜のシート抵抗値や均一性が劣化する場合がある。

この問題の対策として，下記のような各種低温成膜法が用いられている。

①　大気アニール法：ITO低温成膜＋大気アニール（長時間）

②　真空アニール法：ITO低温成膜＋真空アニール（短時間）

③　キャップ成膜法：ITO低温成膜（薄膜）＋ITO加熱成膜（厚膜）

いずれも，有機物からなるCFの分解が起こらない，室温から150℃程度の低温でITO膜を成膜し，その後200℃以上に加熱することにより低抵抗なITO膜が得られる。

これらのプロセスは，初期に低温でITO膜を形成するため，CFの色抜けや熱分解によるガスの発生は問題とならない。図5に，無加熱で形成したITOを大気中または真空中で200℃のアニール処理を行った際の比抵抗変化を示す。大気中のアニールで十分なアニール効果を得るためには，30～60分程度必要であるのに対し，真空アニールでは5分以下と短時間でアニールが終了していることがわかる。

いずれの成膜法も前述の低電圧スパッタ法と組み合わせることにより，下地のCF基板にダメージを与えることなく，200 $\mu\Omega$ cm程度の低抵抗ITO膜が得られる。CF基板は耐熱性や脱ガスの点で特性が様々であるため，CF基板と上記プロセスとのマッチングをとり成膜プロセスを選択する必要がある。

3.5　TFT画素用透明導電膜の成膜技術

TFTアレイ側のITO画素電極には多結晶ITO膜が多く用いられていた。画素用透明電極ではエッチング特性が重要視され，特殊なケースを除いては比抵抗はある程度高くても良い。一部の高温ポリシリコンTFT用ITO膜以外のITO膜は，ウエットエッチングの工程が広く用いられている。

多結晶ITO膜の湿式エッチング特性は，プラズマや成膜温度分布とそれに伴う結晶性分布の影響を受けやすい。特に枚葉装置で用いられる基板固定成膜型カソードでは，カソード（ターゲット）とアノード（基板周囲のアース電位部）の位置関係からプラズマの均一化がとりにくく，基板サイズが大型化するほど多結晶ITO膜を均一に形成することが難しくなってくる。

また多結晶ITO膜の湿式エッチングには通常HCl系の強酸が用いられており，素子構造によってはパターニングの際に他の配線膜へのダメージが懸念される。

図6に多結晶のITO膜と非晶ITO膜の膜最表面のモフォロジーをSEMで評価した結果を示す。多結晶のITO膜は微細な結晶粒子とその結晶粒子が集まったドメイン構造であることがわかる。多結晶ITO膜の湿式エッチングでは，粒界から選択的にエッチングが進行するため，このグレイン＆ドメイン構造では，加工精度良くパターニングすることも困難であることが予想される。

以上より，基板サイズの大型化，TFTパネルの大型化，高精細化，配線の低抵抗化などに伴って，画素電極として弱酸で加工精度良くエッチング可能な非晶質透明導電膜への要求が高まっている。

3.5.1　H_2O添加による非晶質ITO膜

図7に成膜温度と，HCl系のウエットエッチングレートを示す。これよりITO膜の結晶化温度は150～200℃付近にあり，一般的に200℃以上の加熱成膜を行うことにより多結晶ITO膜が得られる。

一方，低温（無加熱）成膜でも非晶質ITO膜を安定に得ることは極めて難しい。チャンバー

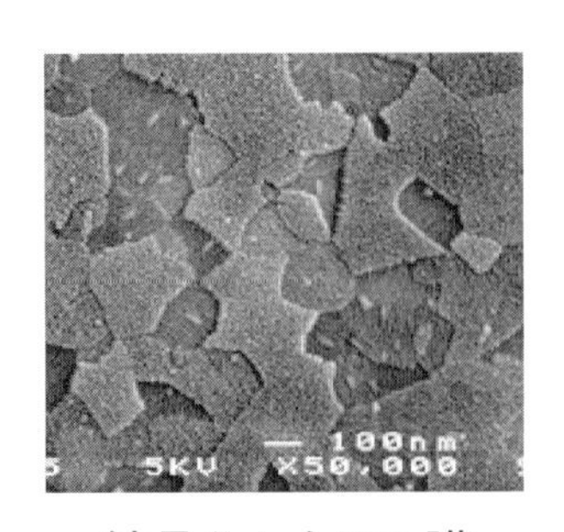

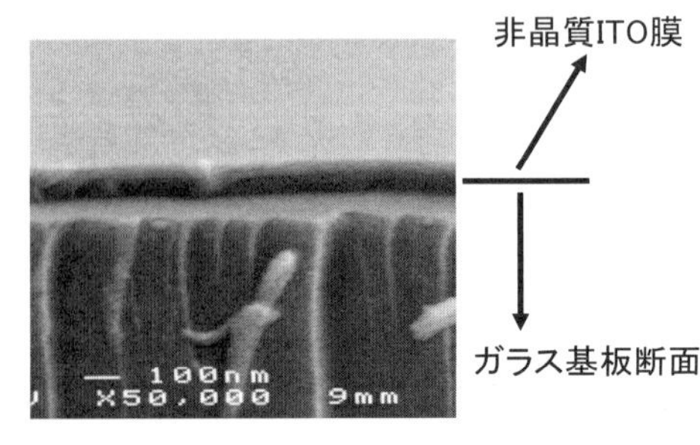

図6　SEMによるITOの表面状態観察

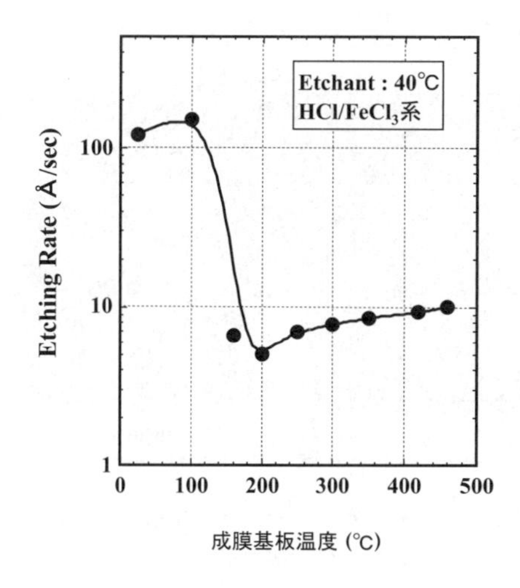

図7　成膜基板温度とウエットエッチングレートの関係

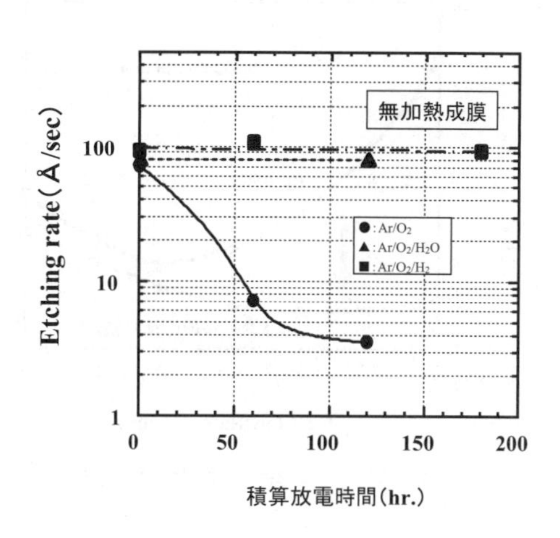

図8　放電時間とウエットエッチングレートの関係

中の残留H_2O分圧の低下とともに膜が微結晶化し，エッチング速度が大きく低下してしまうという問題がある。低温成膜で安定な非晶質ITO膜を得る方法として，著者らの開発した「H_2O添加法」が有効である[3]。従来ガス（Ar/O_2）にH_2Oを添加することにより，比抵抗が600 μΩ cm以下でエッチング速度の大きな非晶質ITO膜を安定に得ることができる（図8）。

H_2ガスもH_2Oと同様にITO膜を非晶質化させる効果があるが，H_2O添加の方が非晶質化の効果が大きいこと，添加ガスとしてのコストや安全性の観点から現在，非晶質ITO膜の成膜には，H_2Oを添加するプロセスが主流である。

この非晶質ITO膜は，その後の工程の熱履歴で最終的には結晶化膜に変化する。図9に非晶質ITO膜を加熱処理したときのシート抵抗の挙動を示す。後工程でITO膜が結晶化する事を見越せば，成膜直後の膜は最適導入酸素量よりも酸素が少ない条件で成膜することが重要となる。

3.5.2　In-Zn-O系非晶質透明導電膜

ITO膜（In-Sn-O系）に比べ広範囲の成膜条件で非晶質膜が得られるIn-Zn-O系透明導電膜（出光興産株式会社製IZO®ターゲット；以下IZO®と称す）が注目されている[4]。IZO®は，前述の非晶質ITO膜に比べ，製造工程においては，従来ガス（Ar/O_2）のみで成膜できること，膜質においては，湿式のエッチング速度が非常に大きく，シュウ酸系などの弱酸での低ダメージなエッチングが可能であることが大きな特徴である。これらの特性は，単に研究開発機関で評価されているだけでなく，既にTFTパネルメーカーでの生産実績も得られている。

また，ITOターゲットに比較して，同じ条件でスパッタした場合，ノジュールの発生が低減することが報告されている[5]。図10に写真を示す。ITOターゲット表面には，ノジュールが観察さ

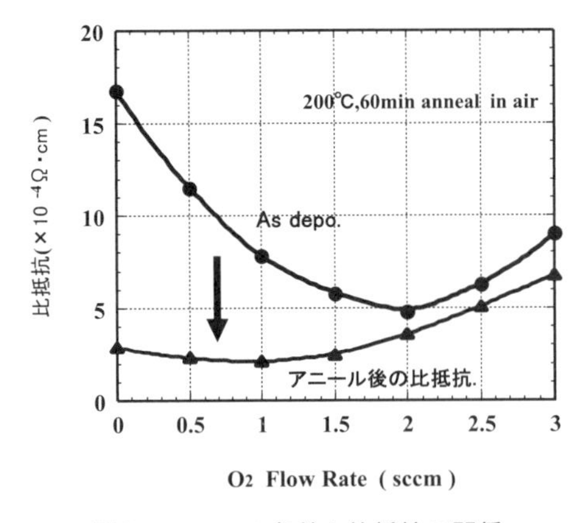

図9　アニール条件と比抵抗の関係

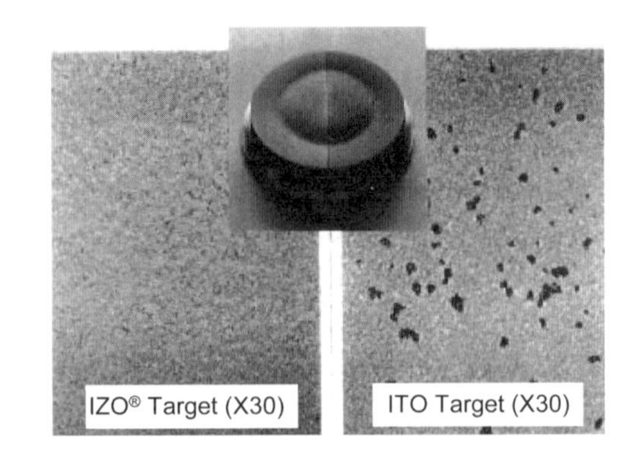

図10　長時間放電後のターゲット表面の状態
（資料提供：出光興産㈱）

れているが，IZO®においてはノジュールの発生が抑制されていることがわかる。

3.6　おわりに

本稿では，「スパッタ法を用いたLCD用ITO膜の作製技術」と題して，ITO膜の成膜について著者らの開発した「低電圧スパッタ法」，「H_2O添加法」を中心にその成膜装置，及びその成膜技術について総括した。LCDの急速な市場拡大に伴いITO膜の需要はここ数年目覚しく増加している。また，現在他の各種フラットパネルディスプレイ（PDP, EL, FED等）の量産化にとってもこのITO膜を中心とした透明導電膜の成膜は極めて重要なものとなっている。今後の課題としては，資源の枯渇が懸念されるITOに代わる材料の開発，スパッタカソードを改良して，ターゲットの使用効率を改善する事が求められている。

文　　献

1）清田淳也，日本真空協会，*SPUTTERING & PLASMA PROCESSES*, **21**(4)（2006）
2）S. Ishibashi, Y. Higuchi, Y. Ota and K. Nakamura, *J. Vac. Sci. Technology.*, **A8**(3), 1403（1990）
3）S. Ishibashi, Y. Higuchi, Y. Ota and K. Nakamura, *J. Vac. Sci. Technology.*, **A8**(3), 1399（1990）
4）海上，ディスプレイアンドイメージング, **4**, 143（1996）
5）井上一吉，透明導電膜の新展開，第3章，シーエムシー出版（1999）

4　PDP用ITO薄膜

小川倉一*

4.1　はじめに

PDPはガス放電を利用した自発光型ディスプレイで，視野角が広い，表示品質が良好，製作プロセスが比較的簡単などの特徴があり，大画面に最も適した平面ディスプレイである。対角画面サイズが30インチ以上の大型ディスプレイの主流になると考えられている。図1に面放電電極構造を有するフルカラーAC型PDPの基本構造を示してある。AC型PDPは前面板が高歪点ガラス基板上に透明電極（ITO, SnO_2），バス電極（Cr/Cu/Cr, Ag），誘電体層（低融点ガラス），保護層（MgO）を設けた構造になっている。背面板は高歪点ガラス基板上にアドレス電極（Cr/Cu/Cr, Ag），バリアリブ（低融点ガラス），蛍光体を設けてある。これらの前面板と背面板を組み立て，封着し，排気，ガス封入することにより，パネルが製造されている[1]。

このように，PDP製造プロセスの要素部品の一つである透明電極としては通常ITO薄膜が利用されているが，高温に加熱するとIn元素が移行するため，SnO_2電極を用いる場合もあるが，パターニング性に問題がある。したがって，PDP用透明電極の代表的材料であるITO薄膜の比較的低温プロセスで大面積基板への形成技術の現状について述べる。

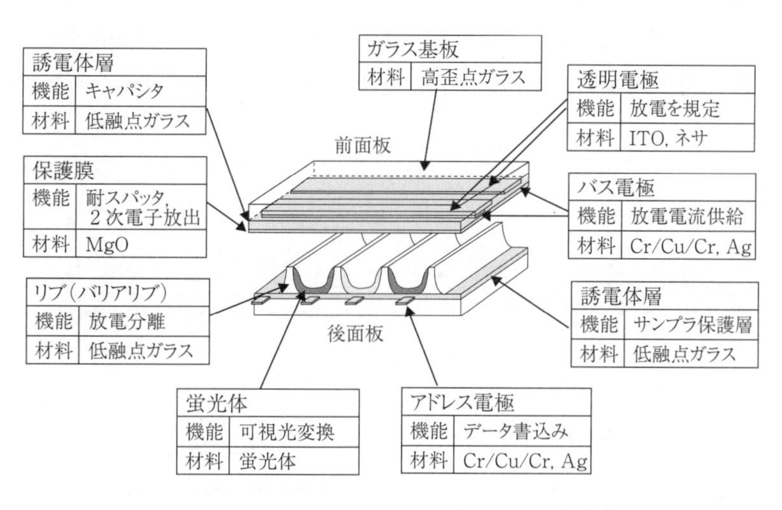

図1　プラズマディスプレイパネルの基本構造

---

*　Soichi Ogawa　三容真空工業㈱　技術顧問

4.2　透明導電材料と薄膜作製法

4.2.1　透明導電膜材料

一般に，透明導電膜とは可視域（380～780μmの波長領域）で光透過度が大きく，かつ電気伝導率が大きな薄膜であり，具体的には光透過度がおよそ80%以上で，抵抗率（比抵抗）が約$1\times10^{-3}\Omega\cdot cm$以下の薄膜と言えよう。透明導電膜材料としては，金属系，酸化物半導体系を中心に種々な材料が開発されている[2)]。

FPDに使用されている透明導電膜は主としてITO薄膜が用いられており，SnO_2系，ZnO系も検討されている。ITOが主として使用される理由として，比抵抗（ρ）ではSnO_2，ZnO薄膜に比べて半分以下の約$1.5\times10^{-4}\Omega\cdot cm$程度であり，付着力も強固と言われる$TiO_2$薄膜や金属クロム薄膜と同等である。強酸や強アルカリにかなり丈夫であるが，塩化鉄溶液には比較的容易に溶ける。さらには，可視域の中央部で光透過度が最も高い材料である。このように，導電性，透明性，加工性に優れた材料であるため，多く使われるのは当然である[3)]。

4.2.2　透明導電薄膜作製方法

透明導電薄膜の作製方法は図2に示してあるように，物理的方法（PVD），化学的方法（CVD）の各種方法が利用されており，出発材料や使用目的に応じて選択して用いられている。

ここでは比較的低温プロセスで大面積基板へITO薄膜を形成させるため，PVD法が中心となる。これらの方法で薄膜化が可能な材料は金属・合金，半導体，誘電体，有機・高分子材料をはじめ，これらの複合材料等広範囲に適用でき，最近ではナノオーダーでの積層化，複合化することにより，従来では困難であった新機能や複合機能が発現できる薄膜材料が開発されつつある。

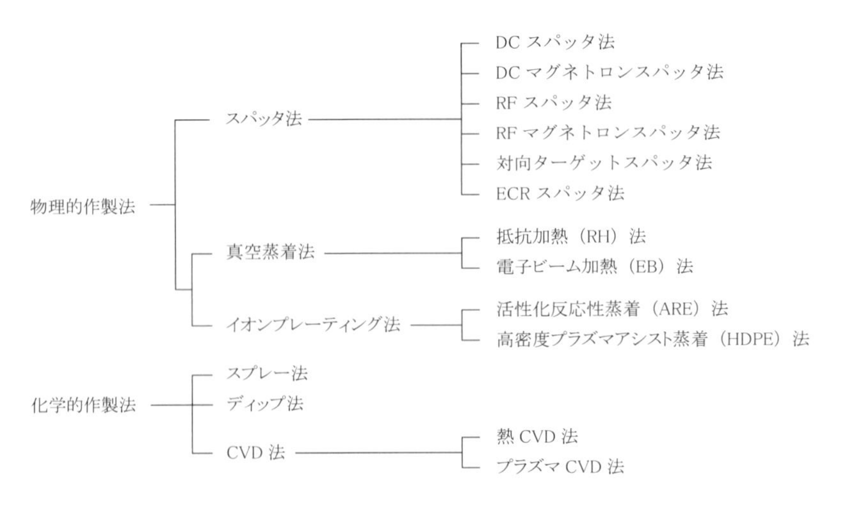

図2　透明導電薄膜作製法の分類

PVD法は非平衡状態下の現象を利用しているため，形成された薄膜の電気的性質，光学的性質及び結晶性などをそれぞれある程度独立に制御できる可能性を持っている。このように多くの利点を持ったPVD法の基本原理は，真空中で中性またはイオン化された粒子を基板に入射させて薄膜を形成させる技術で，代表的な要素技術は真空蒸着法，スパッタ法，イオンプレーティング法等がある。真空蒸着法とスパッタ法は中性粒子を利用するが，真空蒸着法は熱エネルギーにより薄膜形成粒子を発生させるのに対して，スパッタ法はプラズマ中のイオンにより膜形成粒子を発生させる。イオンプレーティング法はイオンと中性粒子の混合状態，またはイオンのみで薄膜を形成する方法である。

これらの薄膜作製方法の要素技術を運動エネルギー的に比較してみると図3のようになる。真空蒸着法では0.01～1eV，スパッタ法では数～100eV，イオンプレーティング法では数～数100eVとなる。図4に薄膜形成粒子のエネルギーが薄膜形成過程に与える効果についてまとめてある。これらの図より，高品質な薄膜形成には基板への薄膜形成粒子の入射エネルギーは数～

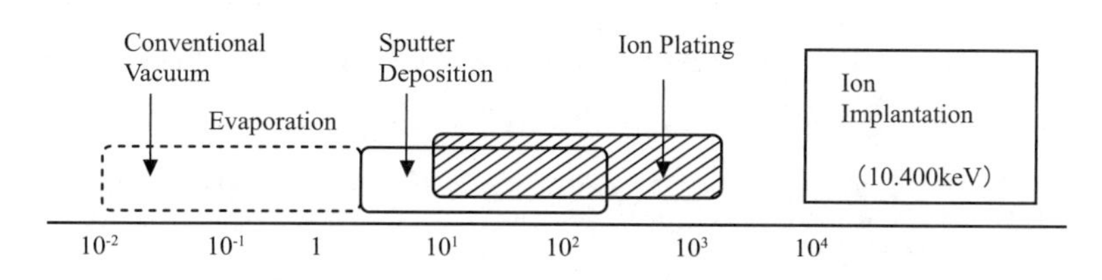

図3　運動エネルギー的に比較した各種薄膜形成法

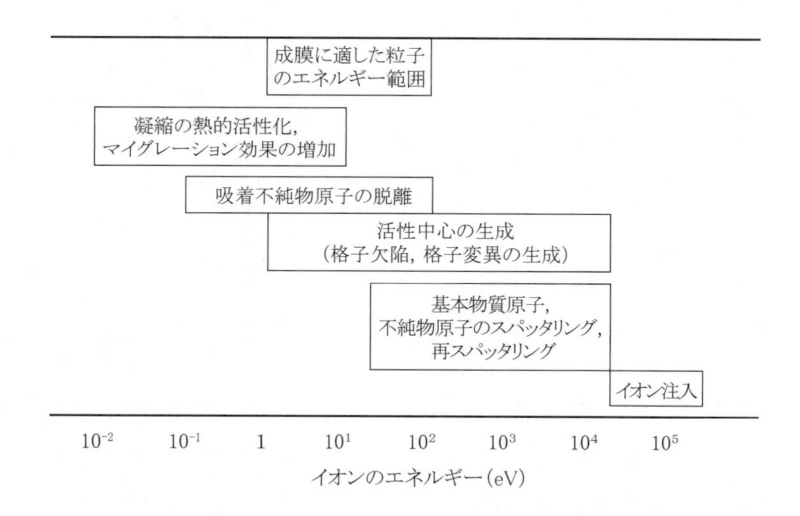

図4　粒子の入射エネルギーと膜形成への効果

100eVが適している。

したがって比較的低温プロセスで大面積基材へ高品質なITO薄膜を作製するためには，スパッタ法や低エネルギーイオンプレーティング法が適切と考えられる[4]。

4.3　高品質ITO薄膜作製例と諸特性[5]

これまでのFPD用ITO薄膜の作製は電子ビーム加熱法による真空蒸着法やDCマグネトロンスパッタ法が多用されていた。しかし，最近では低温プロセスで大面積基板へ均一な特性を持ったITO薄膜形成が要求される。したがって，低エネルギーイオンプレーティングやスパッタ電圧の低電圧化を図るために強磁場印加やDC・RF重畳型マグネトロンスパッタ法が開発され，それらに移行しつつある。これらの代表例として，低電圧マグネトロンスパッタ法や低エネルギーイオンプレーティング法による高品質ITO薄膜の形成例について述べる。

4.3.1　低電圧マグネトロンスパッタ法によるITO薄膜の作製例

図５及び図６は，強磁場印加により放電電圧を110Vまで低電圧化した低電圧マグネトロンスパッタ法により作製したITO薄膜の諸特性を比較してある。基板温度（Ts）が200℃で通常の400Vで成膜した場合はρ：$4.5\times10^{-4}\Omega\cdot cm$，キャリア密度（n）：$9\times10^{26}cm^{-3}$であるのに対し，110Vまで低電圧化を図ることにより，ρ：$1.3\times10^{-4}\Omega\cdot cm$，n：$3.5\times10^{21}cm^{-3}$と改善されている。Tsが常温に於いても400Vではρ：$1.2\times10^{-3}\Omega\cdot cm$から110Vでは$4\times10^{-4}\Omega\cdot cm$と，かなり特性が向上することが報告されている。

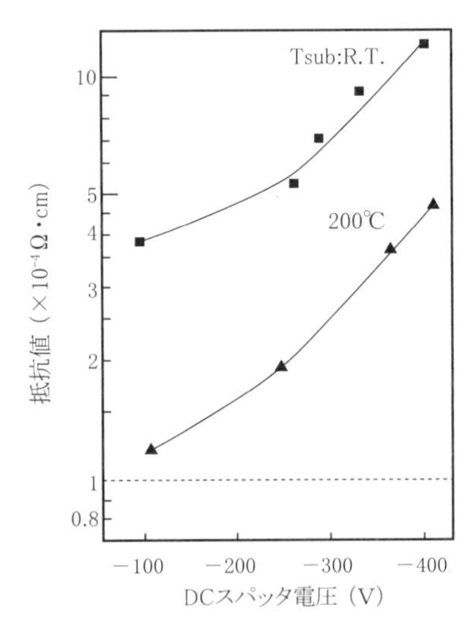

図５　低電圧マグネトロンスパッタ法によるITO薄膜のスパッタ電圧と抵抗率の関係[6]

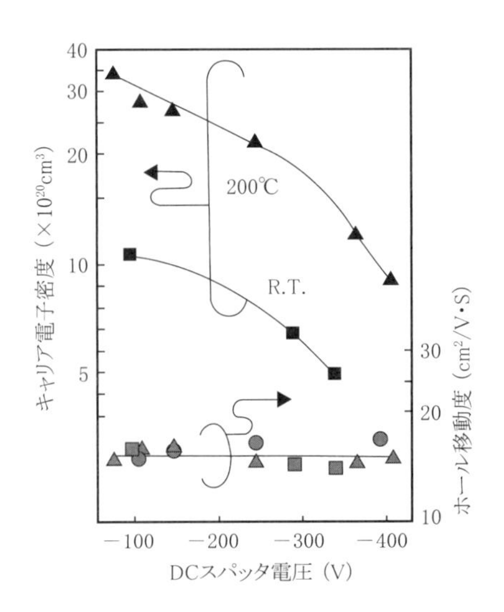

図６　スパッタ電圧とキャリア密度，移動度の関係[6]

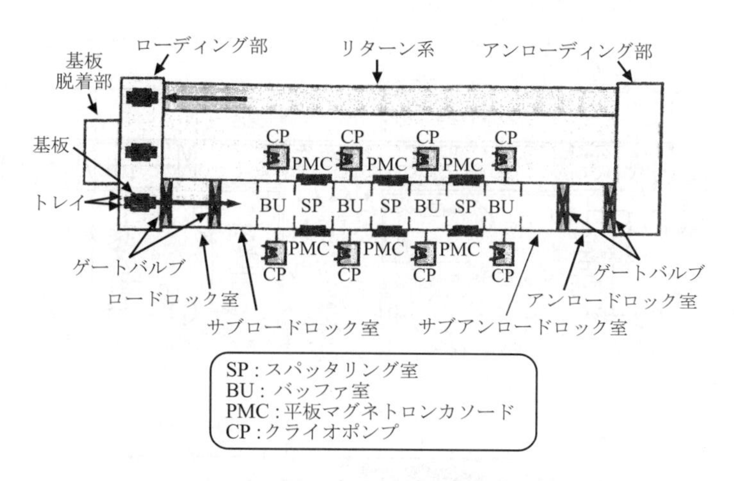

図7　インライン式スパッタ装置の構成

PDPを含めたFPD用透明電極の生産に最も多く用いられているスパッタ装置は，基板をトレイに固定して搬送するトレイ式通過型インラインスパッタ装置である。中でも縦型搬送両面成膜方式の装置は，PDP等の大面積で大量生産が行われるラインでは主流となっている。図7に構成例を示してある。

4.3.2　低エネルギーイオンプレーティングによるITO薄膜

低エネルギーイオンプレーティングは，プラズマガンを蒸発及びイオン化のエネルギー源に利用している。このプラズマガンの特徴は，100V以下で100A以上の低電圧・大電流放電が可能で，磁場によるプラズマ制御技術と組み合わせて大面積基板へ均一な薄膜形成を可能にしたことである。

この装置により形成したITO薄膜の諸特性を表1に示す。成膜温度が200℃でρ：1.2×

表1　HDPE法で作製したITO薄膜の電気特性[7]

基板温度（Ts）〔℃〕	後焼成温度〔℃〕	比抵抗〔$\times 10^{-4}\Omega \cdot cm$〕	キャリア温度〔$\times 10^{20} cm^{-3}$〕	正孔移動度〔$cm^2/V \cdot s$〕
145	−	3.09	4.38	46.2
145	180	2.76	6.59	34.3
145	250	2.39	6.45	40.7
185	−	1.77	14.0	25.3
185	180	1.71	14.0	26.1
185	250	1.67	13.4	28.0
280	−	1.23	10.7	47.5
280	180	1.23	10.6	47.7
280	250	1.25	9.23	54.1

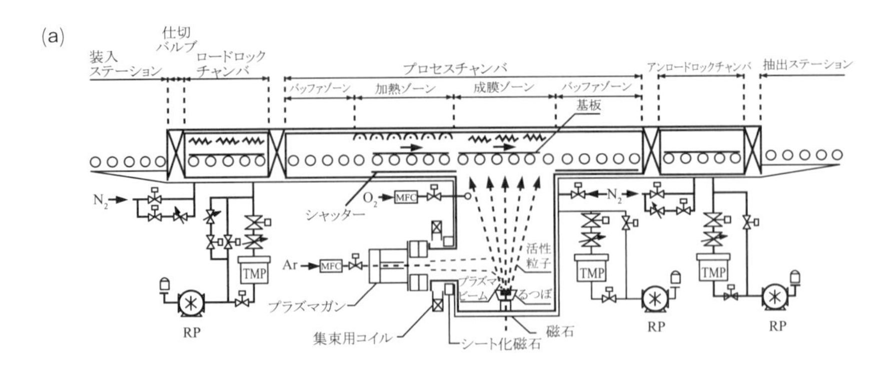

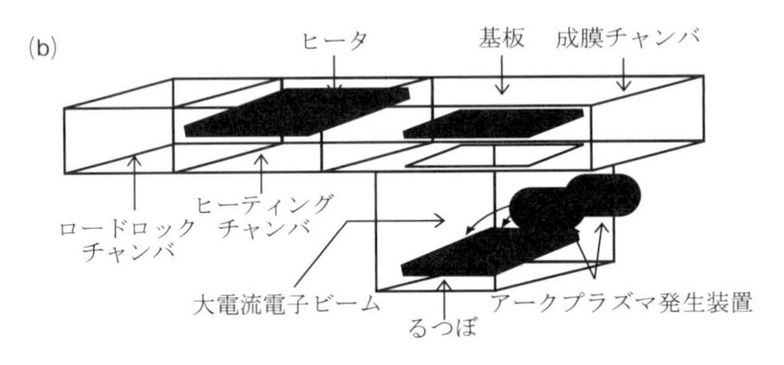

図８　インライン型量産設備の概略
(a)ガラス基板用イオンプレーティング装置，(b)２台のプラズマガンを搭載したHDPE装置の例

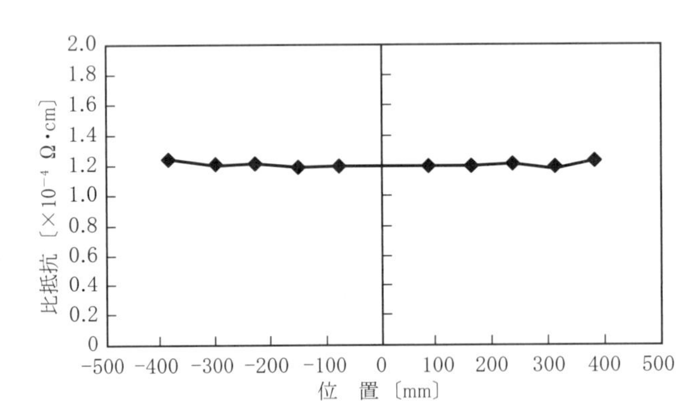

図９　２台のプラズマガンを並列配置したHDPE装置により作製したITO膜の比抵抗分布

$10^{-4}\Omega\cdot cm$，波長550nmに於ける透過率（T）：83％以上，成膜温度が常温でも ρ：$2.8\times10^{-4}\Omega\cdot cm$，T：83％以上とかなり良好な値が得られており，AFMの表面プロファイルの測定結果からも平均表面粗さ（Rz）：6.1nmと表面平滑性も良好であることが示されている。

図8(a)，(b)にイオンプレーティング法によるインライン型量産設備の概略を示してある。本装置の構成にスパッタリング装置も同様であるが，高速低温プロセス成膜を活かしたコンパクトなシステムが可能になる。複数のプラズマガンを利用することにより，大面積基板にITO成膜が可能になる。

図9に基板幅方向に比抵抗の分布のTs～200℃で成膜した結果を示しており，800mm中にわたってρが$1.2\times10^{-4}\Omega\cdot cm$と均一な分布が得られている。

4.3.3　低温プロセスによるITO薄膜の比較

表2は，成膜温度が200℃以下の低温プロセスによるITO薄膜の作製例と薄膜の諸特性を形成方法別にまとめたものである。これらの報告例に於いて，成膜温度が200℃付近ではρ：2×10^{-4}～$7.5\times10^{-5}\Omega\cdot cm$，キャリア密度(n)：$3.5\times10^{21}$～$1.0\times10^{21}cm^{-3}$，移動度($\mu$)：50～

表2　200℃以下の低温プロセスによるITO薄膜の報告例

作製方法	成膜温度 (℃)	比抵抗 (Ω・cm)	キャリア密度 (cm^{-3})	移動度 ($cm^2/V\cdot s$)	可視光透過率 (%)
DC*1マグネトロン（低電圧110V）	200	1.5×10^{-4}	3×10^{21}	15	85
DCマグネトロン（低電圧110V）	R.T.	3.8×10^{-4}	1.0×10^{21}	15	85
デュアルマグネトロンパルススパッタ	180	3.8×10^{-4}	–	–	80
デュアルマグネトロンパルススパッタ	25	6.1×10^{-4}	–	–	85
DCマグネトロン＋イオンアシスト	R.T.→200	4×10^{-4}	2.6×10^{20}	41	>80
DC＋RF*2マグネトロン SVスパッタ	200	1.2×10^{-4}	2.2×10^{21}	25	>85
DC＋RFマグネトロン SVスパッタ	130	3.5×10^{-4}	5.7×10^{20}	31	>85
UBM*3スパッタ[8)] （アンバランスマグネトロン）	55	4.3×10^{-4}	9.2×10^{20}	20	>80
DCスパッタ（対向ターゲット）	50	5.0×10^{-4}	$\sim3\times10^{20}$	20	≧90
KEC*4スパッタ(運動エネルギー制御)	50	3.5×10^{-4}	5.5×10^{20}	25	90
L.V.I.P.*5	200	1.2×10^{-4}	–	–	>82
L.V.I.P.	50～60	2.8×10^{-4}	–	–	>84
L.V.I.P.	100	2.4×10^{-4}	9.1×10^{20}	22	>80
PLD*6（PC基盤）	R.T.	2.5×10^{-4}	6.5×10^{20}	38	85
PLD（レーザーアシスト）	R.T.	1.3×10^{-4}	1.9×10^{21}	25	80
PLD	200	1.1×10^{-4}	1.25×10^{21}	45.5	>90
PLD	R.T.	2.3×10^{-4}	8.80×10^{20}	30.0	>90
PLD（レーザーアシスト）	200	7.5×10^{-5}	1.3×10^{21}	54.0	>90
PLD（レーザーアシスト）	R.T.	1.25×10^{-4}	1.23×10^{21}	40.1	>90

＊1：DC = direct current（直流）　＊2：RF = radio frequency（高周波）
＊3：UBM = unbalanced magnetron　＊4：KEC = Kinetic energy contorol
＊5：L.V.I.P. = low voltage ion plating　＊6：PLD = puls laser deposition

$15cm^2/V・s$，透過率（T）：85％以上と成膜プロセスにより，ある程度幅があるが，実用的には優れた値を示しているのに対して，ITO薄膜の再結晶化温度より低い成膜温度である100℃以下においては，レーザーアシスト法を除外すれば，ρ：$1.25〜6.1\times10^{-4}\Omega・cm$，n：$1.2\times10^{21}〜2.6\times10^{20}cm^{-3}$，$\mu$：$10〜40cm^2/V・s$，透過率（T）：80〜85％と全体的に性能が低下している。

これらはITO薄膜の結晶性が微結晶化または非晶質化によるものと，格子不整の増加により，nやμが低下するためρが増大したと考えられる。したがって，膜形成プロセスにイオン・プラズマ，励起ビームの活用により100℃以下での結晶化と格子不整の減少化の検討が必要である。

4.4　今後の課題とまとめ

透明導電膜の高品質化において低温プロセスで薄膜の低抵抗化が最大の課題と考えられる。ρが小さければ使用時での膜厚を薄くでき，膜面積もより大きくできる。低抵抗化の見積りの例として比抵抗（ρ）と可視光の限界である800nmにおける反射率（R）とキャリア密度（n）の関係をこれまでの実験結果との計算から算出したρの限界値は約$4\times10^{-5}\Omega・cm$となり，低抵抗化の目安と考えられる。

現在PDPを含めたFPDに用いられる基材料は通常ガラスであるが，最近ではポリカーボネート等のプラスチック基材も検討され始めている。今後，ITO薄膜を中心とした高品質な透明導電薄膜の開発や新しい低温プロセスによる薄膜作製法や，添加元素の検討がなされている。また，低価格材料としてZnO系ではZnAlO系，ZnGaO系が注目されており，新材料分野においては多元素の酸化物化合物や新しい複合窒化物が期待されている。

文　　献

1）佐藤光世，Semiconductor FPD World, No. 2, p26（2003）
2）川副博司ほか，"透明導電膜の技術"，日本学術振興会編，オーム社，p169-222，平成11年3月
3）薄膜第131委員会，第159回研究会資料，日本学術振興会編，平成12年6月
4）小川倉一，"平成8年度次世代イオン工学技術による新材料開発に関する調査報告書"，日機連8先端－29, p47，平成9年3月
5）高井治，日本学術振興会薄膜第131委員会第16会薄膜スクール資料，p133，平成11年6月
6）石橋暁ほか，*ULVAC Tech. Journal,* No. 43, p5（1995）
7）古屋英二，月刊ディスプレイ，No. 9，p28（1999）
8）黒川好徳，瀬川利規，宮本隆志，神戸製鋼技報，**52**（2），31（2002）

5　アモルファスIn_2O_3-ZnO系薄膜

宇都野　太*

5.1　はじめに

拡大を続けているフラットパネルディスプレイにおいて透明電極は必須の部位である。また，ディスプレイ技術の進展に伴い透明電極に使用される透明導電材料への要求特性も種々変化している。透明電極としては，酸化スズを添加した酸化インジウム（ITO）が最も多く使用されている。その理由としては，比抵抗の低さ，透明性の高さ，スパッタリングによる成膜性や塩酸-硝酸系の強酸によるエッチング加工性など優れた特性を備えているからである[1)]。しかし，ディスプレイの大型化，高精細化に伴い導電性の向上や電極のエッチング加工性に優れた材料への要求が高まっている。また，フレキシブルディスプレイ・有機ELなど新規ディスプレイデバイスに向けた新しい透明導電材料の研究開発も活発化している[2,3)]。

酸化インジウム・酸化亜鉛In_2O_3-ZnO系透明導電膜は優れたエッチング加工性などから大型ディスプレイ用透明導電膜として採用されている[4)]。この膜の特徴はアモルファスであることによる良好な平滑性，被覆率の高さ，低温プロセス化が容易なことなどである。ここでは，透明導電膜In_2O_3-ZnOの基礎物性，非晶質の構造，及び成膜特性について述べる。

5.2　In_2O_3-ZnO透明導電膜の特徴

5.2.1　電気特性

表1に代表的なIn_2O_3-ZnO膜とITO膜の物性の比較を示した。In_2O_3-ZnO膜はIn_2O_3にZnOを10wt％程度添加したもの，ITOはIn_2O_3にSnO_2を10wt％添加したものである。ITO膜が結晶質の膜であるのに対して，In_2O_3-ZnO薄膜はX線回折，電子線回折において非晶質パターンを示し，完全な非晶質膜と考えられている[3,5)]。図1にIn_2O_3-ZnO薄膜のAFM像を示した。In_2O_3-ZnO薄膜の場合，粒径は50Å以下と非常に小さく，表面の凹凸も50から60Åと小さく，表面が滑らかであることが分かる[2)]。これは，In_2O_3-ZnO薄膜が完全な非晶質膜であり，結晶粒界がないためである。室温で成膜したIn_2O_3-ZnO薄膜を空気中にて熱処理した後の比抵抗を図2に示した。熱処理温度が200℃までは比抵抗の変化はほとんどない。熱処理温度が250℃を超えると比抵抗は上昇を始め，300℃では1000μΩcm以上まで上昇する。また，加熱後の膜を370℃で真空熱処理すると比抵抗は100μΩcm台に回復する。これは，ITO薄膜では4価のスズが3価のインジウムサイトに固溶置換してキャリアが生成するのに対して，In_2O_3-ZnO薄膜では酸素欠損からキャリアが生成しているからであり，大気中で熱処理することで酸素を取り込むことによって酸素

＊　Futoshi Utsuno　出光興産㈱　中央研究所　電子材料研究室

表1　In_2O_3-ZnO膜，ITO膜の比較

ターゲット		In_2O_3-ZnOターゲット	ITOターゲット	
材料組成		In_2O_3-ZnO 90～10wt％	In_2O_3-SnO_2 90～10wt％	
成膜方法		DC/RFマグネトロンスパッタ		
基板温度		室温～350℃	室温	200～300℃
膜	膜厚/nm	140	150	150
	結晶系	非晶質	微結晶	結晶
	比抵抗（$\mu\Omega\cdot$cm）	300～400	500～600	<200
	移動度（cm^2/V・S）	20～40	10～30	30～60
	キャリヤー密度（$\times10^{20}cm^{-3}$）	3～4	0.6～3	5～10
	透過率（% at 550nm）	81	81	81
	屈折率	2.0～2.1	1.9～2.0	1.9～2.0
	仕事関数/eV	5.1～5.2	4.7～5.0	4.7～5.0

ITO

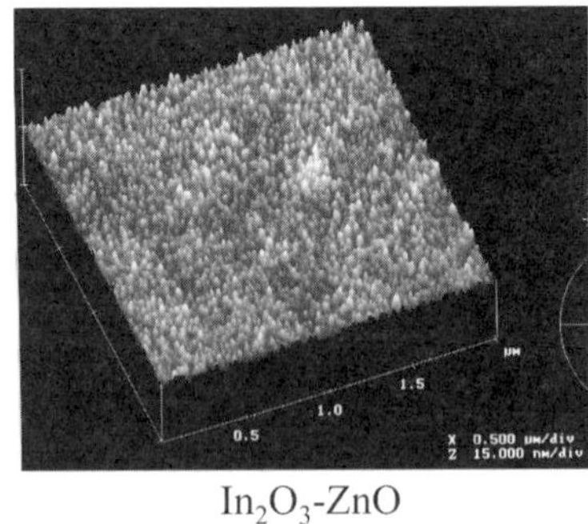

In_2O_3-ZnO

図1　AFMによる薄膜表面のモルフォロジー

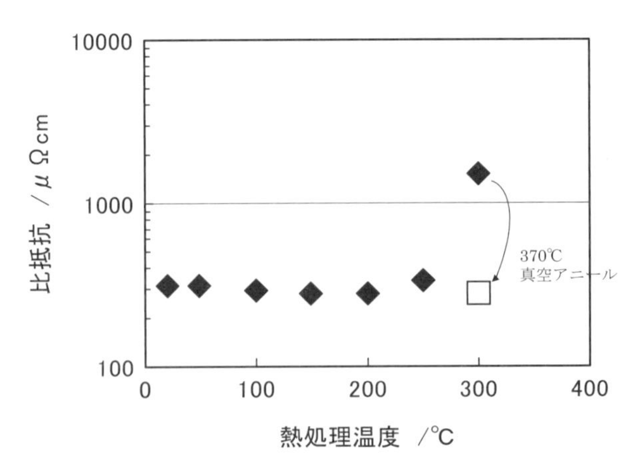

図2　成膜後の熱処理による比抵抗変化

欠損がつぶれ，真空中で熱処理によって酸素が脱離して酸素欠損が生じ，キャリア濃度が増加するために比抵抗が回復する。

5.2.2　エッチング特性

ガラス上のIn_2O_3-ZnO薄膜の各種酸水溶液によるエッチング速度は，塩酸の場合，0.25wt％の低濃度水溶液でもエッチングが可能であり，1.5wt％で約100nm/min.の速度でエッチング可能である。但し，濃度変化によるエッチング速度の変化は大きく，プロセス中では酸濃度を一定に保つことが必要である。蓚酸でも低濃度溶液で容易にエッチングすることが可能であり，蓚酸濃度を増大しても，エッチング速度は緩やかに増加するのみである。これは，蓚酸の酸解離度（pKa_1=1.27，pKa_2=4.27）が小さいため，蓚酸濃度を増やしても酸解離している蓚酸濃度がそれほど高くならず，酸強度が緩やかにしか増大しないからである。このためエッチング速度は濃度によらず安定している。また，エッチング液温度を10℃上げると，エッチング速度は約2倍に上昇する。プロセス中におけるエッチング速度のコントロールは，蓚酸溶液濃度をある一定以上に保持し温度を管理することで行うことができ，管理が容易である。図3にパターニングしたIn_2O_3-ZnO薄膜の表面と断面のSEM観察写真を示す。エッチング断面は凹凸が少なく極めて均一にエッチングされている。また，断面のテーパー角はエッチング条件により自由にコントロールすることができる。

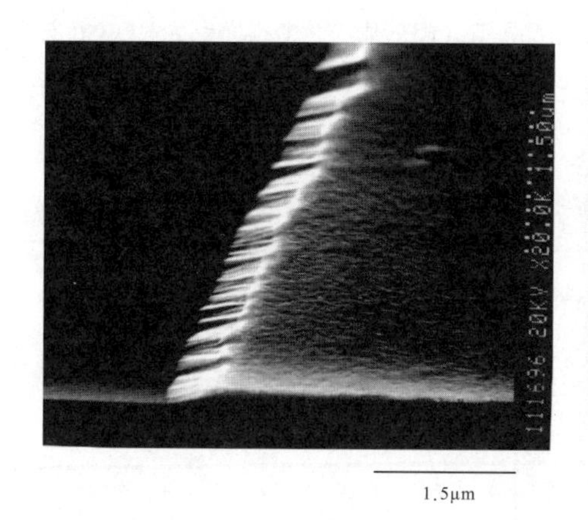

1.5μm

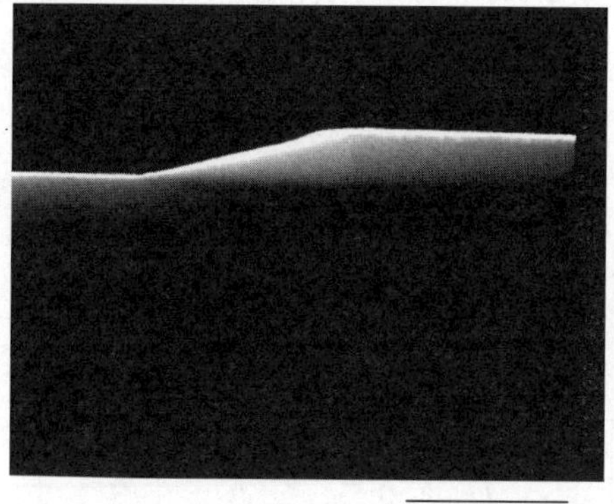

0.6μm

図3　In_2O_3-ZnO薄膜のエッチング特性

5.2.3 アモルファスIn_2O_3-ZnO系薄膜の構造[6)]

In_2O_3-ZnO薄膜はX線回折，電子線回折においても非晶質であることは知られているが，X線を線源とした非常に強力な放射光を利用することにより構造解析が近年可能になっている。特に，第三世代の大型放射光施設であるSPring-8では，高輝度で高エネルギーな光源を用いる測定が可能になっており，それを線源としたXAFS（X-ray Absorption Fine Structure，X線吸収微細構造）法とGIXS（Grazing Incident X-ray Scattering，微小角入射X線散乱）法によりアモルファス薄膜の構造解析を行うことができる。XAFSに関しては，基本的に元素番号が大きくなるにつれてK吸収端のエネルギーは高くなり，In元素の場合では28.9KeVである。また，GIXS法は，全反射臨界角以下の微小な角度で放射光を薄膜表面に入射することで基板の情報を含まない薄膜だけの構造情報を得る方法で，薄膜の回折で近年特に使われる手法であるが，非晶質薄膜に用いた例は極めて少ない。高輝度線源であるSPring-8の放射光を用いることにより，非晶質薄膜の構造解析が可能になった。この二つの測定方法と，原子レベルのシミュレーション法である分子動力学（Molecular Dinamics, MD）法と逆モンテカルロ（Reverse Monte Calro, RMC）法を組み合わせたIn_2O_3-ZnO系非晶質薄膜の構造解析を行った。

In及びZnのK吸収端のXAFSスペクトルから計算した動径分布関数（Radial Distribution Function; RDF）を図4に示した。得られたスペクトルから計算される結合距離は，In-O＝2.13±0.02Å，Zn-O＝2.00±0.01Åであり，配位数はIn-O=5.8±0.2，Zn-O＝4.0±0.2であった。基本的には，InO_6八面体，ZnO_4四面体で非晶質のネットワーク構造が形成されている。

一方，GIXS測定により得られた強度スペクトルを補正後，フーリエ変換して得られたRDFを図5に示す。アモルファスIn_2O_3-ZnO薄膜と粉末結晶c-In_2O_3を測定して得られたRDFであるが，両者のRDF曲線は非常に良く似ている。このことは非晶質でもかなり結晶に近い構造を有して

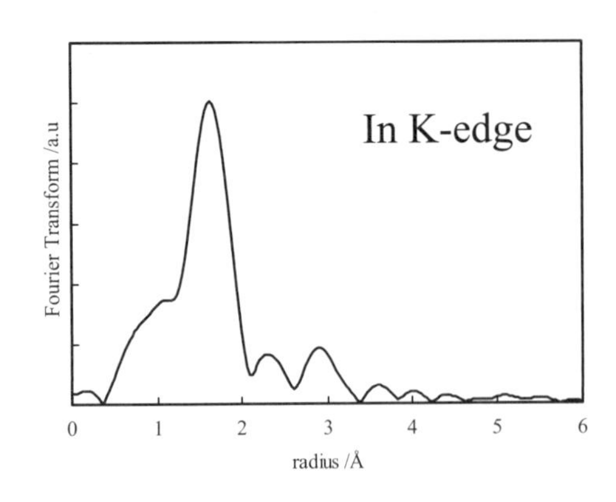

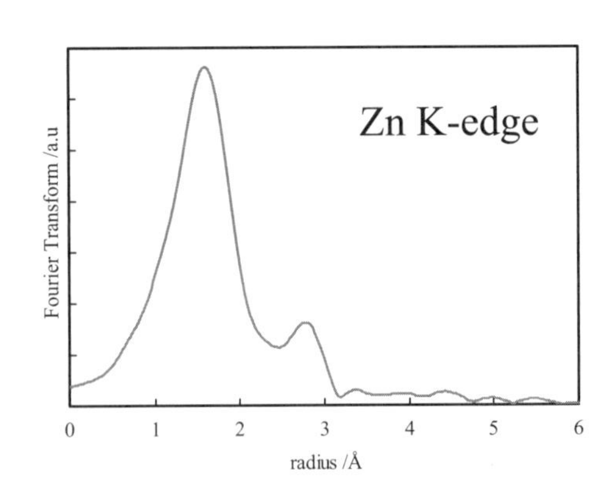

図4　アモルファスIn_2O_3-ZnO薄膜のXAFSスペクトルからの動径分布関数

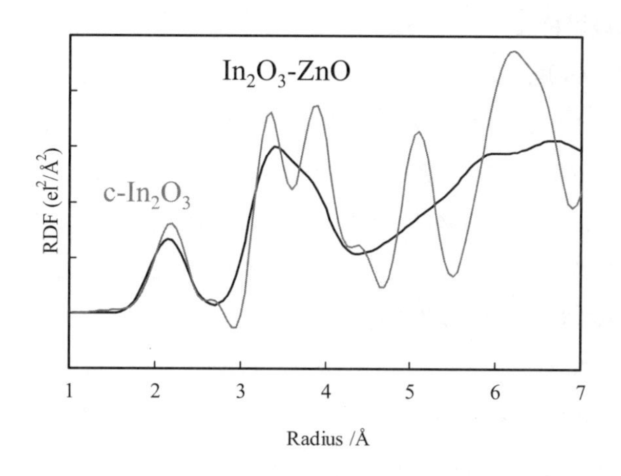

図5　In_2O_3-ZnO薄膜のGIXS測定からの動径分布関数（RDF）
c-In_2O_3はIn_2O_3結晶粉末測定から得られたRDF

いるということであり，特に，第二配位圏までの中距離構造は，非晶質薄膜中でもIn_2O_3結晶に近い構造を有している。ここで，図5中のIn_2O_3結晶のRDFの第二ピークは二つに分離しており，これらは結晶構造中のIn-In結合に帰属され，Inイオン同士が二つの酸素と結合している稜共有と，一つの酸素と結合している頂点共有しているものであり，前者は結合距離が短く，後者は長い。このことから，図5中の第二ピークの変化を考えると，稜共有In-Inの変化が少ないが，頂点共有In-InペアがZn量に対して減少していると考えられる。但し，GIXSからのRDFの強度は電子密度を表すので，ZnやOに対しての直接的な情報を得る事ができないため，シミュレーションとの併用による構造解析が必要となる。

シミュレーションの詳細は述べないが，第二配位は，Zn添加により，In-Inに加え，In-Znペアが増加する。In-Znペアでは頂点共有が支配的であった。これは，Znは酸素4配位選択性があるため，頂点共有が優勢になっているからであろう。一方，In-Inペアに関しては，頂点共有と稜共有がほぼ同数であり，これは結晶の場合と同程度の値であり，基本的に結晶的な結合様式を保って存在していると考えることができる。In_2O_3-ZnOの場合は，Znの添加により，頂点共有をIn-Znペア，稜共有をIn-Inペアが優先的に結合するために，In_2O_3-ZnOを非晶質として安定化させていると考えることができる。4配位選択性であるZnイオンの添加により，結合角の自由度の高い頂点共有が増え，In_2O_3-ZnO薄膜の非晶質構造を安定化させることが構造解析の結果から明らかになった。

5.3　In_2O_3-ZnOの成膜特性

5.3.1　In_2O_3-ZnOの成膜方法

In_2O_3-ZnOの成膜方法としては，スパッタ法，イオンプレーティング法などの物理的作製方法やスプレー法やディップ法などの化学的作製方法がある[1)]。この中でフラットパネルディスプレイの製造工程で実用化されているのは物理的作製方法，特にスパッタ法である。ここでは大型LCDプロセスで一般的なマグネトロンスパッタリング法によるIn_2O_3-ZnOの成膜特性を示す。

5.3.2　In_2O_3-ZnOのスパッタリング特性

(1)　スパッタ電圧依存性

酸化物ターゲットを用いてスパッタ法で成膜する場合，プラズマ中には酸素イオンを主とする負イオンが多量に発生する。この負イオンは，ターゲット近傍のシース電界により加速されて，成膜された透明導電膜に入射する。例えばターゲット電位－400Vの時は，400eVの高エネルギーで成膜された透明導電膜に入射することになる。この負イオンのダメージにより膜中に低級酸化物（InO）が形成されたり，結晶性に影響を及ぼすなどの理由により，透明導電膜の膜質が劣化したりする。In_2O_3-ZnO及びITOをスパッタ法で成膜した場合の比抵抗とスパッタ電圧の関係を図6に示した。ITO膜では比抵抗のスパッタ電圧依存性が見られ，比抵抗の低い膜を得るには低電圧化することが必要となる。一方，In_2O_3-ZnO膜では，スパッタ電圧による比抵抗の変化はほとんどなく，安定した比抵抗が得られることが分かる。これは，ITO膜は結晶質膜であり，負イオンの高エネルギー入射により正常な結晶化が阻害されるのに対して，In_2O_3-ZnO膜はアモルファス膜のため負イオンの入射に対して膜質の劣化が少ないことを示している。

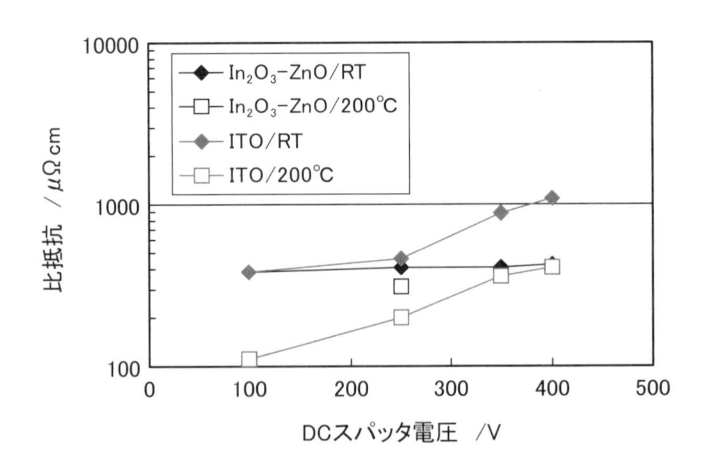

図6　DCスパッタ電圧と比抵抗の関係

(2)　スパッタ圧力依存性

スパッタ圧力は膜質及びスパッタ速度への影響が大きく重要なパラメーターである。図7にスパッタ速度及び膜の比抵抗の成膜圧力依存性を示した。In_2O_3-ZnOとITOではスパッタ速度の成膜圧力依存性に差がなく，高いスパッタ速度を得るにはともにスパッタ圧力を下げる必要があることが分かる。また，大型LCDの製造で用いられている大型のDCマグネトロンスパッタ装置では，通常安定した放電を行うため成膜圧力が0.3〜1.0Paの範囲でスパッタされる。そのためこの圧力範囲で安定した膜質が得られることが実用上重要である。また，比抵抗の圧力依存性に関しては，In_2O_3-ZnOでは比抵抗の成膜圧力依存性が少なく成膜条件の調整が容易であることが分かる。ITO膜ではスパッタ圧力により結晶性及び配向性が大きく変化するのに対してIn_2O_3-ZnO膜では広い圧力範囲で安定したアモルファス構造が得られるためである。

スパッタにより得られる薄膜と下地との密着性を評価する上で，薄膜内部応力は大きな問題となる。図8にIn_2O_3-ZnO薄膜の内部応力とITO薄膜の内部応力の成膜圧力依存性を示した[7)]。In_2O_3-ZnO膜の内部応力やその成膜圧力依存性は，ITO膜に比べ小さくなっていることが分かる。In_2O_3-ZnO膜は非晶質であるため内部応力が小さくなるものと考えられる。ITO膜では成膜開始直後は非晶質に近い薄膜が得られるが，膜厚が厚くなると結晶構造を取りやすくなることが知られている[8)]。薄膜内部の結晶化度に変化が生じ，内部応力が大きくなったと推定される。このため，ITO膜をフィルムの上に成膜すると反りやすいのに対して，In_2O_3-ZnO膜はフィルムの上に成膜しても反り難い。

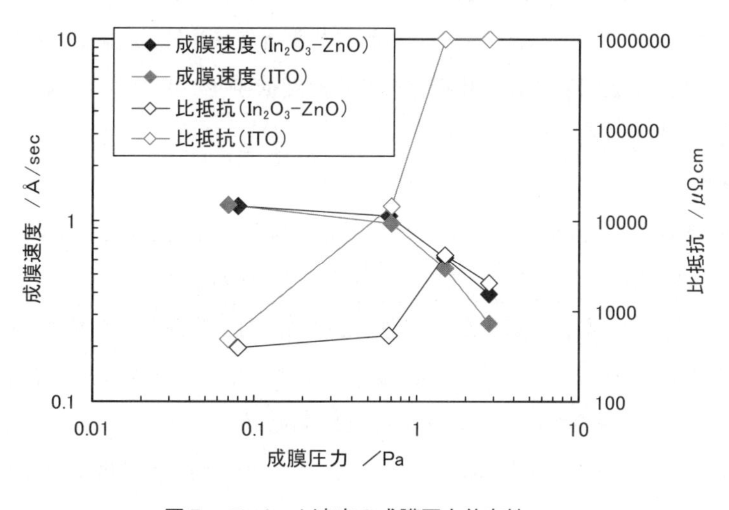

図7　スパッタ速度の成膜圧力依存性

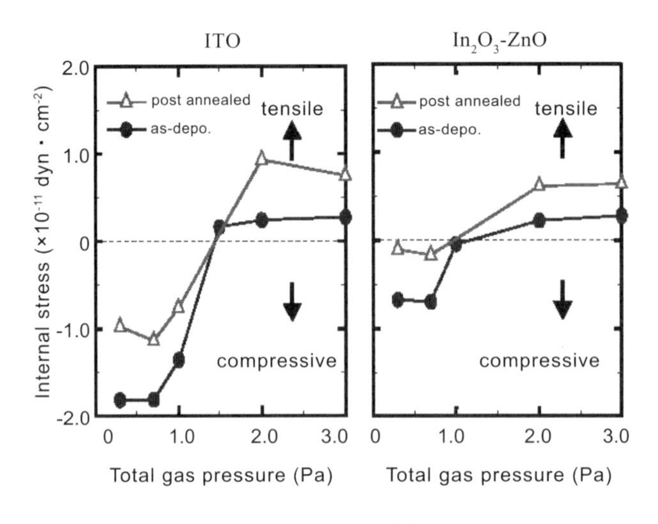

図8　スパッタ圧力と内部応力

(3)　酸素分圧依存性

酸化物焼結体をターゲットとして用いた透明導電膜のスパッタ成膜では酸素分圧により比抵抗や透過率などの膜質の微調整を行う。In_2O_3-ZnO膜はITO膜に比べて最低比抵抗を示す酸素分圧が低いこと，比抵抗の酸素分圧依存性が小さいことなどが報告されている[3,9]。

(4)　基板温度依存性

タクトタイムなどの量産性を考慮すると成膜時の基板温度は低い方が好ましい。しかし，低温でITOを成膜すると非晶化し比抵抗が高くなる。またITOの結晶化温度は150～200℃以上と言われており，この温度範囲では部位により結晶質と非晶質が混在して膜質が不均一となるおそれがある。一方，In_2O_3-ZnO膜では，比抵抗の基板温度依存性が小さく，室温から300℃までの範囲で安定した非晶質膜が得られる。

(5)　大面積均一性

大型LCDの登場により，製造に使用されるガラス基板も大型化が進んでいる。大型ガラス基板にスパッタリング法でITO薄膜を成膜する場合，基板の周囲と内部でのプラズマ密度が異なり，その結果，ITOの結晶性に影響を及ぼす。その為，同一基板内に導電性やエッチング速度が異なるITO薄膜が存在することになり，LCDの設計やエッチングプロセス条件を決めるのが非常に難しくなることが予想されているが[10]，In_2O_3-ZnO膜はアモルファスであるため大型基板上においても均質な膜厚分布及び表面抵抗が得られ，エッチング速度はほぼ±10%であり優れた均一性を示している[11]。透過率は，90%程度とITOとほぼ同等の値が得られている。

5.3.3　In_2O_3-ZnOターゲットの特徴

スパッタ法に用いられるターゲットは，ベアターゲット（セラミック焼結体）をバッキングプレートにボンディングすることで構成される。通常，ベアターゲットは無機微粒子をプレス等で板状化し，高温炉で焼結される。焼結後，切りだし，研磨，面取り等の加工を経て最終的にIn金属等を介してバッキングプレートにボンディングされる。

ターゲットの仕上がり状態は，スパッタ成膜時のアーキング発生等に影響を及ぼすため重要である。ターゲットの密度や表面平滑性，バルク抵抗分布などがアーキングを起こす原因と考えられている。次に成膜時に大きな問題となるアーキングについて述べる。アーキングの発生原因に関しては，その発生現象から以下のように大別される。

①　ターゲットの突起に起因して発生する

②　装置内の異物（壁等から剥離した異物など）がターゲット上に落下して発生する

③　成膜条件と成膜装置のマッチング不足による電荷の集中に起因して発生する

これらの内，最も多くの頻度で発生するアーキングは，①のターゲットの突起に起因するものであろう。ターゲットの突起生成原因には種々の報告があり，初期の表面研磨不足，ターゲット密度，ノジュールの生成，ターゲット中の組成分布等が挙げられている。In_2O_3-ZnOとITOを用いた場合の連続成膜におけるアーキング発生回数は，In_2O_3-ZnOでは初期より問題とはならないレベルの小さなアーキングの発生は観測されるものの，装置がシャットダウンするような大きなアーキングは発生しない。また，成膜時間を延長しても発生頻度の増加は見られず，安定した成膜が可能である。これに対してITOでは，初期にはアーキングが発生しないものの，連続成膜時間の延長に伴い小さなアーキングも大きなアーキングも発生し始め，時間の延長に伴い大幅に増加する。大きなアーキングは装置のシャットダウンにつながるため，生産上大きな問題となる。この大きなアーキングの発生原因の一つにターゲット表面でのノジュールの生成が考えられている。ノジュールのような突起物が生成すると，電荷の集中が起こり，大きなアーキングを引き起こす原因となる。ノジュールの生成原因については，ターゲット中の組成分布ムラやH_2O導入時にインジウム亜酸化物が生成するなどが考えられており，図9は10kWスパッタ放電後のターゲット表面の写真であるが，ノジュールは，ITOでのみ生成し，In_2O_3-ZnOでは全く生成していない。そのため，ITOではスパッタによる製造を続けることはできなくなり，装置を止めてターゲット表面を研磨することが必要となる。メンテナンス頻度の増大は生産性を低下させる原因であり，ノジュールが全く発生せずアーキングが起こらないIn_2O_3-ZnOは連続生産時間が延長でき有利と考えられる。

一方，アーキングの発生原因の一つとして，パーティクルの問題が挙げられる。スパッタによる成膜を続けた場合，装置内の壁やターゲットの周囲に異物（パーティクル；成膜されなかった

図９　10kWスパッタ放電後のターゲット表面

スパッタ粒子）の付着が見られるようになってくる。付着粒子の堆積に伴い層構造を形成し，内部に発生する応力により膜剥離が起こる。この剥離物がターゲットに落ちた場合にも大きなアーキングが生じる。パーティクルによるアーキングを防ぐためには，定期的にメンテナンスを行い壁等に付着したパーティクルを除去することが必要である。In_2O_3-ZnOでは，そもそもパーティクルの発生が少ない上に，壁等に付着する場合もアモルファス状態であるため，付着しても剥離しにくい。また，図８に示した通り，ITOとIn_2O_3-ZnOの各成膜圧力における内部応力の関係から，In_2O_3-ZnOの内部応力が結晶性のITOに比べて極めて小さいことが確認される。このため，In_2O_3-ZnOを成膜する場合，パーティクルを原因とするアーキングが抑制でき，かつパーティクル除去のメンテナンス時間やその回数を削減できる。

以上のことから，In_2O_3-ZnOを透明電極として採用した場合，アーキングによる装置のシャットダウンやパーティクルの生成によるメンテナンス等の装置稼働時間のロスを最小限に抑えることが可能となり，連続稼動による生産性向上が期待できる。また，アーキングを原因とする基板上の突起（スパイク）の生成を抑制できるため，液晶ディスプレイにおける画像欠陥や有機EL素子におけるダークスポットの発生も抑えることができる。

5.4　新規デバイスへの展開

近年，次世代ディスプレイとしてフレキシブルディスプレイに期待が集まっている。このフレキシブルディスプレイ用の透明電極としても，樹脂基板の耐熱温度以下で良好な膜質が得られるIn_2O_3-ZnO膜が注目されている[2)]。また，後処理による低抵抗化や第四成分の添加による膜質改良[12)]など透明導電膜としてのIn_2O_3-ZnO膜の改良も検討されている。

さらに，In_2O_3-ZnO膜を透明導電膜としてではなく透明半導体として薄膜トランジスター（Thin Film Transistors: TFT）の活性層として用いる試みも発表されている[13)]。In_2O_3-ZnO膜は低温で安定した非晶質膜が得られるためフレキシブルディスプレイ用のTFT材料としても注目されている。これらの検討は，スパッタ法で作製したIn_2O_3-ZnO膜が広い組成範囲でアモルファス化すること，成膜時の酸素分圧や後処理により酸素欠損数を制御しキャリア密度を制御できることを利用したものである。

文　　献

1) 日本学術振興会透明酸化物光・電子材料第166委員会編，透明導電膜の技術，オーム社，79-168（1999）
2) D. S. Ginley, 2005 MRS Fall Meeting, M7.2（2005）
3) Flexible Flat Panel Displays, Gregory P. Crawford, John Wiley & Sons, Ltd（2005）
4) Jinhui Cho *et al.*, SID 02 DIGEST, p312（2002）
5) 海上暁，ディスプレイアンドイメージング，**1996**（4），143（1996）；井上一吉，月刊ディスプレイ，**98**（3），15（1998）；澤田豊監修，透明導電膜の新展開，p20，シーエムシー出版（1999）；井上一吉，機能材料，**19**（9），39（1999）
6) F. Utsuno *et al.*, *Thin Solid Films*, **496**（1），95（2006）; F. Utsuno *et al.*, *Thin Solid Films*, in press
7) T. Sasabayashi *et al.*, *Thin Solid Films*, **445**, 219（2003）
8) Y. Shigesato *et al.*, 2001 MRS Proceeding, 74（2001）
9) J. A. Thornton and D. W. Hoffman, *Thin Solid Films*, **171**, 5（1989）
10) B. Yaglioglu *et al.*, *Thin Solid Films*, **496**, 89（2006）
11) 清田淳也，*ULVAC TECHNICAL JOURNAL*, **48**, 17（1998）
12) N. Ito *et al.*, *Thin Solid Films*, **496**, 99（2006）; T. Moriga, CIMTEC 2002-10th International Ceramics Congress, 1051（2003）; K. Tominaga, *Vacuum*, **74**, 683（2004）
13) N. L. Dehuff *et al.*, *J. Appl. Phys.*, **97**, 064505（2005）; E. Fortunato, 2005 MRS Fall Meeting, DD3.4（2005）; P. Barquinha *et al.*, *J. Non-Crystalline Solids*, **352**, 1749-52（2006）; R. Martins *et al.*, *J. Non-Crystalline Solids*, **352**, 1471-4（2006）; D. C. Paine, B. Yaglioglu, Z. Beiley and S. H. Lee, *Thin Solid Films*, in press

6　酸化インジウムに対するスズおよび亜鉛以外の不純物添加

澤田　豊*

6.1　はじめに－スズ添加が最適という判断の経緯

代表的な低抵抗透明導電膜としてスズ添加酸化インジウム（Indium-Tin-Oxide：略してITOアイ・ティー・オー）が有名である。酸化インジウム膜にスズを添加すると，キャリア易動度が低下するが，キャリア電子密度が大幅に向上するので，トータルとして導電性が向上する。スズ添加量には最適値がある。セラミックス半導体の基本的な考え方として，インジウムは＋３価のイオンなのでキャリア電子密度を向上させるためのドナーとしてそれよりも原子価の高いイオン（たとえばSn^{4+}）を添加すれば良い。Groth[1]（ドイツAachenにあるPhilips社の研究所）が半世紀近く前（1966）にスプレーCVD（chemical vapor deposition）法でスズ，チタンおよびアンチモンを添加した酸化インジウム膜を作製して，スズ添加の場合に最も低抵抗（抵抗率2.3×10^{-4} ohm cm，導電率4.3×10^{3} S cm^{-1}）なことを報告しているがCVDのためかドイツ語のためか余り引用されない。物理的成膜法（PVD: physical vapor deposition）法ではVossen[2]（米国のRCA社（1971））がスパッタ法でIn_2O_3粉体とSnO_2粉体の混合物を900℃で１時間焼成したターゲット（極めて多孔質）を用いて成膜した結果，モル比で20％（金属原子数の比だと約10 at.％）の場合が最も低抵抗なことおよび空気中550℃で熱処理すると抵抗が増加することを報告している。FraserとCook[3]（米国のBell研（1972））が膜特性におよぼすスズ添加濃度など成膜条件の影響を詳細に報告している。

スズ以外の金属イオン添加によって比較的低抵抗の膜が報告されているが，スズ添加の場合に比べて低抵抗なものは今のところ見当たらない。今回は，酸化インジウムの薄膜およびバルク（焼結体など）におけるスズ以外の＋４価金属イオンの添加の影響に関する情報を検討するとともに，それ以外の金属イオンの添加についても報告する。

6.2　酸化インジウム薄膜に対する＋４価金属イオンの添加

6.2.1　チタン添加酸化インジウム薄膜

チタン添加酸化インジウム膜に関しては幾つかの報告があるが，ここでは添加濃度を系統的に変えて成膜したvan Hestら[4]の結果（as-deposited状態）を紹介する。彼らは，酸化インジウムターゲットとチタン添加酸化インジウムターゲットを用いたco-sputtering（二元スパッタ）法で投入電力を変えて成膜し，チタン濃度をEPMAで測定した結果Ti/（In＋Ti）（原子数比）が約0.8から6.5 at.％であった。チタン添加量が増えるとキャリア電子濃度が増加するが，数

＊　Yutaka Sawada　東京工芸大学　工学部　ナノ化学科　教授

at.%付近で飽和して約8×10^{20} cm^{-3}となった。易動度は1.7 at.%付近で最も高い値（約80 cm^2 V^{-1} s^{-1}）となった。最も低抵抗なのは3 at.%付近で1.6×10^{-4} ohm cm（導電率6.3×10^{-3} S cm^{-1}）であった。ガラス基板を100%とした場合の可視光透過率は85%以上であった。彼らは膜の仕事関数（work function）におよぼすチタン添加の影響を測定しており有機ELデバイスなどへの応用に着目している。PVDによって成膜したチタン添加酸化インジウムの報告は古くはHowsonら[5)]（1989），Safi and Howson[6)]（1999）など，最近ではAbe and Ishiyama[7)]（2006）やGuptaら[8)]（2007）がある。Guptaらはpulsed laser deposition（PLD）法で抵抗率9.8×10^{-5} ohm cmを報告しているが，Ohtaら[9)]（PLD法（2000））やSawada[10)]（スプレーCVD法（2003））によるスズ添加の最も低い値（7.7×10^{-5} ohm cm）に比べると高抵抗である。

チタン添加で低抵抗膜が得られる理由の説明は以下の通りと著者は考えている。まず，無添加酸化インジウムは易動度が高いがインジウム以外の金属イオンの添加によってキャリア電子が（結晶粒内で）散乱されて易動度が低下するのが常である。通常のITO膜のスズ添加濃度（数～10 at.%）に比べて少なめにチタンを添加することによって，易動度が余り低減しない領域でキャリア電子密度を若干増加させている。チタンのイオン半径はインジウムより小さいのでキャリア電子散乱の度合が少ないのかもしれない。＋4価の金属イオン1個によって発生するキャリア電子は普通に考えると1個であるが，添加濃度が高くなると添加イオンどうしが近接して相互作用するのでキャリア電子の発生効率が低くなる。通常のITO膜（スズ添加）の場合には，キャリア電子の発生効率が低下するのを覚悟の上で，キャリア電子濃度が最大になる添加濃度を用いてきた。チタン添加の場合には，そもそもスズの場合ほどには高濃度で添加が不可能な可能性もあるが，添加濃度が（通常のITO膜のスズ添加の場合に比べて）低い状態で使われる。添加濃度が低いとキャリア電子の発生効率は1に近いことが期待されるが現時点では必ずしもそうではない。ちなみにスズ添加の場合にも添加濃度が非常に低い場合に低抵抗膜が得られる。Sawada[10)]（2003）および関と澤田[11)]（2007）は低抵抗ITO膜においてスズ添加濃度が低い場合にはスズイオン1個あたり2個のキャリア電子を発生することを報告して新しい導電機構を提案しており，もしもチタンなどの添加の場合にもこれが可能なら更なる低抵抗化が期待される。

6.2.2　ジルコニウム添加酸化インジウム薄膜

ジルコニウム添加酸化インジウム薄膜はAsikainenら[12)]（2003）が塩化物原料を用いたatomic layer deposition（ALD）法によって抵抗率3.7×10^{-4} ohm cm（Zr添加濃度2.4 at.%），キャリア電子濃度2.2×10^{20} cm^{-3}，易動度76 cm^2 V^{-1} s^{-1}を報告している。Koida and Kondo[13)]（2006）はPLD（pulsed laser deposition）法でYSZ（Yttrium-Stabilized Zirconia）単結晶基板上にジルコニウム添加酸化インジウムのエピタキシャル膜を堆積し，Zr添加濃度約1 at.%で（論文の図から読み取った値であるが）抵抗率約4×10^{-4} ohm cm，キャリア電子密度約2×10^{20} cm^{-3}，易

動度約75 $cm^2 V^{-1} s^{-1}$を報告しており，この値は上記Asikainenら[12]と良く一致している。彼らは最近[14]（2007），二元スパッタ法（酸化インジウムターゲットと$In_{1.9}Zr_{0.1}O_3$ターゲット）によってガラス基板上にジルコニウム添加酸化インジウム薄膜を堆積し，ジルコニウム濃度2.2 at.%において上記よりも低抵抗率（約2.6×10^{-4} ohm cm）の膜を報告しており，単結晶基板を用いなくても易動度が80 $cm^2 V^{-1} s^{-1}$の高い膜が得られることを示した。

6.2.3　セリウム添加酸化インジウム薄膜

Suharebら[15]はセリウム添加酸化インジウム膜（セリウム濃度2.6質量%）の抵抗率が2.7×10^{-4} ohm cm，キャリア電子密度が2.0×10^{20} cm^{-3}，易動度が112.7 $cm^2 V^{-1} s^{-1}$と報告している。

ハフニウム添加酸化インジウム透明導電膜の報告は調査した範囲で見当たらなかった。系列が異なるが＋４価金属イオンとしてテルルがあり，Ratchevaら[16]（1986）および[17]（1991）がスプレーCVD法で作製した膜（抵抗率3.5×10^{-4} ohm cm）を報告している。MaruyamaとTago[18]はスパッタ法で作製した膜に関して，ケイ素およびゲルマニウム添加によって抵抗が低減すると報告している。導電性向上の目的ではないが，Uchidaら[19]は，有機ELデバイス用の透明電極としてのITO膜にセシウムを添加することで仕事関数（work function）を0.3から0.4 eV低下させたと報告している。従来の透明導電膜は導電性と可視光透過性のみが注目されてきたが，デバイスへの応用に際して他の物性も注目されるようになり新規な展開が期待される。

6.3　酸化インジウム単結晶および焼結体に対する＋４価金属イオンの添加

6.3.1　酸化インジウム単結晶に対する＋４価金属イオンの添加

酸化インジウム単結晶に関する報告は薄膜の報告よりも古くからある（Weiher and Ley[20]（1962）および[21]（1966））。単結晶合成は，電気特性測定可能な寸法の均一で純度が高い結晶の作製が容易ではないが，固溶体生成（欠陥生成）と導電性発現機構を考える基本となるので注目に値する。

Kanai[22]はフラックス法で種々の金属イオンを添加して酸化インジウム単結晶を報告している。抵抗率の報告値はばらつきが大きいが図から読み取ると，スズ添加の場合に濃度２at.%程度以上で約2×10^{-4} ohm cm，ジルコニウムやハフニウム添加ではそれよりも高い抵抗率であった。チタンだけでなく＋５価の金属イオンとしてタンタル，タングステン，ニオブ添加に関して５at.%添加を検討し，ゲルマニウム（＋４価）は2.5 at.%添加のみを検討して，いずれも無添加（5×10^{-3}～9×10^{-3} ohm cm）と同程度あるいは更に高い抵抗率だと報告している。この報告では添加濃度の測定方法に関する記載がなく，原料の濃度（仕込み組成）であると思われる。著者ら[23]が追試を試みたが単結晶合成は容易ではなく，仕込み組成を変えても単結晶中の添加イオン濃度（EPMAで測定）が低いものしか得られず，フラックス成分の鉛が多く含まれる結晶[24]が得られたので，Kanai[22]の結果は慎重に解釈するべきだと判断している。

6.3.2　酸化インジウム焼結体における＋4価金属イオンの添加

単結晶合成に比べると多結晶焼結体の作製は容易であり，完全に緻密な焼結体を得ることは困難であるが，固溶と抵抗率の概ねの情報を知ることは可能と思われる。

Solov'evaとShvangiradze[25]は酸化インジウム粉体と酸化チタン，酸化スズ，酸化ハフニウムおよび酸化セリウムの粉体を1450または1600℃で熱処理した場合の格子定数を報告している。著者が彼らの論文を解説している[26]ので詳細は割愛するが，彼らの報告によればチタン添加の場合は1450℃焼成の結果しかないが，添加量とともに格子定数が小さくなり約2.5 at.%以上では一定値となり，ハフニウム添加の場合は，約1 at.%までは格子定数が小さくなり，それ以上の添加濃度では大きくなり，1450℃焼成では5 at.%以上で一定値になり，1650℃焼成の場合には約8 at.%においても格子定数が大きくなる傾向が認められ，セリウム添加では格子定数が大きくなり，1450℃焼成では2 at.%以上で一定値となり，1600℃焼成では12 at.%においても格子定数が大きくなる傾向が認められた。

最近著者ら[27]は彼らの追試実験を行っており，大気中1450℃ 2時間の焼成によって得られた焼結体の生成相を4価添加イオンのイオン半径と添加濃度の関数として図1に示す。高濃度添加すると添加物MO_2（M: Ti，Sn，Zr，Hf，Ce）が検出され，イオン半径が最も大きいセリウムの場合には0.5 at.%添加でCeO_2のピークが確認された。スズ添加は，15 at.%までスズ添加酸化

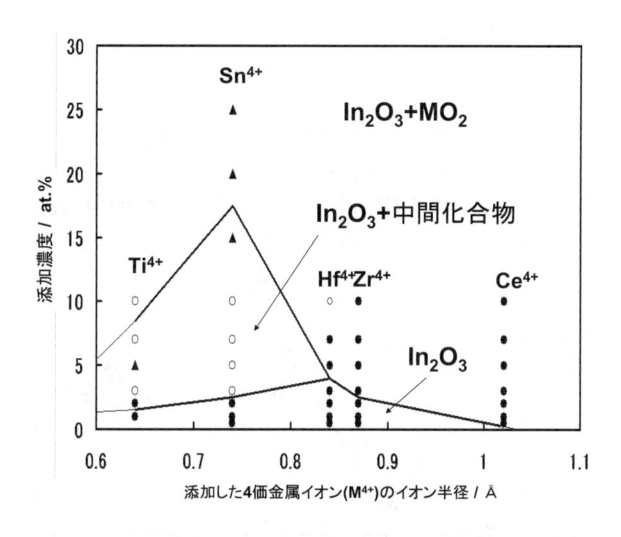

図1　種々の＋4価金属イオンを添加した酸化インジウム焼結体の生成相

○：文献に報告の無い相を検出

●：文献に報告の無い相は検出せず

▲：文献に報告の無い相および$In_3Sn_4O_{12}$相を検出

インジウム（ITO）相のみが検出されたが，固溶域は薄膜の場合（20 at.％以上）に比べて著しく狭い。ハフニウム添加の固溶域（3.0 at.％）が最も広く，その理由はHf^{4+}のイオン半径（0.84Å）がIn^{3+}のそれ（0.92Å）に近いためと解釈した。つまり，これらの4価イオンは酸化インジウムに固溶するが固溶域は極めて狭く，上述のSolov'evaとShvangiradze[25]の報告のように高濃度添加による固溶体生成は認められなかった点が重要である。0.5 at.％添加の場合の格子定数（図2）は，無添加酸化インジウム（10.1176Å）より小さく，添加イオンの半径を反映した序列となった。すなわち格子定数は，チタン添加（10.1015Å）＜スズ添加（10.10655Å）＜ハフニウム添加（10.10745Å）＜ジルコニウム添加（10.1110Å）＜セリウム添加（10.1144Å）となった。2 at.％以上添加すると無添加の場合よりは格子定数が小さいがバラツキが著しく系統的な解釈が困難であった。スズ添加では中間化合物（$In_3Sn_2O_{7-x}$[28]）が，チタン添加ではIn－Ti－O系化合物と思われる文献にない回折ピークが検出された。更にイオン半径が大きいハフニウム，ジルコニウム，セリウムの添加では中間化合物と思われるピークは検出しなかった。＋4価金属イオン（1 at.％）を添加した酸化インジウム焼結体の体積抵抗率を図3に示す。スズ以外のイオンを添加した場合においても抵抗低減が認められた。添加イオンの半径が小さいほど抵抗低減効果が顕著であるが，セリウムの場合は例外的であった。チタン添加の場合が最も低抵抗（抵抗率2.9×10^{-4} ohm cm）で，この値はITOスパッタ膜と同程度である。スズ，ハフニウム，ジルコニウムおよびセリウム添加の場合の抵抗率は各々8.5×10^{-4}，5.7×10^{-3}，4.3×10^{-3}および2.9×10^{-3} ohm cmであった。添加濃度が増えると抵抗は高くなり抵抗値がばらつく傾向があるが，スズ添加の場合には例外的にバラツキが少なかった。

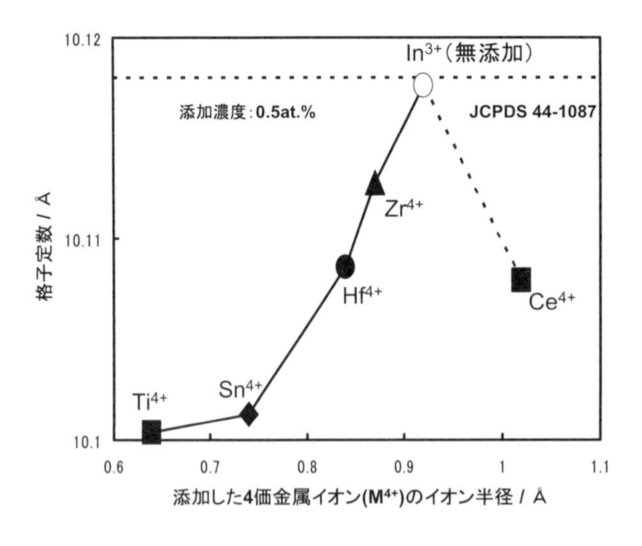

図2　酸化インジウム焼結体の格子定数の添加イオン依存性（0.5 at.％添加）

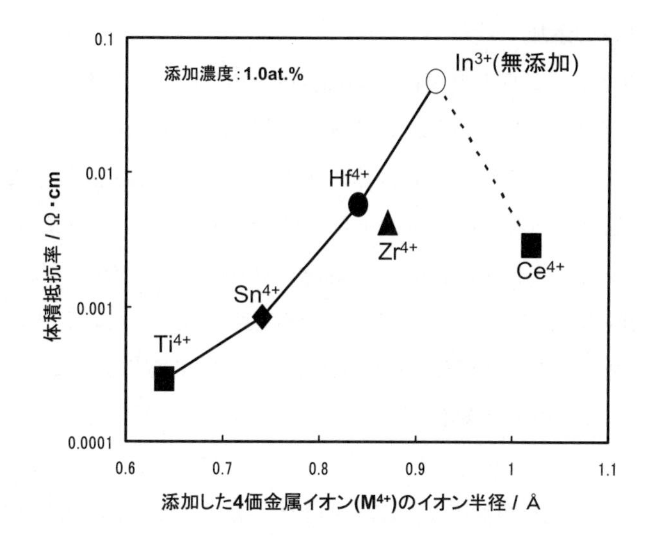

図3　酸化インジウム焼結体の抵抗率の添加イオン依存性（1 at.%添加）

以上の結果から判断すると，酸化インジウムのバルク材料（単結晶および多結晶焼結体）の場合には，薄膜の場合に比べて添加イオンの固溶域が狭いように思われるが，上述のように試料作製に高度な技術が必要なので更なる検討が必要と思われる。

6.4　＋4価金属イオン添加に関するまとめ

以上の結果をまとめると以下のようになる。

①チタンおよびジルコニウム添加の酸化インジウム薄膜の場合には，＋4価の金属イオンを添加することによって酸化インジウムの抵抗低減が可能なことが示されている。つまりスズ以外の＋4価金属イオンによっても抵抗低減が可能で，今後，成膜方法や成膜条件を最適化すれば更なる抵抗低減の可能性があると思われる。

②ハフニウムおよびセリウム添加酸化インジウム薄膜の場合の実例が報告されていないが，バルク（焼結体）の結果から推測して抵抗低減が予想される。

③通常のITO薄膜の場合には，スズイオンを比較的高濃度（数～10 at.%）に添加してキャリア電子密度を増加して（易動度が低下するのを覚悟の上で）抵抗低減を実現しているが，チタンやジルコニウムを添加した酸化インジウム膜の場合には，添加濃度は上記のスズの場合より低く，易動度が高い状態で低抵抗を実現している。

④ITOの場合にもスズ添加濃度が低い場合に易動度が高い低抵抗膜が得られている。

6.5　その他のイオンの添加

モリブデン添加酸化インジウム薄膜は，Mengら（(2001)[29] および（2002)[30]）が金属インジウムとMoO_3の二元蒸着を酸素雰囲気で実施して抵抗率1.7×10^{-4} ohm cm，易動度100 $cm^2 V^{-1} s^{-1}$以上の膜を報告しているが，通常の抵抗加熱による反応性真空蒸着でこれ程の低抵抗膜が得られるとしたら驚きである。Warmsinghら[31] はガラス基板およびYSZ単結晶基板にPLD法で成膜したにもかかわらず上記Mengらよりは高抵抗の膜となったが，それでも抵抗率約3.3×10^{-4} ohm cm，易動度95 $cm^2 V^{-1} s^{-1}$以上であるから低抵抗膜として注目するべきである。モリブデンのイオンには種々の原子価があり＋6価が最も一般的であるが，まだキャリア電子生成機構の厳密な議論はできない段階である。

酸素イオン（－2価）の一部をフッ素イオン（－1価）で置換することによってキャリア電子を発生する報告（たとえばPVD法[32～34]，CVD法[35～38]）があるが今回は割愛する。なお，バルク状態の酸化インジウムに対するフッ素置換の報告は調査した範囲ではなかった。

6.6　アモルファス酸化インジウムにおけるイオン添加

この節で述べた酸化インジウム系の透明導電膜は全て結晶性の薄膜である。最近はプラスチック基板あるいは有機物薄膜デバイス（有機ELや有機トランジスターなど）の電極として透明導電膜が注目されてきた。スパッタ法で低温（室温付近の温度）の基板に堆積すると通常アモルファス薄膜が得られる。アモルファス酸化インジウム膜の場合には，スズイオン添加によってキャリア電子濃度が増えないことが明らかになってきた。アモルファス膜のキャリア電子生成機構や散乱機構は明らかでないが，最も低抵抗の結晶性薄膜には劣るものの比較的低抵抗の膜が得られているので，低温の基板に成膜する場合には結晶性の膜ではなく敢えてアモルファス膜を形成するのが現時点では現実的な選択と思われる。アモルファス膜は結晶性の膜に比べて不安定なので，長期間のデバイス使用時あるいは放置時における変質や結晶化を抑制する材料設計が有用と考えられる。無添加の酸化インジウムは結晶性の膜ができやすいので，アモルファスITO膜におけるスズは結晶性の膜ができるのを抑制する役割が重要と著者は考えている。この節の分担ではないが，アモルファスの亜鉛添加酸化インジウム薄膜あるいはIn_2O_3-ZnO系薄膜において，亜鉛イオンは結晶化抑制の役割が重要なように思う。キャリア電子発生に無関係ならば酸化インジウム薄膜に添加する金属イオンは＋4価であること等にこだわる必要がないことになる。

6.7　おわりに

周知の事実であるが膜特性は添加元素の種類や濃度だけでなく成膜方法や成膜条件が著しく影響するので，以上に述べた既往の報告がすぐ読者の役に立つとは限らず，したがって最適化の労力を覚悟する必要がある。酸化インジウムに対する添加元素としてのスズは比較的容易に低抵抗膜が得られる実に有難いしろものであって，このような幸運が他の元素にも必ず存在すると単純に期待する根拠は無いと著者は思うのである。その一方で，ITO膜の歴史を振り返ると，最適化に膨大な労力を要した経緯があるので，スズ以外の添加に際しても現段階で簡単に諦めるのは早すぎる訳で，挑戦する意義が大いにあると思う。

文　　献

1) R. Groth, *Phy. Stat. Sol.,* **14** (1), 69-75 (1966)
2) J. L. Vossen, *RCA rev.,* **32**, 289 (1971)
3) D. B. Fraser and H. D. Cook, *J. Electrochem. Soc.,* **119** (10), 1368 (1972)
4) M. F. A. M. van Hest, M. S. Dabney, J. D. Perkins, D. S. Ginley and M. P. Taylor, *Appl. Phys. Lett.,* **87**, 032111 (2005)
5) R. P. Howson, A. G. Spencer, K. Oka and R. W. Lewin, *J. Vac. Sci. Technol.,* **A7**, 1230 (1989)
6) I. Safi and R. P. Howson, *Thin Solid Films,* **343/344**, 115-118 (1999)
7) Y. Abe and N. Ishiyama, *J. Mater. Sci.,* **41**, 7580-7584 (2006)
8) R. K. Gupta, K. Ghosh, S. R. Mishra, P. K. Kahol, *Appl. Surf. Sci.,* **253**, 9422-9425 (2007)
9) H. Ohta, M. Orita, M. Hirano, H. Tanji, H. Kawazoe and H. Hosono, *Appl. Phys. Lett.,* **76** (19), 2740 (2000)
10) Y. Sawada, *Mater. Sci. forum,* **437/438**, 23 (2003)
11) 澤田豊，関成之，材料の科学と工学，**43** (6), 257-259 (2007)
12) T. Asikainen, M. Ritala and M. Leskelä, *Thin Solid Films,* **440**, 152-154 (2003)
13) T. Koida and M. Kondo, *Appl. Phys. Lett.,* **89**, 082104 (2006)
14) T. Koida and M. Kondo, *J. Appl. Phys.,* **101**, 063705 (2007)
15) Y. Suhareb, N. I. Trostyanskaya and V. A. Boiko, *Izvestiya Akademii Nauk SSSR, Neorganicheskiye materialy,* **25** (2), 344-245 (1989)
16) T. M. Ratcheva, M. D. Nanova, L. V. Vassilev and M. G. Mikhalov, *Thin Solid Films,* **139**, 189 (1986)
17) T. M. Ratcheva, M. D. Nanova, L. Kinova and I. Penev, *Thin Solid Films,* **202**, 243 (1991)
18) T. Maruyama and T. Tago, *Appl. Phys. Lett,* **64** (11), 1395-1397 (1994)
19) T. Uchida, T. Mimura, M. Ohtsuka, T. Otomo, M. Ide, A. Shida and Y. Sawada, *Thin Solid Films,* **496**, 75-80 (2006)
20) R. L. Weiher and R. P. Ley, *J. Appl. Phys.,* **33**, 2834 (1962)
21) R. L. Weiher and R. P. Ley, *J. Appl. Phys.,* **37**, 299 (1966)
22) Y. Kanai, *Jpn. J. Appl. Phys.,* **23** (1), 127 (1984)

23) 鶴田逸人，東京工芸大学大学院工学研究科工業化学専攻　平成6年度修士論文（1995年2月）
24) Y. Ikuma, M. Kamiya, N. Okumura, I. Sakaguchi, H. Haneda and Y. Sawada, *J. Electrochem. Soc.,* **145**, 2910-2913 (1998)
25) A. E. Solov'eva and R. R. Shvangiradze, *Refractories,* **36** (7/8), 219-222 (1995) (*Translated from Ogneupory,* **7**, 21-23 (1995))
26) 澤田豊，月刊ディスプレイ，**9**, 33-39 (1996)
27) 飛嶋聡智，飯泉清賢，犬井正男，喜入朋宏，近藤剛史，王美涵，内田孝幸，澤田豊，志田あづさ，井出美江子，宍戸統悦，岡田繁，工藤邦男，第3回日本フラックス成長研究会講演要旨集 (2007)
28) JCPDS 39-1058
29) Y. Meng, X. L. Yang, H. X. Chen, J. Shen, Y. M. Jiang, Z. J. Zhang and Z. Y. Hua, *Thin Solid Films,* **394**, 219-223 (2001)
30) Y. Meng, X. L. Yang, H. X. Chen, J. Shen, Y. M. Jiang, Z. J. Zhang and Z. Y. Hua, *J. Vac. Sci. Technol.,* **A20** (1), 288-290 (2002)
31) C. Warmsingh, Y. Yoshida, D. W. Readey, C. W. Teplins, P. A. Parilla, L. M. Gedvilas, B. M. Keyes and D. S. Ginley, *J. Appl. Phys.,* **95** (7), 3831-3833 (2004)
32) J. A. Avaritisiotis and R. P. Howson, *Thin Solid Films,* **77**, 351 (1981)
33) J. A. Avaritisiotis and R. P. Howson, *Thin Solid Films,* **80**, 63 (1981)
34) Y. Shigesato, N. Shin, M. Kamei, P. K. Song and I. Yasui, *Jpn. J. Appl. Phys.,* **39**, 6422-6426 (2000)
35) T. Maruyama and K. Fukui, *Jpn. J. Appl. Phys.,* **29** (9), L1705-1707 (1990)
36) B. Mayer, *Thin Solid Films,* **221**, 166-182 (1992)
37) T. Maruyama and T. Nakai, *J. Appl. Phys.,* **71** (6), 2915-2917 (1992)
38) S. Mirzapour, S. M. Rozati, M. G. Takwale, B. R. Marathe and V. G. Bhide, *J. Mater. Sci.,* **29**, 700-707 (1994)

第３編　インジウム使用量削減の可能性

第5章　ITOインク

1　ITOナノインクの新合成法と新薄膜化技術

村松淳司[*1]，蟹江澄志[*2]，佐藤王高[*3]

1.1　はじめに

平成19年度から始まった経済産業省のプロジェクト「希少金属代替材料開発プロジェクト」の中にもあるように，ITOの原料であるInは，供給不安があることから，省使用技術の開発が期待されている。すなわち，現行のスパッタ製膜法では，製膜時のスパッタ装置内への付着ロス，配線形成時のエッチングロス等により，用いたITOターゲットのうち，わずか20％程度のみが実際に透明電極として使用される。残りのロス分80％の大部分は，リサイクルにより再資源化されるものの，再資源化には，リードタイムが存在するため，現実的には，実際に配線として使用されるより多くのIn原料の確保が必要となる。さらにスパッタ製膜法では，大型薄型テレビの急速な需要拡大にあわせて，その都度ITOターゲット，真空チャンバー等の大型化・更新を必要とするなどの問題を有することから，現行法に置き換わる根本的な技術革新が求められる。

現行のスパッタ製膜法の問題点を解決する有効な手法としては，ITOナノ粒子をインク化し基板上に直接塗布・大気中焼成により製膜・配線化する技術が注目されつつある。この方法では，In原料の使用効率をほぼ100％に高めることが可能であるとともに，大面積の電極作成も可能である。特に，塗布型ITOナノインク配線技術の1つであるインクジェット法による配線は，配線を基板に直接描画できるため，工程が大幅に簡略化できる。さらには材料やエネルギー使用量が大幅に削減できることや，微細・高集積回路が形成できることから，その実用化が強く求められている。

しかし，特にITO使用数量の多い液晶パネルの共通電極，画素電極用途においては，焼成温度が200℃程度と高温にできない制約があるため，現行のITOナノインクから製膜した場合では，スパッタリング法と比較して，特に導電性の点でかなり劣っている（概略1 kΩ/sq，膜厚200nm）ので，根本的に代わるインク合成法の開発が必要不可欠となっている。また，インクの

＊1　Atsushi Muramatsu　東北大学　多元物質科学研究所　多元ナノ材料研究センター長・教授

＊2　Kiyoshi Kanie　東北大学　多元物質科学研究所　多元ナノ材料研究センター　助教

＊3　Kimitaka Sato　DOWAエレクトロニクス㈱　事業化推進室　主任研究員

目詰まりの多発や，スパッタ製膜法に比べて電極の透明性および抵抗値などが劣るなど，克服すべき問題点が数多い。

ITOナノ粒子は，低抵抗化・高透過率・低濁度（ヘイズ）の観点から，微粒子化，高い分散性，低温焼結性を兼ね備えることが必要である。また，透明導電膜は，薄型テレビ等広く世の中に使われるため，大量生産に適した製法で合成することが望まれる。

低抵抗化には，ITOナノ粒子の接触抵抗低減と内部抵抗低減が必要である。特に，塗布用途であるITOナノ粒子の場合は，接触抵抗を低減させることが重要であり，そのためには，粒子の接触面積の増大および接触面積間の化学的な結合を取ることが必要と考えている。粒子の接触面積を増大させるためには，粒子の高分散性，最密充填に適した粒度分布の制御，および，接触が容易に得られる形態制御が必要である。また，粒子同士は，ただ接触しているだけでなく，粒子同士が，化学的な結合をもつことが重要であり，かつ，ITOナノ粒子が使用される基板がガラスや樹脂基板であることを想定すると，できるだけ低い温度で粒子同士が焼結する低温焼結性が求められる。

高透過率を得るためには，一次粒子径の低減が必要であり，ヘイズの低減には二次粒子径の低減が必要である。特に，それぞれ50nmを越えたあたりから特性の悪化が顕著になることから，50nm以上の粗粒子・凝集体を含まないよう粒度分布の精密制御が必要とされる。また，ミリング装置や界面活性剤による分散は，粒子表面の結晶性低下や界面活性剤の吸着により，接触抵抗を著しく増加させることがわかっているため，分散性の優れた粒子を直接合成することがきわめて重要である。

結局，ITOナノ粒子の合成方法としては，低抵抗・高透過率・低ヘイズを達成するために，高い溶媒分散性を有しかつ単分散・形態制御が原理的に可能な液相合成法が適している。さらに，ITOナノ粒子が工業的に使用されることを想定すると，大量生産性に適し，かつ環境負荷低減の観点から廃液・エネルギー効率等に配慮をすると，合成系の金属イオン濃度が0.1mol/L以上となる濃厚系での液相反応法開発が必要である。

以上の観点から，本節では超濃厚系における液相からの単分散ナノ粒子合成法である“ゲル-ゾル法”ITOナノ粒子の合成と，それを薄膜化する新技術について詳説する。

1.2 従来法

従来，塗布型ITOナノインクは，中和反応によりSn含有$In(OH)_3$粒子を合成し，これを気相還元雰囲気で熱処理することにより酸素欠損ITO粉として合成し，適当な有機溶媒に分散していた。この方法では，温度処理により，水酸化物から酸化物In_2O_3への変換が必須であるが，気相での熱処理は当然粒子同士の焼結を起こし，サイズ，形態が均一な単分散粒子が得られないという致命的な問題を有していた。

さらに熱処理のあと，高分散性を得るために，有機溶媒や界面活性剤などを使用すると，上述したように，粒子表面の結晶性低下や界面活性剤の吸着により，接触抵抗を著しく増加させる。実際，このことによってスパッタ法透明導電膜の比抵抗には遠く及ばないような低導電性膜しか作成できないのが現状である。そこで，ITOナノインクに必要な性能として，粒径50nm程度，粒径の変動係数が10％以下で，分散性が優れ，二次粒子を形成しないものとし，これら粒子を金属塩濃度0.1mol/L以上の濃厚系液相反応で合成する手法を開発することを目標とすることが工業的には望ましいと考えられる。

また，基板がガラス基板または樹脂基板である寸法安定性も求められる用途が多いことから，塗布後の膜の緻密化のための，過度な加圧・加熱を避ける必要がある。塗布・乾燥・低温焼成で高密度の膜を形成する高分散性（凝集・焼結がない）かつ高充填性（形態制御，粒度分布）を有した粒子を合成することが肝要となる。

希望通りのITOナノインクを合成でき，それを薄膜化したときには，現状の性能を著しく向上させることができ，焼成温度200℃以下で，透過率90％以上，ヘイズ１％以下，抵抗100Ω/sq以下という夢のナノインク薄膜を達成できるものと期待している。

1.3　液相法単分散粒子合成

上記の目的を達成できるのが，液相からのよく制御された系での粒子析出法である。すなわち，単純な中和反応による前駆物質（インジウムやスズの非晶質水酸化物）析出ではなく，核生成や成長など粒子形成の全てのステップの速度が制御された手法である。こうした液相法では，一般に合成する粒子のサイズ，形態を自由に制御することが可能であり，かつ，それらを揃えること（単分散化）ができる。特に液相におけるサイズ，形態の制御は機構がかなり明確になっているので，比較的容易に行うことができる。しかしながら，それら粒子の生産性は低く，価格が通常の粉砕法に比べて高価になることが問題になっている。

ナノ粒子領域の単分散粒子については，その合成法がほとんど報告されていないのが現状で，ゾル-ゲル法合成ですらせいぜい50nm程度の大きさのSiO_2やTiO_2粒子の合成研究が散見されるのみである。詳しくは後述するが，単分散粒子のサイズは一般に生成核数と全物質量で決まり，生成核数が多いときには全体の反応時間に比較して核生成期間が長く生成粒子の標準偏差が大きくなる。通常，単分散粒子は絶対的な標準偏差を維持しながら成長するので，サイズが大きくなればなるほど見た目の標準偏差，すなわち相対標準偏差は小さくなる。逆に言えば，サイズの小さな粒子の単分散化は非常に困難であり，従って報告例は少ないと言える。数少ない報告例である，Stöber法にシリカナノ粒子合成[1)]では，アンモニアのエタノール溶液を溶媒に用い，テトラエチルオルソシリケート（TEOS）と少量の水から，$Si(OC_2H_5)_4 + 2H_2O \rightarrow SiO_2 + C_2H_5OH$のように合成する。このとき，添加するアンモニアが触媒となって，単分散粒子が得られる。

ゾル状態で反応は止まるが，出発物質濃度をより高くすることにより，ゲル化する。この反応物の様子の経時的変化を捉えて，ゾル-ゲル法と言われている。通常欲しいのはゾルなので，ゲル化する前に反応を止めるわけである。このシリカ粒子合成のポイントは，TEOSの精製とアンモニア濃度，温度，水の量であり，これらの因子を変えることによりサイズやサイズ分布も変化する。特に水の量が多いと核生成と成長の制御が難しくなるため，アルコキシドを出発物質とした，単分散粒子合成はエタノールのような有機溶媒均一系（SiO_2，TiO_2[2~4)]，ZrO_2[5, 6)]，PZT = Pb（Zr, Ti)O_3[7, 8)] など）か，エマルジョン（たとえば，GeO_2[9)]，TiO_2[10)]，ZrO_2[11)] など）を用いることが多い。

さらに，ゾル-ゲル法による粒子は高温履歴がないことなどの理由から構造は通常非晶質となる。また，液相法で非晶質粒子ができると，最も表面エネルギーの小さい形，すなわち比表面積が最小となる，球形となる。従って，乾燥のみでは結晶化が不十分であるため，高温処理（アニール）が施されるのが通常であるが，アニールすると内部焼結だけではなく，外部の焼結，つまり２粒子以上が融合することがおき，折角サイズが単一の単分散粒子を作製できても高温処理中にその特性が失われることが多い。

1.4　ゲル-ゾル法

単分散粒子を得るための条件は，LaMerモデル[12, 13)] とSugimotoらの考察[14~16)] を基にすると，

① 目的生成物が得られる条件であること

② 副生成物が生成しない条件であること

③ 核生成と粒子成長が明確に分離されていること

④ 粒子成長中の凝集・凝結が防止されていること

となる。そのため，単分散粒子生成は成長中の著しい粒子同士の凝集を防止するために，希薄溶液系を採用せざるを得ない状況であった。実際多くの単分散粒子合成について報告してきたMatijevicの研究[17, 18)] においても，ほとんどが0.01mol dm^{-3}以下の希薄溶液であり，実用的な手法とは言えない状況であった。ゾル-ゲル法によるシリカ粒子合成においても同様なことが言える。すなわち，溶質濃度が大きくなったりすると，粒子分散系，すなわちゾル状態では停まらず，ゲル状態，すなわち粒子同士が激しい凝集を起こし，もはや粒子と識別できない状態まで進行する。逆に言えば，ゾル-ゲル法において粒子分散系で生成を停止させるには，非常に希薄な溶液系にせざるを得ないのである。

近年，Sugimotoらは，0.1～1.0mol dm^{-3}の濃厚溶液からの単分散粒子合成法である，ゲル-ゾ

ル法を開発して注目されている。この方法について簡単に述べる。

ゲル-ゾル法の要点は次の通りである[19]。

① 固相前駆体の溶質濃度はLaMerモデルに従い，十分に下げ，制御できる範囲とする。

② 前駆体溶質の供給源を別途用意する。

③ 濃厚溶液中で粒子が凝集しないようにする。

であり，いずれも難解な技術を伴っている。

一方，単分散粒子合成では，粒子成長を途中で停止させればサイズの制御は比較的簡単であるが，この場合はサイズは収率に依存することとなる。実用上は収率100%であることが望ましいので，粒子の成長が溶質の直接析出であれば，粒子のサイズは，生成核数に依存する。すなわち，全体の物質量が一定ならば，粒子の数が多くなるほど，サイズは小さくなる。また，単分散粒子の場合は，サイズが小さくなるほど，サイズ分布は一般に大きくなる。これは，安定な核の大きさは数nm以上であるから，核の大きさに近ければ近いほど，サイズ分布が大きくなるためである。溶質の直接析出による粒子成長を伴う場合はLaMerモデルで考えると，初期に生成した核と後から生成した核には，その時間のずれだけ，最初に生成した核は成長しているので，核生成終了時にはサイズ分布はかなり大きい。核生成が終了し，成長だけの段階に移ると，どの粒子も同じように成長を続けるため，核生成時のサイズの違いを残したまま成長する。凝集が全く起こらず，かつ，新たな核生成が粒子成長中に全く起こらない場合，成長に費やす物質量が，核生成に費やす物質量よりも圧倒的に大きければ，粒子のサイズ分布は非常に狭くなることが期待できる。従って，サイズ分布を小さくするためには，核数，すなわち粒子数をできるだけ抑えて，できるだけ成長させることが必要である。さらに，粒子成長の時間に比較して核生成の時間を短くすることも効果がある。

水溶液におけるサイズ制御の方法は主として2つある。全体の濃度と体積が一定である場合は，1つは生成核数を制御すること，2つめは種を入れて粒子数を直接制御すること，である。前者は反応条件をコントロールして生成する核数を決めるもので，後者は粒子生成系に別に調製した種を添加する手法をとる。種は大きさにはこだわらず，核と同じ大きさである必要はないが，種が必ず成長するような条件としなければならない。

粒子生成においては，核生成と粒子成長は競争反応であるので，生成核数を増やすには粒子成長の方を抑制しなければならない。LaMerモデルで表現できる粒子生成においては，最初の生成核数の制御は臨界過飽和度を抑制することで数を減らすことが可能であるので，通常核生成期と粒子成長期の反応温度を制御することで生成核数の制御は可能である。たとえば，高い生成エネルギーを必要とする核の生成は比較的高温条件で行い，核生成は反応温度を下げることで終了させ，その後は成長だけを行うような，温度ジャンプの手法である。ただし，この試みは核生成と粒子成長の各段階がよく知られた系でのみ適用可能である。制御されていない溶液からの固相析出では，過飽和状態が固相析出終了まで継続するため，核生成と成長を明確に分離しやすい希薄溶液を用いる場合が多い。逆に制御しやすいような溶液条件と温度を選択すると，希薄溶液系にならざるを得ないのである。ゲル-ゾル法を初めとする濃厚系では，核生成と成長のそれぞれのステップを，前者は最初から溶液相に含まれる溶質，後者はリザーバーに含まれる溶質を使用する，という役割分担をすることができる。ゲル-ゾル法では溶質の供給源にリザーバーを使うが，これにより系の過飽和度を十分に下げ，核生成と粒子成長の制御を可能にしている。リザーバーと溶液相は平衡関係にあるから，核生成は平衡濃度で存在する溶質によって起こる。この平衡をずらして溶質濃度を制御できれば，生成核数の制御も可能であろう。また，この平衡に達する時間は必ずしも短くないことから，リザーバーが存在する溶液に核生成のための溶質を添加し，すぐに核生成を行わせれば，生成する核数は添加する溶質の量に依存する。溶質が消費されると直ちにリザーバーから溶質を補給する。このように何らかの方法でこの溶質の初期濃度を制御することで，核生成時間，すなわち生成核数を制御することが可能であろう。なおリザーバーの役割は直接最終生成物に変換するのではなく，溶液相の溶質濃度を低く保ちながら溶質を供給することである。

1.5　単分散ITO粒子合成

ナノインク用ITOナノ粒子の合成について，その実用化を念頭におくと，下記のような基本的な考え方ができる。

① ナノサイズ（数nm）の粒子は甚だしい凝集を起こすことが知られていて，その懸濁液は凝集物（フロック）の性質に依存する。従って，凝集物となりやすい数nmサイズの粒子の合成は行わない（図1(a)）。加えて数nmサイズの粒子ではその高い表面活性のために，ほとんど球形となり，事実上形態制御は不可能である。形態制御可能なサイズまで大きくする必要がある（図1(b)）。

② 分散剤を使用すると焼結の際にそれが残存し，抵抗が高くなり，良好な導電性を保てなくなる（図1(c)）。分散を良くするには分散剤を使用するのではなく，表面電荷の制御が必要であり，図2のようなpH-電位曲線データを使って，もっとも適当な溶液条件を設定すれば特に分散剤を使用しなくてもよい。ITOの等電点は表面のインジウムとスズの構成比で連続的に変化することから，分散性の決め手となる表面電荷の制御は表面組成の変化で可能となる。

③ 焼結性能は単粒子層にきれいに並べることに大きく影響することが予想されるので，図3のように粒子や基板の表面電荷を考慮に入れた塗布法が効果的と考えられる。すなわち，粒

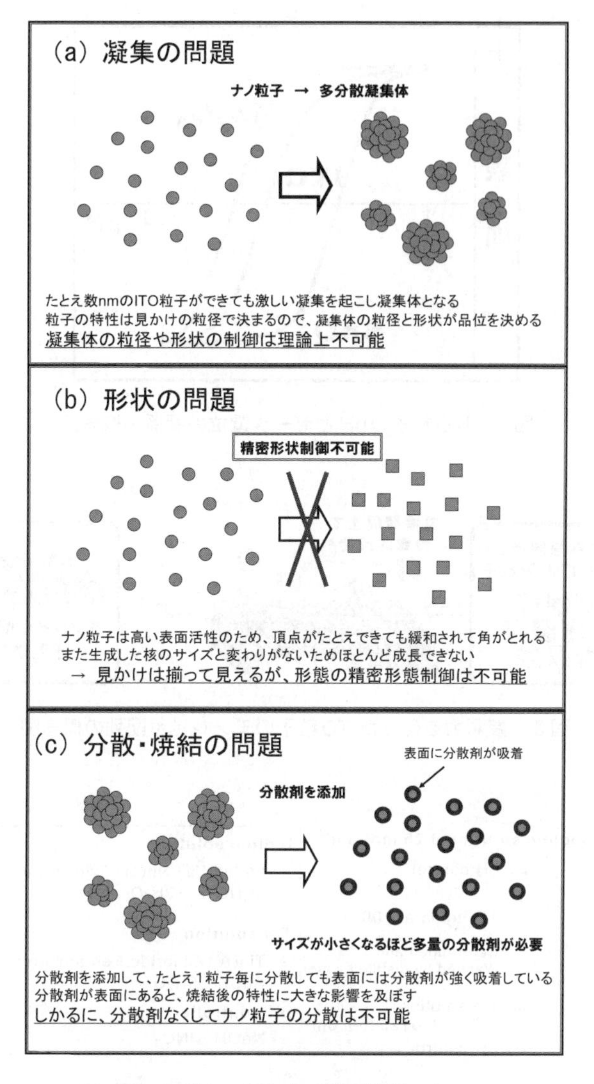

図1　ITOナノ粒子設計
3つの問題点

子同士は同電荷により反発し，粒子と基板は異電荷を有し，基板上にきれいにヘテロ凝集して単粒子配列させることが可能となろう。そのためには粒子の表面電荷制御が必要不可欠である。このように，ナノインクITO微粒子合成に必要な3要素について詳細な検討が必要となる。

ここで用いたゲル-ゾル法は前述の通りであり，この場合，溶液からの固相析出反応では反応条件を整えることでインジウムとスズの比を任意に制御してITO粒子を合成することが可能である。合成フローチャートを図4に示した。硝酸インジウムの溶液を100℃経時し，その後スズ

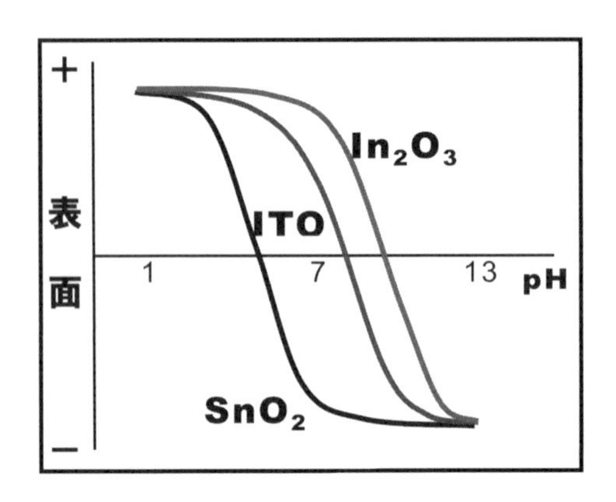

図2　ITO粒子のpHとゼータ電位の関係－概念図

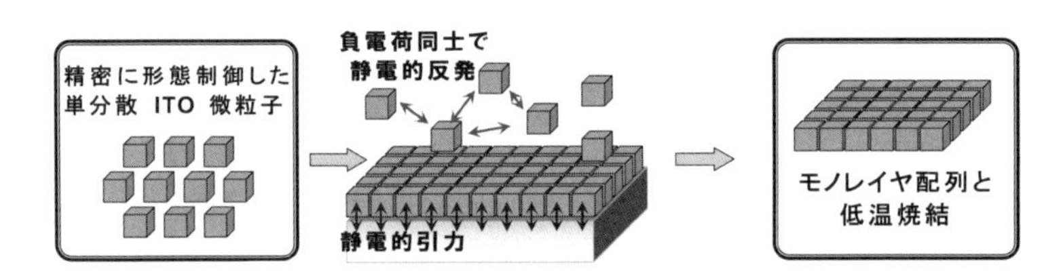

図3　静電力を使ったITO粒子のモノレイヤ配列の概念図

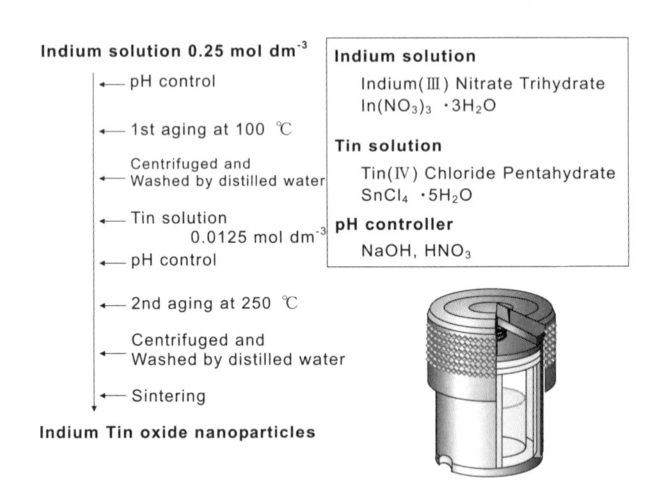

図4　ITO粒子合成フローチャート

を投入，この後，ゲル-ゾル変換反応を通して，最終的にITO粒子を得るルートである。

図5は，ITOナノインク合成のベースとなる，ゲル-ゾル法による単分散チタニア（アナタース）粒子生成[20, 21]の経時変化である（(d)が最終生成物のアナタース型チタニア粒子)。出発原料

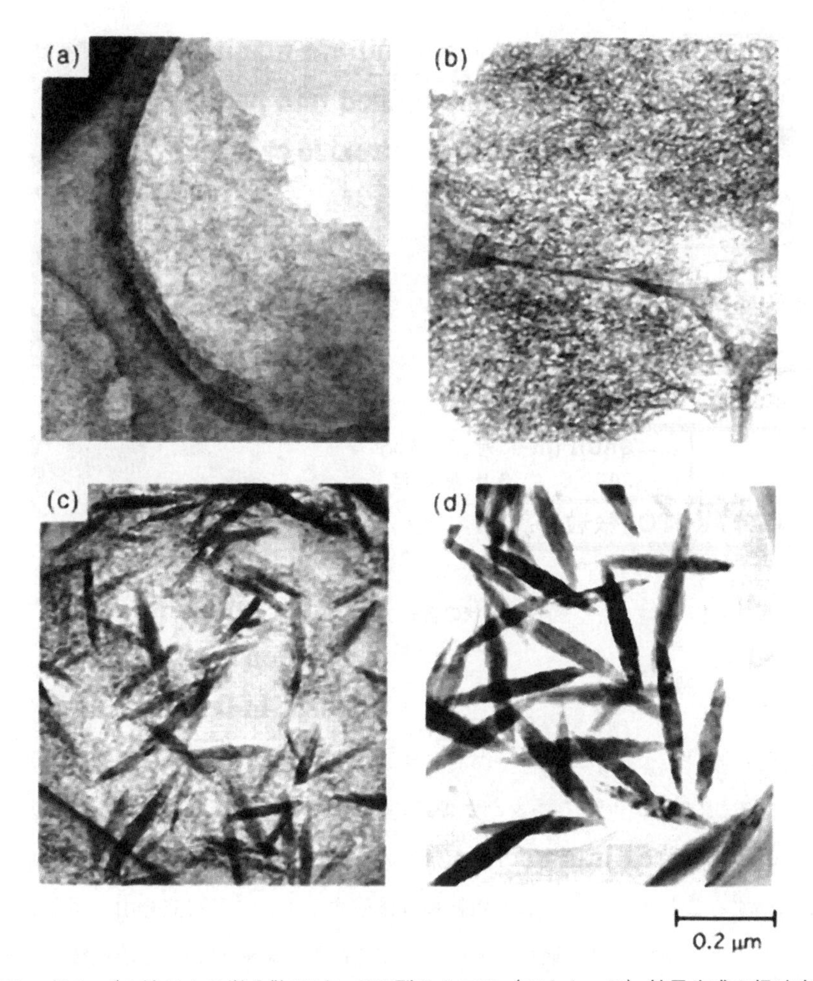

図5　ゲル-ゾル法による単分散スピンドル型チタニア（アナタース）粒子生成の経時変化
(a)0，(b)1，(c)2，(d)3日

はチタンのアルコキシドであり，上述したゾル-ゲル法に似ているように見えるが，本質的に異なる手法である。

すなわち，この方法のポイントは3つある。

① 空気中で加水分解しやすいチタンイソプロポキシド（チタンのアルコキシド）に2倍モルのトリエタノールアミンを加え，安定なチタン錯体にすること。いきなり水を加えて，制御不可能な加水分解反応を起こさせないことが重要で，この点でゾル-ゲル法とは根本的に異なる発想である。

② 0.25mol dm^{-3}［Ti^{4+}］＋0.50mol dm^{-3}トリエタノールアミン＋1.0mol $dm^{-3}NH_3$の混合溶液を，100℃1日経時して，水酸化チタンゲルを生成（1段目）。このゲルはチタニア前駆体

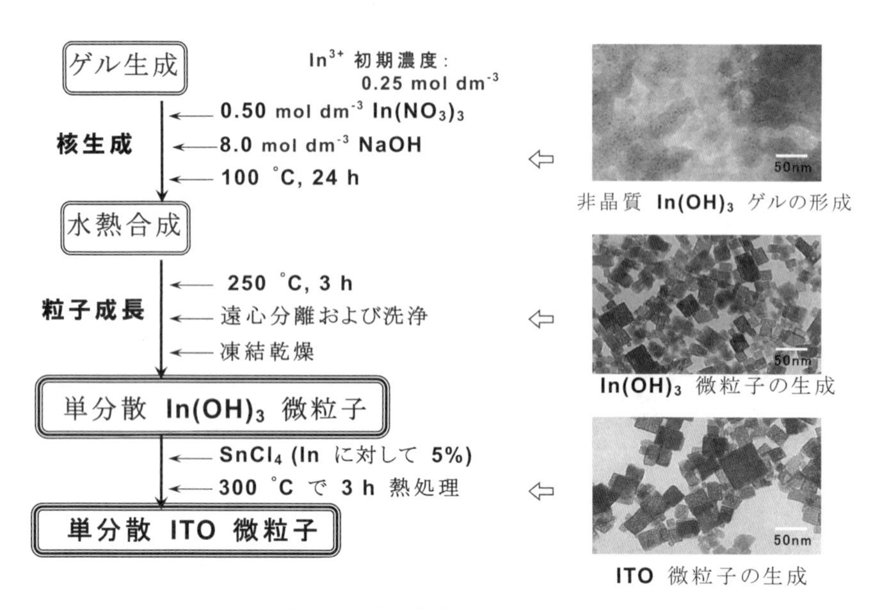

図6　現状の合成フローチャート
インジウム水酸化物結晶化

の供給源となり，かつチタニア粒子の凝集を防止している。

③　続いて140℃３日経時して，チタニア粒子を合成（２段目)。

図より(a)０，(b)１日，(c)２日，(d)３日と，不定形の水酸化チタンゲルが，スピンドル型のチタニア粒子に相転移することがわかる。この相転移は後述するように，溶液経由，すなわちゲルの溶解とチタニア粒子上への再析出で進行している。第１段目の経時がないと溶液相のチタン濃度が高いまま，ゲルの生成と同時にチタニアの核生成が進行して，核生成と成長の分離ができず，かつ，凝集した粒子が生成してしまう。生成した粒子は高分解能電子顕微鏡で観察すると，単結晶であることがわかった。スピンドル形状をとるのはアンモニアによる形態制御効果であると説明されている[21]。それ故，アンモニアフリーの系で合成すると，チタニアナノ粒子となる[22, 23]。

ゲル-ゾル法ITOナノインク合成[24]は，このチタニア粒子合成を応用したものであり，ゲル化条件下，第２金属塩を添加したところが特徴となる。すなわち，非晶質水酸化インジウムゲルを出発物質にして最終的に結晶性ゾルを得るものであり，基本的な考えと反応スタイルは同じである。

ところが，この場合最終粒子の構造には水酸化物が多量に混入することがわかっており，現状，ワンパスでITO粒子は合成できていない。いったん，結晶性水酸化インジウム粒子を合成し，スズを添加して焼成処理して，ITO粒子を得ている。具体的には，最初非晶質水酸化インジウムゲルを合成し，これを水熱合成条件に供することにより，結晶性単分散粒子を得，その後，最終的にITO粒子を得るものである。このときの合成ルートと実際のTEM観察結果を図6に図示した。明らかに，ゲル状非晶質物質から経時変化により立方体状の結晶性粒子が生成しており，それは水酸化インジウムである。それをスズとともに熱処理することにより同じサイズのITO粒子となる。

1.6　今後の指針

液相法をベースとしたITO粒子合成については種々の報告がある[25~29]が，いずれも液相法のみではITO粒子は得られておらず高温処理等酸化物化の過程が必須となっている。またそれら粒子は残念ながらサイズや形態は揃っておらず，唯一図6に示した粒子のみが明確な晶癖を示している。液相法合成手法についてはここ数年で，結晶性の向上やSnドープに工夫が格段に改善されたが，液相法単独合成の道は依然険しい。しかしながら，筆者らは非水溶媒中恒温での結晶化などの手法を適用することで，ブレークスルーを果たしたいと考えている。

また，図7は上述のゾル-ゲル法で合成したシリカ粒子をSEM試料台に乗せて撮影したものであるが，きわめて整然と整列していることがわかる。このように単分散粒子はそれだけで単粒子層配列をする傾向にあることから，サイズ・形状を揃えることにより，上述の静電塗布法を適用できることが容易に予想される。

図7　Stober法合成単分散シリカ粒子
粒子一層配列の例

文　献

1) W. Stöber, A. Fink and E. Bohn, *J. Colloid Interface Sci.*, **26**, 62 (1968)
2) E. A. Barringer and H. K. Bowen, *J. Am. Ceram. Soc.*, **65**, C-199 (1982)
3) E. A. Barringer, N. Jubb, B. Fegley, Jr., R. L. Pober and H. K. Bowen, in "Ultrastructure Processing of Ceramics, Glasses and Composites," (L. L. Hench and D. R. Ulrich, Eds.), pp. 315-333, Wiley, New York (1984)
4) B. Fegley, Jr., E. A. Barringer and H. K. Bowen, *J. Am. Ceram.* Soc., **67**, C-113 (1984)
5) K. Uchiyama, T. Ogihara, T. Ikemoto, N. Mizutani and M. Kato, *J. Mater. Sci.*, **22**, 4343 (1987)
6) T. Ogihara, N. Mizutani and M. Kato, *Ceram. Intern.*, **13**, 35 (1987)
7) T. Ogihara, H. Kaneko, N. Mizutani and M. Kato, *J. Mater. Sci. Lett.*, **7**, 867 (1988)
8) H. Hirashima, E. Onishi and M. Nakagawa, *J. Non- Cryst. Solids,* **121**, 404 (1990)
9) K. Kawai, K. Hamada and K. Kon-no, *Bull. Chem. Soc. Jpn.*, **65**, 2715 (1992)
10) 金子大介，河合武司，今野紀二郎，色材，**71**，225 (1998)
11) K. Kawai, A. Fujino, K. Kon-no, *Colloid Surfaces: A*, **109**, 245 (1996)
12) V. K. LaMer and R. Dineger, *J. Am. Chem. Soc.*, **72**, 4847 (1950)
13) V. K. LaMer, *Ind. Eng. Chem.*, **44**, 1270 (1952)
14) T. Sugimoto in "Monodispersed Particles," p. 187, Elsevier, Amsterdam (2001)
15) T. Sugimoto, *Adv. Colloid Interface Sci.*, **28**, 65 (1987)
16) 杉本忠夫，工業材料，**44** (13)，110 (1996)
17) R. Demchak and E. Matijevic, *J. Colloid Interface Sci.*, **31**, 257 (1969); E. Matijevic, A.D. Lindsey, S. Kratohvil, M. E. Jones, R. L. Larson and N. W. Cayey, *J.Colloid Interface Sci.*, **36**, 273 (1971); A. Bell and E. Matijevic, *J.Inorg.Nucl.Chem.*, **37**, 907 (1975); R. Brace and E. Matijevic, *J.Inorg. Nucl. Chem.*, **35**, 3691 (1973); D. L.Catone and E. Matijevic, *J.Colloid Interface Sci.*, **48**, 291 (1974); W. B. Scott and E. Matijevic, *J.Colloid Interface Sci.*, **66**, 447 (1978); E. Matijevic, R. S. Sapieszko, J. B. Melville, *J. Colloid Interface Sci.*, **50**, 567 (1975); E. Matijevic, M. Budnik and L. Meites, *J. Colloid Interface Sci.*, **61**, 302 (1977); N. B. Milic and E. Matijevic, *J. Inorg. Nucl. Chem.*, **85**, 306 (1982); E. Matijevic and P. Scheiner, *J. Colloid Interface Sci.*, **63**, 509 (1978); M. Ozaki, S. Kratohvil and E. Matijevic, *J. Colloid Interface Sci.*, **102**, 146 (1984); S. Hamada and E. Matijevic, *J. Colloid Interface Sci.*, **84**, 274 (1981); S. Hamada and E. Matijevic, *J. Chem. Soc., Faraday Trans.1*, **78**, 2147 (1982); T. Sugimoto and E. Matijevic, *J. Inorg. Nucl. Chem.*, **41**, 165 (1979); T. Sugimoto and E. Matijevic, *J. Colloid Interface Sci.*, **74**, 227 (1980); A. E. Regazzoni and E. Matijevic, *Corrosion*, **38**, 212 (1982); H. Tamura and E. Matijevic, *J. Colloid Interface Sci.*, **90**, 100 (1982); A. E. Regazzoni and E. Matijevic, *Colloids and Surfaces*, **6**, 189 (1983)
18) E. Matijevic and R. S. Sapieszko, in "Fine Particles, in Surfactant Science Series 92," (ed. by T. Sugimoto), p. 2, Marcel Dekker, New York (2000)
19) T. Sugimoto, K. Sakata and A. Muramatsu, *J. Colloid Interface Sci.*, **159**, 372 (1993)
20) T. Sugimoto, M. Okada and H. Itoh, *J. Colloid Interface Sci.*, **193**, 140 (1997)

21) T. Sugimoto, M. Okada and H. Itoh, *J. Disp. Sci. Tech.*, **19**, 143 (1998)
22) T. Sugimoto, XP Zhou and A. Muramatsu, *J. Colloid Interface Sci.* **259**, 43 (2003)
23) T. Sugimoto, XP Zhou and A. Muramatsu, *J. Colloid Interface Sci.*, **259**, 53 (2003)
24) 遠藤瑶輔，酒井洋，蟹江澄志，村松淳司，佐藤王高，第60回コロイドおよび界面化学討論会（2007，松本）P041; 特許出願中，特願2007-60558
25) D. Yu, D. Wang, J. Lu and Y. Qian, *Inorganic Chemistry Communications*, **5**, 475 (2002)
26) J. E. Song, D. K. Lee, H. W. Kim, Y. I. Kim and Y. S. Kang, *Colloids and Surfaces A, Physicochem. Eng. Aspects*, **257**, 539 (2005)
27) J. E. Song, H. W. Kim and Y. S. Kang, *Current Applied Physics*, **6**, 791 (2006)
28) H. Xu and A. Yu, *Materials Letters*, **61**, 4043 (2007)
29) C.-H. Han, S.-D. Han, J. Gwak and S.P. Khatkar, *Materials Letters*, **61**, 1701 (2007)

2 ITO透明導電膜形成用インクの開発とその特性

大沢正人[*1]，油橋信宏[*2]，林　茂雄[*3]，小田正明[*4]

2.1 はじめに

透明導電膜は，液晶，プラズマ，無機および有機ELなどの各種フラットパネルディスプレイ，太陽電池，タッチパネルなどに広く利用されている。この透明導電膜を作製する方法には様々な手法があるが，一般的には，スパッタリングなどの真空プロセスを用いる手法により基板上に厚さを制御して導電膜が形成されている。この手法では均一で緻密な薄膜を形成することができるが，大面積化が困難であり高価な装置が必要なことがある。

一方，インクやペースト状の塗布型材料を使用して，スクリーン印刷法やインクジェット法などの印刷プロセスにより金属配線パターンを形成する手法が注目されている。印刷プロセスは真空プロセスに比べ簡便な工程であり，特に，ナノ粒子の分散液などをインクとしたインクジェット法は良好な導電膜をオンディマンドで形成することを可能にし，プリンタブル電子回路の分野において期待が高まっている[1)]。透明導電膜の形成も例外ではなく，印刷法により透明導電膜のパターンを形成するためのインクも開発されている。

本稿では，既存のITO透明導電膜形成用インクの特徴を概観するとともに，筆者らの所属する会社で新たに開発を行ったITO透明導電膜形成用ナノ粒子インク（ITOナノメタルインク）の特徴とそれを用いた透明導電膜形成について述べる。

2.2 ITO透明導電膜形成用インク

公表されている幾つかのITO透明導電膜形成用インク（ITOインク）の焼成条件および得られるITO膜の抵抗値を表1にまとめた[2~10)]。ITOインクは，大別して，①InおよびSn化合物が溶媒中に溶解しており，その液を基板に塗布して焼成するタイプのものと，②ITO超微粒子（ナノ粒子）が溶媒中に分散しており，その液を基板に塗布して焼成するタイプのものが存在する。なお，ITO微粒子の合成に関する報告は数多く存在するが，その多くは，スパッタリングターゲットを作製するための原料となる粉体やペレットを得る目的でなされたものであり，それに比べ，ITOインクを作製することを目的としてなされたものは少ない。

＊1　Masato Ohsawa　㈱アルバック・コーポレートセンター　ナノパーティクル応用開発部　係長
＊2　Nobuhiro Yuhashi　㈱アルバック・コーポレートセンター　ナノパーティクル応用開発部
＊3　Shigeo Hayashi　㈱アルバック・コーポレートセンター　ナノパーティクル応用開発部　主事補
＊4　Masaaki Oda　㈱アルバック・コーポレートセンター　ナノパーティクル応用開発部　部長

表１　既存のITOインクの焼成条件と得られるITO膜の比抵抗

No.	焼成条件	比抵抗（Ω・cm）	種　別	文　献
1	500℃大気焼成	1.3×10^{-3}	In/Sn化合物溶解タイプ	荻原・衣川（1982）[2]
2	550℃大気＋真空焼成	$3\sim5\times10^{-3}$	In/Sn化合物溶解タイプ	Furusaki *et al.*（1986）[3]
3	350℃焼成	3.1×10^{-4}	In/Sn化合物溶解タイプ	小林ほか（2000）[4]
4	500℃大気焼成＋N_2/H_2雰囲気	5.4×10^{-4}	In/Sn化合物溶解タイプ	Ramanan（2001）[5]
5	900℃大気焼成	3.4×10^{-3}	ナノ粒子分散タイプ	Goebbert（1999）[6]
6	200～400℃真空焼成＋500℃大気焼成	$\sim10^{-3}$	ナノ粒子分散タイプ	Ederth *et al.*（2002）[7]
7	800℃大気＋N_2雰囲気焼成	$\sim10^{-2}$	ナノ粒子分散タイプ	Ederth *et al.*（2003）[8]
8	300℃大気焼成	1.5×10^{-1}	針状ナノ粒子分散タイプ	Chen *et al.*（2005）[9]
9	600℃大気＋N_2雰囲気焼成	4.9×10^{-1}	針状ナノ粒子分散タイプ	森ほか（2006）[10]

In/Sn化合物溶解タイプにより得られるITO膜の比抵抗は，低抵抗のもので10^{-4}Ω・cm台に達しているものが公表されている。一方，ナノ粒子分散タイプにより得られるITO膜の比抵抗は，10^{-3}～10^{-2}Ω・cm台であり，In/Sn化合物溶解タイプにより得られる膜よりも高い比抵抗を示す傾向が認められる。また，針状のITOナノ粒子分散タイプにより得られるITO膜の比抵抗はさらに高く，10^{-1}Ω・cm台となっている。

表１に示すITOインクでは，いずれも，ITO膜を得るために300～900℃の高温焼成が必要とされる。このため，これらのITOインクによりITO膜を作製する場合には，基板やそれに付随するその他の薄膜に対しても，ITOインクの焼成温度での耐熱性が要求される。このため，その用途が限られてしまうのが現状であろう。

2.3　インク（塗布型材料）に用いるナノ粒子

従来の導電性ペーストが，ミクロン，サブミクロンサイズの粒子同士の物理的な接触により導電性を発現するのに対し，ナノ粒子のインクまたはペーストは，ナノメートルサイズの超微粒子が焼結・融着することにより導電性を発現する。しかしながら，表面が清浄な“裸の”ナノ粒子同士では，常温でも凝集・焼結が進行してしまう。このため，常温においてインクやペースト中でナノ粒子を凝集させずに安定化させるためには，ナノ粒子表面を被覆する物質の導入が不可欠である[11]。

例えば，色材として金属のナノ粒子を利用する場合においては，ナノ粒子表面を被覆する物質として高分子が挙げられる[12]。高分子鎖の一部が粒子表面へ吸着し，一方，残りの高分子鎖が溶媒中に伸びて溶媒との親和性を確保する。このことにより，ナノ粒子同士の凝集を抑制する反発層が形成され，ナノ粒子が安定化するものと考えられている[13]。

しかしながら，導電膜の形成に用いるナノ粒子の場合においては，ナノ粒子表面を被覆する物質（分散剤）の存在は，高分子に限らず，得られる膜の導電性を低下させてしまう要素となり得る。成膜のための焼成温度は，粒子表面を被覆する物質の分解温度に大きく依存するため，分子量の大きい物質で粒子表面を被覆した場合，成膜のための焼成温度の上昇をもたらす。したがって，可能な限り分子量の小さい物質で表面が被覆された粒子を用いるか，非常に温和な条件で分解する物質で表面が被覆された粒子を用いて分散液を作製することが必要となる[1]。

2.4　ナノ粒子の作製法

ナノ粒子を作製する方法には，大別して，減圧下または若干の不活性ガス中で金属を蒸発して作製する方法と，気相・液相で化学反応を利用して作製する方法がある。生成直後のナノ粒子は凝集しやすいため，生成したナノ粒子の表面を適当な物質で被覆する必要がある。一般に，粒子表面を被覆する物質の種類によりナノ粒子の表面状態が変化し，水に分散するものと有機溶媒に分散するものとが作製される[14]。これらの方法は，Agなどの金属ナノ粒子の合成をはじめ，ITOナノ粒子の合成にも適用される。

2.5　ガス中蒸発法と独立分散ナノ粒子

蒸発によりナノ粒子を作製する方法のひとつとして，ガス中蒸発法が挙げられる。ITOナノ粒子の合成にも，このガス中蒸発法を適用した事例が報告されているが[15]，これは，合成したITOナノ粒子を，スパッタリングターゲットを形成するための原料となる超微粉を得るための方法として行われたものであり，ITOインクを作製するための検討は行われていなかった。

通常のガス中蒸発法では，蒸発室のルツボから蒸発した原子は雰囲気のガスと衝突し，冷却されて凝縮し，ナノ粒子となる。ルツボ近傍では粒子は孤立状態で存在するが，遠ざかるにつれて粒子は衝突を繰り返し，二次凝集を形成する。そこで，ガス中蒸発法の改良を行い，孤立状態にある粒子に，有機物の分散剤の蒸気を供給する機能を付加した[16,17]。孤立状態にある粒子に供給される分散剤として，例えば，酢酸ベンジル，ステアリン酸エチル，オレイン酸メチル，フェニル酢酸エチル，グリセリドなどの有機エステルが挙げられ，ナノ粒子の構成元素や最終的に作製するインクの用途によって適宜選択する[18]。この改良型のガス中蒸発法は，得られるナノ粒子の表面が，供給された有機物の分散剤により被覆されるため，個々の粒子が凝集することなく完全に分散している独立分散ナノ粒子を生成することを可能とし[19]，筆者らの所属する会社で開発を行ったナノ粒子の作製方法である。

独立分散ナノ粒子は，他の方法によって得られる粒子に比べ，①高純度の不活性ガス中での凝縮現象により生成されるために高純度であり，②準熱平衡状態での粒子生成であるため結晶性が良好であり，③粒度分布がシャープである，という特徴を有している。

2.6　独立分散ITOナノ粒子インク（ITOナノメタルインク）

筆者らの所属する会社において，ガス中蒸発法により独立分散ITOナノ粒子インクの開発を行った（ITOナノメタルインク）[20,21]。このITOナノメタルインクは，平均粒径が数ナノメートルの球状のナノ粒子（写真1）が有機溶媒に分散したものであり，従来よりも低温での焼成によりITO膜の作製が可能である。

開発されたITOナノメタルインクの溶媒とその沸点を図1に示す。

独立分散ITOナノ粒子（ITOナノメタルインク中に分散するナノ粒子）は，デカリン，シクロヘキシルベンゼン，シクロドデセンなどの低極性の脂環式炭化水素系の溶媒中で優れた分散安定性を発現する。また，これらの脂環式炭化水素系の溶媒よりも極性が高いテルピネオール溶媒中でも，独立分散ITOナノ粒子を安定に分散させることが可能である。

シクロドデセンおよびシクロヘキシルベンゼン溶媒分散タイプのITOナノメタルインクの粒子濃度と粘度との関係を図2に示す。

シクロドデセンおよびシクロヘキシルベンゼン溶媒分散タイプのインクは，後述するインクジェット用のインクとして開発されたものである。シクロドデセンやシクロヘキシルベンゼンは沸点がおよそ240℃と高く，また粘度も低いため，インクジェット用インクの溶媒として用いるの

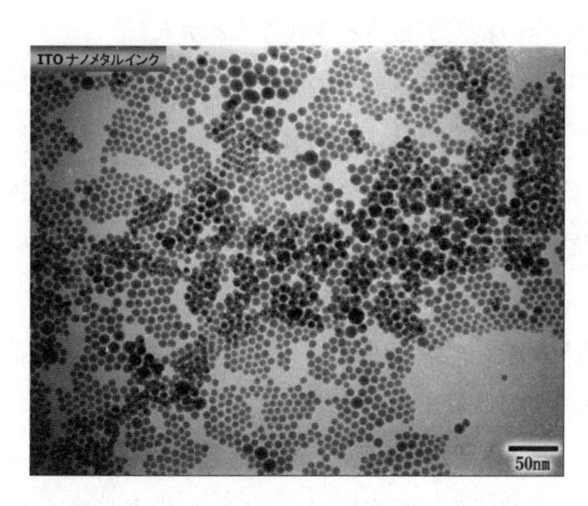

写真1　ITOナノメタルインク中に分散するナノ粒子のTEM像

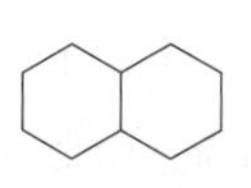

Decaline
bp: 196℃

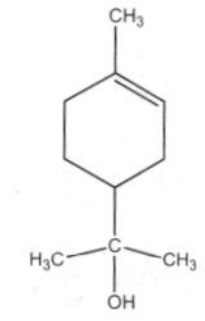

Terpineol
bp: 219℃

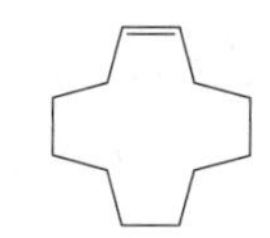

Cyclododecene
bp: 240℃

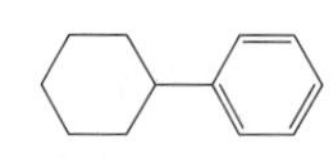

Cyclohexylbenzene
bp: 240℃

図1　ITOナノメタルインクの溶媒と沸点

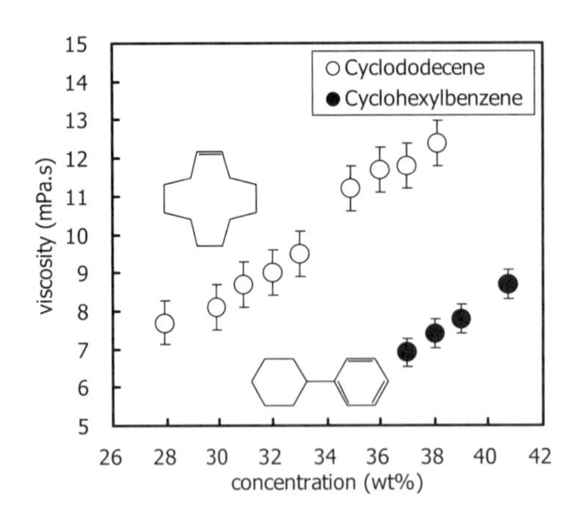

図2　ITOナノメタルインクの粒子濃度と粘度との関係（シクロドデセン溶媒およびシクロヘキシルベンゼン溶媒）

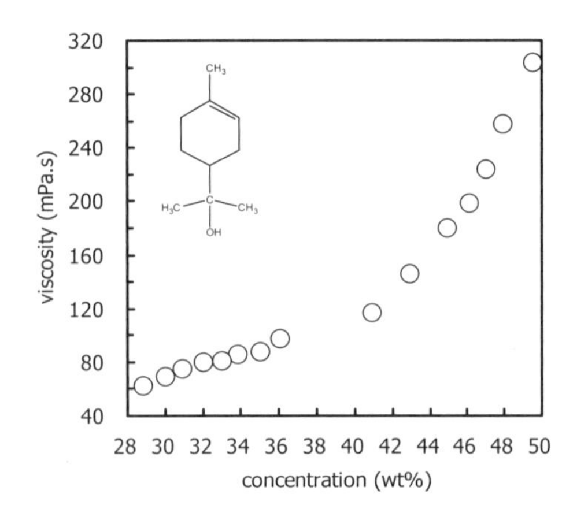

図3　ITOナノメタルインクの粒子濃度と粘度との関係（テルピネオール溶媒）

に好適である。インクジェット用のインクとして適した粘度は，一般に5～15mPa・sである。図2に示すように，粘度が5～15mPa・sとなるのは，シクロドデセン溶媒インクの場合では粒子濃度がおよそ20～40wt％の範囲であり，また，シクロヘキシルベンゼン溶媒インクの場合では粒子濃度が35wt％以上となっている。粒子濃度が同じ場合では，シクロヘキシルベンゼン溶媒インクよりもシクロドデセン溶媒インクの方が，粘度が高くなる傾向が認められる。

一方，テルピネオール溶媒インクは，インクジェット以外の塗布法や印刷法へ適用するために開発されたものである。前述したように，インクジェット用のインクは，その粘度が5～15mPa・sという低粘度であることが要求される。しかしながら，ある種の印刷法やディスペンサー類に用いるインクとしては，数十～数百mPa・sの粘度が必要とされることがある。

テルピネオールは，その構造中に-OH基を有しているため，前述の脂環式炭化水素系溶媒よりも高粘度であり，より高粘度のインクを作製するための溶媒として好適である。ただし，独立分散ITOナノ粒子（ITOナノメタルインク中に分散するナノ粒子）は，-OH基を有する溶媒中での分散が不安定になることがあるため，ナノ粒子表面を再修飾し，テルピネオール溶媒中での分散性を向上させる処理を必要とする。

テルピネオール溶媒分散タイプのITOナノメタルインクの粒子濃度と粘度との関係を図3に示す。粒子濃度が40wt％を超えると，粒子濃度の変化に対する粘度の変化が大きくなる傾向が認められる。

ITOナノメタルインクによる成膜は，8Pa程度の減圧下（真空）での焼成と，それに続く大気中での焼成の2段階の焼成により行われる。減圧下での焼成および大気中での焼成どちらの工

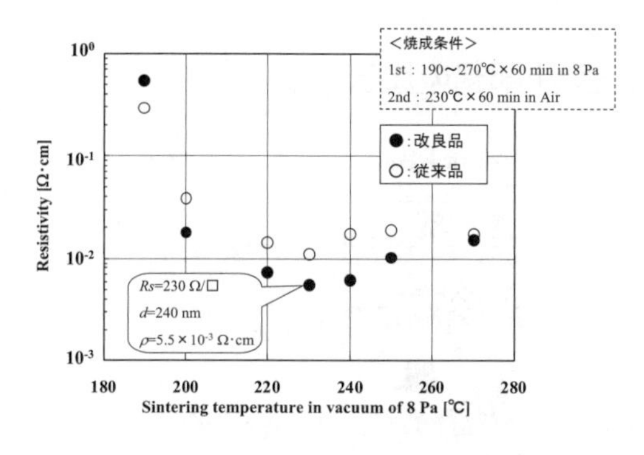

図4　ITOナノメタルインク膜の焼成温度と比抵抗

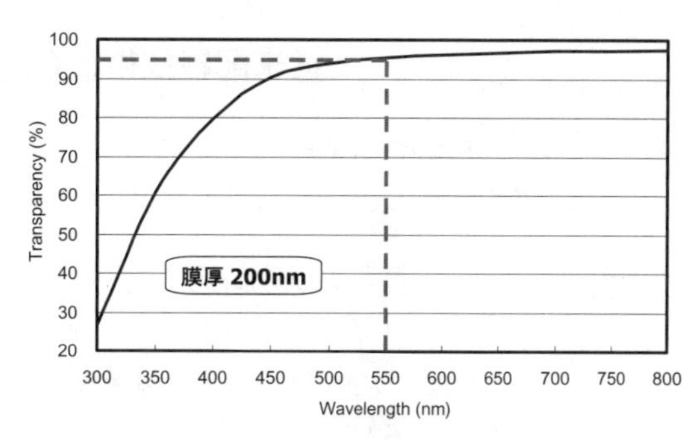

図5　ITOナノメタルインク膜の透過率

程も，焼成温度は230℃である。

ITOナノメタルインクによって得られるITO膜の焼成温度と比抵抗との関係を図4に示す。焼成温度を230℃とした場合，得られるITO膜のシート抵抗値は230Ω/□であり（膜厚240nm），比抵抗値は，$5.5\times10^{-3}\Omega\cdot cm$である（図4；改良品）。この比抵抗値は，スパッタITO膜の比抵抗値よりも高い値となっているが，230℃という低温の焼成で成膜が可能であり，例えば，カラーフィルターなどの耐熱性の低い薄膜の上に，印刷法により透明電極を形成することが可能となる。

また，得られるITO膜は，スパッタITO膜に比べて優れた透過性を有しており，波長550nmでの透過率は95%を示し，450nm以下の短波長に対しての透過率の減少が小さいという特徴を有している（図5）。また，大気中での焼成温度を230℃以上に高くすると，得られる膜の透過率は増大する傾向が認められることが判明している[11]。

2.7　インクジェット法によるITOパターンの形成

従来のフォトリソグラフィー法によるプロセスとインクジェット法のプロセスを図6に示す。インクジェット法は，スパッタ法などの真空プロセスに比べ，①露光のためのマスクが不要，②必要な場所にだけ描画するため，材料の利用効率が高い，③大型基板への適用が容易，④装置コストが小さい，⑤段差のある基板上でも描画が可能，⑥CADデータがあれば，オンディマンド印刷が可能であり短納期，といった特徴があり，ディスプレイの製造に革新をもたらすことが期待されている[16]。

一般に，インクジェット法により基板上に成膜するプロセスは，基板表面の前処理，描画，熱処理という3つの工程からなる[22]。

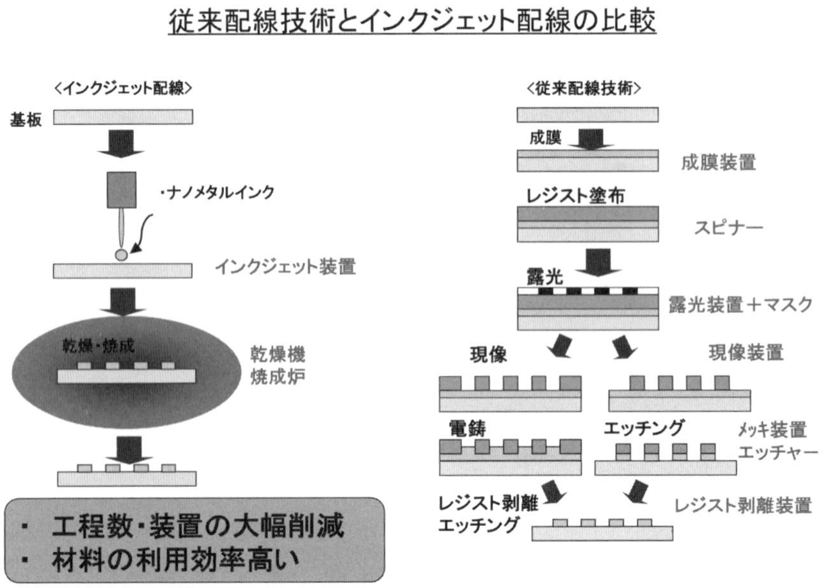

図6　フォトリソグラフィー法（従来法）とインクジェット法との比較

基板の表面が親液性であれば，インクは着弾後に濡れ拡がる。しかし，インクが濡れ拡がり過ぎてしまうと，細線などの輪郭のシャープなパターンを形成することが困難になってしまう。一方，基板の表面が撥液性であれば，インクは着弾後も濡れ拡がらずに高い接触角を保ったままとなる。しかし，撥液性が強すぎると，インクは基板上に定着せずに容易に移動してしまう[22,23]。したがって，基板表面の親液/撥液性の調整が重要である。基板表面の親液処理や撥液処理は，一般に，プラズマ処理や塗布液により行う。

インクジェット法では，描画するパターンのビットマップの“1”，“0”に従って吐出/非吐出を制御することによりパターニングを行う。ノズルからは数ピコリットルから数十ピコリットルの液滴が連続的に吐出される。飛行中の液滴は，直径が数十ミクロンの球体であり，飛行中あるいは着弾後に溶媒の乾燥が進行する。したがって，描画においては，インク量，インク滴下間隔およびインクの滴下順序が重要とされる。前述のように，液滴が着弾する基板表面の撥液性が強いと，液滴が基板表面に定着せずに移動し，バルジを形成してしまう。また，インクの滴下間隔，すなわち着弾後の液滴の重なり具合も重要であり，重なりがないと連続膜にならず，また，重なり合いが大きいとバルジが発生してしまう。バルジの発生を防ぐには，着弾した液滴が移動しないようなピニングを行う[22,23]。

基板に着弾した液滴の濡れ拡がりの調整や，着弾後の液滴の移動を抑制するには，描画時に基板を加熱する方法が有効である。加熱されている基板の表面に着弾した液滴では，より速く乾燥が進行する。このため，基板加熱をしない場合に比べ，着弾後のインク液滴の濡れ拡がりや着弾後のインク液滴の移動が抑制される効果がある。基板加熱温度は，一般に100℃以下の温度である。基板加熱温度が高すぎると，着弾した液滴の痕が残りドット状になってしまうことがある。

印刷後のパターンの熱処理は，インクの溶媒の乾燥，用いたインクがナノ粒子の分散液である場合には，粒子表面を被覆している分散剤の熱分解およびナノ粒子同士の焼結および粒成長を促進するために行われる。ナノ粒子インクの焼成温度は，粒子表面を被覆している分散剤の熱分解温度に大きく依存する。分散剤が熱分解してナノ粒子の表面が“裸の”状態になると，その表面活性によりナノ粒子同士が焼結して粒成長が進行し，導電膜が得られる。

筆者らの所属する会社では，開発したITOナノメタルインクを用いたインクジェット法による透明導電膜のパターニングの検討も行っている。インクジェット法に適したITOナノメタルインクは，前述のように，シクロドデセンおよびシクロヘキシルベンゼン溶媒分散タイプのITOナノメタルインクが好適である。これらの溶媒の沸点はおよそ240℃と高沸点であるため，インクの乾きによるノズルの閉塞がなく，インクジェットの吐出安定性に優れていることが確認されている。

ITOナノメタルインクを用いてインクジェットによりガラス基板上に成膜したITOインク膜の顕微鏡写真を写真2に示す。

基板表面に着弾したインクが乾燥する過程では，コーヒーの染みのようなインクの縁の膜厚が大きくなる現象（コーヒーステイン現象）が起こることが知られている[24]。そして，インク溶媒の選択が，このコーヒーステイン現象の制御を左右することが指摘されており，例えば，2種類の溶媒を混合したインクを用いることにより，この現象が抑制されることが明らかになってい

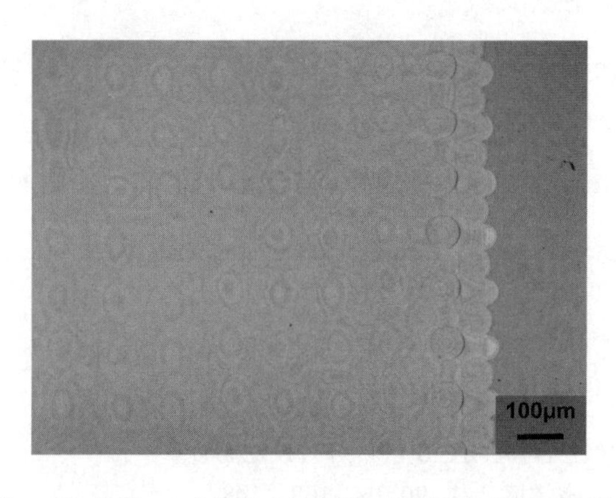

写真2　インクジェット法により作製したITOナノメタルインク膜

る[25]。そこで，写真2に示すITOインク膜の作製では，シクロドデセンと，それとは異なる沸点を有する物質との混合溶媒に分散させたタイプのインクを調製しインクジェットに供している。

条件の詳細は省略するが，筆者らが行った，ITOナノメタルインクを用いたインクジェット法によるパターン形成の検討においては，インクの溶媒の選定（溶媒の種類や混合比），基板表面の撥液処理，インクジェットによる描画時の基板の加熱温度，インク液滴の滴下間隔（描画するビットマップパターンの解像度）およびインク液滴の滴下順序を最適化することにより，ITOナノメタルインクを用いて高精細なパターンの作製が可能であることが確認されている。

なお，塗布型の材料を用いてインクジェット法により透明導電膜を形成した他の事例としては，例えば，酸化スズナノ粒子の分散液を用いた報告がある[26~28]。これらの事例では，市販されている酸化スズナノ粒子や噴霧熱分解法より合成した酸化スズナノ粒子を分散剤により分散させた水系インクを調製しインクジェットに用いている。印刷後の焼成温度は900～1100℃と高温であるため，その用途は限定されるであろう。

2.8　おわりに

筆者らが開発に取り組んでいるナノ粒子は，ガス中蒸発法によるものであるが，このガス中蒸発法は，「得られるナノ粒子の収率が低い」，「原料を蒸発させるための装置が必要であり，生産コストが高く，大量生産に適していない」，といった指摘をされることがあった。しかしながら，改良型のガス中蒸発法により，現在では，このような点は解消されている。ガス中蒸発法では，バルクの金属そのものを原料として使用する。このため，最終的に得られる膜は，原料の純度を反映して高純度であり，また，粒子表面を被覆している有機物の分散剤にもアルカリやイオウ等の不純物が含まれないため，信頼性が不可欠な電子材料として好適である。今後さらに，インクまたはペースト状のナノ粒子分散液でしか成し得ない用途・特性を探求し，その応用を拡げていきたいと考えている。

なお，本稿で紹介したITOナノメタルインクは，筆者らの所属している関連会社のアルバック・マテリアル㈱によりサンプル出荷が開始されている。

文　　献

1)　米沢徹，*MATERIAL STAGE,* **3** (11), 7-11 (2004)
2)　荻原覚，衣川清重，窯業協会誌, **90**, 157-163 (1982)

3) T. Furusaki *et al., Mat. Res. Bull.,* **21**, 803-806 (1986)
4) 小林千香子ほか，平成12年 神奈川県産学交流研究発表会要旨集 (2000)
5) S. R. Ramanan, *Thin Solid Films,* **389**, 207-212 (2001)
6) C. Goebbert *et al., Thin Solid Films,* **351**, 79-84 (1999)
7) J. Ederth *et al., Smart Mater. Struct.,* **11**, 675-678 (2002)
8) J. Ederth *et al., Thin Solid Films,* **445**, 199-206 (2003)
9) S-G. Chen *et al., Materials Letters,* **59**, 1342-1346 (2005)
10) 森弘幸ほか，住友大阪セメントTECHNICAL REPORT 2006, 14-17 (2006)
11) 大沢正人ほか，*MATERIAL STAGE*，**5** (11)，8-13 (2006)
12) 石橋秀夫，TECHNO-COSMOS (日本ペイント技術情報誌)，15 (2002)
13) 米沢徹，戸嶋直樹，表面，**34**，426-438 (1996)
14) 水谷亘，"図解入門よくわかるナノテクノロジーの基本と仕組み"，秀和システム (2005)
15) S-J. Hong, J-I. Han, *J. Electroceram.,* **17**, 821-826 (2006)
16) 小田正明，*MATERIAL STAGE,* **3** (11)，41-57 (2004)
17) 小田正明，エレクトロニクス実装学会誌，**5**，523-528 (2002)
18) 阿部知行，小田正明，特開2002-121437 (2002)
19) T. Suzuki and M. Oda, Proceeding of IMC 1996, Omiya, April 24, 37 (1996)
20) M. Oda, H. Yamaguchi, N. Abe *et al.,* IDW '04 Proceedings of the 11th International Display Workshops, 549-552 (2004)
21) 大久保聡，日経エレクトロニクス，2005年8月15日号, 38 (2005)
22) 水垣浩一ほか，エレクトロニクス実装学会誌，**9** (7), 546-549 (2006)
23) 下田達也，*MATERIAL STAGE,* **5** (11)，14-22 (2006)
24) 下田達也，まてりあ，**44** (6), 510-517 (2005)
25) J-G. Lee, Electronic Journal別冊-2007インクジェット大全，58-69 (2007)
26) 横山久範，尾畑成造，岐阜県セラミックス研究所報告，19-22 (2004)
27) 横山久範ほか，岐阜県セラミックス研究所報告，10-13 (2005)
28) 横山久範ほか，岐阜県セラミックス研究所報告，15-19 (2006)

第6章　In_2O_3ベース多元系酸化物透明導電膜

1　In_2O_3-SnO_2系透明導電膜における電気光学特性のSnO_2量依存性

内海健太郎*

1.1　はじめに

Tin doped Indium Oxide（ITO）薄膜は高導電性，高透過率といった特徴を有し，さらに微細加工も容易に行えることから，LCD (Liquid Crystal Display)用途を中心として使用されてきた。ITO薄膜の製造方法としては，スプレー熱分解法[1]，Chemical Vapor Deposition（CVD）法[2]，電子ビーム蒸着法[3]，スパッタリング法等があげられる。中でもITOターゲットを用いたDCマグネトロンスパッタリング法は大面積への均一成膜が可能で，かつ高性能の膜が得られる[4]ことからITO薄膜形成法の主流となっている。ITOターゲット中のSn含有量は，酸化物換算で10wt.%のものが使用されてきた。これは，スパッタリング法においては，SnO_2＝10wt.%において抵抗率が最小になると報告されてきたからである[5]。

近年ITO薄膜の用途がLCDのみならず，太陽電池，タッチパネル，有機ELディスプレイなど多様化し，特定波長での高透過率，高抵抗率，表面平坦性等と多岐に渡るようになっている。このような現状に対応するためには，ITO薄膜諸特性のSnO_2量依存性を理解することが重要である。しかし，ITO焼結体ターゲットを用いてDCマグネトロンスパッタリング法で形成されたITO薄膜諸特性のSnO_2量依存性は，1987年に木村らによる報告[6]以後，報告されていない。1987年当時は，ITOターゲットに用いられたITO焼結体の密度は約80%である。以後，ITO焼結体の密度は図1に示すように増加の一途を辿り，現在では焼結密度＝99.5%以上のターゲットが市販されている。このようなITO焼結体密度の向上は，薄膜抵抗率を低下させることも報告されている[7]。さらに，石橋らにより低放電電圧スパッタリング法による薄膜の低抵抗率化[8]が報告され，成膜技術が大きく変化している。

ここでは，In_2O_3-SnO_2系ターゲット中のSnO_2添加量を0～100%まで変化させたターゲットを用い，無加熱基板上および加熱基板上にIn_2O_3-SnO_2系薄膜を形成し，非晶質膜および多結晶膜における薄膜諸特性のSnO_2量依存性を評価した結果をまとめる。

＊　Kentaro Utsumi　東ソー㈱　東京研究所　主席研究員

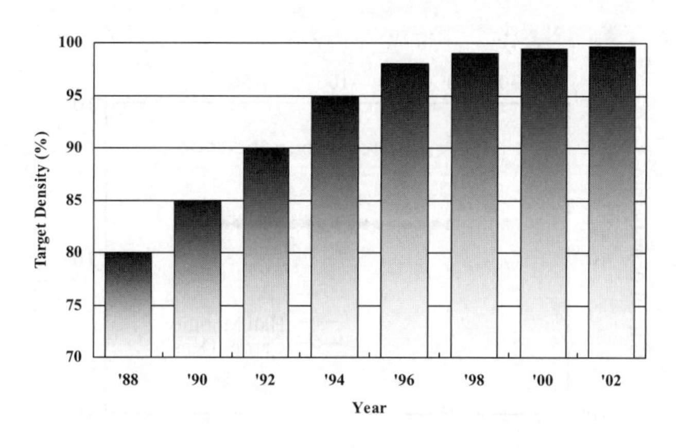

図1　ITOターゲット（SnO_2=10wt.%）の密度の変遷

1.2　評価方法

In_2O_3粉末（99.99%）とSnO_2粉末（99.99%）を所定の割合で混合した後，成形，焼成しIn_2O_3-SnO_2系高密度焼結体を作製した。SnO_2含有量は，0，5，10，15，20，44.5，100%と変化させた。スパッタリング時のターゲット上磁束密度は，放電電圧を低下させるため1000Gaussとした。

1.3　電気特性

1.3.1　導電機構

ITO薄膜の抵抗率は，

$$\rho = 1 / en\mu \tag{1}$$

e：電子の電荷量，n：キャリア密度，μ：キャリアの移動度

で表される。抵抗率を低下させるためには，キャリアおよび移動度を増加させればよい。

ITO薄膜におけるキャリアは，以下のメカニズムで生成される。

① In_2O_3をわずかに還元させ化学量論組成からずらすことにより酸素空孔から2個の電子を放出

② 4価のスズ（Sn^{4+}）で3価のインジウム（In^{3+}）で置換し，1個の電子を放出

これら電子を放出するサイトは結晶の欠陥であるため，キャリアを放出すると同時にキャリアの散乱源ともなる。このようなサイトがイオン化散乱中心である。イオン化散乱中心以外にも電子の移動を妨げる要因があり，キャリアを出さない不純物による散乱中心（中性散乱中心），格子振動による散乱，転移による散乱，結晶粒界による散乱があげられる。

このうち，格子振動による散乱および転移による散乱は，温度依存性を持つことが知られてい

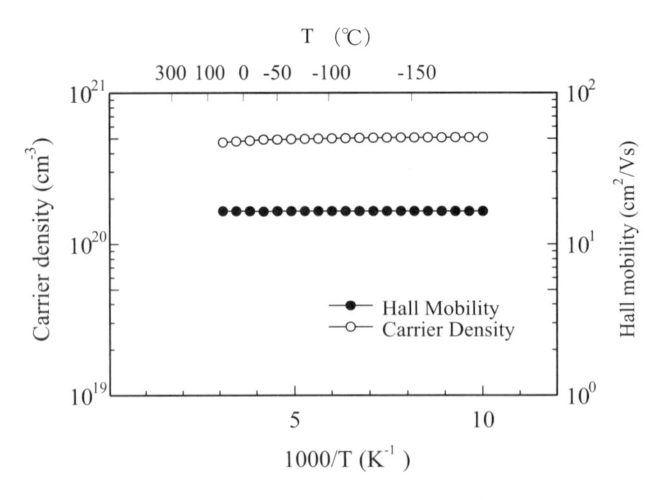

図2 キャリア密度と移動度の環境温度依存性

る。今回作製した試料の温度特性測定結果を図2に示す。抵抗率，キャリア密度および移動度は温度依存性を持たず，過去の報告例[9,10]と同様に格子振動による散乱，転移による散乱は無視できることが確認された。

また，粒界散乱に関しても自由電子気体モデルを用いて算出された電子の平均自由行程は，結晶粒径と比較して1桁以上小さいとの報告[11]と一致することを確認した。したがって，本稿では，キャリアの散乱中心としてイオン化散乱中心および中性散乱中心を用いて議論する。

1.3.2 酸素分圧依存性

成膜時の酸素分圧を変化させることにより薄膜の還元の度合いが調整できるため，電気特性は酸素分圧に大きく依存する。図3，4に200℃に加熱した基板上および無加熱基板上に形成したITO薄膜の抵抗率，キャリア密度および移動度の酸素分圧依存性を示す。200℃加熱基板上では多結晶膜が，無加熱基板上では非晶質膜が得られていることは，XRDにより確認した（詳細は後述する）。多結晶膜，非晶質膜ともに酸素分圧の増加にともないキャリア密度が減少し，移動度が増加した。これは，酸素分圧の増加により薄膜組成が化学量論比に近づき，酸素空孔（イオン化散乱中心）が減少するためである。これらキャリア密度と移動度のバランスにより，ある酸素分圧値で抵抗率が最小値を示すこととなり，このときの酸素分圧を最適酸素分圧と呼んでいる。薄膜が著しく還元された場合には，酸素空孔が過多状態となり，結晶膜では結晶性の悪化，非晶質膜ではインジウムの低級酸化物を生成するため，キャリア密度，移動度ともに低下すると考えられる。

次に，各SnO_2組成における最適酸素分圧を表1にまとめる。いずれの基板温度においても，

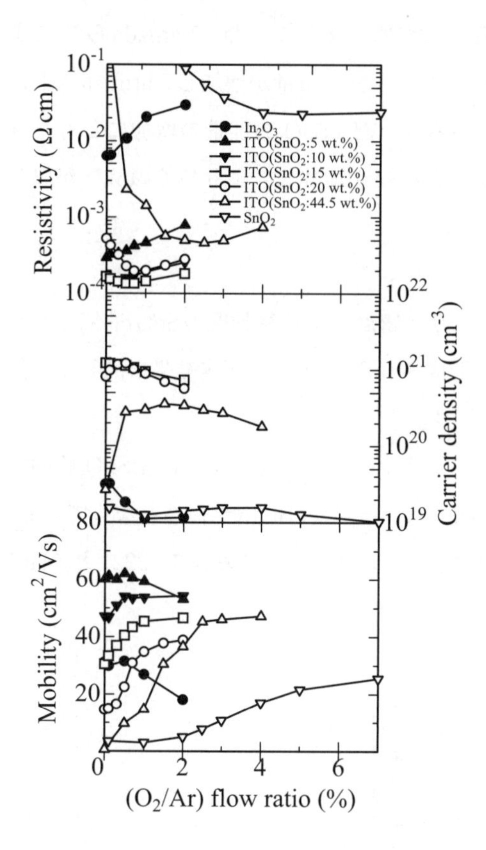

図3　抵抗率，キャリア密度，移動度の成膜時酸素分圧依存性（200℃成膜）

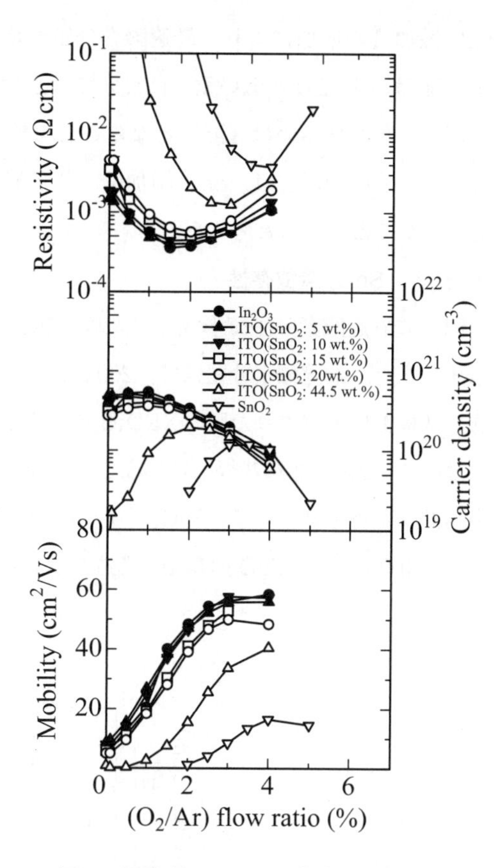

図4　抵抗率，キャリア密度，移動度の成膜時酸素分圧依存性（室温成膜）

表1　各SnO_2組成における最適酸素分圧

SnO_2 content (wt.%)	Optimized oxygen pressure (%)	
	Unheated substrate	Heated substrate (200℃)
0	1.5	0
5	1.5	0
10	1.5	0.3
15	2.0	0.5
20	2.0	0.7
44.5	3.0	2.5
100	4.0	5.0

SnO_2添加量の増加により，最適酸素分圧が増加することが明らかとなった。Yamadaら[12]によるとSnは，Sn濃度が低い領域においては6配位となっているが，Sn量が増加し5 atm.%以上になると7配位あるいは8配位となることを報告している。上記，SnO_2添加量の増加にともなう最適酸素分圧の増加は，Snの増加により7配位，8配位のSnが増加し，より多くの酸素が取り込まれたことによると考えられる。

1.3.3 SnO_2量依存性

図5に最適酸素分圧で形成された膜の抵抗率，キャリア密度および移動度のSnO_2量依存性を示す。また，最適酸素分圧にて，200℃加熱基板上に形成された膜のXRD測定結果を図6に，無加熱基板上に形成された膜のXRD測定結果を図7に示す。

最初に，200℃加熱基板上に形成された膜について考える。図6に示したように全SnO_2範囲で多結晶膜が得られている。SnO_2＝0～44.5wt.%の範囲では，In_2O_3のBixbyte構造となっている。SnO_2＝100%では，SnO_2のRutile構造を示した。ここで，SnO_2＝20wt.%において（222）と（440）

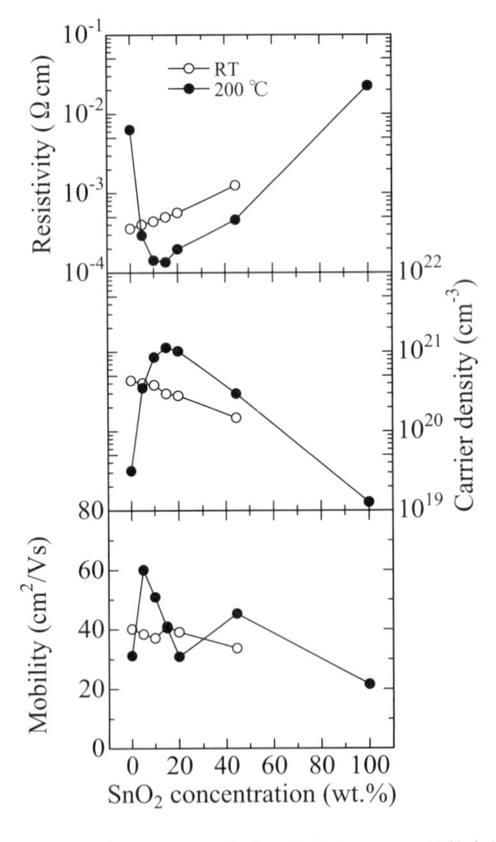

図5　抵抗率，キャリア密度，移動度のSnO_2量依存性

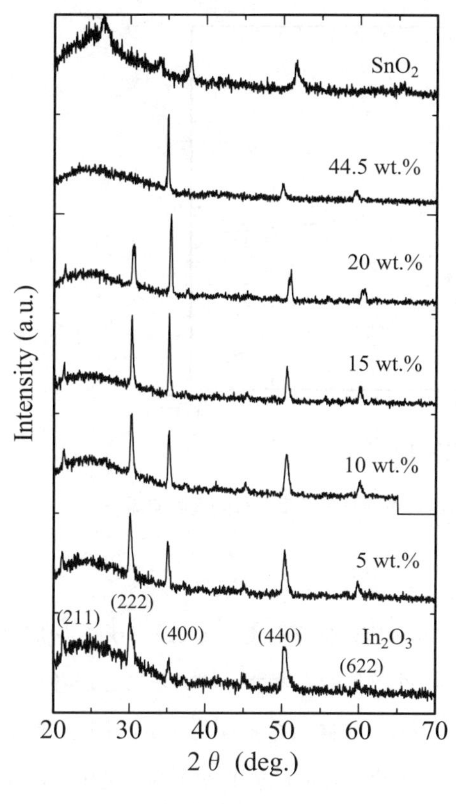

図6　200℃成膜で得られた膜の
X線回折プロファイル

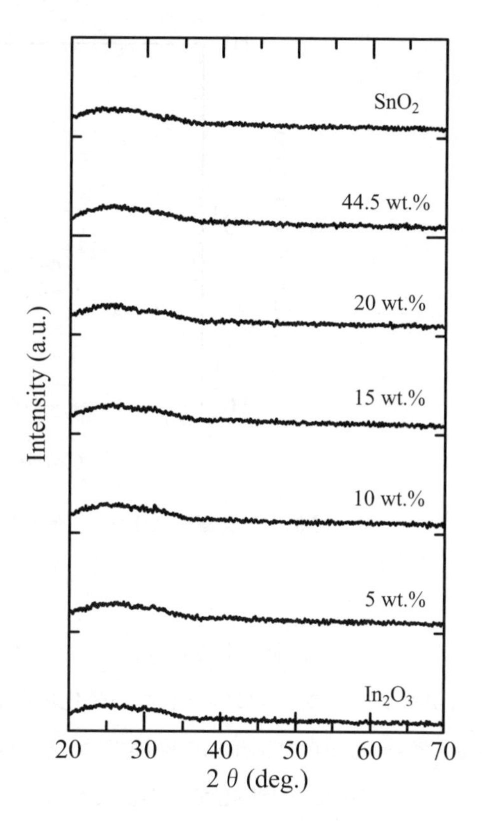

図7　室温成膜で得られた膜のX線
回折プロファイル

のピークが2つのピークに分離しているのが明瞭に観察されるが，ピーク分離の原因に対する考察は結晶性の項で述べる。

薄膜の移動度は，SnO_2＝5 wt.%が最大であり，SnO_2量の増加にともない20wt.%まで低下し，44.5wt.%で再び上昇した。キャリア密度，移動度の結果を反映し，抵抗率はSnO_2＝15wt.%で最小値136 $\mu\Omega$cmを示した。このときのキャリア密度は，1.13×10^{21}cm^{-3}，移動度は40.5cm^2/Vsであった。

これらキャリア密度および移動度の挙動を理解しやすくする為に，移動度のキャリア密度依存性を図8に示す。図中の–線はキャリアの生成をSnによるInの置換に限定（酸素空孔によるキャリア生成は考慮しない）したときのキャリア密度と移動度の関係を示している[1,13]。

SnO_2量を5 wt.%から10wt.%に増加させた場合の実験データの傾きは，計算値と一致しており，5 wt.%から10wt.%の範囲では，増加したSnがキャリア生成に寄与するイオン化散乱中心となっていると考えられる。10wt.%から20wt.%の範囲では，キャリア密度の増加がわずかであ

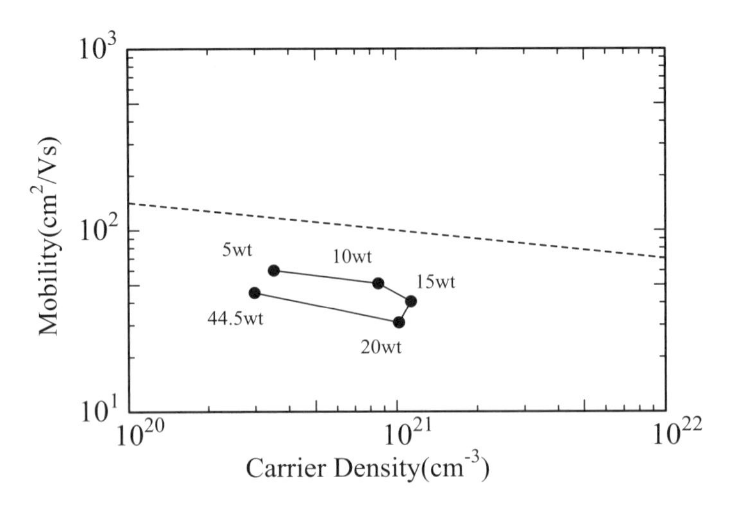

図8　SnO_2量を変化させて形成したITO薄膜のキャリア密度と移動度の関係

ることやイオン化散乱中心の計算値による傾き以上に移動度が低下していることから，増加したSnがキャリアの生成に寄与しない酸化物を形成し，中性散乱中心となっていることが考えられる。20wt.%から44.5wt.%の範囲では，Snが増加しているにも関わらず，キャリア密度が低下する一方，移動度は増加している。これは増加したSnがイオン化散乱中心や中性散乱中心にならず，$In_4Sn_3O_{12}$で表される中間化合物[14]として格子を構成する成分へと性質が変化したためと考えられる。

次に，無加熱基板上に形成された膜について考える。図7に示したように全SnO_2範囲で非晶質膜が得られている。SnO_2量が増加すると，キャリア密度，移動度ともに減少し，その結果，抵抗率が増加した。抵抗率はSnO_2= 0 wt.%で最小値358 μΩcmを示した。このときのキャリア密度は，4.35×10^{20}cm^{-3}，移動度は40.1cm^2/Vsであった。

非晶質膜においては，In_2O_3にSnを添加してもSnはキャリアの生成に寄与せず，単に散乱中心となっていることが明らかとなった。このとき，Snはより多くの酸素を取り込むことで酸素空孔を減少させてキャリア密度を減少させると同時に，添加されたSnが不活性な中性散乱中心を増加させていると考えられる。

1.4　光学特性

1.4.1　多結晶膜

200℃加熱基板上，最適酸素分圧で形成された膜の透過率および反射率を図9に示す。可視光領域では，SnO_2= 0 wt.%を除いて80%以上の高い透過率が得られている。SnO_2= 0 wt.%の試

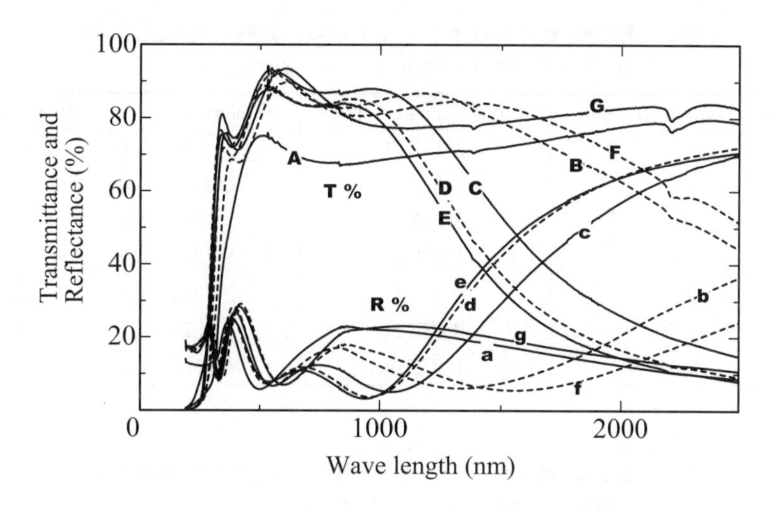

図9　200℃成膜で得られた膜の透過率と反射率

SnO_2量（wt.%）：0 (a)，5 (b)，10 (c)，15 (d)，20 (e)，44.5 (f)，100 (g)。透過率（大文字）と反射率（小文字）。

料では，膜中に取り込まれる酸素が極端に少なく，可視光に対して吸収を持つ低級酸化物が形成され，透過率が低下したと考えられる。

赤外領域では，SnO_2＝15，20，10wt.%で透過率が低下するとともに反射率が増加した。また，これらの試料では，紫外域における吸収端（透過率が急激に低下する波長）が短波長側へシフトする現象が認められた。

最初に赤外域における透過率の減少について考える。表2に各SnO_2量における赤外領域の透過率が50%となる波長（λ%50）とキャリア密度をまとめる。赤外領域での透過率の低下はキャリア密度に依存していることがわかる。これは，ITO膜中の多数キャリアによるプラズマ反射の影響と考えられる[15]。プラズマにより反射される光の波長は，次式で表されるプラズマ角周波数（ω_p）で決定され，その波長より長い波長の光は反射される。

$$\omega_p^2 = nq^2/\varepsilon m^* \tag{2}$$

n: キャリア密度，q: キャリアの電荷，ε: 誘電率，m^*: 有効質量

表2に前項で示したキャリア密度および移動度から求めたプラズマ波長をまとめる。本計算では，誘電率$\varepsilon = n^2 = 2.0^2$，有効質量$m^* = 0.3m_0 = 0.3\times 9.1\times 10^{-28}$gとした。本計算結果からも，赤外領域におけるプラズマ波長が，キャリア密度に依存していることが明らかである。

次に，紫外域における吸収端のシフトについて考える。表3に紫外領域で透過率が10%となった波長（λ%10）とキャリア密度をまとめる。紫外領域における透過率の低下も，キャリア密度

表2　各SnO_2量におけるキャリア密度、赤外領域の透過率が50%となる波長（λ%50）とプラズマ波長

SnO_2 content(wt.%)	Carrier density(cm^{-3})	λ%50(nm)	λp(nm)
0	3.15E19	2690	7070
5	3.52E20	2334	1730
10	8.56E20	1540	1110
15	1.13E21	1354	967
20	1.02E21	1304	1020
44.5	2.98E20	2526	1890
100	1.27E19	2688	11800

表3　各SnO_2量におけるキャリア密度、紫外領域で透過率が10%となった波長（λ%10）とバンドギャップ

SnO_2 concentration(wt.%)	Carrier density(cm^{-3})	λ%10(nm)	Band gap (eV)
0	3.15E19	310	3.64
5	3.52E20	286	3.98
10	8.56E20	274	4.17
15	1.13E21	270	4.23
20	1.02E21	270	4.18
44.5	2.98E20	290	3.77
100	1.27E19	258	4.02

に依存しており，キャリア密度の増加にともない透過率が10%以下になる波長が短くなる。これは，ITO薄膜の見かけ上のエネルギーギャップが増加した為である。ITO薄膜のキャリア密度は，$\sim 10^{21}$ (cm^{-3}) と極めて多く，そのためフェルミ準位が伝導帯底部に入り込み縮退半導体となっている。この状態では，生成されたキャリアが伝導帯の底部を占有している。このため本来のITO膜のエネルギーギャップと同等のエネルギーを持つ光では，荷電子帯にある電子を伝導帯に励起できない。伝導帯の非占有状態へ励起させるためには，より大きな光のエネルギーが必要となる。この結果，吸収端のエネルギーが高エネルギー側へ，即ち短波長側へシフトする結果となる。この現象は，Burstein-Mossシフトと呼ばれている[15]。表3に，光学特性から求めたバンドギャップをまとめる。キャリア密度に強く依存しているのがわかる。

1.4.2　非晶質膜

無加熱基板上，最適酸素分圧で形成された膜の透過率および反射率を図10に示す。SnO_2量の増加にともない，赤外域での透過率が増加するとともに反射が減少した。ITO薄膜における光学特性は，前項で述べたようにキャリア密度に依存している。非晶質膜においては，SnO_2量の増加にともないキャリア密度が低下しており，上記SnO_2量の増加にともなう透過率および反射率

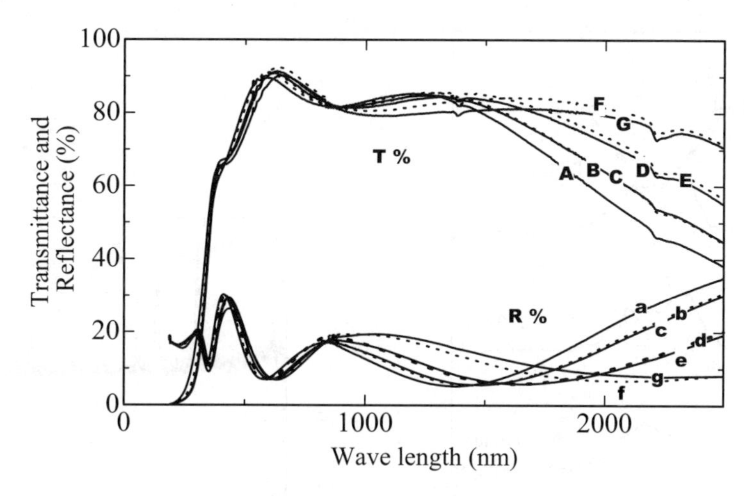

図10　室温成膜で得られた膜の透過率と反射率
SnO_2量（wt.%）：0 (a)，5 (b)，10 (c)，15 (d)，20 (e)，44.5 (f)，100 (g)。透過率（大文字）と反射率（小文字）。

の変化は，キャリア密度の影響と帰着することができる。

1.5　結晶性

ここでは，図6に示したX線回折ピークで見られた（222）と（440）のピーク分離について考える。このようにピークが分離する原因としては，①Enokiらによって報告されている$In_4Sn_3O_{12}$で表される中間化合物の存在[14]，②C. H. Yiらによって報告されている固相で結晶化した層と気相で結晶化した層の2層構造膜が考えられた[16~18]。

ピーク分離の原因が①に記載した中間化合物の存在に起因するものであれば，固有のピークが22.29度と24.07度に現れる[19]が，本実験結果では認められていない。そこで，2層構造膜の観点から分析を実施した。

SnO_2＝20wt.%の膜に対して，40℃の塩酸–硝酸系のエッチャントを用い，ステップエッチングを行い（440）ピークの変化を調べた。エッチング時間を0，2，4，6，8分と変化させたときの（440）面のX線回折ピークを図11に示す。膜厚＝150nmの膜を残厚60nmまでエッチングさせた際，底角側のピーク（Peak 1）のみが減少し，この膜が格子間隔の異なる2層構造の膜となっていることが示された。

次に，SnO_2＝20wt.%膜の成長過程を調べた。膜厚10，20，40nmの膜を作製し，結晶性を調べた結果を図12に示す。膜厚10および20nmの試料では，回折ピークが見られず非晶質膜が形成されているのに対し，膜厚＝40nmでは結晶化した。これらの結果から，本実験におけるSnO_2＝

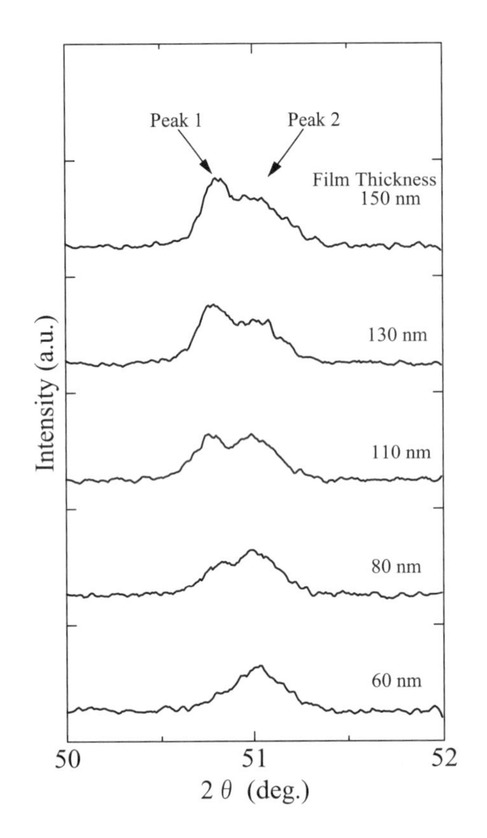

図11　膜厚150nmのITO薄膜をステップエッチングした際の（440）ピークのX線回折プロファイル

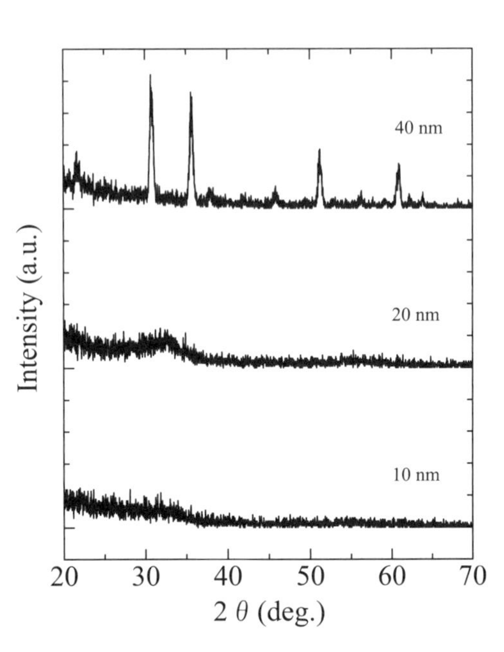

図12　SnO_2を20wt.％含有するITO薄膜のX線回折プロファイル

20wt.％膜のピーク分離は，C. H. YiらがSnO_2＝10wt.％の膜に対して報告したのと同様に，固相で結晶化した層と気相で結晶化した層の2層構造によることが明らかとなった。

さらに，SnO_2＝20wt.％の膜が2層構造となった原因を明らかにするため，20wt.％膜の結晶化温度を調べた。その結果，SnO_2＝20wt.％のターゲットを用いて得られた膜の結晶化温度は，250～300℃の間であり，C. H. Yiらと同様に結晶化温度よりも低い基板温度で成膜したことによることが示された。

1.6　耐候性

1.6.1　耐熱安定性

最適酸素分圧で形成された結晶膜に対し空気中で60分間熱処理を行い，電気特性の変化率を調べた。処理温度は，100，150，200，250℃とした。結果を図13に示す。いずれのSnO_2量におい

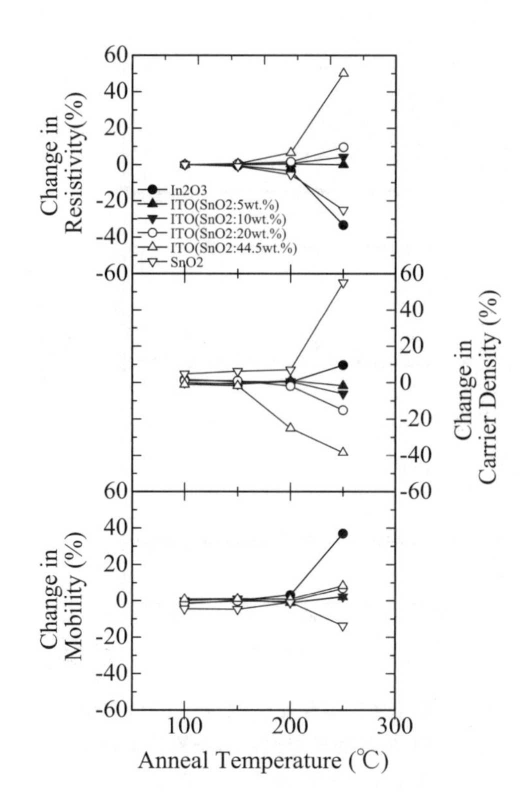

図13　抵抗率，キャリア密度，移動度の熱処理温度依存性

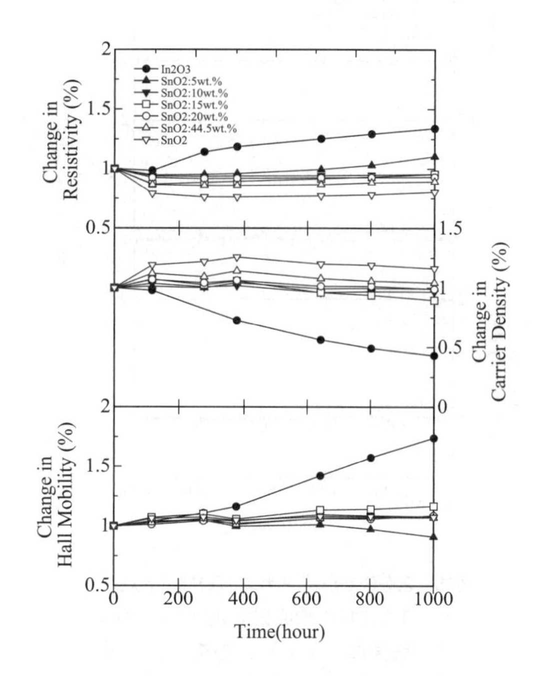

図14　室温で形成されたITO膜を90℃大気中で熱処理した際の抵抗率，キャリア密度，移動度の変化

ても，成膜時の基板温度までは安定していることが明らかとなった。しかし，基板温度以上に加熱した場合においては，SnO_2＝5～20wt.%の範囲を除き，不安定になることが示された。

非晶質膜に対して同様の試験を実施した場合，薄膜が結晶化してしまい耐熱性の評価とならない。そこで，大気中，90℃で1000時間保持し，電気特性の変化率を調べた。結果を図14に示す。いずれの組成においても耐熱安定性は低く，特にSnO_2量が10wt.%から離れるのにともない安定性が低くなることが示された。

1.6.2　耐湿安定性

最適酸素分圧で形成された結晶膜および非晶質膜に対して，60℃，90%RHの条件下で電気特性の耐湿安定性を調べた。結果を図15，16に示す。湿度に対しては，多結晶膜において極めて高い安定性を示し，非晶質膜においても高い安定性を有することが示された。

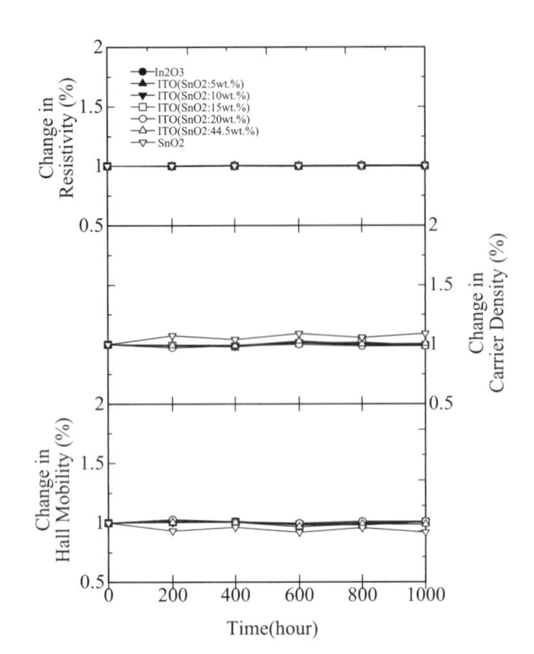

図15　200℃で形成されたITO膜を60℃，90％RHの雰囲気で処理した際の抵抗率，キャリア密度，移動度の変化

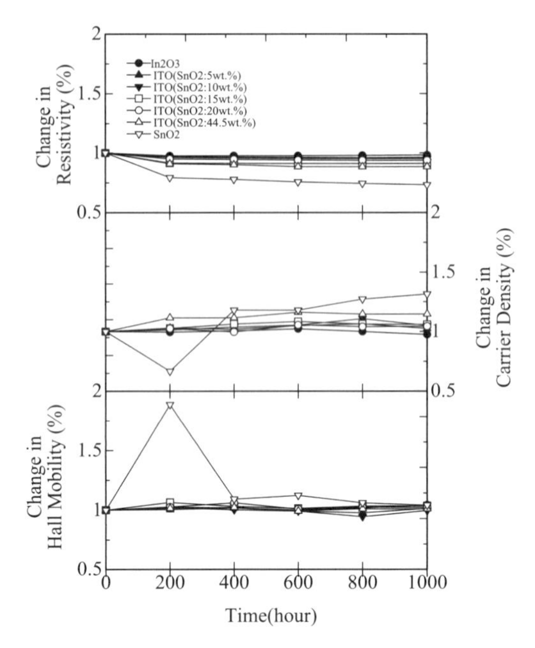

図16　室温で形成されたITO膜を60℃，90％RHの雰囲気で処理した際の抵抗率，キャリア密度，移動度の変化

1.7　まとめ

高密度焼結体からなるターゲットを用いたDCマグネトロンスパッタ法を用いて，ITO薄膜特性のSnO_2量依存性を調べた。その結果，無加熱基板上に形成された非晶質膜においては，Snは膜中でキャリアを生成せず，単に散乱中心となっていることが明らかとなった。薄膜抵抗率は，SnO_2＝０wt.％で最小値358$\mu\Omega$cmを示した。200℃加熱基板上に形成された多結晶膜においては，SnはInと置換してキャリアを形成し，SnO_2＝15wt.％で最小抵抗率を示し，その値は136$\mu\Omega$cmであった。

近年，透明導電膜を使用したデバイスが多様化し，要求される特性も多岐に渡っている。例えば，赤外線反射特性が要求される熱線反射膜用途では，SnO_2量を15～20wt.％に増加させることにより，より高い赤外線反射特性を得ることが可能となる。また，高抵抗および耐候性が要求されるタッチパネル用途に対しては，膜を結晶化させて耐熱・耐湿性を高めることが重要である。

このように，ITO薄膜特性はSnO_2量に依存し，デバイスからの要求特性に合わせてSnO_2量を選択することで，より高機能な膜となる。

文　　　献

1) G. Frank and H. Kostlin, *Appl Phys.,* **A27**, 197 (1982)
2) T. Maruyama and K. Fukui, *Thin Solid Films,* **203**, 297 (1991)
3) I. Hamberg and C. G. Granqvist, *J. Appl. Phys.,* **60**, 11 (1986)
4) R. Latz, K. Michael and M. Scherer, *Jpn. J. Appl. Phys.,* **30** (2A), 149 (1991)
5) Y. Shigesato, S. Takaki and T. Haranoh, *J. Appl. Phys.,* **71** (7), 3356 (1992)
6) H. Kimura, H. Watanabe, S. Ishihara, Y. Suzuki and T. Ito, *Shinkuu,* **30**, 6 (1987)
7) K. Utsumi, O. Matsunaga and T. Takahata, *Thin Solid Films,* **334**, 30 (1998)
8) S. Ishibashi, Y. Higuchi, Y. Ota and K. Nakamura, *J. Vac. Sci. Technol.,* **A8**, 1403 (1990)
9) D. L. Dexter and F. Seitz, *Phys. Rev.,* **86**, 964 (1952)
10) C. G. Fonstad and R. H. Rediker, *J. Appl. Phys.,* **42**, 2911 (1971)
11) T. M. Ratcheva, M. D. Nanova, L. V. Vassilev and M. G. Mikhailov, *Thin Solid Films,* **139**, 189 (1986)
12) N. Yamada, I. Yasui, Y. Shigesato, H. Li, Y. Ujihara, K. Nomura, *Jpn. J. Appl. Phys.,* **38**, 2856 (1999)
13) Y. Shigesato and D. C. Paine, *Appl. Phys. Lett.,* **62**, 1268 (1993)
14) H. Enoki and J. Echigoya, *Phys. Stat. Sol.,* **(a) 132**, 131 (1992)
15) 日本学術振興会　透明酸化物光・電子材料第166委員会編，透明導電膜の技術，71 (1999)
16) C. H. Yi, Y. Shigesato, I. Yasui and S. Takaki, *Jpn. J. Appl. Phys.,* **34**, 244 (1995)
17) T. J. Vink, W. Walrave, J. L. C. Daams, P. C. Baarslag and J. E. A. M. van den Meerakker, *Thin Solid Films,* **226**, 145 (1995)
18) J. E. A. M. van den Meerakker, P. C. Baarslag, W. Walrave, T. J. Vink and J. L. C. Daams, *Thin Solid Films,* **226**, 152 (1995)
19) T. Minami, Y. Takeda, S. Takata and T. Kakumu, *Thin Solid Films,* **308-309**, 13 (1997)

2 Zn-In-Sn-O系

南　内嗣*

2.1 はじめに

SnO_2，TiO_2，ZnO，CdOおよびIn_2O_3等の二元化合物（金属酸化物）に加えてCd_2SnO_4，$CdSnO_3$や$CdIn_2O_4$等の三元化合物（金属酸化物）からなる透明導電性酸化物（TCO）半導体材料が古くから知られている[1~3]。TCO薄膜材料（以下では，透明電極用途に使用できる透明導電膜が実現できる材料）に注目すると，近年新規な三元化合物TCO薄膜材料の研究開発が数多く報告されている。また，1990年代から南らは特定用途に適合する特性（性能）を有する透明導電膜の実現を目的として，異なる二元化合物TCO薄膜材料の任意の組み合わせからなる多元系（複合）酸化物および異なる三元化合物TCO薄膜材料の任意の組み合わせからなる多元系（複合）酸化物を用いる新規なTCO薄膜材料の研究開発を実施している[4~9]。すなわち，異なる化合物（金属酸化物）からなる3元系や4元系金属酸化物では，その金属組成を変えることによりその膜物性を制御でき，それぞれの化合物では得られない特性（性能）や両方の長所を兼ね備えた特性（性能）を実現している。また，金属伝導を示す異なるTCO材料の組み合わせからなる多元系（複合）酸化物では，その系に化合物が存在しなければ（存在する場合は，化合物の組成付近で特異な変化を示すことがある）全組成において合金の場合と同様の抵抗率（電気伝導率）の組成依存性を示し，光学的特性（バンドギャップEgや屈折率等）は誘電体の混合膜の場合と同様の組成依存性を示すことを明らかにしている[4~9]。したがって，毒性等に加えてLCD用透明電極の形成条件（表1）を考慮すると，LCD用透明電極への適用が可能な多元系（複合）TCO薄膜材料は表2に示した$ZnO-In_2O_3$（Zn-In-O）系，$In_2O_3-SnO_2$（In-Sn-O）系および$ZnO-In_2O_3-SnO_2$（Zn-In-Sn-O）系のみである。これらの系には，図1に示したような三元化合物TCO薄膜材料が含まれている。また，同図中にはインジウム（In）添加ZnO（IZO）[1,3]，並びに，In含有量が90％程度のSn添加In_2O_3（通称；ITO）およびアモルファスZn-In-O系（最近，ITOに

表1　LCD用透明電極の形成条件

製膜温度	約200℃以下 （カラーフィルターおよびTFT上に製膜するため）
抵抗率	10^{-4}Ωcm台
膜厚	約15～50 および100～150nm程度

＊ Tadatsugu Minami　金沢工業大学　光電相互変換デバイスシステム研究開発センター　教授

表2　多元系酸化物薄膜透明電極材料

三　元	不純物	抵抗率	毒　性	LCD適合性
$MgIn_2O_4$		△		×
$GaInO_3$, $(Ga, In)_2O_3$	Sn, Ge	△		×
$CdSb_2O_6$	Y	△	×	×
三　元	多元系			
$Zn_2In_2O_5$, $Zn_3In_2O_6$	$ZnO-In_2O_3$	◎		◎
$In_4Sn_3O_{12}$	$In_2O_3-SnO_2$	◎		○
$CdIn_2O_4$	$CdO-In_2O_3$	◎	×	×
Cd_2SnO_4, $CdSnO_3$	$CdO-SnO_2$	◎	×	×
Zn_2SnO_4, $ZnSnO_3$	$ZnO-SnO_2$	△		×
	$ZnO-In_2O_3-SnO_2$	○		○
	$CdO-In_2O_3-SnO_2$	○	×	×
	$ZnO-CdO-In_2O_3-SnO_2$	○	×	×

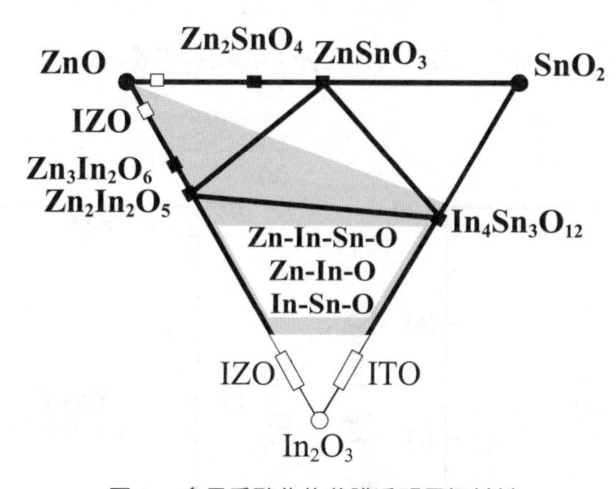

図1　多元系酸化物薄膜透明電極材料

因んでIZOと呼ばれている）透明導電膜材料も示している。したがって，同図中にハッチして区別した組成の多元系TCO材料はITOよりIn使用量を低減できるため，LCD用透明電極として採用が期待される。以下において，LCD用ITO透明電極を代替可能な三元化合物を含む多元系酸化物透明導電膜材料について製膜技術と実現可能な特性（性能）について述べる。

2.2 Zn-In-O系

TCO材料として良く知られたZnOとIn_2O_3の組み合わせからなるZnO-In_2O_3（Zn-In-O）系では，多くの三元化合物（ホモロガス化合物，$Zn_mIn_2O_{3+m}$；m＝2～7）の存在が知られている。これらの化合物中で$Zn_2In_2O_5$や$Zn_3In_2O_6$等は優れたTCO薄膜材料であることが報告されている[10, 11]。また，良く知られているようにZnO-In_2O_3系薄膜では金属組成（In含有量（In/(In＋Zn）原子比））が約85から95at.%程度で最低抵抗率のアモルファス（もしくは微結晶）透明導電膜を作製できるが[4, 5, 9～12]，残念ながらIn使用量がITOとほぼ同レベルでありITO代替は期待できない。これまでに，マグネトロンスパッタリング法を始めとして様々な製膜技術を用いたZnO-In_2O_3系透明導電膜の作製が報告されている。しかしながら，得られる電気的特性やその特性のIn含有量依存性等は，使用する製膜技術やその製膜条件に依存し，特に製膜中の酸化条件（スパッタリング法では酸素分圧等）に著しく影響される。一例として，図2(a)に直流マグネトロンスパッタリング（dc-MS）法を用いてガラス基板上に製膜温度（Ts）室温（故意に加熱していないが，成膜中に約140～180℃まで上昇）で作製したZnO-In_2O_3薄膜の抵抗率（ρ）およびエッチング速度（R_E）のIn含有量依存性を示す。膜のエッチング速度は，エッチャントとして25℃，0.2Mの希塩酸（HCl水溶液）を使って測定した。図2(a)から明らかなように，ZnOにZn原子数に対して数at.%以下のInを添加したIZO（ZnO系）透明導電膜はZnサイトに置換したInが有効

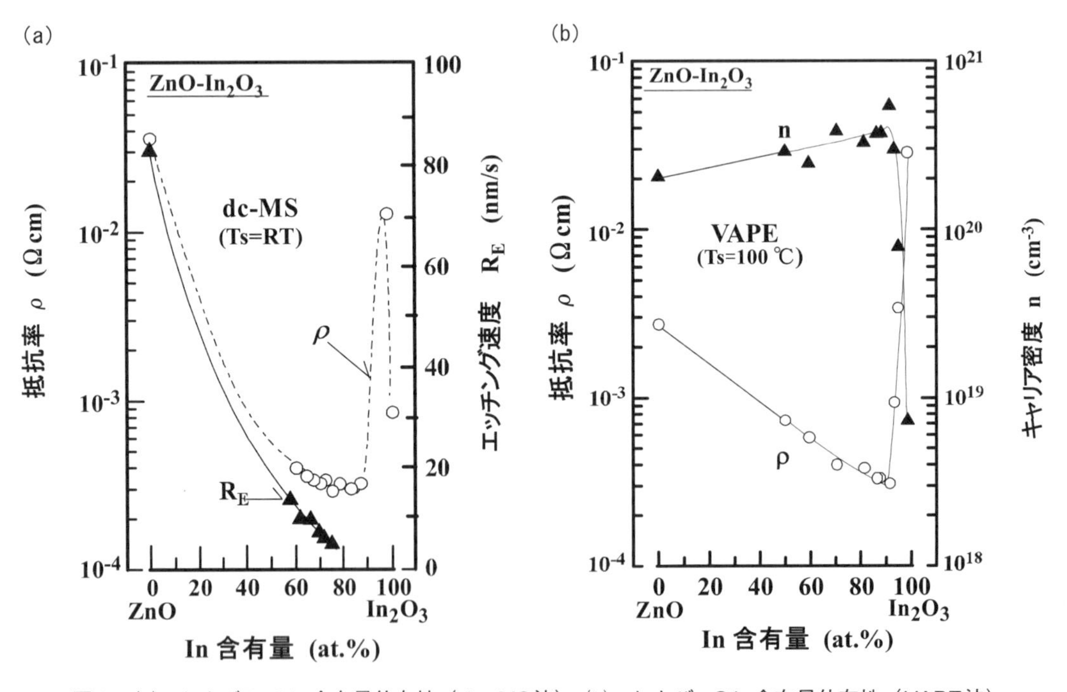

図2 (a)ρおよびR_EのIn含有量依存性（dc-MS法），(b)ρおよびnのIn含有量依存性（VAPE法）

なドナーとして働くため低抵抗率を実現可能（ここでは示していない）であるが[1,3]，逆にIn_2O_3にZnを添加した場合でも大幅に抵抗率が減少している。また，In_2O_3にZnを添加すると膜の化学的特性（ここでは塩酸水溶液中でのエッチング速度）を制御できることが分かる。Zn含有量の増加に伴うエッチング速度の増大（化学的特性のZn含有量依存性）は，連続的にZnOに近づいて行くので，膜の結晶性の変化（アモルファス化することが化学的特性を変化させる）よりZn含有率が支配的と考えられる。すなわち，多元系（複合）酸化物透明導電膜の化学的特性は，主として構成する金属成分，すなわち金属組成に依存することが報告されている[4~9]。

真空アークプラズマ蒸着（VAPE）法（もしくは，イオンプレーティング法）[13]により作製した$ZnO-In_2O_3$系薄膜においても直流マグネトロンスパッタリング法で作製した$ZnO-In_2O_3$系薄膜の電気的特性のIn含有量依存性とほぼ同様の結果が報告されている。図2(b)に真空アークプラズマ蒸着法を用いてガラス基板上に製膜温度が約100℃で作製された$ZnO-In_2O_3$系薄膜の抵抗率およびキャリア密度（n）のIn含有量依存性を示す[7,8,12,13]。マグネトロンスパッタリング法および真空アークプラズマ蒸着法で作製された$ZnO-In_2O_3$系薄膜のX線回折測定の結果，200℃程度より低温で作製された薄膜は，In含有量が約40～95at.%の範囲で製膜技術に関係なくアモルファスであった。また，図2(a)および図2(b)から明らかなように抵抗率のIn含有量依存性は，主としてキャリア密度のIn含有量依存性に支配され，最大のキャリア密度が得られたIn含有量において最小の抵抗率が得られた。このキャリア密度の増加に注目すると，In_2O_3母体のInサイトにZnが置換したと考えるとキャリア密度の増加や低抵抗率化は全く説明できないが，約5at.%以上のZn原子の添加により上述のホモロガス構造化合物が生成（アモルファスでもIn_2O_3結合において伝導帯を作るIn価電子の強い共有性のため高い移動度が期待される）され，膜中の酸素空孔がドナーとなり，低抵抗率化が実現していると思われる。また，$ZnO-In_2O_3$系透明導電膜ではSnもしくはAl等の不純物を添加しても低抵抗率化にはほとんど効果が認められない。また，使用した製膜技術に依存することなく，In含有量が70～90at.%の範囲でITO膜に匹敵する3×10^{-4}Ωcm台以下の低抵抗率$ZnO-In_2O_3$系透明導電膜を低温基板上に実現できる。

上述のように$ZnO-In_2O_3$系透明導電膜の実現される抵抗率は，In含有量に依存するのみならず製膜条件によっても影響され，例えば，スパッタリング法ではZnOに近い化学組成では酸化が抑制された製膜雰囲気，一方，In_2O_3に近い組成では酸素分圧を増加させた雰囲気での製膜が優れた透明導電性（低抵抗率と高可視光透過率）を実現するために必要である。図3に図2(a)の場合と同様に直流マグネトロンスパッタリング法を用いてガラス基板上に純Arスパッタガス雰囲気中，圧力0.6Pa，製膜温度（Ts）室温の条件下で作製した$ZnO-In_2O_3$（In含有量が75.5at.%）薄膜の抵抗率の基板上での分布を示している。また，同図中には比較のため，同一条件下で作製したノンドープZnOおよびIn_2O_3薄膜の結果を示している。良く知られているように，直流マグ

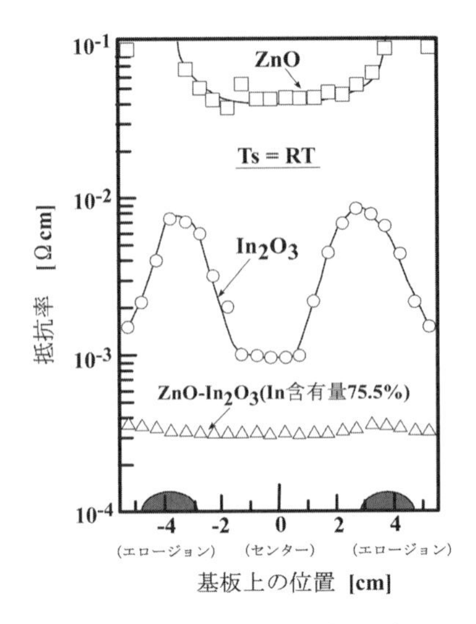

図3　ρの基板上の位置依存性（ターゲット直径約120mm）

ネトロンスパッタリング法で作製された酸化物透明導電膜では，基板上に抵抗率分布（ターゲットのエロージョン領域に対向する基板上の位置で抵抗率が上昇する）を生じるという問題がある。図3からも明らかなように，ノンドープZnOやIn_2O_3薄膜は基板上での大きな抵抗率分布を生じている。しかしながら，注目すべき結果としてZnO-In_2O_3薄膜では抵抗率分布をほとんど生じていない。実際は，In含有量や製膜条件に依存したものの適当な製膜条件下において抵抗率分布のほとんど無いZnO-In_2O_3透明導電膜を作製できることが分かった。以上の結果から，製膜条件を化学組成に合わせて最適化して作製されたZnO-In_2O_3系透明導電膜において，In含有量が約50～85at.％程度のZnO-In_2O_3（Zn-In-O）系薄膜は，ITO膜と比較して材料コストの低減およびインジウム使用量の低減を実現でき，LCD用透明電極への採用が期待される。

2.3　In-Sn-O系

古くから良く知られたTCO材料であるIn_2O_3とSnO_2の組み合わせからなるIn_2O_3-SnO_2（In-Sn-O）系において，ITOターゲットのような高温焼結体などで三元化合物$In_4Sn_3O_{12}$の存在が知られている。また，マグネトロンスパッタリング法により作製したIn_2O_3-SnO_2系薄膜において，この化合物がTCO薄膜材料であり，低温基板上に$In_4Sn_3O_{12}$透明導電膜を実現可能であることが報告されている[4~12]。したがって，この系では金属組成（In含有量（In/(In＋Sn）原子比））の全範囲（In含有量が０～100at.％）で透明導電膜を作製でき，ITO組成のIn含有量が約90at.％以上を除くIn_2O_3-SnO_2系透明導電膜がインジウム使用量を低減したLCD用透明電極として採用

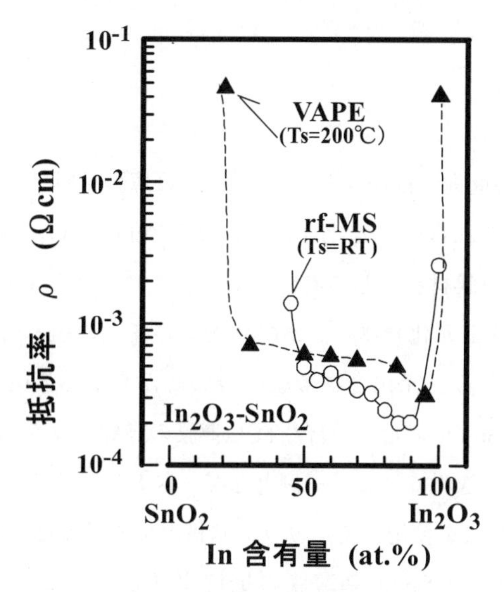

図４　ρのIn含有量依存性
rf−MS法（白抜き），VAPE法（黒塗り）

できる可能性がある（図１）。しかしながら，良く知られているようにSnO_2透明導電膜（すなわち，In含有量が０at.%）では10^{-4}Ω cm台の低抵抗率を実現することが難しく，且つ高温製膜が必要である。これまでに，直流および高周波マグネトロンスパッタリング法や真空アークプラズマ蒸着法を用いたIn_2O_3−SnO_2系透明導電膜の作製が報告されている[4〜14]。一例として，図４に高周波マグネトロンスパッタリング（rf−MS）法および真空アークプラズマ蒸着（VAPE）法を用いてガラス基板上にそれぞれ製膜温度約180℃（故意に加熱していない）および約200℃で作製したIn_2O_3−SnO_2系薄膜の抵抗率のIn含有量依存性を示す[7〜10, 12]。同図では作製したIn_2O_3−SnO_2系薄膜において約2×10^{-3}Ω cm以下の低抵抗率を実現された膜の結果のみ示されている。また，作製したIn_2O_3−SnO_2系薄膜においてIn含有量50at.%付近および90〜95at.%の２箇所において抵抗率がそれぞれ最小（キャリア密度においてもそれぞれ最大）を示した。作製された多結晶In_2O_3−SnO_2系透明導電膜は，X線回折測定においてIn含有量が約40〜60at.%の膜は主として三元化合物$In_4Sn_3O_{12}$，In含有量約60at.%以上の膜はIn_2O_3と同定された[4〜8, 11, 12]。

製膜温度が200℃以下で，In含有量が50〜90at.%で作製されたIn_2O_3−$In_4Sn_3O_{12}$系透明導電膜において，10^{-4}Ω cm台の低抵抗率を実現できた。また，$In_4Sn_3O_{12}$薄膜は，高温酸化性雰囲気中および酸性水溶液中において極めて高い安定性を示した（酸性水溶液中でのウエットエッチングは困難）。したがって，ITO膜と比較してより材料コストを低減できる多元系（複合）In_2O_3−$In_4Sn_3O_{12}$薄膜はインジウム使用量の低減を実現可能であり，LCD用透明電極への適用が期待される。

2.4 Zn-In-Sn-O系

上述の如く，毒性や環境問題を配慮すると優れたTCO薄膜材料は，金属酸化物のZnO，In_2O_3およびSnO_2のみであり，これらの二元化合物からなる$ZnO-In_2O_3-SnO_2$（Zn-In-Sn-O）系の4元系金属酸化物がTCO薄膜材料として有望である。この4元系金属酸化物透明導電膜を実現するために，南らは異なる三元化合物（金属酸化物）の任意の組み合わせについて検討している[4〜9,11,12]。すなわち，異なる三元化合物の組み合わせからなる$Zn_2In_2O_5-In_4Sn_3O_{12}$，$Zn_2In_2O_5-ZnSnO_3$および$ZnSnO_3-In_4Sn_3O_{12}$多元系（複合）TCO薄膜の高周波マグネトロンスパッタリング（rf-MS）法による作製が報告されている。一例として，図5に粉末ターゲットを用いた高周波マグネトロンスパッタリング法を使用して，ガラス基板上に製膜温度約180℃（故意に加熱していない）で作製した$Zn_2In_2O_5-In_4Sn_3O_{12}$系薄膜の抵抗率（$\rho$）およびエッチング速度（$R_E$）の$In_4Sn_3O_{12}$組成依存性を示す[4〜6,8]。製膜は，純Arガス雰囲気中，スパッタガス圧1.2Paで実施された。$In_4Sn_3O_{12}$組成は，製膜に使用した粉末ターゲット（軽くプレスしている）の$Zn_2In_2O_5$に対する$In_4Sn_3O_{12}$混入量（wt.%）で示している。すなわち，高周波マグネトロンスパッタリング法で多元系TCO薄膜を作製した場合，常に使用した粉末ターゲット（一回のみの使用で，毎回，新しい粉末と交換している）の金属組成（例えば，Zn/(Zn＋In＋Sn）原子比）が膜中の金属組成とほぼ一致することが確認されている。また，膜のエッチング速度の測定は，エッチャントとして25℃，0.2Mの塩酸水溶液を用いて行った。図5から明らかなように，抵抗率は$In_4Sn_3O_{12}$組

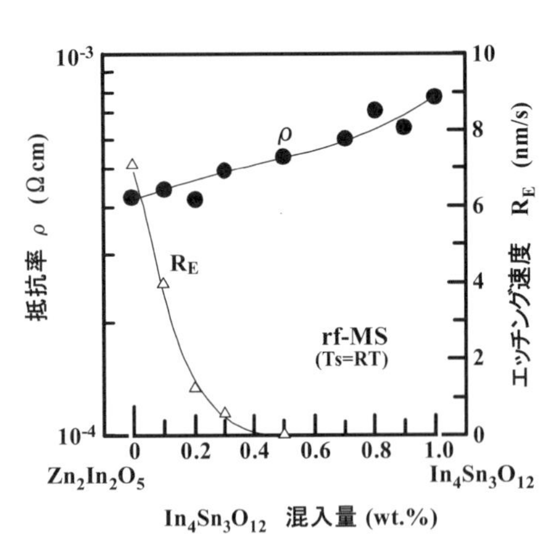

図5　ρおよびR_Eの$In_4Sn_3O_{12}$組成依存性（rf-MS法）

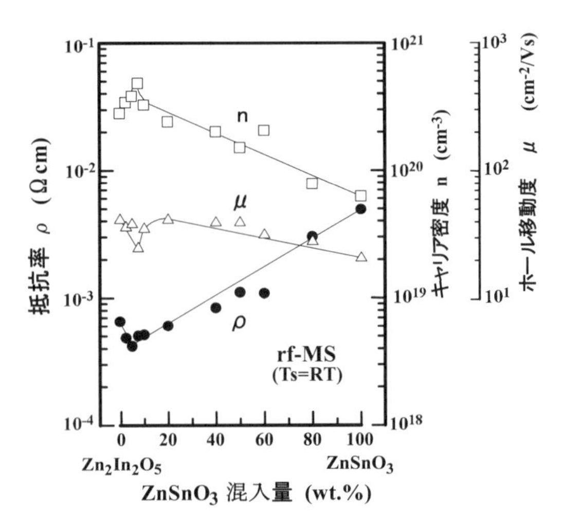

図6　ρ，μおよびnの$ZnSnO_3$組成依存性（rf-MS法）

成の増加に伴って単調に増加し，すべての$In_4Sn_3O_{12}$組成において10^{-4}Ωcm台の低抵抗率$Zn_2In_2O_5$-$In_4Sn_3O_{12}$系透明導電膜を実現できた。また，膜のエッチング速度は$In_4Sn_3O_{12}$組成の増加に伴って急激に減少している。すなわち，膜中のSn含有量の増加に伴ってエッチング速度は低下した。一方，作製された膜のX線回折測定より，ほとんどの$In_4Sn_3O_{12}$組成で作製された膜はアモルファスであることが分かった。他の例として，図6に高周波マグネトロンスパッタリング法を用いてガラス基板上に製膜温度約180℃（故意に加熱していない）で作製した$Zn_2In_2O_5$-$ZnSnO_3$系薄膜の電気的特性（抵抗率，移動度（μ）およびキャリア密度（n））の$ZnSnO_3$組成依存性を示す[15]。製膜は，純Arガス雰囲気中，スパッタガス圧1.2Paで実施された。作製された$Zn_2In_2O_5$-$ZnSnO_3$系透明導電膜において得られた抵抗率は，$ZnSnO_3$混入量が約5～10wt.%付近で最小を示し，その後混入量の増加に伴って単調に増加した。また，上述のように$ZnSnO_3$透明導電膜では低温製膜において10^{-4}Ωcm台の低抵抗率を実現することが難しく，作製した$Zn_2In_2O_5$-$ZnSnO_3$系薄膜においても$ZnSnO_3$混入量が約40wt.%を超えると10^{-4}Ωcm台の低抵抗率を実現できなくなった。塩酸水溶液を使用したエッチング速度は，膜中のSn組成（Sn/(Zn＋In＋Sn)原子比）の増加と共に低下し，Zn組成の増加と共に増加した。特に，エッチャントとして25℃，0.2Mの塩酸水溶液を使った場合においては，$ZnSnO_3$混入量が約30wt.%以上からエッチングが困難になった。また，上述の$Zn_2In_2O_5$-$ZnSnO_3$系透明導電膜において得られた抵抗率および化学的特性の組成依存性と同様の結果が，$ZnSnO_3$-$In_4Sn_3O_{12}$多元系（複合）TCO薄膜においても確認された。

以上のように，Zn-In-Sn-O系透明導電膜において，例えば抵抗率はIn含有量の増加により低下，酸によるエッチング速度はZn含有量の増加により増大するがSn含有量の増加により低下する傾向があり，金属組成の変化により特製（性能）を制御できることが分かる。したがって，ITO膜と比較して，インジウム使用量を低減でき，材料コストを低減可能な上述の多元系(複合)酸化物透明導電膜（図1において，ハッチを付けた化学組成を有するTCO材料）はLCD用透明電極への適用が期待される。

2.5　おわりに

表3は上述のインジウム使用量を低減できる多元系（複合）酸化物透明導電膜において実現可能な諸特性（性能）をまとめて示している。これらの多元系（複合）酸化物において，金属伝導を示す異なる材料の組み合わせからなる系では化合物の生成がなければ全組成において透明導電膜が作製でき，合金の場合と同様の抵抗率の組成依存性を示し，またバンドギャップEgや屈折率等の光学的特性は誘電体の混合膜の場合と同様の組成依存性を示す[4~6]。毒性等を考慮するとLCD用透明電極に採用が可能な多元系(複合)酸化物透明導電膜材料は，ZnO-In_2O_3（Zn-In-O）

表3　多元系酸化物透明導電膜の諸特性

多元系酸化物透明導電膜	In含有量（at.%）	製膜温度（℃）	製膜方法	抵抗率（Ωcm）
$ZnO-In_2O_3$	60～80 (80)	RT（180） (100)	dc-MS (VAPE)	$3.8\sim2.9\times10^{-4}$ (3.0×10^{-4})
$In_2O_3-SnO_2$	50～85 (85)	RT（180） (200)	rf-MS (VAPE)	$5.0\sim2.0\times10^{-4}$ (5.0×10^{-4})
$Zn_2In_2O_5-In_4Sn_3O_{12}$	50～57	RT（180）	rf-MS	$4.2\sim7.5\times10^{-4}$

系および$In_2O_3-SnO_2$（In-Sn-O）系と$ZnO-In_2O_3-SnO_2$（Zn-In-Sn-O）系の一部（図1にハッチして区別した組成）のみである。これらの多元系（複合）酸化物材料は，ITO膜と比較してインジウム使用量を低減でき，材料コストを低減可能であり，LCD用透明電極への適用が期待される。しかしながら，現状のITO膜（使用量が90％程度）をこれらの材料（インジウム使用量が最小でも50％程度）で置き換えた場合，実現可能なインジウム使用量の低減は最大でも40％程度である。

文　献

1) K. L. Chopra *et al.*, *Thin Solid Films*, **102**, 1 (1983)
2) A. L. Dawar *et al.*, *J. Mater. Sci.*, **19**, 1 (1984)
3) H. L. Hartnagel *et al.*, "Semiconducting Transparent Thin Films", Institute of Physics, Philadelphia (1995)
4) 南内嗣，ニューセラミックス，**9** (4)，30 (1996)
5) T. Minami, *J. Vac. Sci. Technol.*, **A17**, 1765 (1999)
6) T. Minami, *MRS Bulletin*, **25**, 38 (2000)
7) T. Minami, *Semicond. Sci. Technol.*, **20**, S35 (2005)
8) 南内嗣，光学，**34** (7)，326 (2005)
9) 小林征男監修，"導電性ナノフィラーと応用製品"，シーエムシー出版 (2005)
10) 澤田豊監修，"透明導電膜"，シーエムシー出版 (2005)
11) T. Minami, *Thin Solid Films*, available online, March 31 (2007)
12) 澤田豊監修，"透明導電膜Ⅱ"，シーエムシー出版 (2007)
13) 南内嗣ほか，真空，**47**，734 (2004)
14) 南内嗣，"無機材料の表面処理・改質技術と将来展望"，273，シーエムシー出版 (2007)
15) T. Minami *et al.*, *Thin Solid Films*, **317**, 318 (1998)

第４編　インジウム未使用代替材料の可能性

第７章　薄膜太陽電池用透明導電膜

1　Si系薄膜太陽電池用の透明導電膜

尾山卓司*

1.1　はじめに

ここ数年の太陽電池市場の伸びは平均で30％を超えており，今後も地球温暖化や省資源・省エネルギーの観点から，技術革新によるコスト削減とともに更なる拡大が期待されている。ここに来て，これまで主流であった単結晶Siや多結晶Siなどのいわゆるバルク型の太陽電池が，原料となる高純度シリコンの供給不足から供給とコストダウンにやや不安含みの展開となったため，使用原料の少ない薄膜系が市場における存在感を増している。中でも，Si系薄膜太陽電池は研究の歴史も古く，材料の供給や毒性にも不安がないため有力な次世代太陽電池のひとつと目されている。ここでは，このSi系薄膜太陽電池に用いられる透明導電膜について述べる。

1.2　Si系薄膜太陽電池の構造と透明導電膜に要求される特性

よく知られているように，薄膜太陽電池の構造には大きく分けてsuperstrate型とsubstrate型がある（図１）。substrate型は基板（透明でなくともよい）上にまず裏面電極を，次いでnip層を順に形成し，最後に透明導電膜を電池層の上に形成して，太陽光がこの透明電極側から入射するように配置される。一方superstrate型は透明基板上にまず透明導電膜を形成し，次いでpinの順に電池層を形成した後，裏面電極（反射膜）を最後に形成し，太陽光が透明基板側から入射するように配置される。いずれの場合もモジュールとしての耐久性を確保するために，表面は透明な保護材料（フッ素樹脂やガラスなど）とラミネートされる。Si系薄

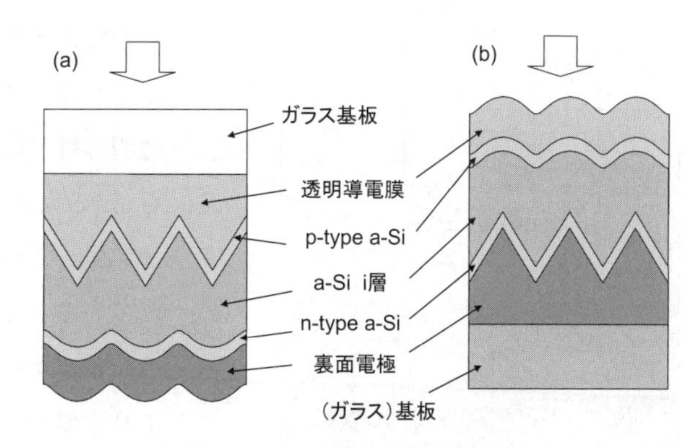

図１　a-SI薄膜太陽電池の構造
(a)superstrate型，(b)substrate型

＊　Takuji Oyama　旭硝子㈱　中央研究所　統括主幹研究員

膜太陽電池では基板としてガラスを用いる場合にはsuperstrate型を採用することが多い。これは，耐久性のあるガラスを最外層として用いることで，モジュールとしての機械的強度を確保することが容易なことに加えて，後述のテクスチャ構造の形成の問題と，電池層の上に低温で特性の良いTCOを形成することが難しいという事情による。

薄膜太陽電池がバルク型の太陽電池と大きく異なるのは，大面積の基板に複数のセルを集積した形で製造できる点であり，使用原材料の削減と同時にコストダウンの可能性が期待されている。実際，現在市販されているa-Si薄膜太陽電池モジュールでは１枚のパネル当たり数十から百数十個のセルがレーザースクライブと薄膜形成の繰り返しにより自動的に直列接続されており，出力電圧は単セルでは0.6V程度なのに対しパネルとしては数十ボルトとなっている。

Si系薄膜太陽電池における変換効率の向上のために透明導電膜として要求される特性は大きく分けて三つある。まず第一にシート抵抗が低いことで，これはセル間を流れる電流によるジュール熱のロスを減らすためである。二つ目は透過率が高いことで，これはモジュール表面へ入射した太陽光を電池層までロスなく導くためである。以上の２点は一般的な透明導電膜として，高い透明性と導電性を併せ持つということであり，Si系薄膜太陽電池用の透明導電膜としての特徴ではない。強いて言えば，透明という場合，通常は可視光に対する透明性を問題にするが，太陽電池では太陽光に対する透明性が問題となるという点が異なっている。これは，特に，最近実用化されたa-Si/μc-Si（アモルファスSi/微結晶Si）タンデム型太陽電池で，近赤外光までの波長域を利用する場合にクローズアップされる。

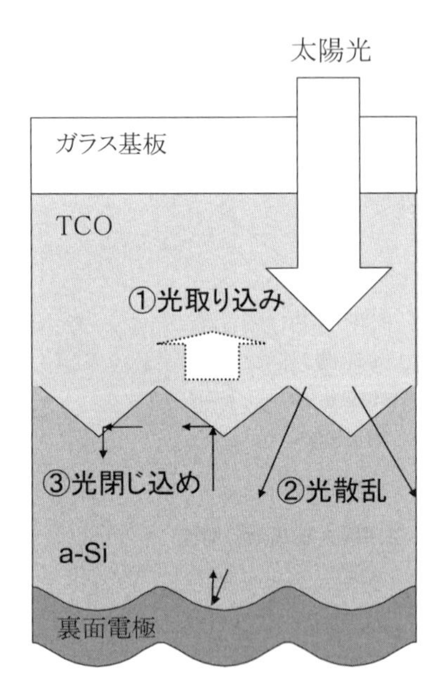

図２　テクスチャ構造の効果の概念図

三つ目は，電池層まで到達した太陽光を有効に薄膜電池層内で吸収させるための表面形状である。これがSi系薄膜太陽電池用の透明導電膜として特別に要求される特性であり，ガラス基板上に形成される透明導電膜の表面にはテクスチャ構造と呼ばれる数百nmの大きさの凹凸が意図的に作り込まれている（図２）。この構造には主に三つの効果があると言われている。まず，光取り込み効果である（①）。光の波長に比べて数分の一以下の大きさの凹凸構造により近似的に屈折率の傾斜構造を実現し，電池層との界面における反射防止効果により反射ロスを抑制している。透明導電膜の屈折率は2.0程度であり，一方a-Siのそれは約4.0である。このため，平らな界面では10％以上の反射ロスが発生してしまう。次に，光散乱効果である（②）。薄膜Si太陽電池では電池層内の少数キャリアの拡散長がバルクSiなどに比べて小さいため，p-n接合ではなくp-i-n構造として，i層内で発生したキャリア（電子と正孔）を内部電界によりそれぞれn層，p層へと輸送することにより電流として取り出している。このとき，i層の厚みは薄い方が，内部電界を大きくしてキャリア分離の効率を上げることができるが，光の吸収量はi層の厚みとともに増加するので最適な厚みが存在することになる。透明導電膜で光を有効に散乱させることができれば，電池層内での光の光路長を長くすることができるので同じ膜厚での吸収量が増加することになり，内部電界を維持しながらキャリアの発生量を増加させることができ，結果として変換効率が向上する。また，i層の薄膜化は生産性の向上への寄与も大きいため，この光散乱特性は薄膜Si太陽電池にとって非常に重要である。最後は光閉じ込め効果である（③）。電池層を通過した光は裏面電極で反射されて再度i層を通過して吸収されるが，透明導電膜界面まで戻った光の一部は全反射によりさらに電池層へと戻される。テクスチャ構造によりこれが強化されている。

1.3　透明導電膜の現状

薄膜Si用の透明導電膜としては熱CVDによるフッ素ドープ酸化錫（SnO_2: F）が古くから検討，実用化されてきた。一方，最近になって欧州でZnO系の透明導電膜を実用化しようとする試みが行われている。ここでは，これらについて紹介する。

1.3.1　SnO_2: F

作製方法としてオンラインCVDとオフラインCVDがある。オンラインCVD法は板ガラスの連続生産プロセスであるフロート法において，錫バス内またはガラスリボンがバスから出た直後に原料ガスを吹き付けて，成形中のガラス表面に直接SnO_2: Fを成膜してしまう手法である。大量生産に向いているが，原料や成膜ポジションの数に制限があり，複雑な構成は不得手である。一方，オフラインCVD法は一度フロートラインで成形し，冷却，切断したガラス基板を，電気炉で再び加熱した上で原料ガスを吹き付けて成膜する手法である。このため，オンライン法に比べて再加熱コストが上乗せされることになる。しかし，ガラスの成形プロセスと切り離されているためにプロセスの自由度が高く，多段成膜も比較的容易であり，複雑な膜構成の実現に有利である。オンラインCVDでは，ジメチルジクロル錫（DMTC）などの有機錫と酸素などの酸化性ガスを主原料とし，HFやTFAなどをフッ素源として混入する。成膜時の基板温度は600℃から700℃程度である。オフラインCVDでは主原料として四塩化錫（$SnCl_4$）と水（H_2O）を用い，HFをフッ素源として混入することによりSnO_2: Fを基板上に形成するのが一般的であり，基板温度は500℃から600℃程度である。当社では1980年代にサンシャイン計画に参画し，オフラインCVD法によるSnO_2: F膜をa-Si太陽電池用に開発し，タイプUとして上市した[1)]。タイプUはそ

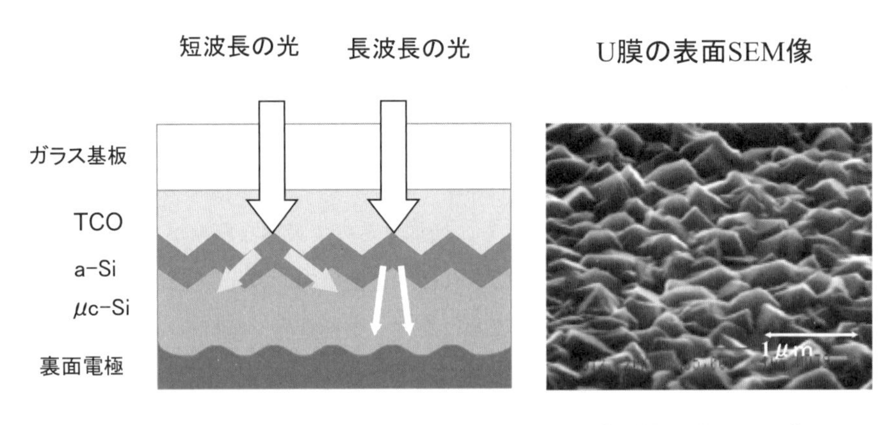

図3　a-Si/μc-Siタンデム太陽電池の構成とタイプU基板の表面SEM像

れまでに検討されてきた様々なTCOをベースに，テクスチャ形状が特に特徴的なピラミッド型を呈するものを指して名付けられたものであった。ピラミッド形状であるにもかかわらず，形状が揃っているためVocの低下が少ないのが特徴で，当時のセル効率の世界最高値を記録した。膜厚は800nm程度で，シート抵抗は10Ω/□以下，比抵抗は10^{-4}Ωcm台である。

最近になって急速に立ち上がりつつある薄膜太陽電池が今後も拡大を続け，市場の中で生き残っていくためには電力量当たりのコスト，すなわち¥/kWhを下げていくことが必須である。Si系薄膜太陽電池では，NEDOが発表したロードマップPV2030が示すように，この課題は高効率化によって克服されていくべきであると考えられる。そのための方向性は当面，タンデム化であるのは間違いない。a-Siの感度波長域は800nmまでしかないのに対し，μc-Siの感度は1100nmにまで達する。この波長域の光を有効に吸収させるためには光閉じ込めの波長域を従来よりも拡大する必要があるというのが次世代のTCOに対する我々の基本コンセプトである。

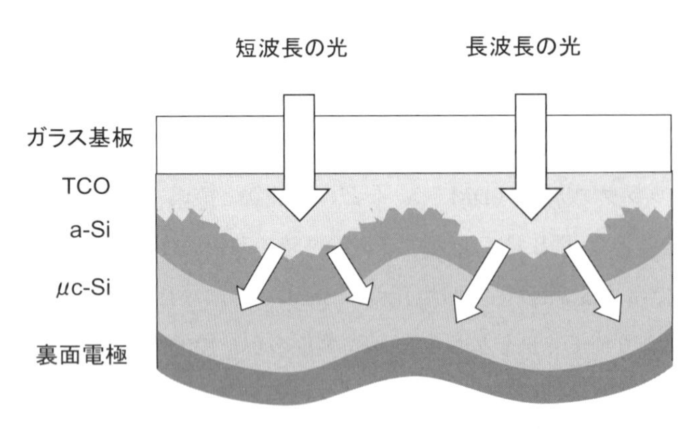

図4　ダブルテクスチャ構造の概念図

図3に示したように従来のU膜では短波長の光を効果的に散乱するので，a-Si用のTCO基板としてはa-Si層内での光路長を増加させ，電池層内での光吸収を効果的に引き起こすことができる。しかし，長波長の光に対する散乱能が小さいため，μc-Si層内での効果的な光吸収には不十分であった。長波長の

光を散乱させるためには，凹凸の形状を大きくする必要があるが，単にU膜の厚みを大きくしたのでは，凹凸が大きくなりすぎてVocやFFの低下が懸念される。また，生産性も膜厚の増加とともに落ちてしまう。

そこで我々は，図4に示すような2種類の凹凸を基板上に形成することを考えた[2,3]。大きなピッチの凹凸と小さなピッチの凹凸の組み合わせなので，ダブルテクスチャ構造と呼んでいる。大小の凹凸を共存させることにより，短波長から長波長までの光を有効に散乱させることができるはずである。図5に示したのは，実際に作製したこのような新しいTCO基板のSEM像である。成膜条件のチューニングにより大小の凹凸の大きさと密度を任意に変えることができる。表1に示した特性値から，RMS（AFMで求めた平均粗さ）の増加とともにヘイズ率は大きく増加するが，透過率はほとんど変化せず，高い透明性を維持していることが分かる。また，シート抵抗もほぼ一定でタイプUと同等である。図6にはこれらのサンプルの分光ヘイズをタイプU基板の特性とともに示した。凹凸の大きなものは550nmにおけるヘイズ率が90%近い値を示し，狙い通り長波長域まで大きなヘ

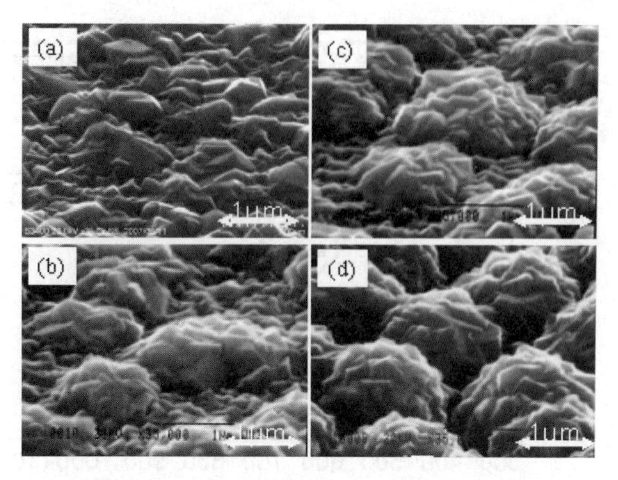

図5　タイプHU膜のダブルテクスチャ構造を示す表面SEM像

表1　ダブルテクスチャ構造を有するHU膜の特性

Sample	Haze Value at 550nm (%)	T at 550nm (%)	T at 800nm (%)	Rs (Ω/sq)	RMS (nm)
(a)	35	89	88	10	65
(b)	84	89	88	9	109
(c)	95	88	88	8	122
(d)	90	89	88	10	150

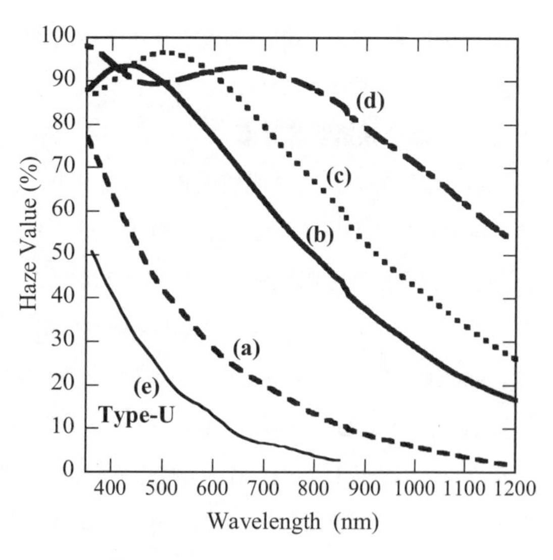

図6　タイプHU基板の分光ヘイズ率

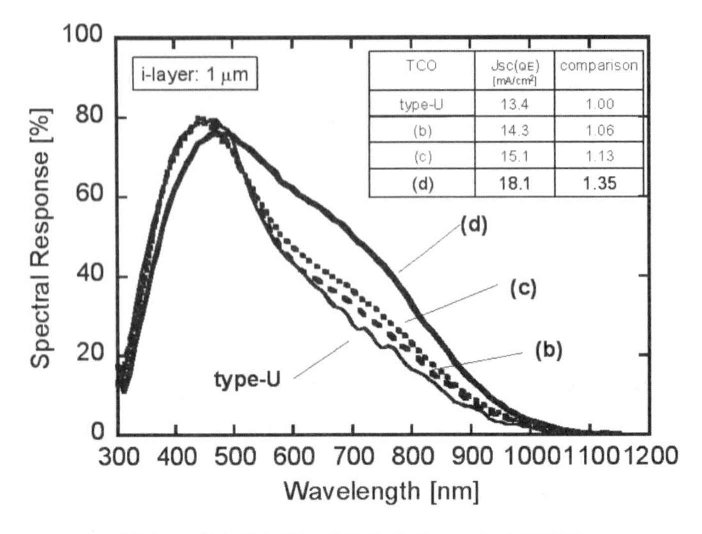

図7　HU基板を用いた微結晶Siセルの分光感度

イズ率が得られていることが分かる。さらに，図7にはこれらのTCO基板上にμc-Siの単接合電池を形成して測定した分光感度を示す[4)]。μc-Siのi層の厚みは1ミクロン，セルサイズは$5 \times 5\,mm^2$である。長波長域での分光ヘイズ率が上昇するのに伴って長波長域での感度が向上していることが分かる。

一方，生産性の観点からはオンラインCVDへの期待も大きい。現時点ではオンラインCVDによるSnO_2: F膜の特性は，特にテクスチャ構造の性能においてオフラインCVDによるそれを下回っていると認識されており，今後の改善が期待されている。TCO基板の価値はどれだけ変換効率を高められるかであり，オンライン法で製造されたTCO基板に対して絶対値で1％の効率向上が実現すれば，その価値は2010年度のNEDO目標レベルでおよそ1000円/m^2となる（¥100/W×10W/m^2）。つまり，この場合はオンラインのTCOよりも＋1000円/m^2の価値を認めていただける余地があると考えている。しかし，2030年の目標コストは¥50/Wであり，TCOの価値もこのままでは＋500円/m^2になってしまう。これが現在のオフラインCVD法で実現可能なレベルであるかどうかの見極めがいずれたいへん重要となる。

1.3.2　ZnO系透明導電膜

ZnOはよく知られた透明導電膜材料であり，Inの枯渇が懸念される現在，ディスプレイ用の透明電極として多用されているITO代替材料としては最も期待されている材料であると言える。しかし，Si系薄膜太陽電池用としての実績は乏しい。その理由は化学的な耐久性に関する懸念と，先述のテクスチャ構造の形成の困難さであったと思われる。しかし，最近になって，ドイツのJuelich研とスイスのNeuchatel大学で活発な研究が行われている。

Juelich研ではAlドープのZnOターゲットを用いた反応性スパッタリングで300℃程度に加熱したガラス基板上にZnO: Alを形成した後，HClでウエットエッチすることによりテクスチャ構造を作製している[5,6)]。ターゲット組成と成膜条件を最適化することにより，図8に示したようなミクロンオーダーのクレーター状の凹凸を形成することができる。μc-SiをこのTCO上に成長させるとクレーター中央部分上に形成されやすい欠陥の発生を抑制できるとしている。

一方，Neuchatel大学では減圧CVD（LPCVD）法によりジメチル亜鉛（DEZ）とジボラン（B_2H_6）を用いて150℃程度のガラス基板上にピラミッド状のテクスチャ形状を持つZnO: B膜を直接形成している。この上にμc-Siを形成すると膜内の欠陥が多くVocが上がらないが，これを（詳細は未公開の）プラズマ処理によってなだらかな形状に修正することによって電池特性を大きく改善させている[7)]。図9にプラズマ処理によって表面形態が変化していく様子を示した。

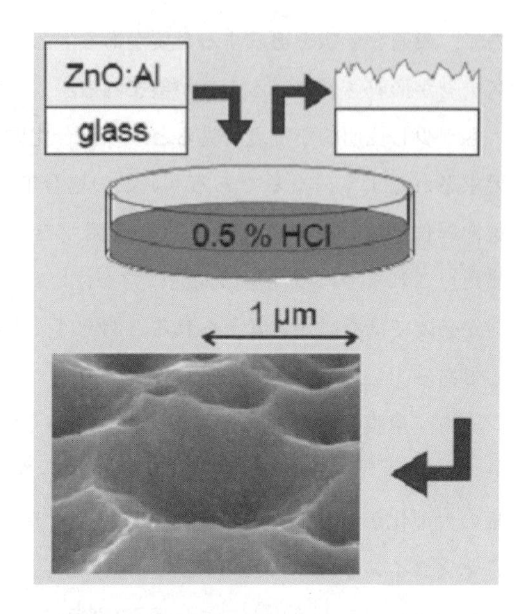

図8　Juelich研のウエットエッチZnO: Al

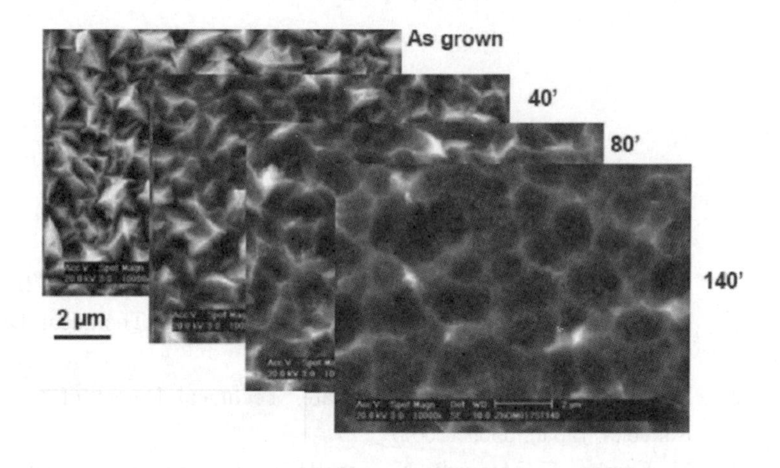

図9　Neuchatel大のLPCVD-ZnO: B膜表面のプラズマ処理による変化

いずれの方法も，透明導電膜を形成した後，後処理によってテクスチャ形状を整えることが必要なのが難点であるが，SnO_2: Fに代わりうるTCO膜として注目される。

1.4　今後の課題

薄膜Si太陽電池用のTCO膜に対する当面の課題は，これまで述べてきた通りタンデム型電池への対応である。このためにはまず，a-Si用のTCOよりも長波長まで透明である必要がある。近赤外域での吸収はキャリア密度を下げれば減少させられるが，シート抵抗が高くなってしまうので移動度を向上させる必要がある。この点では，オフラインのSnO_2: Fが現時点では最も優れているが，今後更なる改良が望まれる。次に，同じく近赤外域まで有効な光散乱効果を有するテクスチャ構造の実現である。凹凸構造を大きくするだけではVocやFFの低下を招く恐れがあるので，最適な形状を追求する必要がある。しかもプロセスコストの観点からは成膜と同時にテクスチャが形成されていることが望まれる。

もう少し長期的な視点で見ると，多接合化による利用スペクトル領域の更なる拡大への対応が要求されるようになるであろう。この場合TCOと接するワイドギャップ層の材料によっては，電池層作製プロセスにおけるTCOの耐プラズマ性も，より強く要求されてくる可能性がある。また，これまでは電池層の開発に力が注がれてきたが，今後はTCOと電池層の界面に関する検討が必要ではないかと考えられる。例えば，界面準位密度や電池層の下地層としての表面物性などである。

一方，薄膜太陽電池の市場が拡大していくためには先に述べた通り¥/kWhの低減が必須であり，TCOのコストダウンも強く望まれている。また，薄膜太陽電池のコスト削減のためには基板の大型化が有効だとの議論もあり，オフラインCVDのネックとなる可能性がある。我々も既にオンラインCVDによるTCOを米国の子会社から上市しているが，これらについては，ガラスの製造プロセスも考慮しつつ，TCOガラス基板としてのコストパフォーマンスを向上させることで対応していきたいと考えている。

文　献

1) 佐藤一夫ほか，*Reports Res. Lab. Asahi Glass Co., Ltd.*, **42** (2), 129 (1992)
2) T. Oyama, N. Taneda, M. Kambe and K. Sato, Technical Digest of the International PVSEC-17, Fukuoka, Japan, p181 (2007)
3) N. Taneda, T. Oyama and K. Sato, Technical Digest of the International PVSEC-17, Fukuoka, Japan, p309 (2007)
4) M. Kambe, K. Masumo, N. Taneda, T. Oyama and K. Sato, Technical Digest of the International PVSEC-17, Fukuoka, Japan, p1161 (2007)
5) J. Hüpkes *et al.*, Solar Energy Materials and Solar Cells 90, p3054 (2006)
6) B. Rech *et al.*, *Thin Solid Films*, **511-512**, 548-555 (2006)
7) J. Bailat *et al.*, Proceedings of the 4th WCPEC Conference, Kona Island, Hawaii, USA, pp. 1533-1536 (2006)

2　CIS系薄膜太陽電池用の透明導電膜

櫛屋勝巳*

2.1　はじめに—CIS系薄膜太陽電池用透明導電膜

$CuInSe_2$（CIS）系薄膜太陽電池のn型ZnO透明導電膜は，デバイス構造の入射光側に位置し，「入射光に対する窓」と「上部電極」の２種類の機能を担っている。CIS系薄膜太陽電池は，図１に示すように，基板とデバイス部の位置関係により，アモルファスSi太陽電池と同様にガラス等の透明基板を透過して光が入射する「スーパーストレート構造」でも，ガラス等の透明基板あるいは金属箔等の不透明基板上にデバイス部を積層し，最上層にn型透明導電膜が来る「サブストレート構造」でも作製可能である。

n型透明導電膜は，サブストレート構造では，現状，n型の酸化亜鉛（ZnO，ドーパントとしてボロン（B），アルミニウム（Al），ガリウム（Ga），バンドギャップ3.3eV）が標準的な材料である。一方，スーパーストレート構造では，まだ実施例が少ないが，通常アモルファスSi太陽電池で使用される透明導電膜である，n型の酸化錫（SnO_2，ドーパントとしてフッ素（F），バンドギャップ３eV以上）が使用されている[1)]。太陽電池では変換効率が高いことが望ましいので，pnヘテロ接合界面での相互拡散の抑制が容易で変換効率を向上しやすいサブストレート構造が世界標準である。現状，サブストレート構造の方が，変換効率は７～８％高い[1,2)]。この構造の

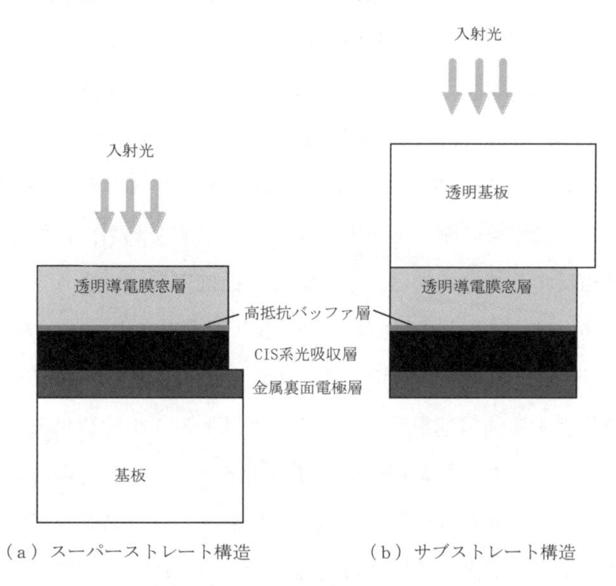

図１　CIS系薄膜太陽電池の代表的なデバイス構造

＊ Katsumi Kushiya　昭和シェル石油㈱　ニュービジネスディベロップメント部　担当副部長

表１　サブストレート構造のCIS系薄膜太陽電池のデバイス構造と製膜プロセス

デバイス構造	製膜法
＜入射光側＞	
（パターン3）	（メカニカルスクライビング法）
n型ZnO透明導電膜窓層	スパッタ法
	MOCVD（Metal-organic chemical vapor deposition，有機金属化学的気相成長）法
（パターン2）	（メカニカルスクライビング法）
n型高抵抗バッファ層	溶液成長法（湿式成長法）
p型CIS系光吸収層	セレン化法，セレン化後の硫化法，硫化法
	多源同時蒸着法
（パターン1）	（レーザー法）
金属裏面電極層	スパッタ法
＜基板＝青板ガラス，耐熱プラスチック，金属箔，セラミックなど＞	

ここで，「集積構造」は，パターン１～３を適用して，インターコネクト部を形成する。

CIS系薄膜太陽電池は，表１に示す製膜プロセスによって，基板上に作製される。また，スーパーストレート構造でも，作製法は同一であるが，pnヘテロ接合界面での相互拡散を抑制する目的で，製膜温度を低温側で管理している[1)]。このことが，p型CIS系光吸収層の結晶性（膜品質）を低下させ，変換効率向上を阻害する原因である。ここに示した製膜法はいずれも，商業化・量産化を想定しており，大面積化と高速製膜に適したプロセスである[3,4)]。

CIS系薄膜太陽電池において，「入射光に対する窓」と「上部電極」の２種類の機能を担うn型ZnO透明導電膜に要求される特性は，光学的には透過率が大きいこと（すなわち，窓層としての要求項目），電気的にはシート抵抗（抵抗率）が低いこと，同時に，移動度が大きく，p型CIS系光吸収層で発生した光電流の流れを阻害しないこと（すなわち，電極としての要求項目）である。上記２項目は相反する特性である。すなわち，抵抗率を下げようとするとドーパント添加量を上げる必要があり，ドーパント添加量を上げると膜が着色し，透過率が低下する。したがって，n型ZnO透明導電膜に要求される特性は，通常これら２項目の交点で最適化される。

研究開発段階で作製する通常基板サイズが1 cm^2 以下の「小面積単セル」と，図２に示す３種のパターンでインターコネクト部を形成する「集積構造」では，透明導電膜の設計が異なる。

集積構造では，発生した光電流が基板両端部に位置するプラスとマイナスのバスバーに向かって流れる。ここで，通常，CIS系薄膜太陽電池デバイス部のトータル厚さは3 μm程度であり，作り込まれた単セルの横幅は通常，５～６mm程度で，インターコネクト部の幅は300～500 μm程度で作製される。このインターコネクト部は発電無効領域であるために，その幅は狭い程望ましく，狭小化する技術開発は重要である。

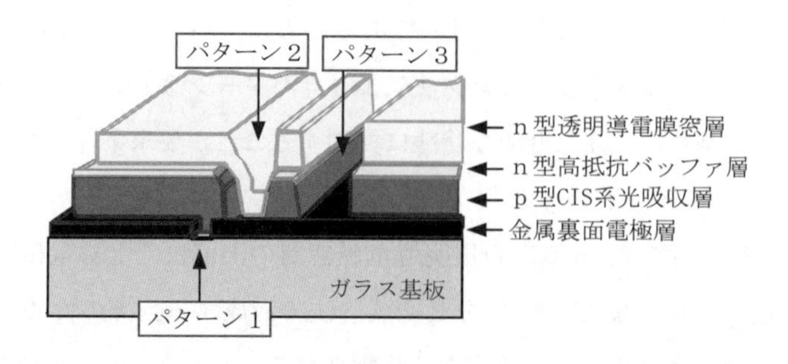

図２　サブストレート構造のCIS系薄膜太陽電池の集積構造
３種類のパターンにより集積構造を形成する例

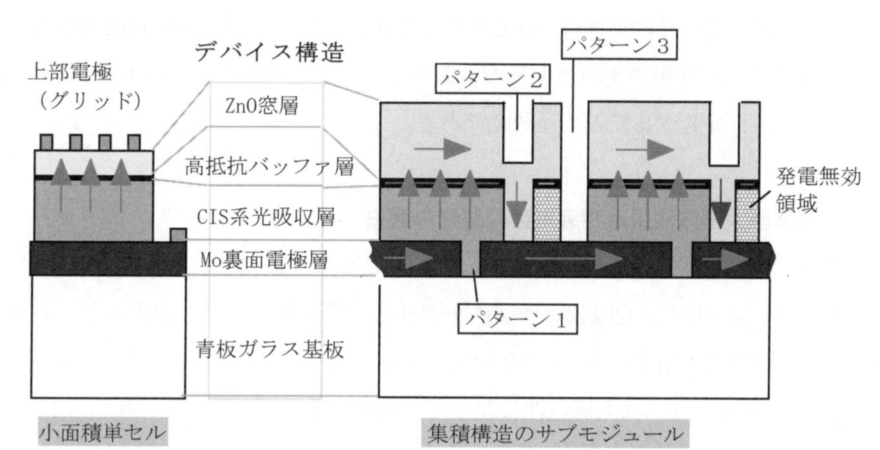

図３　小面積単セルと集積構造のモノリシックなサーキット
（あるいはサブモジュール）での光電流の流れ

p型CIS系光吸収層で発生した光電流は，図３に示すように，インターコネクト部のパターン２内を縦方向に流れて，直列接続で作り込まれた単セル間を流れる。したがって，抵抗率が低いこと（あるいは，移動度が高いこと）が要求される。また，発生した光電流は，n型透明導電膜を横方向に流れる。この横方向に流れる光電流を損失なく集電するために，シート抵抗を低くできることが要求される。しかしながら，ZnO透明導電膜では，透過率とのバランスで，シート抵抗10Ω/□が一つの目安になっている[3,5)]。また，ZnO透明導電膜は，「パターン２」形成の対象となるp型CIS系光吸収層に比べて硬質な材料であるために，パターン2形成と同様の金属針を使用する機械的なメカニカルスクライビング法により「パターン3」を形成する場合，稲妻型の割れが発生する。この割れの程度を軽微な状態に抑制することが要求条件であり，パターン形成（パターニング）技術のポイントである。

一方，「小面積単セル」では，n型ZnO透明導電膜窓層の上部に「上部電極」（すなわち，「金属グリッド」（通常，（ZnO）Ni/Al等））を真空蒸着法で形成する。そのため，縦方向に流れる光電流は「上部電極」によりほとんど損失なく集電される。したがって，n型ZnO透明導電膜は窓層としての機能である「入射光を最大限取り込むこと」が優先され，高い透明度を得るために，500nm以下の膜厚まで薄膜化される[6]。その結果，抵抗率は通常，100Ω-cmを越える。

以上のように，小面積単セルと集積構造の大面積サーキット間では，デバイス構造の設計思想の違いにより，同じ透明導電膜材料，同じ製膜法を使用しても，現状6％程度の変換効率の差が発生している[2,4]。この変換効率の差を縮めることが，CIS系薄膜太陽電池の研究開発の最重要課題であることは，世界レベルでの共通認識である。

2.2　CIS系薄膜太陽電池用透明導電膜の開発の歴史

CIS系薄膜太陽電池は，1980年代初頭に，Boeing社が「二段階法」（ボーイング法/バイレイヤー法）と呼ばれるp型CIS光吸収層作製法を開発し，変換効率10％を達成したことで，実用化可能性の高い技術として注目され，「第2世代の薄膜太陽電池」としての研究開発の歴史が始まった[7]。一方，アモルファスSi太陽電池に続く薄膜太陽電池を探していたARCO Solar Inc.（ASI）社（その後Siemens Solar Industries（SSI），さらにShell Solar Industries（SSI）へ移行）がその発表に触発されて，この太陽電池の研究開発に参入した。ASI社は，「アモルファスSi太陽電池とCIS系薄膜太陽電池とのタンデム構造」を提案して，研究開発を活性化した[8]（この構造での変換効率目標12％はCIS系薄膜太陽電池単独でも達成した[9]）。1980年代は，この2社がCIS系薄膜太陽電池の研究開発のリーダーとして，相互に影響し合いながら技術開発に貢献した。

表1に示した2種類のn型ZnO透明導電膜が世界標準の窓層となった背景には，ASI社が自ら開発した「溶液成長法によるCdSバッファ層」を採用したことがある。この発明と適用が，現在のデバイス構造にまで続く一大転換点となった。

Boeing社は，n型薄膜層をp型CIS光吸収層と同様の真空蒸着法でn型CdS/n型CdS:In構造で作製していた[10]。その結果，短波長側での光吸収が大きく，変換効率向上には，CIS光吸収層への入射光量の増加による短絡電流密度（J_{sc}）の向上が課題であった[11]。一方，ASI社は，1980年代後半にアモルファスSi太陽電池（薄膜シリコン，Thin Film Silicon（TFS））の大面積化に成功し，年産数MW規模での事業化を目指していた。そして，彼らは，ジエチル亜鉛（DEZ）と純水を原料とし，ジボランからのボロン（B）をドーパント材料として，加熱基板上にZnO:B（BZO）膜を製膜する「MOCVD法」で大面積BZO透明導電膜を作製する技術を開発していた。また，電着法でCdTe薄膜太陽電池を作製する技術を持っていたことで，電着法でCIS系薄膜太陽電池を作製する技術を開発していた[12]。ASI社は，1985年，CIS光吸収層への入射光量の増加によるJ_{sc}向上のために，それまでBoeing社が真空蒸着法で作製していたn型CdS:In/CdS窓層に代えて，n型高抵抗バッファ層として，湿式の溶液成長法で薄膜（膜厚50nm以下）のCdS膜を製膜する技術を開発した。このCdSバッファ層上に製膜する“新しいn型透明導電膜窓層”には，CIS系光吸収層とCdSバッファ層の相互拡散による接合特性の劣化（すなわち，CIS系光吸収層からのCuの拡散によるCdSバッファ層の低抵抗化とCdSバッファ層からのCdの拡散によるCIS系光吸収層表面のn型化）が起こらない製膜技術が要求された。そこで，ASI社は，アモルファスSi太陽電池（TFS）用に開発した「低い温度（200℃以下）で高品質のn型透明導電膜を製膜できるMOCVD法によるBZO膜」を適用することを決定した[13,14]。この時のデバイス構造を図４に示す。BZO膜の膜厚は１～２μm，シート抵抗は10Ω/□以下であった。この製膜法はバッチ方式であったが，大面積への拡張性もあることが重要な選択理由であった。その後，SSI社時代に，シート抵抗を下げる目的で，ドーピングガス流量を制御することで高抵抗と低抵抗の２層構造のBZO窓層を開発した[14]。図４に示す，CdSバッファ層にMOCVD法で製膜したBZO透明導電膜を組み合わせてn型薄膜層を作製するデバイス構造の単セル（開口部面積3.2cm^2）で，変換効率14.1％を達成した[15]。その後，ASI社はこのデバイス構造を基板サイズで30cm×30cmサイズ，さらに30cm×120cmサイズに拡張したが，親会社のARCO 社（米国の独立系石油会社）が，

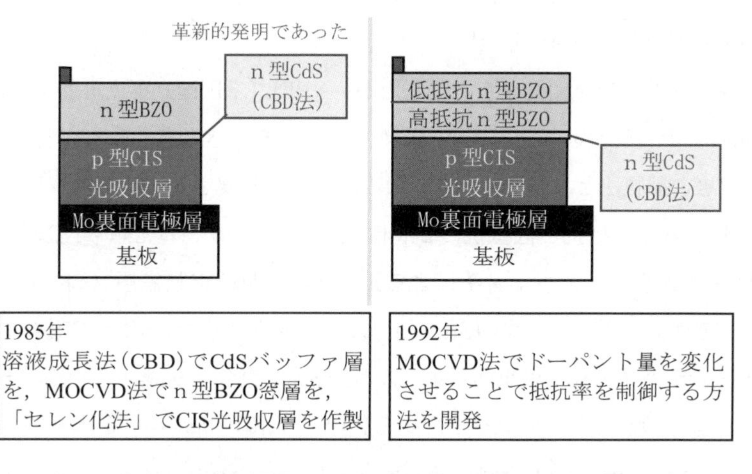

図４　ASI社が開発したMOCVD法によるBZO透明導電膜窓層を適用したCIS系薄膜太陽電池

1990年にSiemens社に売却したことで，Siemens Solar Industries（SSI）社になった。このSSI社時代の1998年から年間数MW規模で販売を開始した。彼らの製造の特徴は，基板が青板ガラスであることを生かして，30cm×120cmサイズで作製したCIS系薄膜太陽電池サーキットをスライシングすることで，10cm×30cmサイズ，30cm×30cmサイズ，30cm×60cmサイズ，30cm×120cmサイズの4種類のモジュールを作製し販売したことである。2003年に，Siemens社がShell Renewables社にSSI社を売却したために，Shell Solar Industries（SSI）社になったが，Shell Renewables社の世界戦略の変更により，2006年6月に製造販売から撤退した。

ASI社が開発したMOCVD法によるBZO透明導電膜窓層製膜技術は，現在，昭和シェル石油／昭和シェルソーラーが継承している。昭和シェル石油は，この製膜プロセスのインライン化に世界で初めて成功し，2006年，昭和シェルソーラーの年産20MW規模の商業化ラインに導入した。

Boeing社は，n型透明導電膜製膜法として，MOCVD法によるBZO透明導電膜ではなく，製膜の簡便さから，図5に示すように，2wt％アルミナ（Al_2O_3）を含有するZnO: Al（AZO）セラミックターゲットを使用した「RFスパッタ法によるAZO透明導電膜」を採用した[16,17]。このスパッタターゲットは，現在の世界標準である。彼らが使用していた「真空蒸着法による厚膜のCdSバッファ層」が直列抵抗成分増大の原因となっており，変換効率向上には，薄膜化が必要であった。しかしながら，薄膜化したCdSバッファ層では被覆性が低下し，pnヘテロ接合界面での漏れ電流増大が問題であった。この問題を解決するために，スパッタガス中に酸素を混合した雰囲気中でAZO膜を製膜することで意図的に高抵抗にした第1層と通常のArガス中で製膜する低抵抗の第2層から成る「2層構造のAZO窓層」を開発した。最終的には，真空蒸着法によるCdZnSバッファ層から「溶液成長法によるCdSバッファ層」に移行し，図6に示すデバイス構造で12％を超える変換効率を達成した[17]。

1993年で，Boeing社は研究開発から撤退したが，NREL（米国国立再生可能エネルギー研究所，National Renewable Energy Laboratory）がその技術を引き継ぎ，Boeing社がCu（InGa）Se_2（CIGS）光吸収層の製膜法として開発した「二段階法」を発展させた「三段階法」[18]を開発した。また，窓層に対する「高抵抗と低抵抗の2層構造のAZO窓層」の発想もNRELに引き継がれ，現在の世界標準と言える「スパッタ法によるn型ZnO透明導電膜窓層（高抵抗純ZnO/低抵抗AZO積層膜）」を開発した。ドイツのStuttgart大学を中心としたEURO-CISグループが，この製膜法で作製したデバイス構造の小面積単セルで14.8％の高効率を達成した[19]。そのような状況下で，産官学により設立された研究機関であるZSW（太陽エネルギーと水素の有効利用の研究所，Center of Solar Energy and Hydrogen Research）が，Stuttgart大学が開発した小面積・高効率化技術を基盤技術として，60cm×120cmサイズの青板ガラス基板に適用できる大面積化技

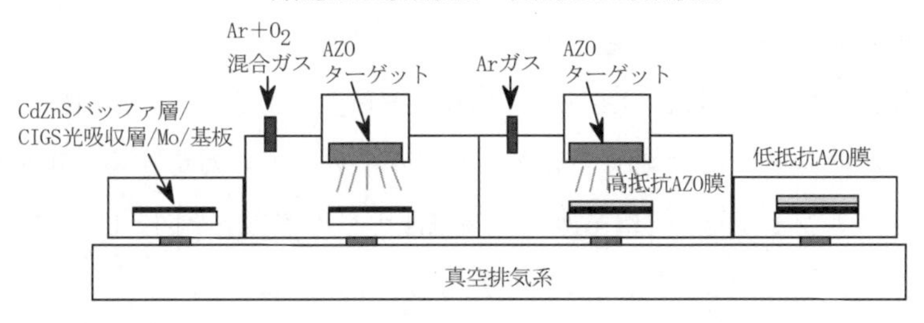

図5　Boeing社のAZO透明導電膜製膜のためのスパッタ装置の概念図

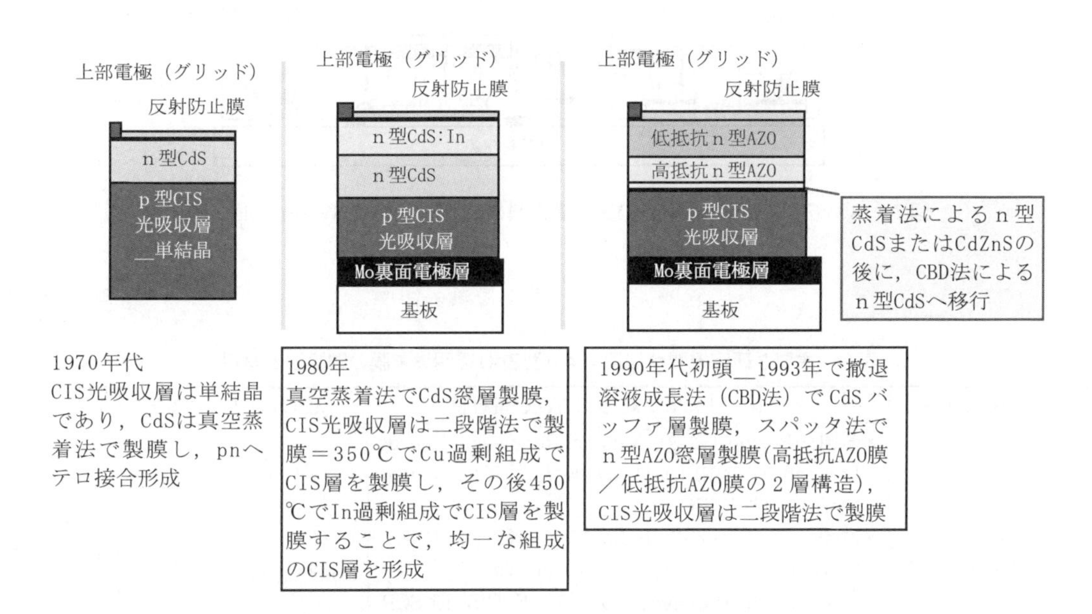

図6　Boeing社が開発したRFスパッタ法によるAZO透明導電膜窓層を採用したCIS系薄膜太陽電池

術を開発し，商業化を目的とするWürth Solar GmbH（WSG）社に技術移転を行った[20]。WSG社は，2000年から5年間，年産1.5MWまでの製造規模で生産技術を蓄積し，2006年に年産15MW規模の工場を建設して生産規模を拡張した[21]。このような技術開発の歴史のために，欧州，特にドイツが現在もCIS系薄膜太陽電池の世界有数の研究開発拠点となっている。ZSWが実用化技術としてWSG社に技術移転したn型ZnO透明導電膜窓層（高抵抗純ZnO/低抵抗AZO積層膜）の製膜装置の概念図を図7に示す[3]。通常，AZO膜のスパッタ製膜時，基板は200℃までの温度で予備加熱され，また，微量の酸素をArガス中に混合させることで，セラミックターゲットからの酸素抜けを抑制している[17,22]。

表2より明らかなように，現在の主流は「スパッタ法」である。この傾向は，p型CIS系光吸収層として，多源同時蒸着法で製膜するグループが多いことに対応する。現在商業生産中のWSG社と昭和シェルソーラーのCIS系薄膜太陽電池デバイス構造を図8に示す。この2社の透

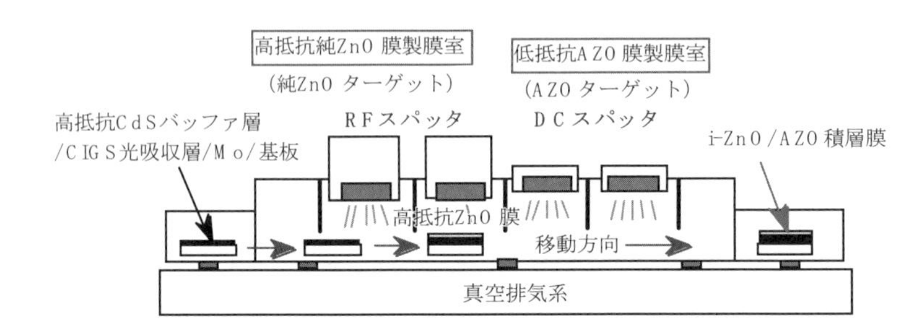

図7　スパッタ法によるn型ZnO透明導電膜の製膜法（ZSW/Würth Solarの例）

表2　主要な研究機関が採用するn型ZnO透明導電膜の製膜法と材料

開発段階	スパッタ法による純ZnO/AZO積層膜	MOCVD法によるBZO膜
研究開発段階	• 米国—Boeing（撤退），National Renewable Energy Laboratory（NREL），Delaware大学/IEC, Central Florida大学/FSEC • 欧州—ドイツ＝ZSW, Hahn-Meitner研究所（HMI），Stuttgart大学，スウェーデン＝Uppsala大学/Ångström Solar Center，フランス＝ELCIS，ENSCP，スイス＝ETH Zurich • 日本—松下電器産業（撤退），産業技術総合研究所（AIST），青山学院大	• 日本—東京工業大
過度段階	• 米国—EPV Solar, HelioVolt, DayStar Technology, International Solar Electric Technology（ISET），Nanosolar, Miasolè, Ascent Solar • 欧州—スウェーデン＝Solibro，ドイツ＝Solarion, Odersun, CIS-Solartechnik，スイス＝Flisom	
商業化段階	• 米国—Global Solar Energy（GSE） • 欧州—ドイツ＝Würth Solar（WSG），AVANCIS, Johanna Solar Technology（JST），Sulfercell • 日本—ホンダエンジニアリング／ホンダソルテック	• 米国—Shell Solar Industries（SSI）（撤退） • 日本—昭和シェル石油／昭和シェルソーラー

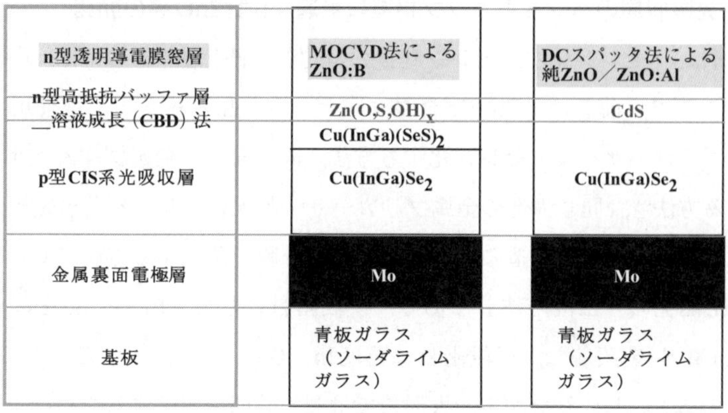

n型透明導電膜窓層	MOCVD法による ZnO:B	DCスパッタ法による 純ZnO／ZnO:Al
n型高抵抗バッファ層 溶液成長（CBD）法	$Zn(O,S,OH)_x$	CdS
	$Cu(InGa)(SeS)_2$	
p型CIS系光吸収層	$Cu(InGa)Se_2$	$Cu(InGa)Se_2$
金属裏面電極層	Mo	Mo
基板	青板ガラス（ソーダライムガラス）	青板ガラス（ソーダライムガラス）

図８　現在商業生産を行っているWSG社と昭和シェルソーラーのCIS系薄膜太陽電池デバイス構造

明導電膜の製膜法が異なる理由は，溶液成長法で製膜する高抵抗バッファ層材料の違いに起因する。昭和シェル石油のZn（O, S, OH)$_x$（すなわち，ZnO, ZnS, Zn（OH)$_x$の混晶）バッファ層開発の経緯から見ると，高抵抗バッファ層をCdSからCdフリー材料に代替する場合，スパッタ法によるAZO膜製膜時の高エネルギー粒子の機械的衝撃をCdフリー材料が吸収することができず，pnヘテロ接合界面特性の劣化から変換効率向上ができなくなる可能性がある。したがって，スパッタ法によるAZO膜の製膜時の高エネルギー粒子の機械的衝撃をCdSと同等レベルで吸収できるCdフリー材料を開発するか，あるいは，Cdフリー材料との組み合わせで，pnヘテロ接合界面特性を劣化させない透明導電膜窓層の製膜方法を開発するかの選択が必要になる。

2.3　CIS系薄膜太陽電池の透明導電膜窓層開発の現状

CIS系薄膜太陽電池の透明導電膜窓層は現状，n型ZnO膜で統一されている。しかしながら，太陽電池としての変換効率向上（あるいは，高効率化）の観点から，透明導電膜に要求される内容は以下の４項目である。

①　CIS系光吸収層のバンドギャップ構造に最適であること。

②　高抵抗バッファ層の材質に最適であること。

③　インターコネクトを有する集積型構造に最適であること。

④　量産性に優れていること。

上記４項目に着目して，n型ZnO透明導電膜の開発状況を概説する。

2.3.1 CIS系光吸収層のバンドギャップ構造に最適なn型ZnO膜の開発

CIS系光吸収層は，「セレン化法，セレン化後の硫化法，硫化法」あるいは，「多源同時蒸着法」で作製される。ここで，前者は，Cu-Ga合金ターゲットとInターゲットを使用して積層構造で作製された金属プリカーサー膜をセレン化する方法，同じ構造の金属プリカーサー膜をセレン化した後に硫化する方法[23]，同じ構造の金属プリカーサー膜上にセレン蒸着層を製膜し，セレン化と同時に硫化する方法[24]，同じ構造の金属プリカーサー膜を硫化する方法である。一方，後者の代表例が，NREL開発の「三段階法」であり，一段階目として，In, Ga, Seを蒸着し，昇温して二段階目としてCu, Seを蒸着し，三段階目に再度In，Ga，Seを蒸着することでCIGS光吸収層を製膜する方法である。しかしながら，大面積では製膜時間を短縮するために，「一段階法」(加熱した基板に，Cu, In, Ga, Seの四元素を同時に蒸着する方法)[3] が適用される。

集積構造サーキットの場合，「セレン化／硫化法」および「一段階法」のいずれの方法も，集積化のために基板の変形を防止する必要がある。したがって，基板が青板ガラスの場合，加熱温度に上限がある。その結果，規定された基板加熱温度ではCIS系合金中で拡散係数の小さいGaは金属裏面電極層側に偏析するため，CIS系光吸収層はグレーデッドバンドギャップ構造になる。この構造では，スペクトル感度（QE）測定で確認できるように，長波長側の900nmから1300nmまでの範囲でテールを引き，発電する。したがって，このようなグレーデッドバンドギャップ構造のCIS系光吸収層に対しては，長波長域でのプラズマ吸収を減らすことができるMOCVD法で作製したBZO膜の方が望ましい。スパッタ法によるAZO膜（あるいは，5.7GZO膜（ZnO：5.7wt％Ga_2O_3）セラミックターゲットによる製膜）では，積層構造を採用して薄膜化しても，MOCVD法で作製したBZO膜に比べて，長波長域でのプラズマ吸収を減らすことに成功していない[25,26]。したがって，スパッタ法によるAZO膜（あるいは，5.7GZO膜）を適用する場合，CIS系光吸収層の吸収端が1000nmより短い波長域に来るようなバンドギャップ構造（すなわち，1.24eV以上のバンドギャップ）を作製することが望ましい。また，ZnO系透明導電膜製膜時の基板加熱は，相互拡散によりpnヘテロ接合界面特性が劣化しない温度範囲（通常は200℃以下）に抑えられる。

2.3.2 高抵抗バッファ層の材質に最適なn型ZnO膜の開発

小面積単セルでは，n型ZnO透明導電膜窓層の上部に金属グリッドを持つことでn型ZnO膜の抵抗率が無視できるため，RFスパッタ法で製膜するAZO膜を極端に薄膜化（500nm程度，その結果，抵抗率は100Ω-cm程度と大きくなる）できる利点がある[2,6]。また，CdSバッファ層を適用することで，高エネルギー粒子によるスパッタ衝撃の吸収が有効に行われ，pnヘテロ接合界面特性の劣化（すなわち，曲線因子（FF）の低下）を大幅に緩和できる[2,6]。しかしながら，2006年7月に施行された欧州のRoHS指令（Restriction of the use of the certain hazardous substances in electrical and electronic equipment（電気製品と電子機器に対する特定有害物質の使用制限指令））およびCdTe太陽電池との差別化を図る目的で，CIS系薄膜太陽電池では，高抵抗バッファ層材料として一般的に使用されるCdSをCdフリー材料で代替することが重要な研究開発課題になっている。現在研究が集中しているCdフリー材料は，$In(S, OH)_x$（すなわち，InSと$In(OH)_x$の混晶）と$Zn(O, S, OH)_x$（すなわち，ZnO, ZnS, $Zn(OH)_x$の混晶）の２種類であり，いずれもCdSと同様の「溶液成長法」により，膜厚30nm以下の極薄膜で製膜される[27,28]。代表的なCdフリーバッファ層材料である$Zn(O, S, OH)_x$は，CdSと物理的な性状が異なり，スパッタ法で透明導電膜窓層として，AZO膜（あるいは，5.7GZO膜）を製膜する場合，高エネルギー粒子の機械的衝撃を緩和する能力に欠け，pnヘテロ接合界面特性の劣化から，CdSバッファ層を使用した場合に比べて，FFが大幅に低下する。このスパッタ衝撃の緩和を目的に，積層構造を採用した薄膜化および低パワーで製膜できるRFスパッタ法の採用などが検討されたが，いずれも，化学反応であるMOCVD法の場合のFFを越えることはできていない[25,29,30]。

以上より，高抵抗バッファ層をCdSからCdフリー材料に代替する場合，スパッタ法によるn型ZnO膜の製膜では，高エネルギー粒子の機械的衝撃によるpnヘテロ接合界面特性の劣化を防止する窓層製膜方法が必要になる可能性がある。$Zn(O, S, OH)_x$バッファ層を使用するデバイス構造では，MOCVD法を使用することで，pnヘテロ接合界面特性の劣化に起因する性能低下問題を解決している[26,29,31]。MOCVD法の製膜初期はヘテロ成長になるために結晶性が悪く，ドーピング効率も低くなることから，一種の高抵抗ZnO薄膜層が成長する。この製膜初期層が高抵抗バッファ層を補強し，接合界面特性を改善していると考えられる。すなわち，スパッタ法でバッファ層上の第一層目として製膜される高抵抗の純ZnO層が，この初期層に該当する。MOCVD法では，この製膜初期層をより厚く製膜するためにドーピングタイミングを調整できる。そのために，pnヘテロ接合界面特性の向上が容易である。

2.3.3　インターコネクト部を有する集積型構造に最適なn型ZnO膜の開発

集積構造サーキットでは，図3に示したように，2種類のパターニング法により3種のパターン（すなわち，パターン1，2，3）で構成されるインターコネクト部が形成される。ここで，CIS系光吸収層で発生した光電流は，n型ZnO透明導電膜が充填されたパターン2を介して近接するセルに流れる。そのために，集積構造サーキットでは，抵抗率を下げるために，厚い（通常1～2 μmの範囲）n型ZnO膜が適用される。しかしながら，膜厚を大きくすると，n型ZnO膜が硬い材料であるために，メカニカルスクライビング法で実行されるパターン3形成時に稲妻形の割れが発生する。その結果，パターン2と3間の交差や発電有効面積の減少が発生する。したがって，これらの不具合を抑制する方向で最適化が行われる。集積構造サーキットでは，n型透明導電膜の移動度が高いことが望ましい。移動度は，MOCVD法で製膜したBZO膜の方がスパッタ法で製膜したAZO膜あるいはGZO膜より高く，ほぼ2倍である。その結果，BZO膜を使用することでのシート抵抗および透過率の優位性から，CIS系薄膜太陽電池を作製した場合，J_{sc}で2～6 mA/cm^{2}向上できる[29,31,32]。

2.3.4 量産性のあるn型ZnO膜製膜法の開発

スパッタ法は汎用性と実績のある製膜法であり，量産化には問題なく適用できる。AZOセラミックターゲットのDCスパッタ法による製膜も，微量の酸素をブリードする等の手法で長期間再現性良く使用でき，工業的にも対応できている。しかしながら，セラミックターゲットは高電圧を印加すると割れる欠点があり，高パワー印加による高速製膜には適さない。そこで，高速製膜の観点から，Zn: 2 wt％Al合金ターゲットを使用し，Arと酸素の混合ガス中での反応性DCスパッタ法でAZO膜作製も進められている[33]。さらに，ターゲット寿命を長期化できる中空のホローカソードを使用した製膜法も検討されている[34,35]。しかしながら，この反応性DCスパッタ法で製膜する手法では，現状，太陽電池の変換効率から見ると，RFスパッタ法によるAZO膜と同レベルに至っていない。一方，「MOCVD法はバッチ方式のプロセス」との認識が依然として一般的である。しかしながら，装置コストは上がるが，CVD法では一般的な「複数製膜室構造」を適用することで，インライン方式の製膜は可能である。したがって，集積構造サーキットでは，通常膜厚1～2 μmのn型透明導電膜が必要であるので，バッチ方式でもインライン方式でもMOCVD法は，インライン方式のスパッタ法と同程度の処理時間が実現できる。

2.4 まとめ—CIS系薄膜太陽電池の透明導電膜の解決すべき課題

① CIS系薄膜太陽電池の透明導電膜は，pnヘテロ接合デバイスのn型半導体材料である。したがって，CIS系薄膜太陽電池の高効率化のために，CIS系光吸収層のバンドギャップ構造，高抵抗バッファ層の材質，インターコネクト部を有する集積構造，量産性の観点からの検討が必要である。

② 環境規制の観点から，今後検討が進むと予想されるCdフリーバッファ層（例えば，Zn(O, S, OH)$_x$，In(S, OH)$_x$など）を使用するデバイス構造では，MOCVD法により作製したBZO膜の方が高効率化に有利であることが確認されている。

③ スパッタ法では，より高速な製膜法の開発が進んでおり，Zn: 2 wt％Al合金ターゲットおよび同ターゲットを中空形状に加工したホローカソードによる反応性DCスパッタ法が検討されている。一方，MOCVD法は量産規模でも採用できる技術であることが確認され，今後の発展が期待できる。しかしながら，MOCVD製膜装置自体は，スパッタ装置のように完成された装置ではないので，本格的な量産性を議論できるレベルにまで完成度を高めることが必要である。

④ BZO膜は長波長域でのプラズマ吸収が抑えられることから，グレーデッドバンドギャップ

構造のCIS系光吸収層に対しては，有利である。BZO膜自体は，MOCVD法だけでなく，ジボラン（B_2H_6）ガスをスパッタガス中に混合した雰囲気中で反応性RFスパッタ製膜することで，作製可能である[36]。また，透明導電膜の移動度向上という観点からは，ZnO膜以外に，$InTiO_2$膜，$InMoO_2$膜などが，新しい「高移動度透明導電膜」として注目されている[34,35]。

高品質・高透過率・高移動度のn型透明導電膜材料を相互拡散などpnヘテロ接合特性に悪影響を与えずに製膜する方法を含めた技術開発は，CIS系薄膜太陽電池の高効率化のために解決すべき重要な研究開発テーマである。

文　　献

1）T. Nakada, T. Mise, Proc. 17th EU Photovolt. Sci. Eng. Conf., 1027（2001）
2）M. Green, K. Emery, D. L. King, Y. Hishikawa, W. Warta, *Prog. Photovolt, Res. Appl.*, **15**, 425（2007）
3）M. Powalla, Proc. 21st EU Photovolt. Sci. Eng. Conf., 1789（2006）
4）K. Kushiya, Tech. Dig. 15th Photovolt. Sci. Eng. Conf., 490（2005）
5）S. Wiederman, J. Kessler, L. Russel, J. Fogleboch, S. Skibo, T. Lommasson, D. Carlson, R. Arya, Proc. 13th EC Photovolt. Sci. Eng. Conf., 2059（1995）
6）A. M. Gabor, J. R. Tuttle, D. S. Albin, M. A. Contreras, R. Noufi, *Appl. Phys. Lett.*, **65**, 198（1994）
7）R. A. Mickelsen, W. S. Chen, US Patent No. 4, 335, 266（1982）
8）R. R. Gay, US Patent No. 4, 638, 111（1987）
9）K. Mitchell, C. Eberspacher, J. H. Ermer, D. Pier, Proc. 20th IEEE Photovolt. Spec. Conf., 1384（1988）
10）R. A. Mickelsen, W. S. Chen, Proc. 16th IEEE Photovolt. Spec. Conf., 781（1982）
11）J. R. Sites, Proc. 20th IEEE Photovolt. Spec. Conf., 1604（1988）
12）U. V. Choudary, Yun-Han Shing, R. R. Potter, J. H. Ermer, V. K. Kapur, US Patent No. 4, 611, 091（1986）
13）D. Pier, K. Mitchell, Proc. 9th EU Photovolt. Sci. Eng. Conf., 488（1989）
14）D. Pier, C. F. Gay, R. D. Wieting, H. J. Langeberg, US Patent No. 5, 078, 803（1992）
15）K. W. Mitchell, C. Eberspacher, J. H. Ermer, K.L. Pauls, D. N. Pier, *IEEE Trans. Electron Devices,* **37**, 410（1990）
16）W. E. Devaney, W. S. Chen, J. M. Stewart, R. A. Mickelsen, *IEEE Trans. Electron Devices,* **37**, 428（1990）
17）W. S. Chen, J. M. Stewart, W. E. Devaney, R. A. Mickelsen, B. J. Stanbery, Proc. 23rd IEEE Photovolt. Spec. Conf., 422（1993）

18) D. S. Albin, J. J. Carapella, M. A. Contreras, A. M. Gabor, R. Noufi, A. L. Tennant, US Patent No. 5, 436, 204 (1995)
19) L. Stolt, J. Hedström, J. Kessler, M. Ruckh, K. O. Velthaus, H. -W. Schock, *Appl. Phys. Lett.*, **62**, 597 (1993)
20) B. Dimmler, M. Powalla and H. W. Schock, *Prog. Photovolt, Res. Appl.*, **10**, 149 (2002)
21) Würth Solar GmbH Homepage, www.wuerth-solar.de.
22) J. Kessler, J. Norling, O. Lungberg, J. Wennerberg, L. Stolt, Proc. 16th EU Photovolt. Sci. Eng. Conf., 775 (2000)
23) K. Kushiya, Tech. Digest 15th Photovolt. Sci. Eng. Conf., 490 (2005)
24) V. Probst, W. Stetter, W. Riedl, H. Vogt, M. Wendl, H. Calwer, S. Zweigart, K. -D. Ufert, B. Freienstein, H. Cerva, F. H. Karg, *Thin Solid Films*, **387**, 262 (2001)
25) N. F. Cooray, K. Kushiya, A. Fujimaki, I. Sugiyama, T. Miura, D. Okumura, M. Sato, M. Ooshita, O. Yamase, *Sol. Energy Mater. Sol. Cells*, **67**, 291 (2001)
26) K. Kushiya, B. Sang, D. Okumura and O. Yamase, *Jpn. J. Appl. Phys.*, **38**, 3997 (1999)
27) K. Kushiya, T. Nii, I. Sugiyama, Y. Sato, Y. Inamori, H. Takeshita, *Jpn. J. Appl. Phys.*, **35**, 4383 (1996)
28) D. Hariskos, S. Spiering, M. Powalla, *Thin Solid Films*, **480-481**, 99 (2005)
29) B. Sang, K. Kushiya, D. Okumura, O. Yamase, *Sol. Energy Mater. Sol. Cells*, **67**, 237 (2001)
30) Y. Nagoya, B. Sang, Y. Fujiwara, K. Kushiya, O. Yamase, *Sol. Energy Mater. Sol. Cells*, **75**, 163 (2003)
31) K. Kushiya, S. Kuriyagawa, I. Hara, Y. Nagoya, M. Tachiyuki, Y. Fujiwara, Proc. 29th IEEE Photovolt. Spec. Conf., 579 (2002)
32) K. Kushiya, M. Tachiyuki, Y. Nagoya, A. Fujimaki, B. Sang, D. Okumura, M. Satoh, O. Yamase, *Sol. Energy Mater. Sol. Cells*, **67**, 11 (2001)
33) R. Menner, C. May, J. Strümpfel, M. Oertel, M. Powalla, B. Srecher, Proc. 17th EU Photovolt. Sci. Eng. Conf., 1047 (2001)
34) A. E. Delahoy, L. Chen, B. Sang, S. Guo, J. Cambridge, R. Govindarajan, M. Akhtar, Proc. 20th EU Photovolt. Sci. Eng. Conf., 1843 (2005)
35) A. Delahoy, S. Guo, *J. Vac. Sci. Technol.*, **A23**, 1215 (2005)
36) Y. Hagiwara, T. Nakada, A. Kunioka, *Sol. Energy Mater. Sol. Cells*, **67**, 267 (2001)

第8章　LCD用ZnO系透明電極

1　マグネトロンスパッタ製膜と不純物共添加

南　内嗣*

1.1　ITO透明電極形成の現状

現在，液晶ディスプレイ（LCD）の透明電極は直流マグネトロンスパッタリング法で形成される多結晶ITO（indium tin oxide）透明導電膜がほぼ全面的に採用されている。しかし，LCDのITO透明電極に要求される特性（性能）は，表示方式や表示画面サイズに加えて各社各様の製造プロセスに依存するため複雑であり，基本的な技術を除けばほとんど公開されないので詳細（特に，製造プロセス中にITO薄膜が果たす役割やITO薄膜に要求される各種の耐性等）を正確に議論することが困難である。例えば，現状では二つの表示方式（VAとIPS）が広く実用されているが，それぞれのITO透明電極の形成条件や求められる特性（性能）が異なる。例えば，通常VA方式ではカラーフィルタ（CF）もしくは薄膜トランジスタ（TFT）の異なる下地上にそれぞれ膜厚の異なるITO透明電極が表1に示したような条件下で直流マグネトロンスパッタ製膜技術を用いて形成される[1)]。すなわち，VA方式では異なる二つの形態（タイプ）のITO透明電極が使用され，最適な（望まれる）膜厚や抵抗率等の特性（性能）はそれぞれの使用形態に依存する。それに伴って，LCD製造におけるITO透明電極の形成ではインライン方式と枚葉方式を使い分けされ，特にCF上への製膜等では内製（製造ライン中にある）される場合もあるが多くは外注（ラインに入っていない）されている。また，一般に6世代（1500mm×1800mm基板ガラス使用）以降のLCD製造におけるITO透明電極形成では，平行に配置した基板ガラスと

表1　VA方式LCD用ITO透明電極

主な下地層	膜厚(nm)	抵抗率($\times 10^{-4}\Omega$cm)	膜質と成膜温度(例)	膜の用途	エッチャント(例)
TFT素子	35～140	4～5	アモルファス＋熱処理	画素電極	弱酸，カルボン酸等
カラーフィルタ	120～160	1.6～3.6	多結晶，アモルファス 200℃以下	共通電極	塩酸，臭化水素等

* Tadatsugu Minami　金沢工業大学　光電相互変換デバイスシステム研究開発センター　教授

ターゲットを垂直に立てた（縦型）製膜技術が用いられている。8世代（2200mm×2400mm基板ガラス使用）では，静止した大面積基板上に均一な膜厚及び均一な特性を実現可能なITO透明電極形成技術が実用されている。また，良く知られているようにITOを始めとする金属酸化物透明導電膜の実現可能な特性（性能）は，下地材料等の使用形態（条件），材料技術及び形成技術（製膜技術や製膜条件）に著しく影響される。一方，電子材料としてのITO透明導電膜は，母体材料の酸化インジウムに高濃度のスズを添加してなる縮退した酸化物半導体である。通常，Sn含有量（Sn/(In＋Sn) 原子比）が約10at.%添加されたIn_2O_3 (In_2O_3: Sn) がITO透明導電膜として広範な用途（LCDの表示方式や使用形態にはほとんど関係なく）で使用されている。一方，表1に示すようにLCD用ITO透明電極は使用形態に関係なく，約200℃までの低温プロセスで形成することが求められる。現状では，約200℃に加熱した下地材料上へ多結晶ITO薄膜を形成するか，もしくは室温付近の低温下地材料上にアモルファス薄膜を作製した後にウェットエッチングによりパターニングを行い，その後200℃程度で熱処理して低抵抗率の多結晶ITO薄膜を形成する方法が採用されている。

1.2 ZnO系透明導電膜の特徴

ZnO系透明導電膜では，不純物を故意に添加しない（ノンドープ）ZnO（以下ではZOと略記する）透明導電膜において10^{-4}Ωcm台の抵抗率及び10^{20}cm^{-3}台のキャリア密度を実現できるが，熱的安定性が低いのでドナー不純物を添加して10^{20}～10^{21}cm^{-3}台のキャリア密度を実現している。これまでに実現されている最低抵抗率は8.8×10^{-5}Ωcmで，磁界印加下でのパルスレーザ蒸着（PLD）法を用いて作製したAl添加ZnO（AZO）透明導電膜において2003年に安倉らによって報告されている[2)]。実現可能な特性（性能）は成膜技術や成膜条件及び膜厚等に著しく影響されるが，現状では大面積基板上に高速製膜したAZOやGa添加ZnO（GZO）において，約200℃のガラス基板上に厚さ100～200nm程度形成すると3～5×10^{-4}Ωcmの抵抗率を実現できる。キャリアの起源は，外因性ドナー及び真性ドナー（酸素空孔や原子間金属元素）と考えられ，低抵抗率を実現可能な外因性ドナーとして，Al，Ga，Sc，Si，FもしくはB等の不純物が報告されている[3～9)]。実現可能な透明導電性，並びにコストや資源面からAlが最も優れたドーパントである。低抵抗率を実現するドーパントの最適添加量は，AZO透明導電膜の場合においてAl含有量が2～3at.%（Al/(Al＋Zn) 原子比）程度である。一方，通常の製膜は非熱平衡状態で進行するためバルクの固溶限界以上に不純物が膜中に添加されているが，実際に添加された不純物が全て有効なドナーとして働くサイトに添加されているとは限らない。また，不純物添加によって格子欠陥が同時に導入される可能性があり，複合中心の形成も指摘されている。一方，ZnO系に導入された真性ドナーからのキャリア生成は，ZnO格子中に導入された酸素空孔$V_O^{\cdot\cdot}$は浅い準位を形成しているが，自由電子1個を励起した後の$V_O^{\cdot}$はかなり深い準位を形成するため室温付近では熱励起できない。この事実は，$V_O^{\cdot\cdot}$が室温付近で2個の自由電子を熱励起することが可能なITOやSnO_2系透明導電膜とは異なる。

通常，$10^{-4}\Omega$cm台の抵抗率を有するZnO系透明導電膜では，縮退した半導体のためキャリア密度（n）の温度依存性が認められない。nが10^{21}cm^{-3}付近の高濃度不純物を添加した膜では，移動度（μ）も温度に依存しないので電気伝導機構はnとμ関係に注目して議論される[10)]。一例として，図1に各種の製膜技術を使用して作製したZnO系透明導電膜において測定されたμ-n関係を示している。同図には，比較のため低抵抗率ITO透明導電膜のμ-n関係の結果も示している。μの理論的な検討の結果，nが1×10^{21}cm^{-3}付近（μ-n関係が負の傾き）の低抵抗率ITO及びAZO透明導電膜は，主としてイオン化不純物散乱に支配されていることが明らかにされている[11)]。しかし，ZnO系透明導電膜の特徴はμ-n関係が右肩上がり（正の傾き）を示す，nが10^{20}cm^{-3}台以下である。このようなμ-n関係は，理論的検討からキャリア輸送が粒界散乱に支配されていることが明らかにされている[11)]。図1中に示した一点鎖線のμ-n関係は，粒界散乱に関するSetoの理論[12)]を使ってZO膜に対して計算したμ_g-n関係（理論値）を示している[11)]。粒界散乱とは，多結晶ZnO系透明導電膜がある平均粒径の結晶粒からなると考えると，結晶粒と結晶粒の境界（粒界）がキャリア輸送の妨げ（ポテンシャル障壁）となり，この障壁を越える確率が移動度に比例するため障壁が高くなると移動度が低下する。結晶粒の表面には多くの未結合手があり粒界には隙間がある。多結晶の金属のような場合にはトンネル効果でキャリアが移動できるので無視することもできるが，ZnOにおいては結晶粒の表面の未結合手（ダングリングボ

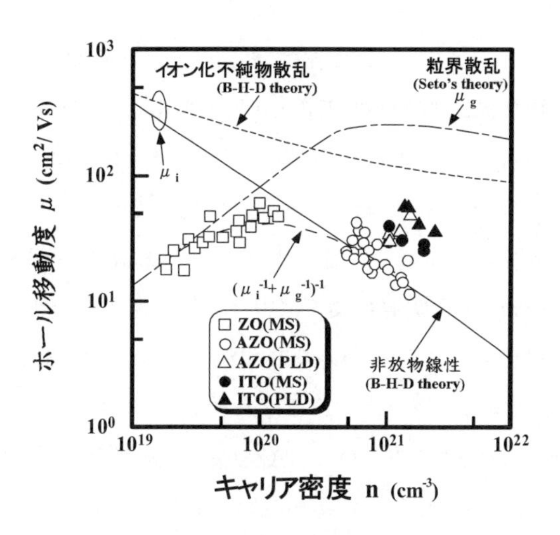

図1　ZnO系透明導電膜のμ-n関係

ンド）がZnもしくはOであり，イオン結合力が約70％と支配的なZnOにおいてZnの未結合手にOが吸着すると自由電子（伝導帯）を一つトラップする。その結果，nが減少し，中性条件から正に帯電（イオン化ドナー）するため表面付近のバンドが上方に曲がり（電位障壁），粒界では両方の表面にOが吸着するので境界面に対称的に電位障壁（ダブルショットキー障壁）を生成し，電子の移動が妨げられるためμも減少する。すなわち，多結晶ZnO系透明導電膜では粒界での酸素吸着によって，自由電子がトラップされるためnとμが同時に減少し，図1に示したようなn−μ_g関係の正の傾き（右肩上がり）となる。したがって，ZnO系透明導電膜の弱点（短所）は，Inの波動関数の広がりが大きく共有結合力が強いITOと比較して，ZnOではイオン結合力が支配的でありZnとOの化学結合力が強いため酸素吸着や膜中への酸素取り込みが顕著なことに起因し，結果として低抵抗率薄膜の作製が難しく，耐湿性や酸化性雰囲気中での耐熱性が低いと考えられる。また，Znの強い酸化力は高温においてさらに促進されるため，200℃程度より高温での製膜では十分な真性ドナーの導入が困難になり，且つ有効なドナーとして不純物を取り込み難くなり，ZnO系透明導電膜の作製には高度な製膜技術が必要とされる。

一方，図1中に破線及び実線で示したμ−n関係は，それぞれ縮退を考慮したイオン化不純物散乱に関するBrooks-Herring-Dingle（B-H-D）理論及び伝導帯の非放物線性（有効質量がエネルギーに依存する）を考慮したB-H-D理論の式を使ってAZOに対して計算したμ_i−n関係（理論値）を示している[11)]。ITOの場合についてのBHD理論計算結果は，比誘電率と伝導帯の有効質量がAZOとわずかに異なるが，nが外因性ドナー（不純物添加）に支配されている場合のμ_i−n関係はほとんど図1中の破線及び実線と同じである。したがって，理論的にはnが同一であれば，AZOはITOとほぼ同一の抵抗率が実現可能であると言える。注意すべきは，縮退した半導体ではイオン化不純物散乱に支配されている場合においても，イオン化不純物濃度（nと同一と考える）の増加に伴ってμ_iが良く知られた比例する$\mu_i \propto n^{-2/3}$の関係[13)]に近似して減少するため，nの増加（不純物濃度の増加）により低抵抗率化が可能であると言うことである。一方，図1の実験データに注目すると，nが$1\times10^{21}cm^{-3}$程度と同一であっても材料や製膜技術が異なる膜の得られた移動度は，10から50cm^2/Vs程度まで大幅に変化している。AZO薄膜では，移動度と結晶性（例えば，X線回折測定から求めた結晶子サイズ）との間に相関関係が認められるとの報告がある[6,7)]。また，ITOやSnO_2系透明導電膜では中性不純物散乱の影響も報告されている。したがって，移動度はイオン化不純物（μ_i）のみならず粒界（μ_g），転移欠陥（μ_l）あるいは中性不純物（μ_n）等の他の散乱機構に影響（$1/\mu = 1/\mu_g + 1/\mu_i + 1/\mu_l + 1\mu_n$）されていると思われる。以上の実験及び理論的検討の結果から，AZOやGZOがITOより高い移動度を実現し難いのは，作製される薄膜の結晶性（欠陥と不純物による会合中心の形成等も考慮）が主因であると思われる。それ故，さらなるZnO系透明導電膜の低抵抗率化において，高温基板上への製膜による結晶性に優れたAZOやGZO薄膜の作製による移動度の増大が期待されるが，上述のように高温製膜では酸化促進により高いキャリア密度の実現が困難となるので，還元もしくは酸化抑制雰囲気中での製膜技術の採用が必要である。

1.3　ZnO系透明電極形成の問題点

近年，透明電極形成技術として有望な多くの優れた新規な製膜技術の開発が発表されている。一方，現状では透明電極形成技術（製膜技術）の主流は直流マグネトロンスパッタ（dc-MS）製膜である。LCDに使用されているITO透明電極を他の材料で代替することを議論する場合においても，将来の新設製造ラインならともかく現状では既存の製造ラインに新規な製膜装置の導入を考えることは非現実的と思われる。したがって，ここでは先ず大面積基板上に均一な膜厚及び特性を有する透明導電膜を高速且つ安定に製膜可能な酸化物焼結体ターゲットを用いる直流マグネトロンスパッタ（dc-MS）製膜技術を代替材料の製膜技術として採用することを検討する。すなわち，LCD用ITO透明電極の形成技術としてほぼ全面的に実用されている既設dc-MS製膜装置を採用し，ITOターゲットを代替材料からなる酸化物焼結体ターゲットに交換して製膜した場合の問題点を検討する。

良く知られているように，LCD製造プロセスにおける既設のITO製膜用dc-MS製膜装置を用いてZnO系（AZOやGZO）透明導電膜を形成すると，特に低温製膜では得られる膜の抵抗率が基板表面上で大きな分布（均一に低抵抗率透明導電膜を作製することが困難である）を生じる[4,7,14]。以下では電気的特性，特に抵抗率に注目するが実際は膜の光学的特性や結晶学的特性等にも同様の分布を生じる。図２(a)に示すようにマグネトロンスパッタリング（MS）法でITOやZnO系酸化物透明導電膜を作製すると，原理上電気的特性等に分布を生じる。基板もしくはターゲットを移動させて製膜すると均一性は改善されるが，平均化により結果として実現される抵抗率が上昇する。図２(b)に一例として，円形（直径約150mm ϕ）AZO焼結体ターゲットを用いたdc-MS製膜装置によりAZO透明導電膜を異なる温度のガラス基板（ターゲット表面と平行に配置）上に作製した場合の抵抗率分布（直径方向の基板表面上の位置依存性）を示している[14]。図２(a)から明らかなように，ドーナツ状の局在するマグネトロン放電により生成されたスパッタガス（通常Arガス）プラズマ中の正イオン（Ar^+）が電界によりターゲット表面に向かって加速されるためターゲット上のスパッタされる領域（エロージョン領域）が局在している。ターゲット表面でスパッタされた粒子は余弦則に従って飛散するが，酸化物のMS製膜ではプラズマ中で酸素の負イオン（O^-あるいはO_2^-）が生成され，電界によってAr^+とは逆方向に（基板表面に向かって）加速される。その結果，エロージョン領域に対向している基板上の位置に形成された膜は他の位置に形成された膜より抵抗率が高くなる。すなわち，これはMS製膜の原理

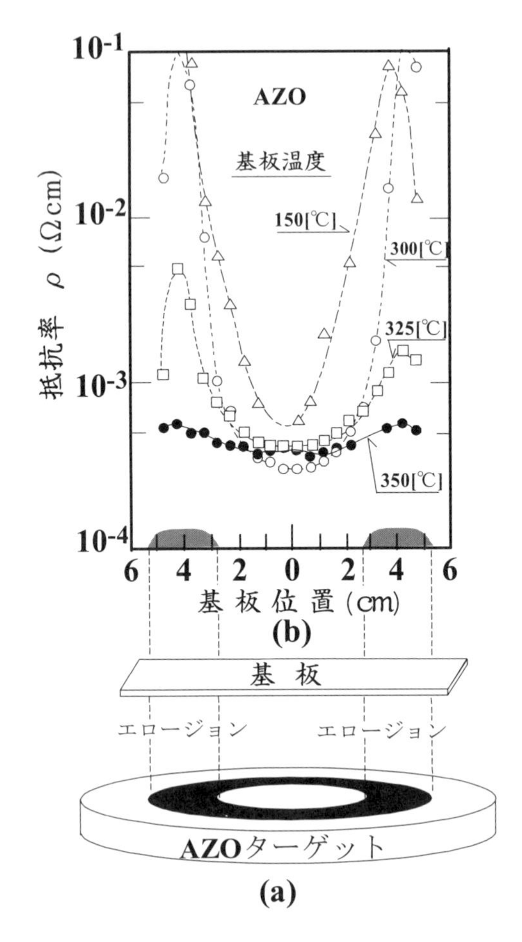

図2 (a)dc-MS装置と(b)作製したAZOの抵抗率分布

上の問題であり酸化物薄膜を作製する場合において，程度の差はあるが常に生じる現象である。この現象は金沢工大のグループによりMS製膜されたZnO透明導電膜において最初に報告され，高エネルギー酸素（電界で加速された酸素負イオン）の基板表面の衝撃によるダメージが原因で生じるとの説明が富永らによって提案された[15,16]。その後，ITO成膜における低電圧スパッタリング（例えば，強磁界下でのマグネトロン放電）による分布改善の有効性等から衝撃・ダメージ説を支持する多くの論文が報告されている[17]。したがって，一般に基板上での抵抗率分布は高エネルギー酸素の衝撃によるダメージから生じる結晶性の低下が原因であると広く信じられている。一方，金沢工大のグループは衝撃によるダメージは主因でなく，基板上に供給される酸素の量及び活性度の分布（結果として生じる局所的な酸化過剰，すなわち酸素供給過剰）が原因で抵抗率の増加や結晶性の低下等を生じると説明している[18]。これまでに，多くの異なる材料からなる酸化物透明導電膜をMS製膜技術で作製した結果において，成膜雰囲気の酸化制御により電気的特性の分布を変化（エロージョン対向部の抵抗率を低下させる）させられるとの報告等の酸素供給・酸化過剰説を支持する報告がある[19]。

一方，良く知られた事実として，酸化物焼結体ターゲットを用いたMS製膜技術を採用するITOやZnO系透明導電膜の製膜では，基板上に生じる特性分布が高周波マグネトロンスパッタ（rf-MS）製膜より直流マグネトロンスパッタ（dc-MS）製膜において顕著に現れ，いずれのMS製膜においてもITO透明導電膜の成膜と比べてZnO系透明導電膜の場合において特に顕著に現れる。また，現状では酸化物焼結体ターゲットを用いたdc-MS製膜装置を使用して同一直流電力下でITO透明導電膜とZnO系透明導電膜を作製すると，ZnO系の製膜速度はITOより約20％程度低いという問題もある。したがって，現在のITO透明電極形成に用いられているdc-MS製膜技術を使ってZnO系透明導電膜を作製する場合は，基板上に顕著な特性分布を生じると考えられ，ITOではほとんど問題とならないがZnO系透明電極形成ではこの分布改善が重要な開発課題である。すなわち，LCD用ITO透明電極をZnO系透明電極で代替するためには，既設dc-MS製膜装置を用いてITOターゲットをZnO系焼結体に交換して大面積基板上に均一な低抵抗率ZnO系透明電極を，約200℃以下の低温プロセスで形成可能な技術の開発が必要である。

上述の酸化物透明導電膜における抵抗率の分布改善においては，得られる抵抗率の増加を伴うことなく分布改善を実現しなければならないことに注意が必要である。これまでに上述の二つの分布生成起源説に基づいて酸化物透明導電膜のMS製膜で生じる基板上での特性（抵抗率）分布の改善が試みられている。例えば，衝撃・ダメージ説に基づくと抵抗率分布を改善するためには低電圧・大電流放電を利用したスパッタリングを実施することが有効である。一方，酸素供給・酸化過剰説に基づくとエロージョン対向部に供給される酸素の量及び活性度の減少（酸化抑制），すなわちこれらの分布の改善は抵抗率分布の改善に有効である。また，ターゲット表面に対して基板を垂直に配置する方法及び対向ターゲット方式でのMS製膜はいずれも両者に対して有効であると思われる。一方，現状ではdc-MS製膜技術を用いて作製されるITO透明導電膜ではほとんど抵抗率分布が問題になっていないことに注目すべきである。酸素供給・酸化過剰説に基づくとこれは，酸素含有量が少ないITOターゲット（化学量論的組成比からずれたInリッチターゲット）が開発されていることから説明できる。すなわち，Znと比較してInの蒸気圧が極めて低いため，充分に還元されたITO焼結体が作製可能であり，これをターゲットに用いてMS製膜する場合ターゲットのスパッタリングにより基板表面上に供給される酸素量（及び活性度）が不足状態のため酸化反応（InはZnより酸化度が低い点も考慮すべきである）が不十分であり，外部から酸素を導入して酸化を制御している。したがって，基板表面に供給される酸素（すなわち，基板表面での酸化反応）は，ターゲット表面付近の電界で加速された（方向性を有する）酸素より外部から導入された酸素が多い（すなわち，酸化反応が支配される）ためである。一方，現在入手可能なZnO系（AZOやGZO）焼結体ターゲットのスパッタリングにおいては，基板上に供給される酸素量（及び活性度）が既に過剰な酸化を生じているためエロージョン対向部では抵抗率が増加すると考えられる。すなわち，図2(b)に示したようにターゲットとして直流スパッタリング用に開発された高密度AZO焼結体を使用した場合でも基板上のエロージョン対向部では酸化過剰の状態にある。上述のようにZnO系ではZnの蒸気圧が高いため，還元するとOと共にZnが抜けるため十分に還元したZnO系焼結体を作製することが困難である。したがって，エロージョン対向部での酸化を抑制するためにはスパッタ雰囲気の圧力を下げる以外に酸素分圧を低減する方法がなく，Zn分圧の制御や還元雰囲気下でのスパッタリングが必要である。したがって，MS製膜技術を用いて低抵抗率透明導電膜を作製する場合，比較的容易に実現できるITOと比較してZnO系の場合はかなり高度な技術が必要とされる。

1.4　抵抗率分布の改善

MS製膜技術を用いて低抵抗率ZnO系透明導電膜を最初に報告した金沢工大のグループは，プラズマ集束用外部磁界を印加したrf-MS製膜技術を用い，基板を集束プラズマの外側且つターゲット表面に対して垂直に配置する特別な製膜方法を使って実現した[20,21]。その後，対向ターゲット式MS製膜技術を用いると同様の効果を期待できることが報告されている。また，金沢工大のグループは基板をターゲットと平行に配置する通常のMS製膜装置においてマグネトロンカソードの磁界分布とその強度を変化させて低抵抗率化と抵抗率分布の改善を実現している[22]。しかし，いずれも大面積基板上への製膜への適用が困難であった。そこで金沢工大のグループは酸素供給・酸化過剰説に基づいて製膜中のZn蒸気圧を制御するMS製膜技術を用いて低抵抗率化と抵抗率分布の改善を実現している[7,18]。また，富永らは一方にZn金属ターゲットを他方にAZO焼結体ターゲットを用いる対向ターゲット式MS製膜技術を用いてZn蒸気圧制御によって低抵抗率化を実現している[23]。さらに，金沢工大のグループは製膜中に水素ガスを導入するrf-MS製膜技術を用いて低抵抗率化と抵抗率分布の改善を実現している[24]。以上のMS製膜で得られた結果はいずれも未処理（アズデポ）膜であり，ZnO系は低温で製膜した場合でも多結晶薄膜（基板表面に垂直にc軸配向する）を実現可能で，ITO製膜で採用されている低温で製膜後に200℃程度の熱処理により結晶化させ，低抵抗率化（特性改善）を実現する手法はZnO系では使用できない。

最近，金沢工大のグループは高周波重畳dc-MS製膜技術を用いてAZO透明導電膜を作製すると，エロージョン領域に対向する基板上の位置の抵抗率が減少し，抵抗率分布を改善できることを報告している[9,25~29]。図3は重畳高周波（13.56MHz）電力を変化させて150℃のガラス基板上に作製したAZO透明導電膜（膜厚は約200nm）の抵抗率分布を示している。直流電力を80W一定とした場合，約150W（200℃での成膜の場合は約100W程度）までの重畳高周波電力の増加に伴って抵抗率分布が著しく改善された。また，抵抗率分布の改善に加えて，図4に示すように重畳高周波電力の増加に伴って成膜速度が増加し，スパッタ直流電圧が低下した（投入直流電力が

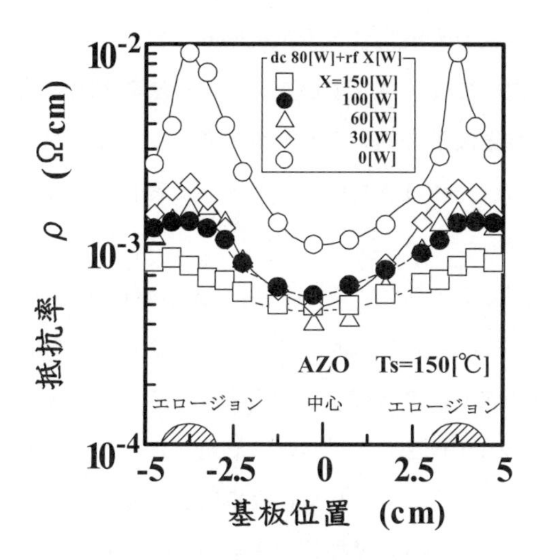

図3　抵抗率分布の高周波電力依存性（成膜温度Ts=150℃）

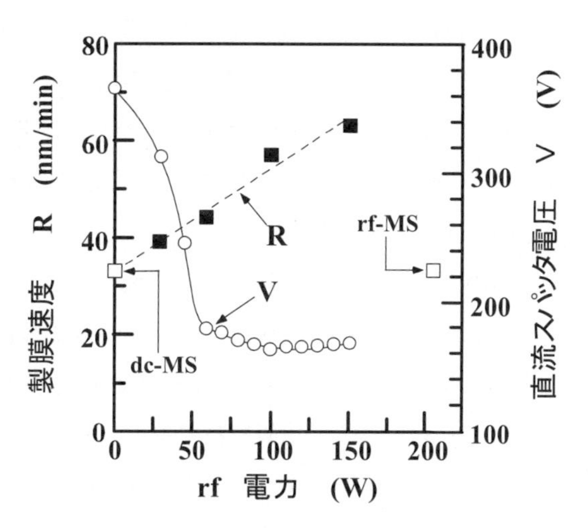

図4　成膜速度とスパッタ電圧の高周波電力依存性

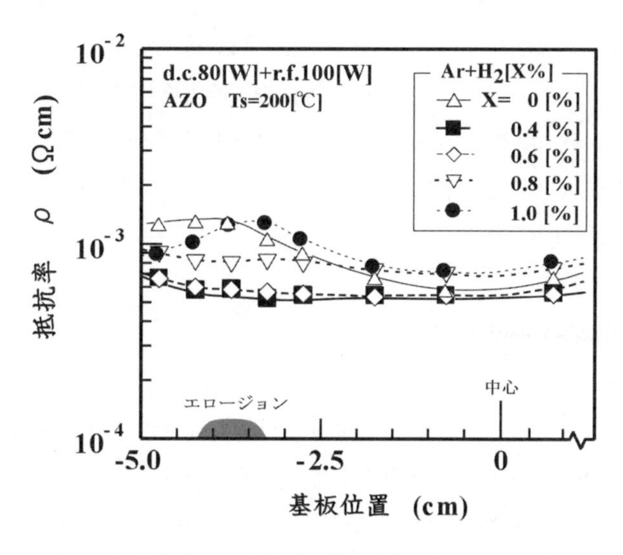

図5　抵抗率分布の水素ガス導入量依存性（Ts=200℃）

一定なので電流が増加している)。すなわち，dc-MS装置に高周波電源を設置するだけで，スパッタ電圧の低下により基板に到達する粒子のエネルギーの低減が期待でき，高速成膜が実現でき，そして抵抗率分布が改善できた。さらに金沢工大のグループは，高周波重畳dc-MS製膜において成膜中に水素ガスを導入することによって抵抗率分布をさらに改善できることを報告している[25,26]。図5に示すように，200℃の基板上に作製されたAZO透明導電膜（膜厚は約200nm）において，抵抗率分布は，水素導入量が0.4～0.6%（基板の温度が150℃では約1.2%程度）ではぼ均一な抵抗率が実現された。一方，得られたこの水素導入製膜による抵抗率分布の改善は，製膜条件（スパッタ電圧等）が図3及び図4の結果と同一で変化させていないので，酸素供給・酸化過剰説でなければ説明できない。しかし，以上の高周波重畳効果や水素ガス導入効果は，ベースの投入直流電力を始めとして使用するdc-MS装置及びAZO焼結体ターゲットに著しく影響されるので注意が必要である。

上述のように，dc-MS製膜技術をベースとした製膜装置の改良等により抵抗率分布を改善可能であるが，実際に既設のdc-MS製膜装置に対して高周波重畳や水素ガス導入は容易ではないと思われる。金沢工大グループの酸素供給・酸化過剰説ではターゲットから供給される酸素が諸悪の根源であり，dc-MS製膜技術を用いる低抵抗率ZnO系透明電極形成に最適なターゲット開発がITO代替の成否を決める重要な開発課題と考える。一方，近年大面積基板上に高速での製膜が可能であり且つ抵抗率分布の改善が期待できる反応性MS製膜技術が報告されている。2つもしくは2対のカソード（金属ターゲット）を用いる反応性MS製膜技術（デュアルMS製膜やパルスMS製膜）が報告されている。例えば，周波数が10～100kHz程度の両極性直流パルス電源を使用するデュアルターゲット反応性MS製膜を用いて，低抵抗率ZnO系透明導電膜の大面積基板上への高速製膜が実現されている[30,31]。しかし，ITO透明導電膜においても反応性MS製膜技術が長年にわたって検討されたが，特性の制御性や製膜安定性等の問題から現状ではほぼ全面的に酸化物ターゲットが採用されているので，これらの反応性MS製膜技術は厚膜を使用する薄膜太陽電池用透明電極用途では実用可能と思われるがLCD用透明電極形成の実績がなく，採用のリスクは極めて高いと思われる。

1.5　安定性と不純物共添加効果

1.5.1　耐湿安定性

現在，LCD用途では表1に示したように約35nm以上の膜厚のITO透明導電膜が実用されている。ITO透明導電膜では，100℃程度の低温基板上に膜厚が約10nm程度でも10^{-4}Ωcm台の抵抗率を実現できる。しかし，製膜技術や製膜条件に依存するが，低温製膜したAZO等のZnO系では膜厚が約200nm程度より薄くなると，実現される抵抗率が膜厚の減少に伴って著しく増大する[4]。また，ZnO系透明導電膜はITOと比べて酸やアルカリ溶液中での化学的安定性及び高温の酸化性雰囲気中での耐熱性等において著しく劣る。特に，膜厚が約100nm以下では，高温多湿雰囲気中での安定性（耐湿性）に問題がある[9,26~29,32]。一例として，図6に異なる製膜技術を使用して作製したZnO系透明導電膜（膜厚が約100nm）の抵抗率の高温多湿雰囲気（温度60℃，相対湿度90％の大気中に放置して試験）中での経時変化（黒塗りプロットは試験前；未処理膜の結果）を示す[27]。試験に使用したAZO及びGZO透明導電膜は約200℃のガラス基板上に，それぞれPLD（ArFエキシマレーザー照射によるレーザーアブレーション）もしくはrf-MS法及びVAPE（真空アークプラズマ蒸着）法で製膜された。図7にPLD法でガラス基板上に作製した膜厚の異なるAZO透明導電膜の抵抗率の高温多湿雰囲気中での経時変化を示す[27~29]。試験に使用したAZO薄膜は膜中のAl含有量が7.9at.％で，基板温度が100℃で作製された。比較のため同じ装置を用いて同一条件で作製したアモルファスITO薄膜(膜厚が20nm，Sn含有量が約5at.％)の結果を図7中に示している。膜厚が約200nm以下で，約200℃以下の基板上に作製されたZnO系透明導電膜では，使用した成膜技術（PLD，dc-MS，rf-MS及びVAPE法）に関係なく，試験時間の経過（試験は1000h実施した）に伴って，常に抵抗率の増加が認められた。また，図6からも明らかなようにPLD法で作製されたAZO透明導電膜の耐湿性は，同一条件（基板温度，膜厚及びAl含有量等）下で他の製膜法で作製された膜と比較して常に高かった。その耐湿性の違いは膜の結晶性（例えば，結晶子サイズ）と関係があり，結晶性の優れた膜ほど耐湿性も高い傾向があった。図7から明らかなように，AZO透明導電膜の抵抗率の耐湿性は，膜厚に著しく

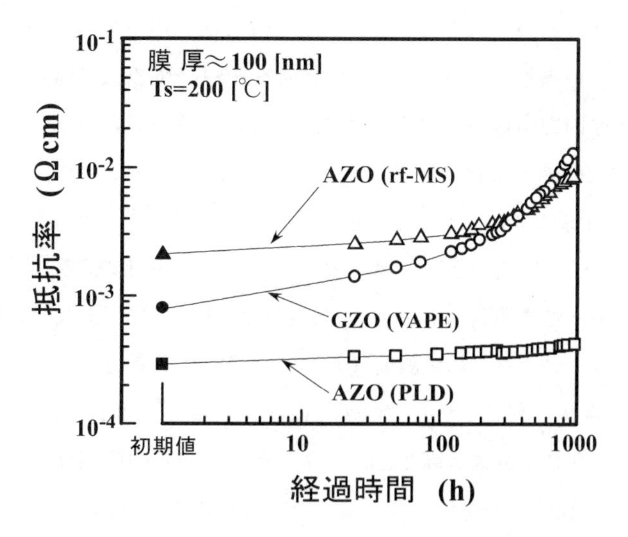

図6　抵抗率の経時変化（製膜技術依存性）

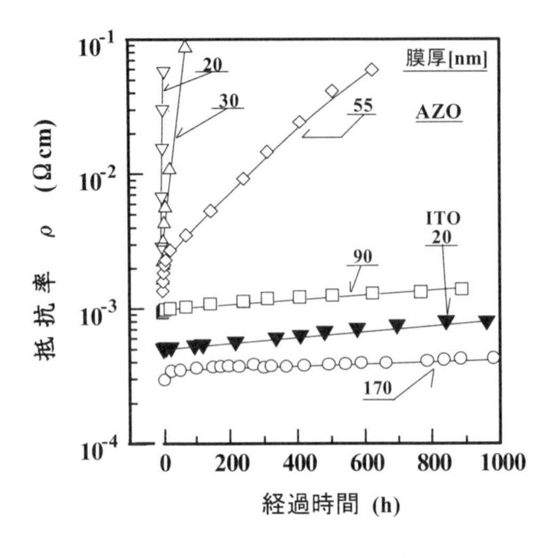

図7　抵抗率の経時変化（膜厚依存性）

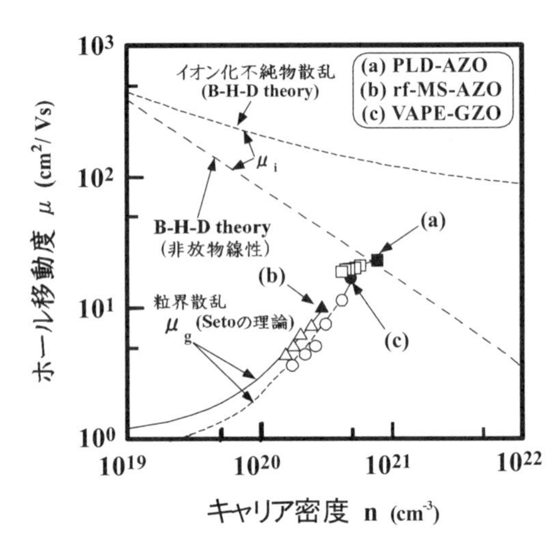

図8　μ－n関係の経時変化

依存し，Al含有量にも依存したが，約100から200℃の範囲の製膜温度にはほとんど依存しなかった。特に，約100nm以下のAZO薄膜では膜厚の減少に伴って耐湿性が著しく低下し，約50nm以下では常温大気中でも長時間放置すると抵抗率が増加することもある。また，AZO透明導電膜において最も低い抵抗率を実現できるAl含有量は約3.0at.%であるが，耐湿性はAl含有量の増加に伴って向上する傾向があり，最も耐湿性の優れた膜（抵抗率の増加が少ない）はAl含有量が約5～8at.%において実現された。一方，GZO透明導電膜においても上述のAZO透明導電膜の耐湿性とほぼ同様の結果が得られた。しかし，PLD法を用いて同一条件下で作製したAZOとGZO透明導電膜との耐湿性を比較すると，常にAZOの方がGZOより高い傾向が認められた。

抵抗率の増加する原因を明らかにするために，図8に高温多湿雰囲気（60℃，相対湿度90%）中で1000hにわたって試験したAZO及びGZO透明導電膜のホール移動度（μ）及びキャリア密度(n)の経時変化（200h毎にプロットした）を示している。使用した薄膜は，(a)PLD法で作製したAZO（■，□），(b)rf-MS法のAZO（▲，△）及び(c)VAPE法のGZO薄膜（●，○）で，それぞれの膜厚は100nm，Al含有量は3at.%でGa含有量は5.3at.%，成膜（基板）温度は200℃であった。黒塗りプロットはそれぞれ試験前（0h）に測定された未処理膜のμとnである。試験時間の変化に伴うμ-n関係（右肩上がり）の変化に注目すると，図1に示した結果から明らかなように粒界散乱に支配された電気伝導と思われる。そこで，図8中には(b)及び(c)の試験時間の変化に伴うμ-n関係（実験値）の変化について，粒界散乱に支配された移動度（μ_g）についてのSetoの理論[12]を使ってフィティング計算したμ_g-n関係をそれぞれ実線と破線で示している。また，μ_iは図1に示したイオン化不純物散乱の移動度（B-H-D理論）及び伝導帯の非放物線性を考慮したB-H-D理論の計算結果をそれぞれ破線で示している[27～29,32]。図8から明らかなように，(b)及び(c)の実験結果と粒界散乱理論計算結果の良い一致が認められる。したがって，高温多湿雰囲気中での抵抗率の経時変化（抵抗率の増加）は，nとμの両方の減少に起因することがわかる。すなわち，高温多湿雰囲気（60℃，相対湿度90%）中では，膜表面や粒界に存在するダングリングボンドへの酸素吸着が高温水蒸気で促進されていると考えられる。また，試験時間の経過に伴うμ-n関係の傾きは使用した薄膜の厚さや不純物含有量に大きく依存するが，試験前のμが大きい膜ほど傾きが緩やかであり，これは実際の移動度が$1/\mu = 1/\mu_g + 1/\mu_i$（すなわち，$\mu_i$が支配的）によって表されることから説明される[27～29,32]。

1.5.2　不純物共添加効果

上述のように，膜厚が約100nm以下のZnO系透明導電膜は耐湿性に問題がある。また，通常のMS製膜技術を使用して低温基板上に作製された多結晶ZnO系透明導電膜では，膜厚が約200nm以下になると著しい抵抗率の増加や化学的安定性（酸やアルカリ溶液中での耐性）の低下が認められる。通常，膜の結晶性の改善に伴ってこれらの膜厚依存性も改善される傾向にあり，製膜温度（基板温度）や不純物添加（種類と添加量）に著しく影響される。金沢工大のグループはAZOやGZO透明導電膜においてAlやGaに加えてさらに各種の不純物（X）を共添加（AZO:XやGZO:Xと略記）すると抵抗率の顕著な変化を伴うことなしに，上述の化学的安定性等が改善できることを報告している[9,33,34]。一例として，図9にAlとバナジウム（V）を共添加した

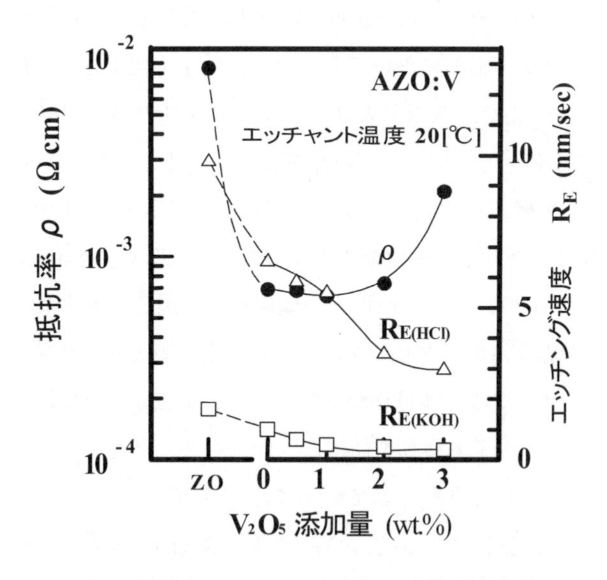

図9　抵抗率とエッチング速度のV添加量依存性

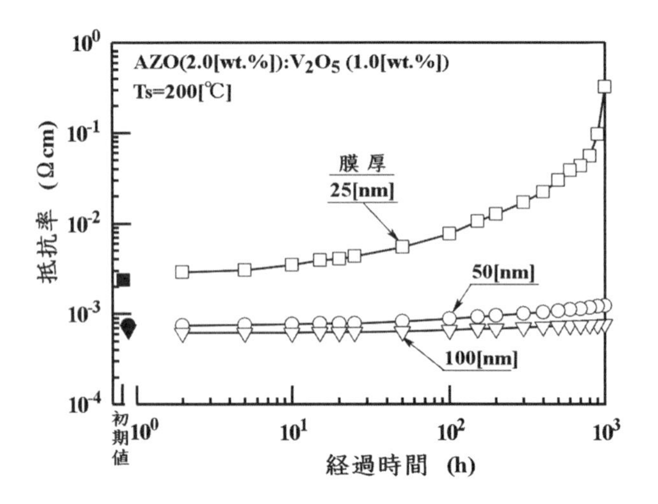

図10　抵抗率の経時変化（膜厚依存性）

ZnO（AZO: V）透明導電膜の抵抗率及び酸（0.2mol/lのHCl）及びアルカリ（3.0mol/lのKOH）水溶液中でのエッチング速度のV添加量依存性を示す。同図から明らかなように，V添加量が1 wt.％程度において抵抗率の変化がなく，エッチング速度（酸及びアルカリ耐性）が改善された。最近，金沢工大グループはこのAZO: V透明導電膜において耐湿性も改善されることを報告している[27]。一例として，図10にAZO: V透明導電膜の抵抗率の高温多湿雰囲気（温度60℃，相対湿度90％の大気中に放置して試験）中での経時変化（黒塗りプロットは試験前；未処理膜の結果）を示す[27]。図7のAZOやGZO透明導電膜の結果と比較すると明らかなように，膜厚が100nm以下のAZO: V透明導電膜においても高い耐湿性を実現でき，V共添加による顕著な耐湿性の改善が認められる。また，金沢工大グループではV等の第2，第3，……の不純物添加AZO: X及びGZO: Xターゲットを用いて，耐湿性に加えて上述の抵抗率の膜厚依存性や抵抗率分布等が改善されることを確認している。しかし，図7及び図10の結果から明らかなように，多結晶ZnO系透明導電膜ではたとえ不純物を共添加しても，膜厚が約30nmより薄くなると耐湿性を改善することが困難であった。約30nm以下の極薄膜では図11に示すように膜表面の凹凸が激しく，膜表面や粒界に存在するダングリングボンドに酸素が吸着した結果，膜表面近傍のイオン化ドナー（正イオン）のポテンシャルはかなり膜の内部まで広がり（実際のスクリーニング効果はかなり弱くなっている），電子の移動を妨げる（散乱中心）と思われる[27]。これはまた，先述のZnOはイオン結合に主として支配されていることに起因すると考えられる。すなわち，約30nm以下の極薄膜の低い耐湿性は多結晶ZnO系薄膜の本質的な欠点であり，改善はかなり困難と思われる。したがって，膜表面の凹凸を改善することも有効であるが，LCD用ZnO系透明電

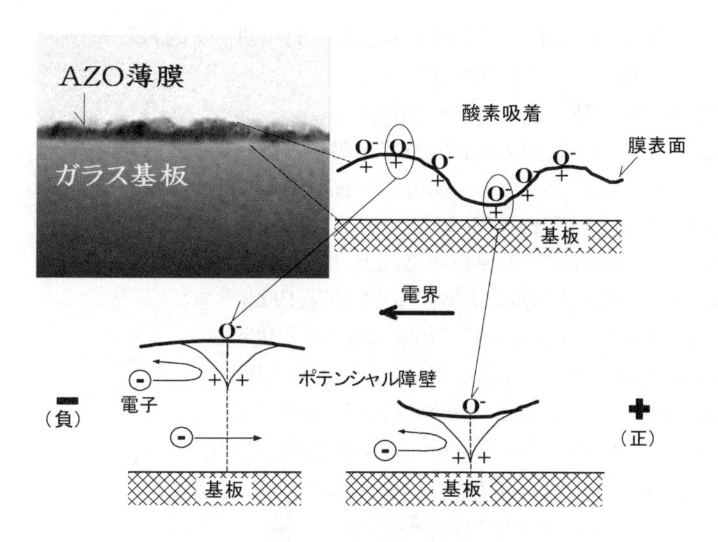

図11　断面TEM写真と電気伝導モデル

極形成では膜厚約50nm以上の多結晶ZnO系透明導電膜を使用すれば耐湿性の問題は解決できる。

以上に述べたように，ZnO系透明導電膜の懸案であった耐湿性の問題が，約50nm以上の膜厚を有したAZO: X透明導電膜を採用すれば解決できる可能性を明らかにできた。今後，ITOターゲットをAZO: X焼結体ターゲットに交換した既設のdc-MS製膜装置を使用して，基板上での抵抗率分布を改善した，耐湿性に優れたAZO: X透明導電膜を大面積基板上に実現する必要がある。金沢工大グループでは経済産業省の「希少金属代替材料開発プロジェクト」において2007年度から，LCD用AZO:X透明電極形成に最適なAZO:X焼結体ターゲットの開発及びそのターゲットに最適な酸化抑制型dc-MS製膜技術の開発に取り組んでいる。

文　　献

1）竹井日出夫，最新透明導電膜動向，情報機構，p257（2005）
2）H. Agura *et al.*, *Thin Solid Films,* **445**, 263（2003）
3）南内嗣，応用物理，**61**（12），1255（1992）
4）澤田豊監修，透明導電膜，シーエムシー出版（2005）
5）T. Minami, *MRS Bulletin,* **25**, 38（2000）
6）T. Minami, *Semicond. Sci. Technol.,* **20**, S35（2005）

7) 南内嗣，応用物理学会応用電子物性分科会誌，**11** (1)，4 (2005)
8) 南内嗣，光学，**34** (7)，326 (2005)
9) 南内嗣，応用物理，**75** (10)，1218 (2006)
10) T. Minami *et al., J. Crystal Growth,* **117**, 370 (1992)
11) T. Minami *et al., Mat. Res. Soc. Symp. Proc.,* **666**, F1. 3.1 (2001)
12) J. Y. W. Seto, *J. Appl. Phys.,* **46**, 5247 (1975)
13) ショックレイ著，川村訳，半導体の物理上，吉岡書店，p278 (1957)
14) T. Minami *et al., Jpn. J. Appl. Phys.,* **31**, L257 (1992)
15) K. Tominaga *et al., Jpn. J. Appl. Phys.,* **24**, 944 (1985)
16) K. Tominaga *et al., Jpn. J. Appl. Phys.,* **27**, 1176 (1988)
17) S. Ishibashi *et al., J. Vac. Sci. Technol.,* **A8**, 1403 (1990)
18) T. Minami *et al., J. Vac. Sci. Technol.,* **A18**, 1584 (2000)
19) K. Ichihara *et al., Thin Solid Films,* **245**, 152 (1994)
20) T. Minami *et al., Appl. Phys. Lett.,* **41**, 958 (1982)
21) T. Minami *et al., Jpn. J. Appl. Phys.,* **23**, L280 (1984)
22) T. Minami *et al., Thin Solid Films,* **193-194**, 721 (1990)
23) K. Tominaga *et al., J. Vac. Sci. Technol.,* **A15**, 1074 (1997)
24) T. Minami *et al., phys. Stat. Sol.* (*a*), **204**, 3145 (2007)
25) T. Minami *et al., Jpn. J. Appl. Phys.,* **45**, L409 (2006)
26) T. Minami, *Thin Solid Films,* **516**, 1314 (2008)
27) T. Minami, *Thin Solid Films,* available online, October 18 (2007)
28) 南内嗣，セラミックス，**42**，26 (2007)
29) 南内嗣，材料の科学と工学，**43**，8 (2006)
30) N. Malkomes *et al., J. Vac. Sci. Technol.,* **A19**, 414 (2001)
31) M. Kon *et al., Jpn. J. Appl. Phys.,* **41**, 814 (2002)
32) T. Minami *et al., phys. Stat. Sol., Rapid Research Letters,* **1**, R31 (2007)
33) T. Minami *et al., Thin Solid Films,* **398-399**, 53 (2001)
34) T. Minami *et al., Thin Solid Films,* **434**, 14 (2003)

2　アークプラズマ蒸着製膜とZnO薄膜性能

山本哲也*

2.1　はじめに

酸化亜鉛（ZnO）はII b-VI b化合物であり，ZnS，ZnSe，CdS，CdSeと同様，高温で昇華圧（sublimation pressure：固相と熱平衡にある蒸気相の圧力）が高く（酸化亜鉛の昇華点1100℃[1]），常圧下では溶融できない（加圧下融点1975℃）。本稿で以下，紹介する，著者らが使用するイオンプレーティング（ion plating）法は，この昇華性といったZnOの特徴の1つを活かした製膜法である。

イオンプレーティング法は，1964年に米国のMattoxによって考案された[2]。この方法は，真空蒸着技術とプラズマ技術との複合技術である。この方法が起こり始めたころは湿式メッキとの比較がなされ，その湿式メッキで得られる薄膜よりも，耐蝕性，耐摩耗性，密着性において優れたものが得られるといった特徴をもっていると評価された。最近では本稿で解説するように，さらに幅広い展開がなされ，金属材料，光学材料，電子材料，プラスチック材料分野など多くの先端製膜技術として用いられている。

本稿ではZnO薄膜のみに触れるが，イオンプレーティング法において，窒素ガスや酸素ガスを製膜中に共存させると，金属窒化物や酸化物として，またメタンなどの炭化水素があると炭化物として基板に堆積する。すなわち，化合物膜（TiC, TiN, TiCN, TiO, BN, AlO, AlN, Al-Zn, Pb-Snなど），鋼板や機構部品などの耐久性向上などを目的とした機能性膜，積層膜などに応用され，多様化してきている。

イオンプレーティング法によって製膜された薄膜の特徴は，“強い密着性”にある。これはプラスチック基板上に，低温基板条件でZnO薄膜を製膜したときに確認される。一方で，加熱基板条件では数10nmの膜厚をもつZnO薄膜において，すでに配向性が観測され，応用に十分な低抵抗率を再現性良く，実現できる[3]。すなわち，良質な結晶性を伴った良好な電気特性も得られる。

本稿では，イオンプレーティング法の一般的な解説から始まり，その後，直流アーク放電を用いたイオンプレーティング法（“反応性プラズマ蒸着法”と呼称している）について説明する。加えてそれによって得られているGa添加ZnO薄膜（GZO）の性能について最近の研究開発成果を中心に議論する。

---

*　Tetsuya Yamamoto　高知工科大学　総合研究所　マテリアルデザインセンター
センター長・教授

2.2　イオンプレーティング法とは

2.2.1　イオンが基板・薄膜に及ぼす影響

イオンプレーティングは，ガスプラズマを利用し，蒸着粒子の一部をイオン化，あるいはラジカル化し，活性化して蒸着する製膜技術である。それゆえ，イオンプレーティング製膜装置には，放電によるプラズマ発生装置（プラズマガン）と蒸発源とが兼ね備えてある。

図1にイオンプレーティングの概念図を示した。図にあるように蒸着粒子の生成は，るつぼの加熱や電子ビームあるいはアーク放電による加熱によって行う。蒸着粒子のイオン化は電子ビームやプラズマによって行う。

基板に到達する飛来粒子は，イオンプレーティングといっても，必ずしもその全てがイオン化されるものではない[4)]。プラズマ中には，電子，イオン，ラジカル，分子および原子といった様々な状態，形態の粒子が存在する。その中でも特に基板上での薄膜堆積過程に影響を及ぼす作用子は，イオンと考えられている。

イオン化された飛来粒子が基板表面に到達したときには，その時点でもっている運動エネルギーの大きさによって，それに応じた様々な現象を引き起こす。飛来粒子の運動エネルギーが小さい場合から，順に大きくなっていくと下記のような堆積現象の変遷が見られる。

Ⅰ．雪が降り積もるようなソフトな堆積

↓

Ⅱ．表面拡散現象が伴う堆積

↓

Ⅲ．基板上あるいは堆積している薄膜表面での原子や分子を飛び出させる逆スパッタリング現象を伴う堆積

↓

Ⅳ．基板中あるいは堆積している薄膜中に入り込んでいくイオン注入現象の伴う堆積

実際のイオンプレーティング製膜では，上記ⅠからⅣに記した異なる現象を同時に異なるウエイトにおいて含む複雑な堆積となっていよう。

Ⅰでは，飛来粒子のほとんどが中性粒子である。飛来粒子の運動エネルギーは熱速度の大きさであり，0.1～0.2 eV程度である。従来の真空蒸着法（例：抵抗加熱蒸着，電子ビーム加熱蒸着）における基板上での薄膜の堆積現象は，このイメージに近い。Ⅱでは，特に膜形成初期に基板の表面ポテンシャルを一様にすることで，成長核密度が高くなる効果をもつ。特に絶縁性基板では，導電性基板とは異なり，イオンがその表面で活性のままの状態でしばらくいられるので，化

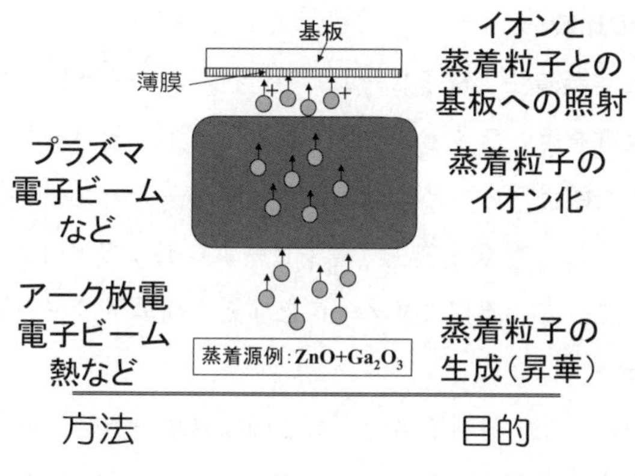

図1　イオンプレーティング法の概要

学的効果も強いと考えられる。Ⅲではイオンプレーティング法全てに共通する特徴として，特に不活性ガス（不燃性ガス，窒素，二酸化炭素，ヘリウム，アルゴンなど）を利用したプラズマ中のガスイオンによる基板表面へのスパッタクリーニング現象（薄膜形成前の基板清浄表面を作る物理的方法）がある。ⅡおよびⅢで見られる2つの現象が同時に起こるイオンプレーティング効果は膜の密着性の向上に寄与する，と考えられる。Ⅳでのイオン注入効果については，未だはっきりしない。スパッタリング現象Ⅲと合わせると基板表面での薄膜成長初期に，基板を構成する原子（ガラス基板であればシリコン（Si））と飛来粒子（例：Zn^{+}）とのミキシングが生じるかもしれない。この場合，相互の原子濃度の勾配変化とともに化学結合の形成がしっかりと伴えば，強い密着性効果となろう。

これまでの議論にあるように，イオンプレーティング法では，堆積させたい薄膜に応じた運動エネルギーをもつイオンをいかに作るかが，良好な薄膜の実現の可否に直接つながる。それゆえ，これまで多種類のイオンプレーティング製膜装置が世の中に存在する。放電を起こす手段から，直流励起型と高周波励起型とに大別されるが，他に蒸発機構にホローカソード（Hollow Cathode Discharge），イオンビームを用いる装置もある。それらの解説は他書に譲る[5~7]。

イオンプレーティング法の特徴をまとめる。

① 金属，酸化物など，あらゆる蒸着材料の使用が可能。

② 低温での製膜が可能。

③ 高速反応性製膜が可能。

④ ［堆積膜］/［基板］間における付着力の制御が可能。

加えて，蒸着物質（上記ではイオン）の運動エネルギーを制御することにより，被膜の機械的，電気的，光学的，結晶学的性質を自在に設定できる特徴もある。

2.2.2　他の製膜法との比較

表1にスパッタ法，真空蒸着法（電子ビーム），イオンプレーティング法（ここでは主に本稿で解説する直流アーク放電を用いたイオンプレーティング法）といった3つの異なる製膜法の比較を前項での議論に絞った観点からまとめた。イオンプレーティングと真空蒸着とはほぼ同じ原理である。表1にあるように，真空蒸着法（電子ビーム）およびイオンプレーティング法には，原理的に，スパッタ法に比べて，薄膜にダメージを与える高エネルギー粒子（運動エネルギーが100eV以上）の存在はない。

真空蒸着は真空中で膜にしたい材料を蒸発（あるいは昇華）させ，その蒸気（飛来粒子）を基板に当てて膜をつける方式である。電子ビーム（Electron Beam）加熱蒸着（図2）は，Si，Crなどの昇華性の材料や融点の高いMo（融点：2623℃）などの薄膜を作成する場合に適する製膜法である。また化合物薄膜（Al_2O_3，SiO_2，ITO（Indium-Tin Oxide：錫添加酸化インジウム）など）の製膜にも応用されている技術である。大型化や蒸発材料の補充の容易さから，交流型プラズマディスプレイの保護膜（MgO），フィルムコンデンサおよびVTR用の蒸着テープ作成での生産に使用されている。

イオンプレーティングは，前項で述べたように，その蒸気をイオン化させ（＋（プラス）の電荷を帯びさせ），基板に－（マイナス）の電荷を印加し，基板に＋（プラス）電荷の蒸気を引き寄せることにより密着性の良い膜を作る方式である。一方，スパッタリングは，真空中で，堆積させたい膜の材料に，アルゴンイオン（Ar^+）をぶつけることによりはじき出てきた材料を基板に当てて膜をつける方式である。スパッタの場合，薄膜成長時に基板に到達する粒子には，スパッタ原子，Ar^+，残留ガス，反跳Arなどがある。反跳Ar（recoiled Ar）とは，陰極降下で加速されたAr^+が，ターゲット面で電気的に中和され，その時点でかなりの大きさをもつエネルギーを保有したまま，反射するものをいう[8]。

表1　スパッタ法，真空蒸着法，イオンプレーティング法の比較

		スパッタ	真空蒸着(電子ビーム)	反応性プラズマ蒸着法
ソース	原　理	スパッタ	昇華	昇華
	形　状	面	点	面
飛来粒子種		・スパッタ原子 ・イオン ・高エネルギー中性ガス分子，反跳Ar	・中性原子 ・高エネルギー粒子なし	・中性原子 ・イオン ・高エネルギー粒子なし
飛来粒子のエネルギー（eV）		10～100	0.1～0.2	25～55
密着性		やや弱い	弱い	強い

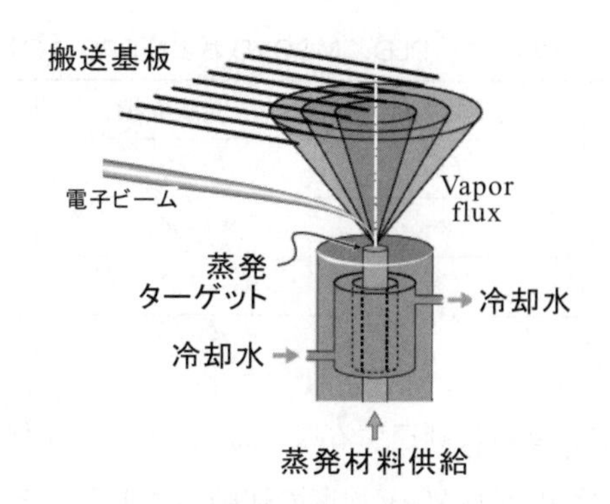

図2　電子ビームを用いた真空蒸着法の概要

表2　各種製膜法（真空蒸着・反応性プラズマ蒸着・スパッタ）の比較

項目	真空蒸着	反応性プラズマ蒸着法	DCスパッタ	RFスパッタ	マグネトロンスパッタ	イオンビームスパッタ
蒸着原理	熱的に蒸気化して蒸着	昇華した粒子をイオン化し加速して陰極に蒸着	スパッタリング現象を利用した蒸着	スパッタリング現象を利用した蒸着	スパッタリング現象を利用した蒸着	スパッタリング現象を利用した蒸着
蒸着材料の材料制約	高融点材料は困難	蒸気圧差が大きい材料同士の同時蒸着は困難	絶縁物では，表面にイオンが堆積し，放電が止まる	絶縁物のターゲット利用が可能	強磁性体は使用不可	ターゲットの導電性に全く左右されない
蒸着材料の供給形態	固体（方式差有）	固体（粉末，タブレット）	固体	固体	固体	固体
真空度（Pa）	$1 \sim 10^{-8}$	$1 \sim 10^{-5}$	$1 \sim 10^{-2}$	$1 \sim 10^{-2}$	$1 \sim 10^{-2}$	$1 \sim 10^{-3}$
利　点	簡　便	高速製膜，高密着性／金属，酸化物など，あらゆる蒸着材料の使用が可能／低温での成膜が可能	装置の構造が簡単	ターゲット表面が直流的に負電位に自己バイアスされ，絶縁部のターゲット利用が可能。10^{-3}torr台の低ガス圧も可能。	高周波でも使用可／プラズマが試料付近にできずダメージを受けない／スパッタ量が多くより高速製膜可	プラズマなし。高真空中でも可能（不純物なし）／イオン源が独立，条件設定が容易／ターゲットの導電性によらない
欠　点	組成変化，坩堝からの汚染	試料も高温のプラズマにさらされる。温度上昇などで損傷をうける。	グロー放電のため，低真空度／残留ガスの影響／試料も高温プラズマにさらされる／温度上昇などでの損傷		ターゲットの減り方にムラができる磁力の強いところが早く削られる。N極とS極の中間は減りにくい。	装置が複雑で高価になる／成膜速度は速くない
蒸着速度	低　速	高速（最速）	低　速	低　速	高　速	低　速
膜厚の均一性	良	優	優	優	優	優
製膜面積	中	大	大	中	大	中

表3　スパッタ，PLD，MOCVDおよびRPD法の比較

	製膜速度	製膜面積	品　質
Sputtering	○	◎	△
PLD，MOCVD	×	×	◎
RPD	◎	○	○

スパッタ製膜プロセス中に，基板に到達する際，高エネルギーを保有した飛来粒子は薄膜の成長様式に大きく影響する。数eVから20eV程度の運動エネルギーをもつ飛来粒子は，表面拡散を促進することで，膜の稠密化などに効果があると考えられている（2.2.1項Ⅲの場合)。一方で，100 eVを越えるような高エネルギーの運動エネルギーをもつ飛来粒子の堆積膜への入射は，成長中の膜にダメージを与える。反跳Arがそれに該当する。

表2では，視点を変えて，蒸着材料の制約，製膜速度，膜の均一性などといった観点からまとめた。スパッタ方式では，代表的なものを選んでいる。表3ではZnO薄膜作製を念頭にパルスレーザー蒸着法(PLD: Pulsed Laser Deposition）や有機金属気相成長法(MOCVD: Metal Organic Chemical Vapor Depositon）も含めて，製膜速度，面積，および品質について大雑把に比較した。○×△は，あくまで現状での可否であって，製膜法の適不適は応用に強く依存する。

製膜における基板温度の高低では，報告されているもので比較する[9]と，高い方から順にMOCVD（～400 ℃）＞PLD（～300 ℃）＞RPD（～200 ℃）＞rfマグネトロンスパッタ法（90℃）となる。スプレーやディップコートは400～500 ℃と基板温度は高くなる。プラスチック基板上での製膜においては，当方では，基板温度90 ℃以下の条件で製膜している。

2.3　反応性プラズマ蒸着法（RPD: Reactive Plasma Deposition）

本項では，イオンプレーティング法の中で，筆者らが選択した反応性プラズマ蒸着法装置について，ZnO製膜の観点から，解説する。

ZnOにおける1化学結合当たりの凝集エネルギーは，1.89 eVであることに注意する必要がある。他の代表的な半導体における1化学結合当たりの凝集エネルギーを表4にまとめた。固体素子に使用するには，ZnOは固く，信頼性に富むものが実現できよう。

従来の真空蒸着では，その蒸発した飛来粒子の運動エネルギーは，たかだか0.1 eV（1000 ℃程度）であり，これでは安定なZn-Oの化学結合を生じ得ないことが1化学結合当たりの凝集エネルギーとの比較でわかる。いうなればこういった条件で製膜すれば，真性欠陥（主に酸素空孔V_O（V: Vacancy），格子間亜鉛Zn_i（i: interstial））[10]が多く，密度の粗い，薄膜となる。

さて，当方での蒸発粒子のエネルギーは，真空蒸着法のそれよりも2桁大きく，またスパッタ

表4　各種物質における1結合当たりの凝集エネルギー（実験値）

物　質	実験［eV］	[kcal/mol]
Si	2.32	213.904
GaAs	1.63	150.286
GaN	2.24	206.528
ZnO	1.89	174.258
ZnS	1.59	146.598
ZnSe	1.29	118.938
ZnTe	1.14	105.108

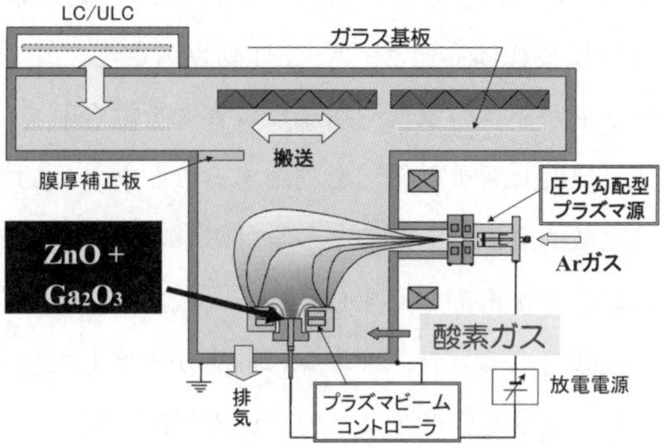

図3　反応性プラズマ蒸着法の概要図

法（大きなエネルギーで100 eVほど）のそれよりも十分小さい，40 eV程である（ファラデーカップを用いたフルエンス測定による）[11]。図3には，インライン生産に向く基板搬送型のRPDの概要図を示した[12]。

2.3.1　アーク放電

アーク放電陰極には，LaB_6陰極を用いる。LaB_6は導電性（$6.67\times10^6/\Omega$ m）セラミック結晶体である。その仕事関数は2.7 eVでタングステンの4.5 eVよりも小さく，熱電子放出特性に優れる。また小さな仕事関数のため，使用温度を低くすることが可能となり，蒸発による消耗を低く抑えることができる。そのため，電子顕微鏡（走査型電子顕微鏡（SEM），透過型電子顕微鏡（TEM））用電子源として応用されている。しかし，一方で，水分を含みやすいこと，均等加熱が難しく熱応力で割れてしまうこと，さらには酸化されやすいため，酸素分圧の低い状態で使用することが望ましいなど，課題もある。

さて，前記LaB_6を使用することで，大電流による蒸発が可能となり，その結果，製膜速度は大きく，7～11 μm/時間である。これまでのZnO透明導電膜面積の実績は～1 m角である[13,14]。アーク放電はスパッタ蒸着やエッチングなどで利用される異常グロー放電状態より，さらに放電電流を増加させたときに，ある電流値で放電電圧が急激に低下する際，実現する状態である。アーク電圧は10～数10 Vの低電圧であり，アーク電流は100～1000 Aの高電流であることがアーク放電の特徴である。グロー放電[15]はγ作用による2次電子放出を基本とする持続放電である。ここで2次電子放出とは，金属などの固体表面に電磁波（X線，電子線）や粒子（電子，イオン）を照射（衝突）させると，その表面から（別の）電子が放出されることをいう。一方，アーク放電[15]は，陰極からの熱電子放出（金属などの表面を加熱すると，表面から熱励起された電子が飛び出してくる現象をいう）が基本となる。しかし，放電の持続は熱電子だけではなく，陰極のごく近傍に陽イオンが密集して形成される強電場によって放出される電子も関与する。

われわれは，通常，Arを作動ガスとして用いるが，Arアークの電流密度を高めるためには，分子量が小さい水素やヘリウムガスを混合して，その混合ガスの解離によるアークの強い冷却作用（熱的ピンチ効果）を利用することが効果的である。工業的な面を補足すると，アーク設備費は比較的廉価であることが挙げられる。アークの場合には高周波放電やレーザに比べて，設備費はおよそ1桁少なくすむ。

図3にあるプラズマガンは浦本が考案した圧力勾配型式である[16,17]。陰極部と製膜室との間に中間電極をもたせることで，圧力勾配を実現しているガンであることが特徴である。メッキ金属イオンの逆流衝突に曝されず，陰極寿命が長いので長時間成膜が可能となる。陰極構成材料の薄膜への混入もなく，良質な薄膜形成が可能である，といった優れた特徴をもつ。

2.3.2 蒸発源

蒸着源は導電性をもった焼結体（ハクスイテック社製，純度：4N）を使用している。真空中で蒸発材料（ターゲット）にアークプラズマビームを照射して加熱すると，蒸発材料はある温度に達した時点で昇華し，原子状態で均一な昇華が始まる。この際に，均一な蒸発ガスに混じって径がμm～1000μm程度の目に見える大きさの飛沫が蒸発材料から飛び出して，堆積膜に衝突する現象が見られることがある。この現象（“スプラッシュ”と呼んでいる）は，飛沫の衝突によって堆積膜にピンホール欠陥（薄膜成長中は，ゴミとともに膜内にあるが，成長後は剥離する）を起こす原因となり，堆積膜の均質性を著しく害するばかりか，導電膜としての性能（電気特性・光学特性）を著しく劣化させる。

この様な現象が起こる原因としては，ターゲット内に含まれる気泡が，アークプラズマビームの高エネルギーによる熱衝撃や静電荷チャージアップ等によって爆発したものと考えているが，成型後の焼結温度やターゲットを構成する粒子の粒径分布などを工夫して，その問題を解決している。

2.3.3 基板温度

基板温度の制御は，薄膜の配向性の高低や薄膜の付着力に影響する。もともと付着力の強いRPDでは，基板温度上昇による付着力の増大は，これまで議論の焦点にはなかった。一方で，配向膜の実現の有無には直接，関わる。特にホール移動度やキャリア密度の制御には必要不可欠である。

基板は高温のアークプラズマに曝されている。高速製膜といった特徴をもつため，膜厚200 nm程度の製膜での基板温度の上昇は，基板温度200℃製膜では，プラス20℃程度である。すなわち，製膜中の基板温度変化は無視できる。一方で，基板無加熱製膜条件では，成長条件，特に膜厚を厚くするために低速で搬送させる場合は，製膜中に100℃を越えることもある。特に，プラスチックフィルム基板の場合，製膜中の温度上昇は，クラック（ひび割れ）発生を誘導することがわかっている。各種プラスチック基板の荷重たわみ温度を考慮した処理(基板の冷却，ハードコートなど）や製膜プロセス開発が必要となる。

2.3.4　反応性プラズマ蒸着法によるZnO薄膜構造の特徴

本節の最後に，反応性プラズマ蒸着法（RPD）によって，ガラス基板上で製膜したZnO薄膜の成長機構に関するこれまでの知見に基づいた特徴をまとめる。

① 初期核発生密度が大きい。

② 初期核が配向している。

③ ２次核発生が少ない。

④ 結果的に配向面の成長速度が最も大きい。

上記，特徴①は飛来粒子のもつエネルギーからの帰結である。特徴③は，反応性プラズマ蒸着法では，プラズマ発生における異常放電を無くすこと，蒸発材料中の組成成分の分布を抑えること，製膜室内における残留水を可能な限り無くす（基底圧力を下げる）こと，など制御することで満たされる。上記条件④については，ウルツ鉱型のZnOを用いる場合については，本質的に満足されると考えている。特徴②をもたらす機構および最適製膜条件については，現在，検討中である。

2.4　ガリウム添加酸化亜鉛薄膜の特性

2.4.1　薄膜構造の膜厚依存性とその制御

われわれは，反応性プラズマ蒸着法や電子ビームを蒸発機構に用い，イオン化機構としてrfプラズマを用いたイオンプレーティング法[18,19]を主に用いて，第Ⅲ族元素，ガリウム（Ga）をドーピング（Ga_2O_3: 4 wt％）した[20~22]，多結晶ZnO薄膜（GZO）のミクロ構造，電気特性，光学特性を検討してきた。

以下は，反応性プラズマ蒸着法によるGZO薄膜における成果である。膜厚は段差計（Alfa-Step, IQ)，およびXRDの反射からの解析などのクロスチェックを行っている。

これまでの研究から，ZnO薄膜の最大の解決すべき課題は，抵抗率の大きな膜厚依存性（特に数10 nmでの大きな抵抗率増大）である。これは製膜法に依らない。一方，ITOにおいては，抵抗率の膜厚依存性は，ほとんどなく，数10 nmから350 nmの広い膜厚領域において，1.3～1.6 $\times 10^{-4}\,\Omega\,cm$なる低抵抗率を実現させる[23]。

図４に，無アルカリガラス基板（NHテクノグラス㈱製，NA35（以下のデータは当該社ホームページによる）：板厚＝0.7 mm，密度＝2.49 g/cm^3，歪点＝650 ℃，熱膨張係数＝37.3×10^{-7}/℃（50～300 ℃））上に，基板温度200 ℃で製膜した膜厚30 nmのGZOにおける高分解能X

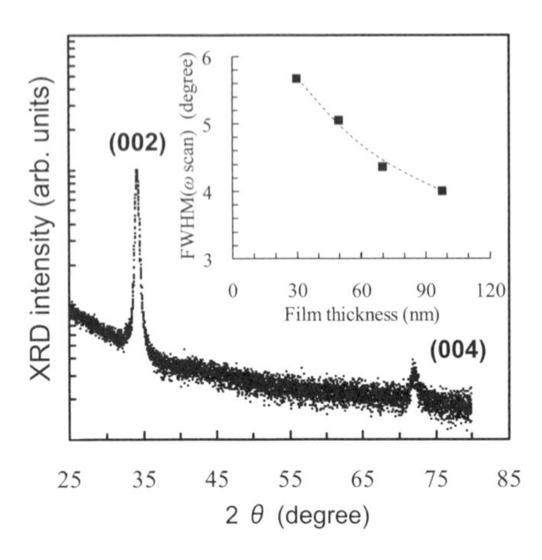

図4　ガリウム添加酸化亜鉛薄膜（膜厚：30nm）の out-of-plane XRD パターン

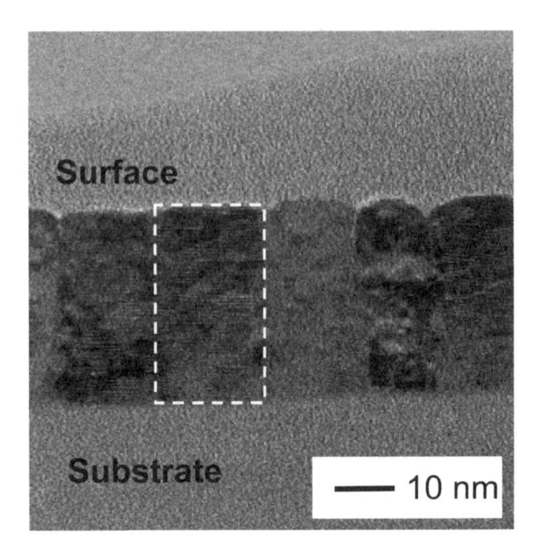

図5　ガリウム添加酸化亜鉛薄膜の断面TEM 像
膜厚30nm

線回折装置（リガク製，ATX-G）によるout-of-plane XRDの結果を示した。図中，挿入図では（0002）面回折ピークの半値幅（FWHM: Full-Width of Half-Maximum，配向程度の分布のばらつきを表わすもの）の膜厚依存性を示した。加えて，図5にイオンミリングで加工したサンプルによる断面透過型電子顕微鏡（TEM）像を示した。基板に垂直，かつほぼ真っ直ぐに成長している柱状構造が観察される。

図4から，ウルツ鉱型ZnOであることが同定され，かつ（0002）および（0004）面回折ピーク以外は，ほとんど無視できることがわかる。このことから，c軸配向していることが結論される。一方で詳細に解析をしていくと次のようなことがわかる。

GZO薄膜は多結晶薄膜であり，図4から，膜厚の増加とともにFWHMの大きさが減少し，配向性が著しく改善されていく様子がわかる。実際，図5に示されるように，膜厚が30 nmのGZO薄膜では，ガラス基板との界面付近で，配向性の乱れがある。

In-plane XRDによる格子定数の算出，平面TEM像などから得たデータを基にモデル化した，薄膜形態の膜厚依存性の概要図を図6に表した。図6は，膜厚が100 nm以下では，基板に平行な結晶子のサイズが10～15 nmと小さく，かつ少々ランダム配向であり，結晶子相互の配向性（c軸間の平行性の度合い，結晶子同士の回転のずれによる粗い粒界）に劣る。特に，成長初期から，膜厚が70 nm近傍までは，高分解能XRD（リガク製，ATX-G）による解析によれば，結晶格子のa軸の大きさは，バルクZnOのその値に比べて，小さく，反対にc軸の大きさは，バルクのその値に比べて，大きいことがわかった。このことから核発生密度の大きい成長初期状態では，

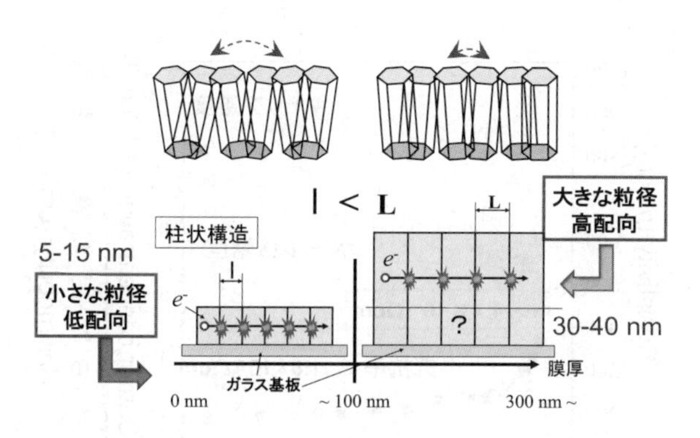

図6　ガリウム添加酸化亜鉛薄膜構造の膜厚依存性

薄膜には圧縮応力が働いていることが考えられる。膜厚が100 nmを越えると，前記の結晶子相互の配向性の改善とともに，結晶子内での構造秩序の乱れも軽減される。

Out-of-planeおよびin-plane XRDの測定結果から算出された格子定数から，計算される単位格子の体積は，膜厚にほとんど依存せず，一定である。いうなれば，GZO薄膜内での密度の膜厚依存性は小さいことがわかった。

2.4.2　電気特性

これまでZnO薄膜では，膜厚が100 nmよりも薄い膜厚では，大きく抵抗率が増大することが応用への面で，課題であった。膜厚依存性が完全に解決されたわけではないが，応用といった観点からは，十分，ITO代替として使用可能な技術レベルに到達するデータが，われわれのグループによって最近，報告された[3)]。抵抗率では，従来のITO膜とほぼ同程度の抵抗率を，数10 nmの膜厚において，再現性良く確認している。この節では，そのデータを基に議論していく。

図7にGZO薄膜（原料中でのGa_2O_3：4 wt％）の抵抗率，キャリア密度，ホール移動度の膜厚依存性を示した。電気特性は，ホール効果測定装置（アクセントオプティカルテクノロジーズ社製，HL5500PC）によって，室温条件で得られたものである。製膜における基板温度は200℃とした。基板は無アルカリガラス（NHテクノグラス㈱製，NA35（以下のデータは当該社ホームページによる）：板厚＝0.7 mm，密度＝2.49 g/cm^3，歪点＝650℃，熱膨張係数＝37.3×10^{-7}/℃（50～300℃））を用いている。ガラス表面の原子間力顕微鏡（AFM（JEOL製，JSPM-4210））による平均粗さ（R_a）は，0.4 nmであった。

図7が示すように，GZO薄膜の抵抗率は膜厚依存性をもつ。すなわち，膜厚の増大とともに抵抗率が減少する。特に膜厚100 nm以下の薄膜では，その度合いが大きいことがわかろう。この膜厚依存性は図7が示すように，主にホール移動度の膜厚依存性にその原因がある。キャリア密度増大とともにホール移動度も増大するのは，粒界散乱で典型的に見られる現象である。

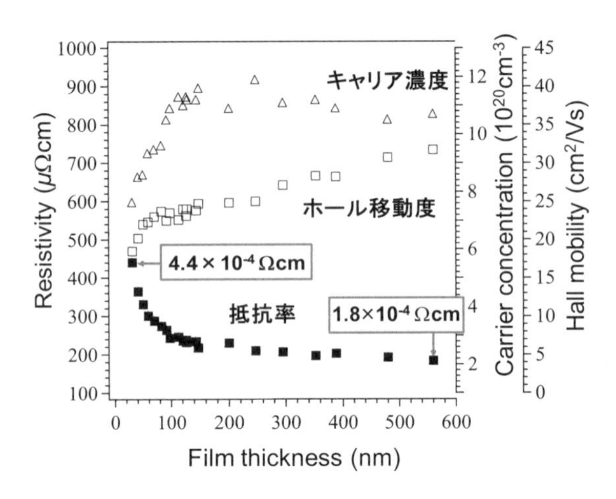

図7　ガリウム添加酸化亜鉛薄膜における抵抗率，キャリア密度およびホール移動度の膜厚依存性

具体的なデータは以下の通りである。膜厚30.5 nmでは，抵抗率4.4×10^{-4} Ωcm（キャリア密度：7.63×10^{20} cm^{-3}，ホール移動度：18.5 cm^2/Vs），膜厚200 nmでは抵抗率2.2×10^{-4} Ωcm（キャリア密度：1.09×10^{21} cm^{-3}，ホール移動度：24.8 cm^2/Vs），および膜厚560 nmでは抵抗率1.8×10^{-4} Ωcm（キャリア密度：1.07×10^{21} cm^{-3}，ホール移動度：31.7 cm^2/Vs）といった膜厚依存性を得ている。

比較として，MBE（分子線エピタキシー）およびPLDによるデータは以下の通りである。

MBEによるGZO薄膜（基板温度：800℃）において，抵抗率1.9×10^{-4} Ωcm（キャリア密度：8.1×10^{20} cm^{-3}，ホール移動度：42 cm^2/Vs）の低抵抗GZO薄膜の報告が中原ら[24]によってなされている。彼らは，この薄膜を青色LED用電極として応用し輝度の向上を実現させている[24]。一方，Al添加AZO薄膜においては，PLD法で製膜，膜厚280 nmにおいて，抵抗率8.54×10^{-5} Ωcmが，大阪産業大によって報告されている[25]。現在では，このグループによるZnO薄膜が最も低い抵抗率である。

実際の製膜においては，基板温度，放電電流といった製膜パラメータの他に，成長中に流す酸素流量の制御が大きな制御因子となる。この酸素流量制御によるミクロ構造制御と電気特性，光学特性への影響についての詳細な議論については，当方からの論文を参照されたい[26]。

2.4.3　光学特性

図8に，GZO薄膜（Ga_2O_3: 4 wt％）における紫外光領域・可視光領域・近赤外光領域での分光透過率（入射光の強さに対する透過光の強さの比率）の測定データをまとめた。測定は分光高度計（HITACHI製，U-4100）を使用した。赤外・可視光領域にはハロゲンランプ，紫外光に

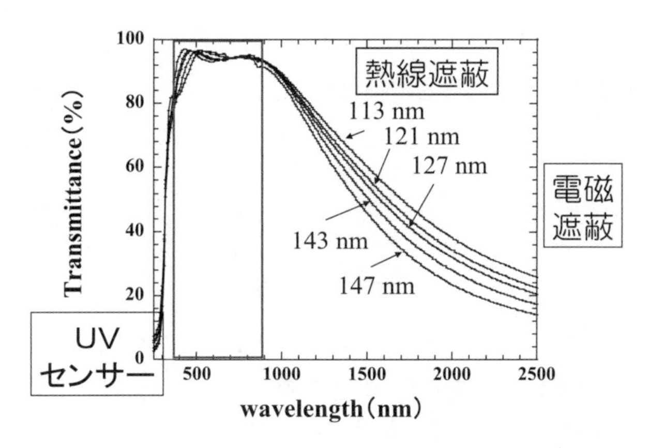

図8　ガリウム添加酸化亜鉛薄膜における分光透過率

は重水素ランプを使用した。リファレンスは無アルカリガラス基板である。また各波長領域での代表的な応用も図中に記した。図中，数字はGZO薄膜の膜厚（単位：nm）を示している。膜厚に応じた干渉が観測されており，光学的なレベルで平坦な薄膜がガラス基板上に製膜されていることがわかる。

紫外線カット領域は，ZnO薄膜のバンドギャップに対応する。吸収端波長は，キャリア密度の制御で，カット率良く，制御できる。それゆえ，紫外線センサーへの応用が期待される。可視光領域（波長領域：380～780 nm）では図が示すように，全ての膜厚で，ほぼ90 %以上の高い透過率を示す。近赤外領域での反射による熱線カットとしての特徴は，応用面で興味深い。

2.5　おわりに

本稿ではZnO透明導電膜に焦点を絞り，イオンプレーティング法に関する一般的な解説，および直流アーク放電を用いた反応性プラズマ蒸着法について紹介した。また反応性プラズマ蒸着法によるGa添加酸化亜鉛薄膜（GZO）についても触れた。

イオンプレーティングは，結晶性が良好でかつ，基板との付着力の強い薄膜が得られることが，大きな利点であり，加えてアーク放電を用いると大電流による高速製膜が可能となる。

本稿では述べなかったが，蒸発材料の供給の工夫で，生産的に優れた連続製膜も可能である。

GZO薄膜は，光学特性はITOよりも透過率において優れることはもとより，電気特性においても，特にこれまで課題であった数10 nmでの高抵抗化に対しては，解決を当方において得た。しかし，今後もさらなる低抵抗化は必要となろう。

今後は，耐熱性，耐湿性および機械的な強度，デバイス内での耐久性，そして加工性など，出口に応じた工業的な特性改良が実施される必要がある。わが国のように資源に乏しい資源需要国では，リサイクルといった備蓄とともに，抜本的な代替材料の研究開発およびその国際標準化を行うことが，今後とも重要であることを最後に言及する。

文　　献

1) 日本化学会編，化学便覧　基礎編Ⅰ　改訂5版，p. 360，丸善㈱（2005）
2) D. M. Mattox, *Electrochem. Technol.*, **2**, 296（1964）
3) T. Yamada, A. Miyake, S. Kishimoto, H. Makino, N. Yamamoto and T. Yamamoto, *Appl. Phys. Lett.*, **91**, 051915（2007）
4) R. P. Howson, J. N. Avaratsiotis, M. I. Ridge and C. A. Bishop, *Appl. Phys. Lett.*, **35**, 161（1979）
5) ㈳表面技術協会編，PVD / CVD 皮膜の基礎と応用，槇書店（1994）
6) 金原粲監修，白木靖寛，吉田貞史編著，薄膜工学，丸善㈱（2003）
7) 応用物理学会 / 薄膜表面物理学会編，薄膜作製ハンドブック，共立出版㈱（1991）
8) F. Winters, H. J. Coufal and W. Eckstein, *J. Vac. Sci. Technol.*, **A11**, 657（1993）
9) 日本学術振興会　透明酸化物光・電子材料第166委員会編，透明導電膜の技術，オーム社，p.139（1999）
10) 山本哲也分担筆，最新透明導電膜動向～材料設計と製膜技術・応用展開～，第6章　酸化亜鉛，情報機構（2005）
11) 山本哲也，酒見俊之，粟井清，白方祥，真空，**47**, 742（2004）
12) 山本哲也分担筆，脱ITOに向けた透明導電膜の低抵抗・低温・大面積成膜技術，第2章第3節（2），技術情報協会（2005）
13) S. Shirakata, T. Sakemi, K. Awai and T. Yamamoto, *Superlattices and Microstructures*, **39**, 218（2006）
14) 山本哲也，酒見俊之，粟井清，白方祥，碇哲雄，中田時夫，仁木栄，矢野哲夫，月刊ディスプレイ，**10**, 70（2004）
15) 堤井信力，プラズマ基礎工学増補版，内田老鶴圃（1997）
16) 浦本上進，溶融塩，**31**, 47（1988）
17) S. Shirakata, T. Sakemi, K. Awai and T. Yamamoto, *Thin Solid Films*, **451-452**, 212（2004）
18) S. Kishimoto, T. Yamamoto, Y. Nakagawa, K. Ikeda, H. Makino and T. Yamada, *Superlattices and Microstructures*, **39**, 306（2006）
19) S. Kishimoto, T. Yamada, K. Ikeda, H. Makino and T. Yamamoto, *Surface & Coatings Technology*, **201**, 4004（2006）
20) T. Yamamoto and H. Katayama-Yoshida, *Jpn. J. Appl. Phys.*, **38**, L166（1999）
21) T. Yamamoto and H. Katayama-Yoshida, *Journal of Crystal Growth*, **214/215**, 552（2000）

22) T. Yamamoto, *physica status solidi* (a), **193**, 423 (2002)
23) H.-C. Lee and O. O. Park, *Vacuum*, **80**, 880 (2006)
24) K. Nakahara, K. Tamura, M. Sakai, D. Nakagawa, N. Ito, M. Sonobe, H. Takasu, H. Tampo, P. Fons, K. Matsubara, K. Iwata, A. Yamada and S. Niki, *Jpn. J. Appl. Phys.*, **43**, L180 (2004)
25) H. Agura, A. Suzuki, T. Matsushita, T. Aoki and M. Okuda, *Thin Solid Films*, **445**, 263 (2003)
26) 山本哲也，酒見俊之，長田実，粟井清，岸本誠一，牧野久雄，山田高寛，機械の研究，**57**，1142，㈱養賢堂 (2005)

第５編　新しい応用展開の可能性

第9章　有機系透明導電膜

藤田貴史*

1　はじめに

近年，透明電極への注目はより一層高まり，液晶ディスプレイ，タッチパネル，プラズマディスプレイ，有機ELディスプレイ，無機ELディスプレイ，電子ペーパーおよび太陽電池など様々な分野において透明電極は用いられている。これらに用いられる透明電極にはディスプレイ表示画面等，光を透過する必要がある部分へ用いられることから，高い透明性と導電性を合わせ持つ部材が必要となる。これらの要求を合わせ持つ部材としては，無機酸化物のスパッタ膜のような，物理蒸着法により作製されている透明電極が最適であり，中でもITO（酸化インジウムスズ）スパッタ膜が現在透明電極膜の主流を成している。

一方，ディスプレイの大型化，コストダウンの要求に伴い，大面積で安価な成膜が可能な材料および技術が望まれている。更に，タッチパネルや次世代ディスプレイである電子ペーパーおよび有機ELディスプレイ用の透明電極には，折り曲げや撓みに耐えられる柔軟性が熱望されている。

本稿では，上記要望に応えられるポリチオフェン系ポリマーによる透明電極について詳しく説明する。

2　透明導電膜の現状

2.1　ITOを取り巻く現状

透明導電膜の材料としては，無機材料として，酸化亜鉛（ZnO）や，アルミドープ酸化亜鉛（AZO），アンチモンドープ酸化錫（ATO），およびITO等がある。これらの中で透明導電膜の材料として最も多用されているのがITOである。一般に，透明導電膜に要求される特性としては，高透明性，高導電性，表面平滑性，およびパターニング性等が挙げられる。ITOスパッタ膜は高透明かつ高導電であるばかりでなく，耐擦傷性など機械特性に優れ，耐光性，耐熱性などの耐環境性に優れる，透明電極に最適な特性を有している。

---

*　Takafumi Fujita　ナガセケムテックス㈱　研究開発部　研究開発第1課

しかしながら，ITOスパッタ膜は無機酸化膜であるために不利な特性も有している。その一つが脆さであろう。柔軟性のあるプラスチックフィルム上に成膜した場合，基材の撓み，折り曲げによりクラックが入り，導電性が低下する。また，ITOスパッタ膜を成膜する際，真空・高温プロセスを経る必要があることから，製造コストが高いという問題もある。加えてITOについては，原料であるインジウムがレアメタルであるため高価であり，枯渇が懸念されている。

このようにITOスパッタ膜は高透明，高導電性，機械特性，耐環境性に優れている一方で，柔軟性に乏しく，製造コストが高いという不利な特性も有している。また，ITOはレアメタルであることから，原料の枯渇が懸念される材料でもある。

柔軟性の乏しさと製造コストの問題の解決策としては，ITOを主成分とし，結合剤に有機樹脂成分を配合したウエットでコーティングが可能な導電性コーティング材の開発が成されている[1,2]。これらコーティング材により得られる薄膜は，スパッタ膜にない柔軟性を有するという特徴がある。また，ウエットコーティングが可能であることから，成膜の際スパッタ膜のような真空・高温プロセスが必要でないため製造コストは安い。しかしながら，上記コーティング材は無機微粒子の分散体であることから，得られる薄膜が透明性に優れないといった問題がある。

2.2 透明導電性材料

透明導電材料は無機系，有機系の二種に大別できる。無機系については，前述した導電性無機酸化物のスパッタ膜や，導電性無機酸化物を樹脂に微分散させたウエットでコーティング可能な導電性コーティング材がある。有機系については，ポリチオフェン，ポリピロール，ポリアニリンに代表される π 共役系導電性ポリマーなどがあり，界面活性剤もある。図1にはこれら二種の一般的な表面抵抗率を示した。なお，導電性の指標として，ここでは表面抵抗率（単位：Ω/□）を用いる。

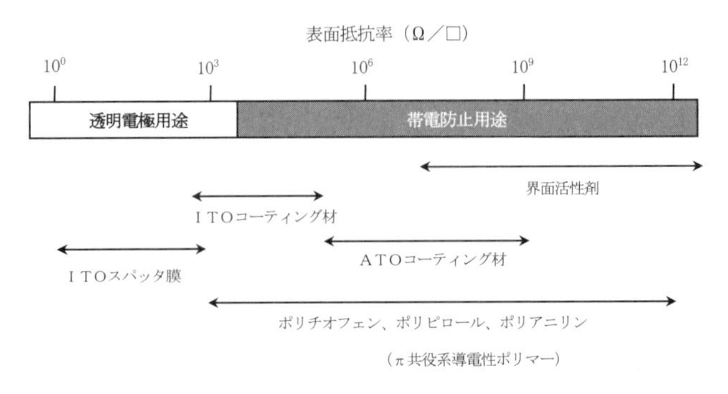

図1　透明導電性材料の表面抵抗率

界面活性剤には低分子型と高分子型があるが，いずれも表面抵抗率は，10^7～10^{14}Ω/□の範囲であり，帯電防止用途では使用可能なレベルではあるが，透明電極用途としての使用は不可能である。導電性コーティング材にはATOのコーティング材およびITOのコーティング材があり，その表面抵抗率はそれぞれ10^5～10^9Ω/□および10^2～10^5Ω/□の範囲である。電極，帯電防止用途にそれぞれ使用可能であるが，前述の通り透明性に問題があるため，透明電極用途への使用は難しい。ポリチオフェン，ポリピロール，およびポリアニリンなどのπ共役系導電性ポリマーは，10^3～10^{12}Ω/□の広い範囲の表面抵抗率を有しており，優れた導電性，透明性，高分子の特性である柔らかさ，軽さなどを兼ね備えているため，透明電極用途，帯電防止用途に使用が可能である。ITOスパッタ膜は，10^0～10^3Ω/□の表面抵抗率で，最も優れた導電性を示し，透明性にも優れることから透明電極用途に使用が可能である。

2.3　ITOフィルムと導電性ポリマーの比較

ここで，π共役系導電性ポリマーのコーティング材による薄膜と透明導電膜の市場をほぼ独占しているITOスパッタ膜とを，原料面，成膜方法に依存する特性および透明導電膜の特性について比較する。表1にそれぞれの得失をまとめた。

2.3.1　原料

原料面について言えば，前述の通りITOのその主原料であるインジウムがレアメタルであり，枯渇が懸念されていることから，今後の安定供給が続くかは予断を許さない状況である。また，近年フラットパネルディスプレイ向けに需要が急増しており，価格が高騰している。このような状況下で，ITOの代替として，AZOなど酸化亜鉛系の開発が活発になってきている。

表1　ITOスパッタ膜と導電性ポリマーのコーティング材の薄膜特性の比較

項目	ITOスパッタ膜	導電性ポリマーのコーティング材による薄膜
原料コスト	高い（インジウム）	安い（ポリマー）
原料の資源	希少（インジウム）	豊富（有機合成）
装置	複雑（要真空）	簡単
生産性	やや劣る	高い
大面積の成膜	困難	容易
複雑形状の成膜	困難	容易
パターニング	フォトリソ（エッチング）	印刷，フォトリソ
トータルコスト	高価	安価
基材選択性	やや劣る	高い
導電性	高い	やや劣る
信頼性	高い（無機物である故の高耐久性）	やや劣る（有機物である故の劣化）
柔軟性	低い	高い

一方，π共役系導電性ポリマーは，有機合成によって得られるので原料は石油となる。昨今，原油高が続いているものの，資源としてはまだまだ豊富であると言える。

2.3.2 成膜

成膜面では，ITOスパッタは高真空，高温，高電圧を必要とするスパッタ装置が必要であり，大面積の成膜や複雑形状の成膜は困難である。パターニングを施す場合は，一旦，単膜を作った後，フォトエッチングを適用するという複雑工程を経る必要がある。

一方，π共役系導電性ポリマーの成膜については，成膜前のコーティング液が，溶液もしくは分散液であるため，例えばロールコーティング，スピンコーティング，ディップコーティング，スプレーコーティング，インクジェットプリンティングおよび，スクリーン印刷等が適用できる。そのため，大面積の成膜や複雑形状の成膜が比較的容易であり，生産性は非常に優れている。また，パターニングを施す場合は，インクジェットプリンティングおよびスクリーン印刷等の印刷法を適用して，直接的にパターンを形成することが可能である。更に，ポリマー主鎖に広がりがあるので，分散剤や結合剤などの絶縁物が混在しても，導電性ポリマーによる共役系の三次元ネットワークを形成しやすく，導電性が低下し難いという利点がある。このため，コーティング液の結合剤を選択することで様々な基材に対して密着性の良い薄膜を形成することが可能である。

2.3.3 特性

ITOスパッタ膜は各社，用途別の性能を有したものをラインナップしている。表面抵抗率については全光線透過率85％以上のもので，5～700Ω/□であり，透明電極用途には十分な導電性を有している。一方，π共役系導電性ポリマーの表面抵抗率の導電性はITOスパッタ膜に一歩及ばないものの，近年の技術進歩により種々の用途に適用できるレベルに達しつつある。

ITOスパッタ膜は無機物であるため，耐熱性，耐湿熱性，耐光性などの信頼性については高く，π共役系導電性ポリマーの薄膜はこれに劣る。これはπ共役系ポリマーが熱，光を引き金に酸化され，劣化が起きるためである。

ITOスパッタ膜はそれ自体がセラミックスの一種であることから折り曲がる力に弱く，柔軟性は低い。タッチパネルに用いられる透明電極においては，指やペンなどにより繰り返し力が負荷されることから，ITOスパッタフィルムが撓むため，長期使用によって脆性破壊が起こり，抵抗劣化が生じるという問題がある。一方，π共役系導電性ポリマーのコーティングによる薄膜は，有機物であるためITOスパッタ膜に比べて柔軟性が非常に高い。

2.4 π共役系導電性ポリマー

表2には，種々のπ共役系導電性ポリマーを示した。

表2　π共役系導電性ポリマーの種類

脂肪族共役系	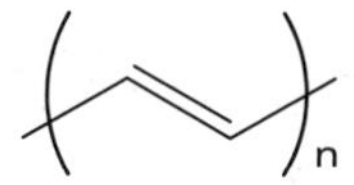 ポリアセチレン	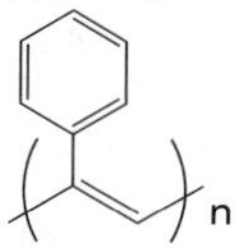 ポリフェニルアセチレン
芳香族共役系	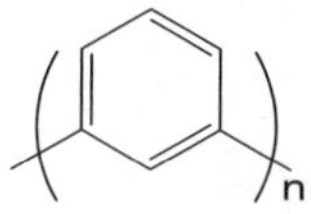 ポリ（*p*-フェニレン）	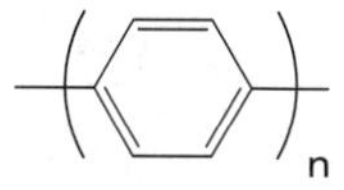 ポリ（*m*-フェニレン）
複素環式共役系	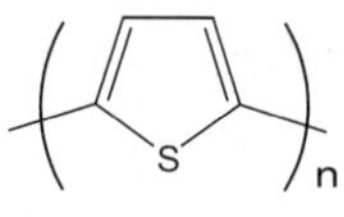 ポリチオフェン	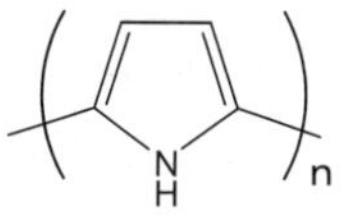 ポリピロール
含ヘテロ原子共役系	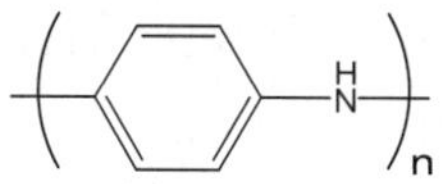 ポリアニリン	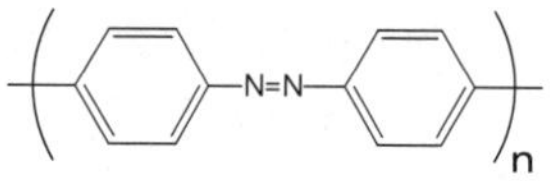 ポリアゾベンゼン
はしご形共役系	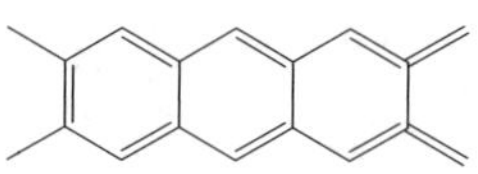 ポリアセン	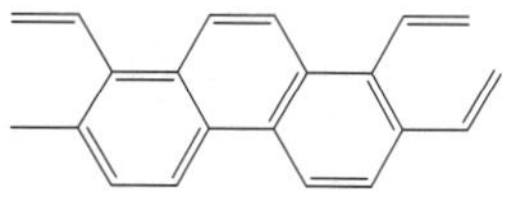 ポリフェナントレン
混合型共役系	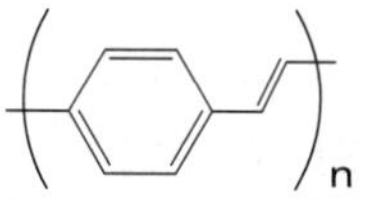 ポリ（*p*-フェニレンビニレン）	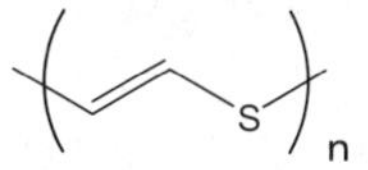 ポリ（ビニレンスルフィド）

系統別に分けると，脂肪族共役系，芳香族共役系，複素環式共役系，含ヘテロ原子共役系の他に，はしご形共役系や混合型共役系などがある。これらπ共役系ポリマーは，電子伝導型の機構で導電性を得ることを特徴としている。また，ポリマーであることから，軽量かつ柔軟性の高い薄膜が得られるといった特徴も有している。一方で，分子構造が剛直であり，広いπ共役を有することから，分子間でのスタッキングが起こり，ほとんどの溶剤に不溶であるという難加工性であるという一面も有している。

難加工性という点では，工業的に薄膜を製造するといった点では致命的な欠点であるので，π共役系導電性ポリマーの加工性を改良する技術が開発されている。難加工性を克服する方法としては，π共役系ポリマーの各種溶剤への可溶化，溶融化等が挙げられる。各種溶剤への可溶化技術については，π共役系導電性高分子の側鎖に分子間のスタッキングを阻害するような嵩高い置換基を導入する方法が提案されており，ポリピロールにアルキル基を導入し，THF，クロロホルム，トルエン，ジエチルエーテルに可溶化させることに成功している[3]。また，水への可溶化技術については，ポリアニリンの側鎖にスルホン酸基などの親水性を有する嵩高い置換基を導入し，水溶性のポリアニリンの合成に成功している[4]。π共役系ポリマーの溶融化技術については，ポリチオフェン環に直鎖のアルキル基を導入し，炭素数4以上で溶融化ができ，更に炭素数20以上の直鎖アルキルを導入することにより，100℃以下での溶融化が提案されている[5]。

ポリアセチレンから始まった導電性高分子の研究は，現在では表2に示したポリマーや，これらの誘導体以外に様々な骨格を持つポリマーが研究されている。ポリアセチレンについては，ヨウ素をドーピングすることで金属に匹敵する導電性を示すことが報告されているが，空気中の酸化が速く，急激に導電性が低下するといった問題があり実用的ではない。導電性ポリマー関連の特許を調べると，その殆どがポリアニリン誘導体，ポリピロール誘導体，ポリチオフェン誘導体であることから，3種の導電性ポリマーの誘導体が透明電極として実用化が近いと考えられている。これら3種の導電性ポリマーの中でも，バイエル社（現H. C. スタルク社）が開発した，ポリチオフェン系の導電性高分子である，ポリ（3，4-エチレンジオキシチオフェン）とポリスチレンスルホン酸との複合体（PEDOT/PSS）は，最も導電性が高いπ共役系導電性ポリマーの一つであり，薄膜の特性に優れることから，実用化が近い材料である。

3 PEDOT/PSS

3.1 ポリチオフェン系導電性ポリマー（PEDOT/PSS）の特性

図2にはPEDOT/PSSのモデル図を示した。PEDOTがπ共役系ポリマーと成り，アクセプターとしてPSSをドーピングした構造をしている。同時にPSSはそのアニオン性が水への分散剤としての役割を果たすため，PEDOT/PSS複合体として水中に安定な分散体として存在できる。その結果，薄膜を形成する際に一般的なウエットコーティング方法が適用でき，均一に成膜するこ

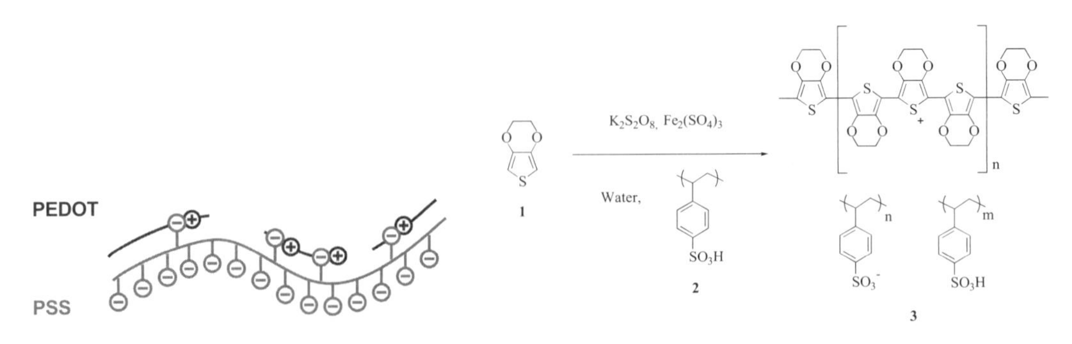

図2　PEDOT/PSSのモデル図

図3　PEDOT/PSSの酸化重合方法

とが可能である。しかも，PEDOT/PSSは耐熱性および耐光性などの化学安定性に優れる構造をしている。これはチオフェン環の活性部位である3，4位がエチレンジオキシ基により保護されており，薄膜の導電性を劣化させる様な，酸化反応などを抑える構造となっているからである。これにより，耐熱性，耐光性などの化学安定性に優れる薄膜が得られることとなる。

PEDOT/PSSは，図3に示す様に，3，4-エチレンジオキシチオフェン（EDOT）をPSS存在下，水中で酸化重合させることにより，微粒子の水分散体として得ることができる。PEDOT/PSS水分散体の物性は，pHがスルホン酸由来により約2と酸性であり，固形分が1.0～2.0%，液外観は濃青色である。PEDOT/PSS自体は，長波長側に吸収を持つため水分散体は青色を呈するが，導電性が非常に優れており，極薄膜で導電性を発現するため透明性の高い導電膜が形成できる。また，その導電性が電子伝導機構によることから，湿度に依存しない安定した導電性を示す。

3.2　PEDOT/PSSの導電性の向上

PEDOT/PSSは上述のような優れた性能を有していることから，写真フィルム，ディスプレイ関連の光学フィルムおよび半導体製造工程等での帯電防止材として広く利用されている。しかしながら，今までは透明電極用の透明導電膜として利用するには十分な導電性は有してはいなかった。当社では，PEDOT/PSSの重合条件の種々検討を行い，PEDOT/PSS自体の導電性を向上させることに成功したので，以下に紹介する。

従来，EDOT（3，4-エチレンジオキシチオフェン）の酸化重合触媒として，ペルオキソ二硫酸ナトリウム，ペルオキソ二硫酸カリウム，およびペルオキソ二硫酸アンモニウム等のペルオキソ二硫酸塩が用いられてきた。この重合触媒のカウンターカチオンを除いたペルオキソ二硫酸を用いることで，その塗膜は，全光線透過率が87.8%のPETフィルムに成膜したとき，全光線透過率が80.0%で600Ω/□の表面抵抗率が発現した。更に，重合混合物に対して約1wt%の濃塩酸を添加することで，350Ω/□まで表面抵抗率が下がることが示された[6]。また，PEDOT/PSSを重合の際，特定の分子量または特定のスルホン化率のPSSを用いること，或いは重合系中のpHを特定の値に規定することにより，更に透明性，導電性に優れたPEDOT/PSSを得ることに成功している[7]。これにより，これまで導電性が不十分であるため参入できなかった分野への展開ができるようになった。ここからは，透明性，導電性に優れたPEDOT/PSSをπ共役系導電性ポリマーとして用い，当社が開発した透明電極材料であるデナトロンフィルムのシリーズについて紹介する。

4　透明電極用デナトロンフィルム

4.1　代表グレードの特徴

透明電極用デナトロンフィルムの代表グレードとして，基本グレード「デナトロンFMG-1」，高導電グレード「デナトロンHCG-1」を紹介する（表3）。

デナトロンHCG-1の導電性と透明性については，ITOスパッタフィルムと同程度の性能を有していた。

耐屈曲性試験（8 mm ϕ，100往復）では，ITOスパッタフィルムの試験後の表面抵抗上昇率は30倍以上であった。スパッタ膜の脆性破壊が起こり，表面抵抗率の上昇が引き起こったと考えられる。一方，デナトロンフィルムにおいては，両グレード共に表面抵抗率の上昇は起きず，優れた柔軟性を有していた。

デナトロンの耐擦傷性は両グレード共にITOスパッタフィルムと同程度もしくは，それ以上の性能を有していた。

4.2　ITOスパッタフィルムとの比較

ITOスパッタフィルムと，デナトロンフィルムについての性能の比較を表4に示す。

表3　「デナトロンフィルム高耐久性タイプ」および「デナトロンフィルム高導電タイプ」

項目	単位	ITO スパッタフィルム	デナトロンフィルム FMG-1	デナトロンフィルム HCG-1
表面抵抗率	Ω/□	◎	○	◎
全光線透過率	%	○	○	○
耐湿熱性	倍	◎	◎	○
耐熱性	倍	◎	○	○
耐屈曲性	倍	×	◎	◎
耐擦傷性	倍	○	◎	○

◎ Excellent　○ Good　△ Average　× Poor

表4　ITOスパッタ膜と「デナトロン（高導電グレード）」の得失

	ITOスパッタフィルム	デナトロン
表面抵抗率	5～700Ω/□	300～3,000Ω/□
成膜プロセス	ドライプロセス スパッタ（高温，真空） 高価	ウエットプロセス コーティング，印刷（低温） 安価
薄膜の物性	硬い，脆い	柔軟

導電性の観点では，ITOスパッタフィルムが5～700Ω/□と低い表面抵抗率を発現するのに対し，デナトロンフィルムは300～3,000Ω/□とやや高い値となる。一方，ITOスパッタフィルムについては700Ω/□以上では非常に薄い膜になるので均一に成膜するのは難しく，安定した表面抵抗率の発現は難しいが，デナトロンフィルムは300～3,000Ω/□までの広い範囲で安定した表面抵抗率の調整が可能である。

一方，成膜プロセスの観点からは，ITOスパッタフィルムが高温・真空を必要とするスパッタ法で成膜されるのに対し，デナトロンフィルムはウエットプロセスでのコーティングとなるため，低温で簡便に成膜され，プロセスコストを低く抑えられるという利点がある。また，薄膜の物性としては，ITOスパッタフィルムの塗布膜は硬い，脆いのに対し，デナトロンフィルムの塗布膜は柔軟であるという特長がある。これは，電子ペーパーなど，フレキシブルな次世代表示デバイスへ応用するためには重要な特性である。

5　パターニング

透明電極においては，ベタ膜のままで使用されるものばかりでなく，液晶ディスプレイの画素電極のように，パターニングが必要な用途も多い。ITOスパッタ膜のパターニングは一般的に以下の工程を経ることにより形成される。

①　基板上にスパッタリングによりITO膜を形成

②　ITO膜上にレジスト膜を成膜

③　レジストのパターニング膜の形成（露光および現像）

④　露出した部分のITO膜をエッチングにより溶解・除去

⑤　レジスト膜の剥離

ITOスパッタ膜について言えば，基板上に単膜を形成するために真空・高温プロセスを必要とし，パターニングについては上述のような煩雑な工程を経るため，パターニングが成された透明電極を得るためには，多大なコストと手間がかかるという事実がある。

一方，デナトロンのパターニング方法としては，ウエットで成膜が可能であることからスクリーン印刷，インクジェットプリンティング等の印刷法が適用できるため，パターニングが成された透明電極を得るためには，比較的安価で簡便な方法が適用できる。また，フォトリソグラフィーを応用する方法が適用でき，リフトオフ法[8]を応用[9]する方法およびデナトロンに水系の感光性樹脂を配合し，感光性を付与してレジスト化する方法等が挙げられる。

今回，これらフォトリソグラフィーを応用する方法を用いてデナトロンのパターニングに成功したのでここで紹介する。

5.1 リフトオフ法を応用した方法

リフトオフ法を応用した方法については，図4の①～④の工程により，デナトロンの電極パターンを形成することができる。

① レジスト膜の成膜

② 電極とは逆のレジストパターニング膜の形成（露光および現像）

③ スピンコーター等のウエットプロセスでデナトロンを成膜

④ レジストと共にデナトロンの不要な部分のパターンを剥離

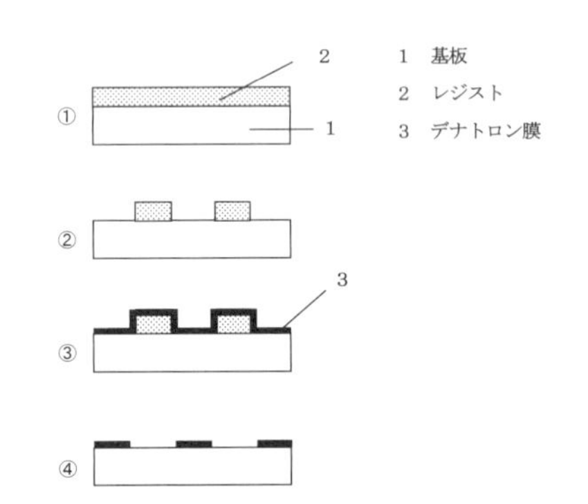

図4 リフトオフ法を応用した方法による「デナトロン」パターニング方法

この工程を経ることにより図5のような電極パターンを得ることができた。この電極パターンのSEM写真を図6に示したが，この写真では約8μmの解像度でパターンが形成されていることが確認できた。薄膜の性能としては，基材を含む全光線透過率が87.1％で，表面抵抗率3,000Ω/□であり，透明度の高い電極パターンを得ることができた[10)]。ITOスパッタ膜のパターニングに比べ工程が簡便であるため，安価で高精細の電極パターンを得ることができる。

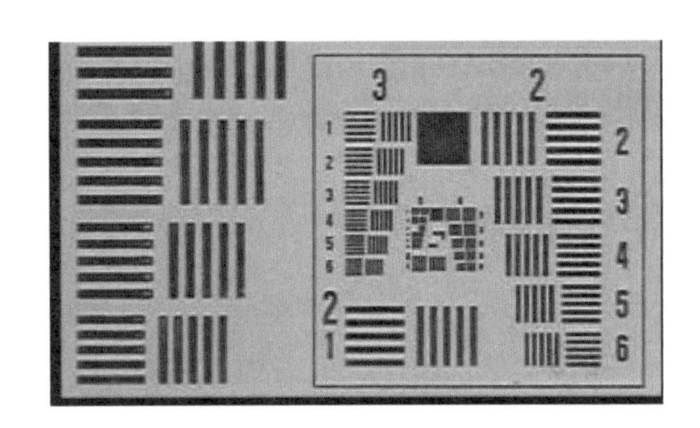

図5 リフトオフ法を応用した方法により得られた電極パターニング顕微鏡写真

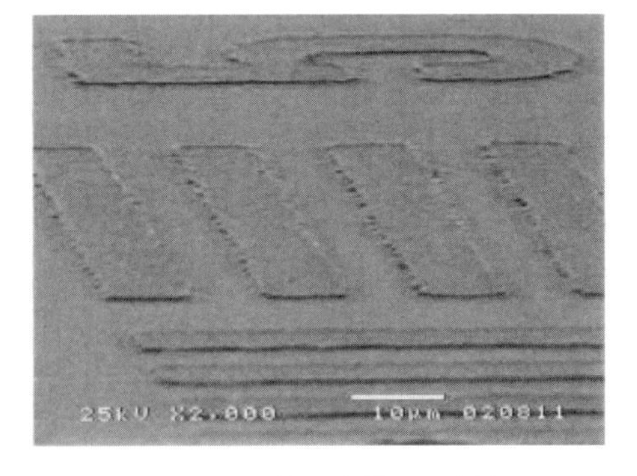

図6 リフトオフ法を応用した方法により得られた電極パターニングSEM写真

5.2　感光性デナトロン

デナトロン自体にパターニング性を持たせる方法も開発している。塗液自身に感光性を付与することによって，ネガ型のレジスト化に成功し，PETフィルム上に図7に示したような，微細パターンを形成することが可能となった[11]。

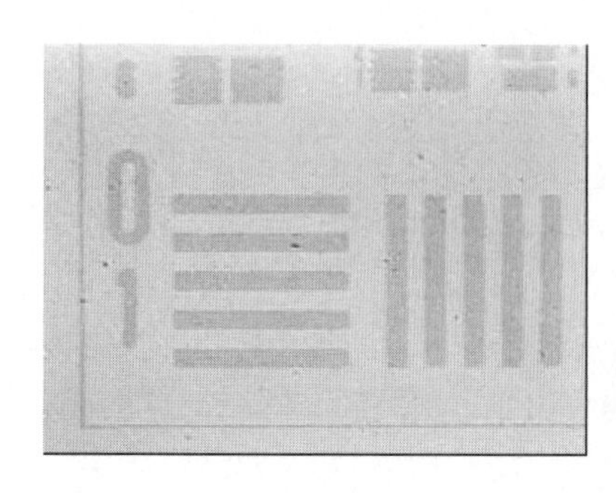

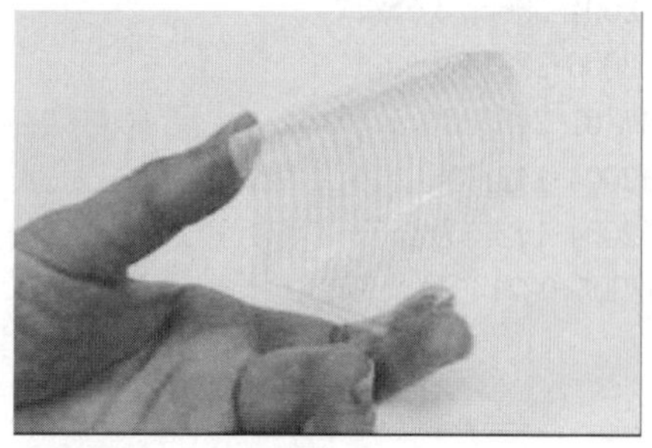

図7　感光性デナトロンにより得られた電極パターニング

6　用途展開

デナトロンフィルムの用途展開としては，液晶ディスプレイ，有機ELディスプレイ，無機ELディスプレイ，電子ペーパー等の画素電極，太陽電池の透明電極に適用可能である。

7　おわりに

デナトロンフィルムは，ITOスパッタフィルムに比べて耐湿熱性，耐熱性などの信頼性，パターニングの解像度においてまだ及ばない特性があるものの，ITOスパッタフィルムと同程度の導電性を有しており，大面積が比較的に容易に成膜でき，安価にパターニングを形成することができるという特徴がある。これらの特徴に加えて特に柔軟性に優れる透明電極を形成可能であることから，特にフレキシブルな表示デバイスに適用されることを期待している。

文　　献

1) 特開平7-219697号公報
2) 特開2000-123658号公報
3) 特開平7-207001号公報
4) 特開平9-71643号公報
5) R. Sugimoto *et al., Chem. Express,* **1**, 635 (1986)
6) 特開2004-59666号公報
7) 特開2006-28214号公報
8) 特開昭61-245533号公報
9) 特開2004-14215 s
10) 特開2004-14215号公報
11) WO2005-027145号公報

第10章　TiO_2系透明導電体

一杉太郎*

1　はじめに

オプトエレクトロニクスデバイスの基幹材料である透明導電薄膜は，フラットパネルディスプレイや太陽電池，青色/白色発光ダイオードにおいて，透明電極として重要な役割を果たしている。特にSnドープIn_2O_3（ITO）は，優良な透明導電性やデバイス作製プロセスへの適合性から広く用いられ，フラットパネルディスプレイ用途として，３m角程度の大面積ガラス上に薄膜形成する技術も確立している。

このように，応用技術面ではすでに確立しているように思える透明導電膜技術だが，近年，以下に示すような様々な要求から新透明導電材料の開発が活発化している。

①　利用範囲の拡大

オプトエレクトロニクスデバイスの発展に伴い，有機ELディスプレイや色素増感太陽電池など，透明導電膜の活用範囲が広がっている。したがって，多様な性能（仕事関数，バンドギャップ，屈折率，機械的なフレキシビリティ，抵抗率や光学特性）や，耐プロセス特性が透明導電体に要求される。また，透明導電薄膜に強磁性などの新たな機能を与えることができれば，新規光デバイスの実現が可能となる。

②　インジウム資源の高騰と供給不安

ITOの主原料であるIn（インジウム）は希少金属である。近年の消費量の急増により，Inの安定供給への不安が叫ばれている。産出国は希少金属を戦略物資ととらえて囲い込みをはじめ，資源ナショナリズムとも呼ぶべき外交カードに使う動きもある。政府もこのような資源問題対策が重要と考え，希少資源代替プロジェクトなど，様々な取り組みを始めている[1,2]。

このような背景の中，2005年にはじめて報告されたTiO_2系透明導電体は，ITOに匹敵する可能性を有することから[3~6]，応用に向けた研究が活発に行われている。Tiは地球上に豊富に存在し（地殻中の元素存在度:第10位），安価かつ安定に供給することが可能であり，さらに，TiO_2

*　Taro Hitosugi　東北大学　原子分子材料科学高等研究機構　准教授；神奈川科学技術アカデミー（KAST）　ナノ光磁気デバイスプロジェクト

は毒性が低い，環境に優しいという特徴を有している。コストのかからない成膜プロセスの開発が急速に進展しつつあり，TiO_2系光触媒技術[7]で培われた多くの技術を適用できる可能性がある。

TiO_2にはルチル型とアナターゼ型の二つの重要な結晶構造が存在するが，アナターゼ型TiO_2のみ優れた透明導電性を発現する[8,9]。これまでの主な報告を表1にまとめる。アナターゼ型$Ti_{1-x}Nb_xO_2$（TNO）エピタキシャル薄膜についてはパルスレーザーデポジション法とスパッタ法により，室温においてそれぞれ抵抗率2.3×10^{-4}Ωcm[3]，3.3×10^{-4}Ωcm[10]と報告されている。筆者らの研究グループでも，スパッタ法により$LaAlO_3$基板上にエピタキシャル薄膜を作製し，3.0×10^{-4}Ωcmを実現している。実用化に向けて重要なガラス上のTiO_2透明導電体に関しては，PLD法で抵抗率4.6×10^{-4}Ωcmが[11,12]，スパッタ法では9.5×10^{-4}Ωcmを示す多結晶薄膜が得られている[13,14]。本稿では，6.5×10^{-4}Ωcmを示す多結晶薄膜の作製法とその特性を紹介する。

この材料の実用化に際しては，ITOには無い，TiO_2ならではの特徴（表2）を活かした応用を考えることが重要である。そのような観点からTNOの特徴を考えると，まず，高い屈折率と

表1　アナターゼ型$Ti_{0.94}Nb_{0.06}O_2$透明導電体に関する報告

Deposition method	Substrate crystallization	Resistivity (Ωcm)	reference
PLD	$SrTiO_3$, $LaAlO_3$ epitaxial	2.1×10^{-4}	*Appl. Phys. Lett.*, **86**, 252101 (2005) *J. Appl. Phys.*, **100**, 096105 (2006) *J. Appl. Phys.*, **102**, 013701 (2007)
PLD	Glass polycrystal	4.6×10^{-4}	*Appl. Phys. Lett.*, **90**, 212106 (2007)
RF Sputter	$LaAlO_3$ epitaxial	3.3×10^{-4}	*J. Appl. Phys.*, **101**, 033125 (2007)
RF Sputter	Glass Polycrystal	9.5×10^{-4}	*Jpn. J. Appl. Phys.*, **46**, 5275 (2007)
DC Sputter	Glass Polycrystal	1.3×10^{-3}	Sato *et al.*, *Thin Solid Films*, in publication

表2　TiO_2系透明導電体の特徴のまとめ

－屈折率が2.4程度（@500nm）
－化学的に安定（強い耐薬品性）
－還元雰囲気下，500℃でも劣化しない
－長波長領域（～2000nm）での透過率が高い
－作製条件：300℃で低抵抗化する
－値段が安い，供給に対する不安がない

化学的安定性が挙げられる。屈折率は500nm付近で約2.4を示し，ITO（約2.0）よりも非常に高い。この高屈折率を活用して光学設計を行うと，可視光透明性がより高いデバイスを作製することも可能である。また，還元雰囲気や，薬品に対する耐性が高いことも大きな特徴である。今後，ITOとの差別化を図るべく，仕事関数や熱処理耐性，密着性などを評価していく必要がある。また，バンドギャップや屈折率を制御するなど，物性をチューニングする技術の開発も重要である。

また，従来の透明導電体（ITO系，SnO_2系，ZnO系）は周期表の右側に位置する元素からなり，等方的なs電子が伝導電子となっているのに対し，TiO_2系では伝導帯がTi3d軌道から構成されるため，電気伝導はd電子が担っている点が特徴である[15]。d電子がキャリア電子となっているTiO_2系は新しいタイプの透明導電体と言え，今後の新たな展開が期待される[16,17]。

以上より，TiO_2を母材とした透明導電体の開発は，新しいアプリケーションの開拓とともに，新透明導電材料の有力候補となりうる。本稿では，ガラス上に成膜したTNO多結晶薄膜の透明導電性とその成膜技術について紹介する。特に実用化という見地からスパッタ法を用いた成膜に焦点を絞り，シード層を導入した透明導電薄膜についてその作製方法と特徴を述べる。

2　アモルファス成膜時の酸素分圧の重要性ーシード層の導入

ガラス上において10^{-4}Ωcm台の薄膜を得るには，アモルファスから結晶化するプロセスが簡便である[11,12]。この手法では，ガラス上（コーニング1737）にアモルファスTNO薄膜をまず堆積する。このとき，基板温度を室温にして（基板を無加熱で）成膜することが重要である。このアモルファス薄膜は，室温では高抵抗を示すが，この薄膜を300～500℃程度で還元アニールするとアナターゼ型に結晶化して抵抗率は6桁程度減少し，10^{-4}Ωcm台を示す透明導電体となる。この値は，ITOやZnO系透明導電体の数倍程度であり，アプリケーションによっては実用化が可能なレベルにある。

具体的な作製手法を紹介する。薄膜作製はRFマグネトロンスパッタを用い，ターゲットには還元した$Ti_{0.963}Nb_{0.037}O_2$（Nb_2O_5が6wt%）焼結体を用いた。ここで，還元処理したターゲットを用意することが重要である。十分に還元したターゲットは黒色をしており，弱い光沢も示す。我々の経験から，還元気味のターゲットが必須であると考えている。基板には無アルカリガラス（コーニング1737，または旭硝子社製AN100）を使用し，ターゲットへの印加電力は120W，スパッタ圧力は1Paとした。スパッタガスとしてO_2とArの混合ガスを用い，その流量比$f(O_2)=O_2/(Ar+O_2)$を変化させて薄膜内の酸素欠損量を調整した。基板温度は非加熱であったが，成膜中に基板がプラズマに曝されて75℃程度まで上昇することを確認している。成膜後，結晶化処理として1×10^5 Pa（1気圧）の水素または10^{-2} Paの真空雰囲気下においてアニールを行った。なお，薄膜中のNb濃度をラザフォード後方散乱分光（RBS）法にて定量した結果，$Ti_{0.96}Nb_{0.04}O_2$と確認された。

低抵抗TNO薄膜を得るには，アモルファス作製時の$f(O_2)$を調整して酸素欠損量を制御することが必要である。一般に，酸素欠損量が少ないとアナターゼが生成し，酸素欠損量が多くなっていくとアナターゼの結晶性が悪くなり，酸素欠損がさらに増えるとルチルが安定化されることが知られている[18,19]。図1(a)に$f(O_2)=0$％，および5％としたときの結晶化後の薄膜についてX線パターンを示す。$f(O_2)=5$％の方が，X線回折強度が強く，酸素欠損量を減らすと，アナターゼの結晶性が良くなっていることがわかる。低抵抗薄膜を実現するためには結晶性が良い方がよいと考えられ，以上の実験から，良質なアナターゼを作製するには酸化雰囲気が適していると推察される。しかし，以下に示すように，抵抗率は酸化雰囲気では高くなってしまう。

様々な$f(O_2)$において作製したアモルファス薄膜を500℃でアニールして得たTNO膜の抵抗率を図1(b)に示す。低$f(O_2)$ほど低抵抗率となり，強還元薄膜（$f(O_2)=0$％）では，1.5×10^{-3} Ωcmを示す。なお，抵抗率の減少は，キャリア濃度と移動度の増大に起因する。以上より，低抵抗薄膜を得るには還元雰囲気が必要であることがわかり，良質なアナターゼ形成と低抵抗化は相反する作製条件であることがわかる。

ここで次の一手を考えるために，エピタキシャル薄膜の場合を考察する。図2にガラス基板上とLSAT$[(LaAlO_3)_{0.3}(Sr_2AlTaO_6)_{0.7}]$基板上に作製した$TiO_2$薄膜のX線回折パターンを示す。これら薄膜はエピタキシャル薄膜が透明導電体になる条件で作製し，基板だけが異なっている。

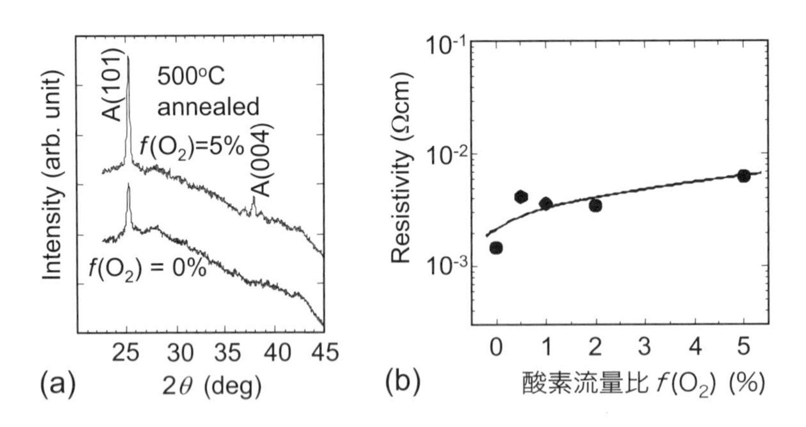

図1　(a)酸素流量比$f(O_2)=0$と5％としたときの結晶化後の薄膜のX線回折パターン，(b)様々な$f(O_2)$における多結晶薄膜の電気抵抗率
A(101)，A(004)はそれぞれアナターゼ型TiO_2の(101)，(004)ピークを示す。

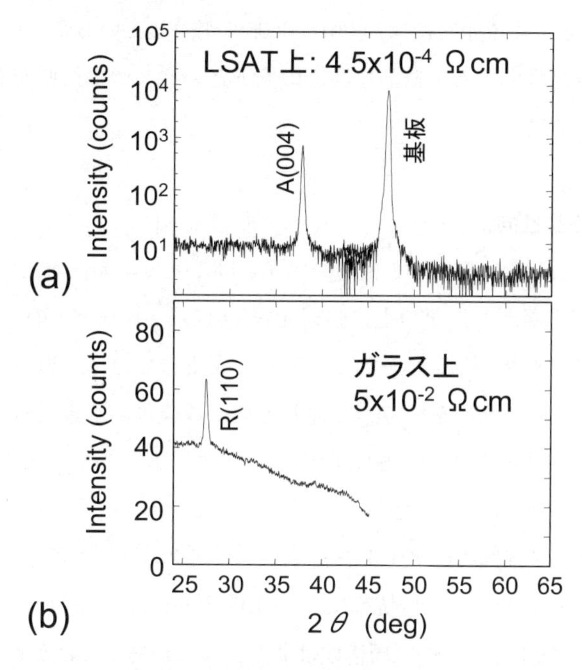

図2　PLD法で透明導電体をLSAT基板とガラス基板上に同時に作ったときの薄膜のX線回折パターン

作製条件はLSAT上で低抵抗薄膜が得られる条件である（ターゲット$Ti_{0.98}Nb_{0.02}O_2$，基板温度650℃，酸素分圧1×10^{-5}Torr）。エピタキシャル薄膜はアナターゼ型TiO_2透明導電体になるが，ガラス上ではルチルが形成され，その抵抗値は高い。

この実験から，ガラス上ではルチルが成長するが，エピタキシャル薄膜ではアナターゼが成長することがわかる。これら薄膜は強い還元雰囲気下で成膜しており，ガラス上で見られたように，本来ならばLSAT上でもルチルができるほどの酸素欠損量を含むはずである。しかし，結晶性の良いアナターゼ型TiO_2が成長しているのは，基板のエピタキシャルの力でアナターゼを無理やり安定化していると考えることができる。したがって，酸素欠損が非常に多いTiO_2薄膜を，エピタキシャルの力でアナターゼ結晶につなぎ止めれば，低抵抗薄膜が得られると理解することができる。

3　シード層の導入

以上の知見から，ガラス上にシード層となる高品質アナターゼをはじめに形成し，その上の還元気味アナターゼを高品質化するという発想が生まれた。エピタキシャル薄膜で実現しているように，シード層によるエピタキシャル成長の力によって高品質化するのである（テンプレート効果)。その後の研究から，強還元層には$f(O_2)=0.05\%$が適していること，そして，このシード層にはアナターゼの結晶性向上と，結晶化温度の低下という二つの役割があることがわかった。以下，それぞれについて述べる。

3.1 アナターゼの結晶性向上

図3にシード層を導入した二層薄膜の構造を示す。図1(a)で結晶性が良いことを示した酸化層($f(O_2)=5\%$)をシード層とし，その上に強還元層($f(O_2)=0.05\%$)のアモルファス薄膜を形成した。この薄膜はスパッタチャンバー内で連続して成膜しており，30 nm程度シード層を堆積した後に酸素分圧を変え，還元層を約170 nm堆積した。成膜後，水素(約1 atm)または真空雰囲気下(2×10^{-2} Pa)，500℃において60分間の還元アニールを行い，結晶化させた。ここで，500℃までの昇温時間は5分間であった。

二層構成にした結果，X線回折のアナターゼ(101)ピークの強度が増し，結晶性が良くなることが確認された(図4(a))。そして，抵抗率は1.5×10^{-3} Ωcm(シード層無し)から8×10^{-4} Ωcm(シード層有り)にまで低下し，この二層構成は非常に効果があることがわかった(図4(b))。シード層導入により，キャリア濃度と移動度の両方が向上し，低抵抗化している。Tiメタルターゲットを用いたDCマグネトロンスパッタ法により作製した多結晶薄膜は抵抗率9×10^{-4} Ωcmと報告されており[20,21]，それよりも低い抵抗値を実現することが可能となった。後に示すように，本手法の最適化により，6.8×10^{-4} Ωcmが得られた。

多結晶薄膜の断面透過電子顕微鏡(TEM)観察を行い，構造を観察したところ，シード層が無い薄膜では強いむらが観察され，不均一であることがわかった(図5(a))。一方，シード層を導入した場合，むらは少なくなり，より均一な薄膜に近づいた(図5(b))。均一な薄膜は電子輸送にとっては非常に重要であることが考えられ，今後，シード層の最適化を進めれば，さらなる低抵抗を実現できると考えている。

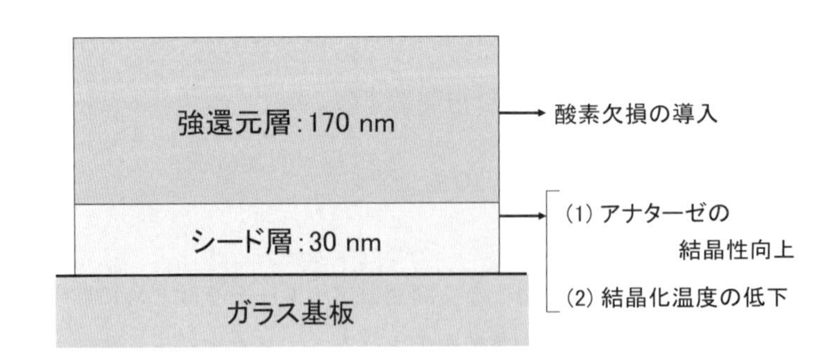

図3 シード層を導入した二層薄膜の構造と各層の役割

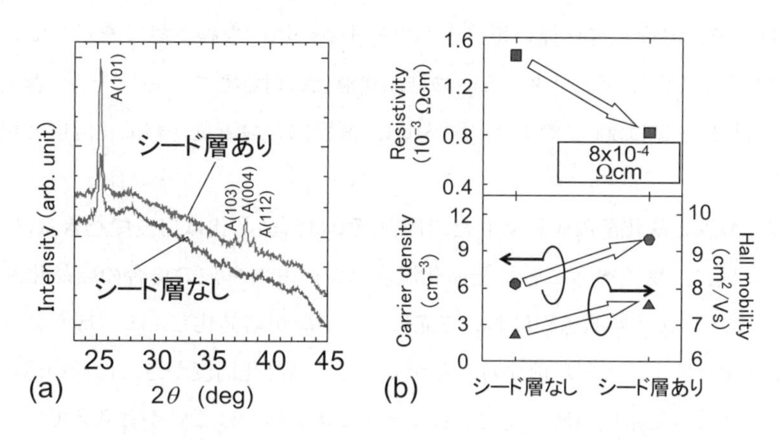

図４　(a)基板温度を室温にして，スパッタ（PLD）法により成膜したシード層なしとシード層あり（二層構造）の薄膜のX線回折パターン，(b)その両者の抵抗率，キャリア濃度，Hall移動度

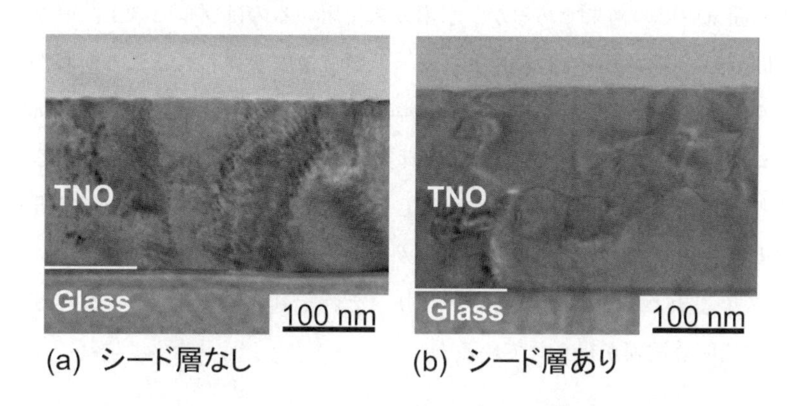

図５　(a)シード層なし多結晶TNO薄膜の断面透過電子顕微鏡（TEM）像，(b)シード層あり（二層薄膜）の多結晶TNO薄膜の断面透過電子顕微鏡（TEM）像

３．２　結晶化温度の低下

シード層を導入することにより，低温プロセスへの道も切り開かれた。結晶化温度を正確に決定するため，アニール中の抵抗値をプロットし，アモルファスから結晶化する過程を追った。昇温および降温速度は３℃/minであり，500℃まで上昇させた後に１時間キープし，その後室温に戻している。熱交換ガスとして水素を１気圧導入している。

強還元薄膜（$f(O_2)=0.05\%$：膜厚200 nm）と酸化層（$f(O_2)=5\%$：膜厚70 nm）をそれぞれ単独で測定した結果を図６(a)，(b)に示す。強還元薄膜（図６(a)）では，アモルファス相は温度上昇に伴い抵抗率が低下し，半導体的な振る舞いを示す。その後，340℃付近で急激に抵抗率が減少し，350℃以上では温度上昇に伴い抵抗率が上昇する金属的な振る舞いを示している。この急激に抵抗率が低下する温度がアナターゼへの結晶化温度に対応している。一方，酸化薄膜$f(O_2)$ = 5％では，結晶化温度は300℃であり（図6(b)），薄膜内の酸素量が結晶化温度と相関があることがわかった。

では，強還元薄膜と酸化薄膜を積層した二層薄膜では，結晶化は何度で起きるのであろうか。図6(c)に示すように，驚くべきことに結晶化温度はシード層単独の場合の結晶化温度，すなわち，300℃となる。これは昇温過程において先にシード層が結晶化し，この層が結晶核となって強還元層の結晶化を促すためと理解することができる。結晶化温度がさらに低い薄膜をシード層に用いれば，より低い結晶化温度を達成することができるのではないかと考えている。

結晶化プロセスに必要な時間は非常に短く，応用上スループットの高いプロセスであることもわかってきた。500℃まで5分で上げ，500℃に5分程度キープして室温に戻した試料でも低抵抗となった。重要な点は還元雰囲気において温度を上げることである。

上記は水素雰囲気中での結果であるが，水素ガスを用いるのはプロセス上，好ましくない。そこで，真空雰囲気中でアニールを行ったところ，低抵抗薄膜が得られることがわかった。図7に様々なアニール温度における多結晶薄膜の抵抗率を示す。水素雰囲気と真空雰囲気のどちらでも300～400℃では同程度の抵抗を示し，300℃の真空アニールで8×10^{-4}Ωcmとなる。現在のところ，最低の抵抗値は，水素アニール温度を400℃としたときの6.8×10^{-4}Ωcmである。このように，低温プロセス（300℃）でTNO透明導電体が成膜できることがわかったので，ポリイミドやアルカリガラスを基板とすることが可能となり，それぞれの基板上で，1.9×10^{-3}Ωcm，7×10^{-4}Ωcmを示す透明導電膜が得られている。

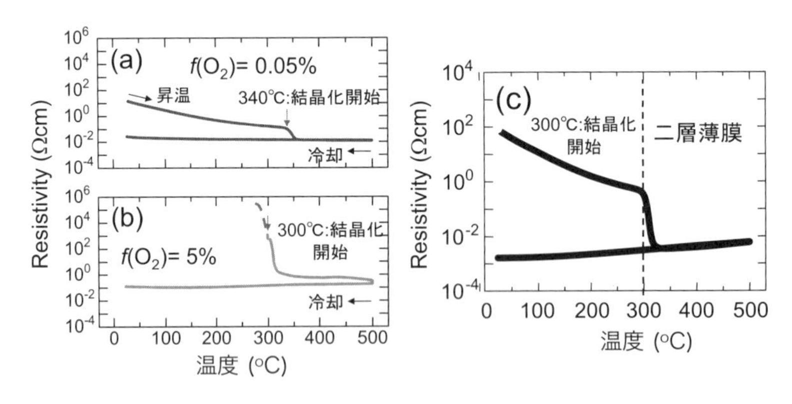

図6　アニール中の抵抗率

(a) $f(O_2)$ = 0.05％の単層薄膜の抵抗率の変化。340℃付近で結晶化がはじまることがわかる。(b) $f(O_2)$ = 5％では300℃付近で結晶化し，抵抗率が急激に減少する。(c) 二層薄膜の抵抗率変化。300℃付近で結晶化し，シード層（$f(O_2)$ = 5％）の効果があることがわかる。

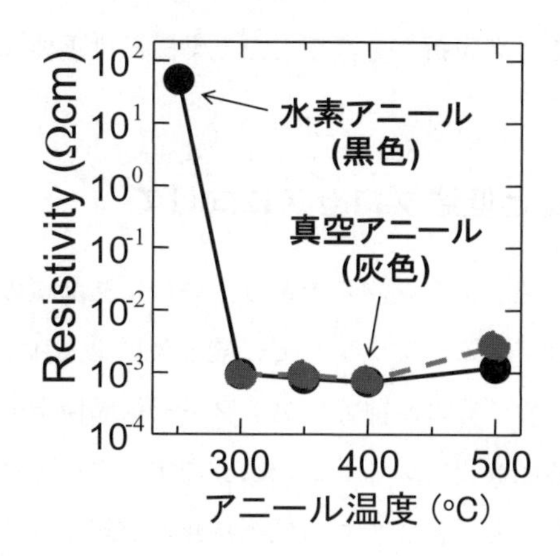

図7　水素アニールと真空アニールについて，アニール温度と抵抗率の関係
300〜450℃では真空アニールでも10^{-4}Ωcm台が実現している。

4　光学的特性

図8に最も低抵抗となったTNO多結晶薄膜（二層薄膜：合計230nm）の光学特性を示す。低抵抗薄膜は60〜80％の可視光透過率（*T*）を示し，透過率や反射率（*R*）の振動は光の干渉によるものである。反射率は10〜40％を示し，ITOに比べると大きな値である。この高い反射率はTNO薄膜の屈折率が大きいためであり（〜2.4@波長500nm），透過率が低下する原因となっている。しかし，吸収率（100-*T*-*R*）は10％以下と低いため，透明性は十分確保できている。TNO薄膜の高屈折率により，ガラス上では薄膜内の干渉効果により着色するというデメリットとなるが，TNO薄膜に接する薄膜/基板と屈折率のマッチングが良いアプリケーションであれ

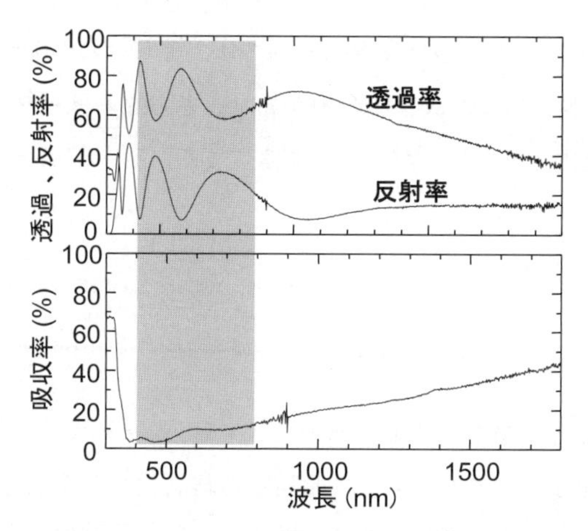

図8　(a)透過率，および反射率の波長依存性（膜厚230nm），
(b)吸収率の波長依存性

ば，透過率の向上につながる。高屈折率を活用した光学設計は重要なポイントとなろう。

5　さらなる低抵抗化と低温プロセスに向けて

さらに低抵抗化するための道筋はシンプルであり，いかに結晶粒の大きな還元気味アナターゼを作るかに焦点が絞られてきている。アナターゼに酸素欠損を入れていく（還元する）とルチルやマグネリ相になってしまう[19]。その直前で，アナターゼ結晶構造をぎりぎり維持している状態が最も低抵抗になりそうな感触を得ている。このようなアナターゼ結晶粒をできるだけ大きく作り，結晶粒界の影響を減らしたときにさらなる低抵抗化が実現できるであろう。実際に，偏光顕微鏡観察から，スパッタ薄膜の結晶粒は非常に小さいことが判明しており，不均一性や粒界は電子散乱に寄与し，移動度の低下をもたらすと考えられる。したがって，今後結晶粒を大きくするプロセスの開発が重要である。

低抵抗化を果たすためには，移動度とキャリア濃度の両方を大きくする必要がある。低抵抗薄膜は非常に高いキャリア濃度（$>10^{21}cm^{-3}$）を示し，この高キャリア濃度はTNO系の特徴となっている。アナターゼの場合，上述の理由から酸素欠損のみでは$10^{21}cm^{-3}$台のキャリアを供給することは難しく，TNO薄膜の伝導キャリアは，ほぼNbドーパントから供給されていると考えられる。たとえば，図6(c)で示した試料では，キャリア濃度は$1.1\times10^{21}cm^{-3}$と見積もられ，ドーピングしたNb原子の90％近くが伝導帯に電子を一つ放出している計算となる。ITOではSnドーパントの50％程度しか活性化せず，キャリア濃度も$10^{20}cm^{-3}$台であるのと対照的である。

このように，キャリア濃度の面では伸びしろが小さいことがわかったため，低抵抗率を実現するためには，移動度を向上させる必要がある。PLD法で作製した多結晶膜（アモルファスから結晶化）[11]とエピタキシャル薄膜[6]の移動度（室温）は，それぞれ$8.0cm^2/Vs$と$16cm^2/Vs$程度であることから，スパッタ膜にはまだ改善の余地があり，さらなる低抵抗化が見込まれる。まずはシード層の作製条件最適化を行うことが重要である。また，シード層として配向しやすい材料を用いることも考えられる。

6　おわりに

二酸化チタン系透明導電体がガラス上において$10^{-4}\Omega cm$台を示し，実用化が考えられる領域に入ってきたことを紹介した。アモルファス薄膜から結晶化する手法を用いると，300℃の真空アニールで低抵抗化することができる。今後，TiO_2ならではの応用を探していくことが肝要である。数多くの研究者がTiO_2系透明導電膜に取り組み，この材料開発が進展することを期待する。

本稿執筆にあたり，東京大学長谷川哲也教授，および神奈川科学技術アカデミー（KAST）山田直臣研究員に大変お世話になりました。御礼申し上げます。

文　　献

1）http://crds.jst.go.jp/output/pdf/06wr05s.pdf, http://www.meti.go.jp/press/20070301005/20070301005.html
2）中山智弘，日本セラミックス協会誌（セラミックス），**42**, 7（2007）
3）Y. Furubayashi, T. Hitosugi, Y. Yamamoto, K. Inaba, G. Kinoda, Y. Hirose, T. Shimada and T. Hasegawa, *Appl. Phys. Lett.,* **86**, 252101（2005）
4）T. Hitosugi, Y. Furubayashi, A. Ueda, K. Itabashi, K. Inaba, Y. Hirose, G. Kinoda, Y. Yamamoto, T. Shimada and T. Hasegawa, *Jpn. J. Appl. Phys.,* **44**, L1063（2005）
5）一杉太郎，長谷川哲也，化学，**62**（12）, 38（2007）
6）一杉太郎，透明導電膜の技術，オーム社，p.173（2006）
7）K. Hashimoto, H. Irie and A. Fujishima, *Jpn. J. Appl. Phys.,* **44**, 8269（2005）
8）一杉太郎，長谷川哲也，真空，**50**, 111（2007）
9）一杉太郎，植田敦希，長谷川哲也，セラミックス，**42**, 32（2007）
10）M. A. Gillispie, M. F. A. M. van Hest, M. S. Dabney, J. D. Perkins, D. S. Ginley, *J. Appl. Phys.,* **101**, 033125（2007）
11）T. Hitosugi, A. Ueda, S. Nakao, N. Yamada, Y. Furubayashi, Y. Hirose, T. Shimada and T. Hasegawa, *Appl. Phys. Lett.,* **90**, 212106（2007）
12）一杉太郎，植田敦希，長谷川哲也，日本セラミックス協会誌（セラミックス），**42**, 32-36（2007）
13）N. Yamada, T. Hitosugi, N. L. H. Hoang, Y. Furubayashi, Y. Hirose, T. Shimada and T. Hasegawa, *Jpn. J. Appl. Phys.,* **46**, 5275（2007）
14）N. Yamada, *Thin Solid Films* in publication
15）津田，那須，藤森，白鳥，電気伝導性酸化物，裳華房（2004）
16）古林寛，一杉太郎，日本物理学会誌，**61**, 589-593（2006）
17）一杉太郎，古林寛，長谷川哲也，真空，**50**, 111（2007）
18）D. G. Syarif, A. Miyashita, T. Yamaki, T. Sumita, Y. Choi, H. Itoh, *Appl. Surf. Sci.,* **193**, 287-292（2002）
19）Y. Yamada, H. Toyosaki, A. Tsukazaki, T. Fukumura, K. Tamura, Y. Segawa, K. Nakajima, T. Aoyama, T. Chikyow, T. Hasegawa, H. Koinuma, M. Kawasaki, *J. Appl. Phys.,* **96**, 5097（2004）
20）山田直臣，一杉太郎，長谷川哲也，表面科学，**29**, 25（2008）
21）一杉太郎，山田直臣，長谷川哲也，表面技術，**58**, 798（2007）

第11章　近赤外線透過高移動度透明導電膜

鯉田　崇*

1　はじめに

一般に，透明導電膜は人間の目に見える光（波長400〜800nm，可視領域）に対して高い透過率を有した導電膜を指すが，本章では，透過率の高い領域が可視領域から近赤外領域にまで拡がっている近赤外線透過透明導電膜について紹介する。この薄膜の用途としては，近赤外領域に感度を有する太陽電池，光検出器，あるいはその他の光デバイスの窓電極などが考えられる。太陽電池の分野においては，高効率化に向けた研究開発が活発になされており，透明導電膜の機能として可視〜近赤外領域までの波長領域における高い透明性と高い導電性が求められている。酸化インジウム錫（ITO）は，可視領域の透明性に優れた低抵抗な薄膜を低温で作製することができるため，サブストレート型Si系薄膜太陽電池，a-Si: Hとc-Siのヘテロ接合型太陽電池などの窓電極に適用されている。しかし，①a-$Si_{1-x}Ge_x$: H，μc-Si: H，μc-$Si_{1-x}Ge_x$: Hなど可視領域から近赤外領域に感度を有する新しい光電変換層の開発，②上記材料と可視領域に感度を有するa-Si: Hを組み合わせた幅広い分光感度を有する積層型薄膜太陽電池の開発，③光閉じ込め技術の開発により，ITOの自由キャリア吸収に起因した反射・吸収損失を無視することができないようになってきた。そのため，広い波長領域において透明な窓電極が求められている。

近年，Mo[1〜4]，Ti[4,5]，W[6]，Zr[7] 等を添加した酸化インジウム（In_2O_3）が，従来のITOより優れた近赤外領域の透明性と移動度を示すことが報告されている。Sn以外のドーパントによる高移動度化は，1966年にGrothによるスプレー法により作製されたTi，Zr添加In_2O_3多結晶薄膜[8]，1984年にKanaiによるフラックス法により作製されたZr，Hf添加In_2O_3単結晶[9] によって見出されていたが，より高いキャリア濃度・低い抵抗率を実現できるITOが殆どの用途の透明導電材料として採用されてきた。しかし，近年のこの「発見・再発見」と薄膜太陽電池など素子側からの透明導電膜に対する要求により，低温プロセスで製造可能な低赤外吸収・高移動度透明導電膜の開発が望まれている。

本章では，近赤外領域の光学特性と電気特性の関係，筆者らが行ってきたSn以外の不純物（Ti，Zr，H）添加による高移動度化に関する研究，および200℃以下の低温プロセスにおいて

＊　Takashi Koida　㈱産業技術総合研究所　太陽光発電研究センター　研究員

高移動度化を可能にする製造技術について紹介する。

2　透明導電膜の近赤外領域の光学特性と電気特性の関係

透明導電膜の電気特性と近赤外領域の光学特性には密接な関係がある。透明導電材料はn型の縮退した半導体である。図1(a)は，半導体のバンド構造をエネルギー（E）-運動量（K）空間で示している。一般に半導体に多量のドナー型不純物が添加されると，フェルミ準位は伝導帯内に移動し，図1(a)に示すように過剰な電子は伝導帯内に存在するようになる。図1(b)に示すように，運動量K_1で半導体内を移動している電子（自由キャリア）が結晶中の点欠陥等により散乱を受けると，運動量はK_2に変化し，自由キャリア吸収が生じる。自由キャリアによる吸収係数は，自由キャリア濃度が増加すると大きくなる。また，移動度の低い半導体では，キャリアの散乱回数が増加するため，自由キャリアによる吸収係数は大きくなる。

半導体の誘電関数あるいは屈折率・消衰係数は自由キャリア吸収により変化するため，透明導電膜の透過・反射スペクトルは，キャリア濃度・移動度の値により大きく変化する。図2にキャリア濃度および移動度が変化したときの透明導電膜の屈折率・消衰係数の変化，図3にガラス基板上の透明導電膜の透過・反射・吸収スペクトルおよびガラス基板の透過・反射スペクトルの計算結果を示す。ここで，誘電関数のモデル化にはDrudeモデルを用い，透明導電膜の高周波誘電率は4，電子の有効質量は$0.3m_0$（m_0：真空中の電子の質量），ガラス基板の屈折率および消衰係数は全ての波長領域においてそれぞれ1.5および0とした。また，透明導電膜の膜厚は500nmとし，抵抗率（$\rho = 1/Ne\mu$；ρ：抵抗率，N：キャリア濃度，e：電子の電荷，μ：移動度）が一

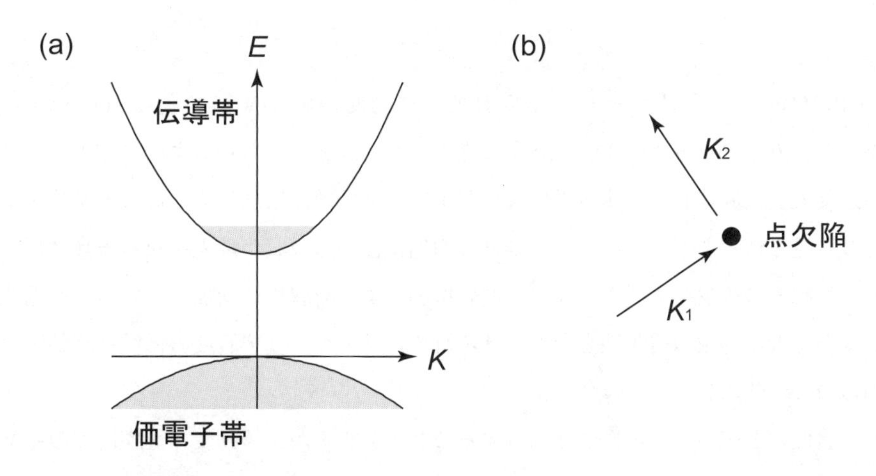

図1　(a)半導体のバンド構造および(b)半導体中の点欠陥による自由キャリアの散乱

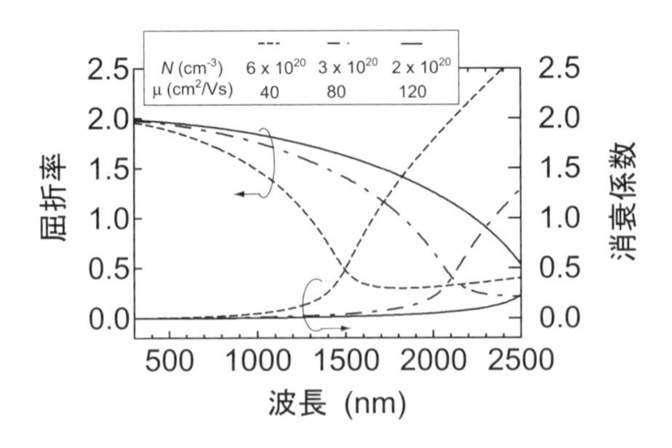

図２　Drudeモデルから計算される透明導電膜の屈折率と消衰係数

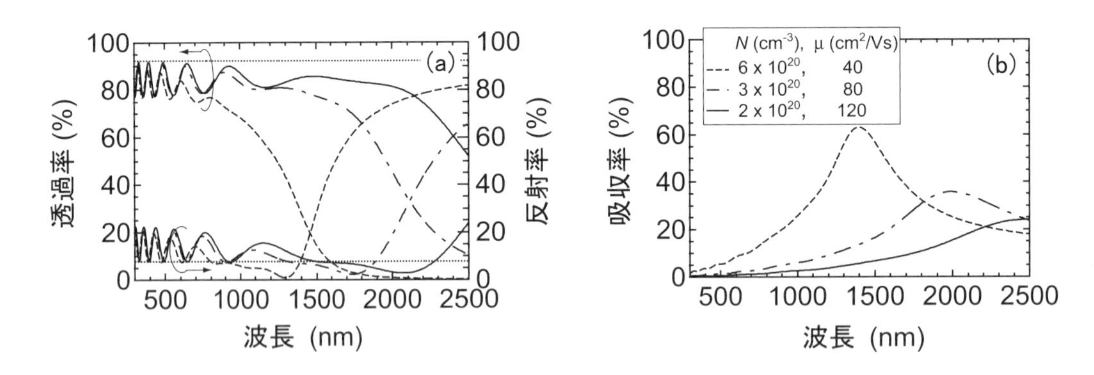

図３　Drudeモデルから計算されるガラス基板上透明導電膜の
(a)透過・反射スペクトルと(b)吸収スペクトル

定（$2.6\times10^{-4}\Omega\,\mathrm{cm}$）になるキャリア濃度および移動度の値［{$N$ ($\mathrm{cm^{-3}}$)，μ ($\mathrm{cm^2/Vs}$)} = {6×10^{20}，40}，{3×10^{20}，80}，{2×10^{20}，120}］を選択した。図２に見られるように，キャリア濃度増加に伴い，長波長領域において屈折率は減少および消衰係数は増加していることが分かる。その結果，図３に見られるように，キャリア濃度の増加に伴い，吸収が最大になる波長は短波長側にシフトし，移動度の減少およびキャリア濃度の増加により吸収量は増加している。導電性を減少させることなく近赤外域の透明性を向上させるためには，キャリア濃度の低減と移動度の向上が必要であることが分かる。

キャリア濃度はドーパント量により制御することができるが，移動度は薄膜内でのキャリアの様々な散乱過程により決定されるため，その制御はキャリア濃度ほど単純ではない。一般に透明導電膜におけるキャリアの散乱機構としては，①格子振動，②イオン化不純物，③中性不純物，④結晶粒界による散乱が考えられる。イオン化不純物には，キャリアを生成するため意図的に添加した不純物（ドーパント）と意図せずに生成した格子欠陥などがある。例えばITOでは，Snと酸素空孔などがそれらに当たる。前者は，三価のInサイトに四価のSnが置換型固溶することにより，一原子あたりキャリアを一個放出するが，イオン化したSnは一価に帯電したイオン化不純物散乱体として働く。後者は，酸素空孔ができることにより，一原子空孔あたりキャリアを二個放出し，イオン化した酸素空孔は二価に帯電したイオン化不純物散乱体として働く。そのため，その散乱断面積は，一価に帯電したイオン化不純物によるものより大きい。格子振動は材料固有のものであるため，キャリアの高移動度化を図るには，格子欠陥に起因する二価以上に帯電したイオン化不純物，中性不純物，および結晶粒界の生成を限りなく抑制する必要がある。

3　近赤外透過高移動度透明導電膜の材料開発

3.1　材料開発方法

一般に低温で作製される透明導電膜の電気・光学特性は，薄膜の製造方法あるいは製造条件に大きく依存する。この主な要因として，製造方法・製造条件により非平衡プロセスに起因した格子欠陥および結晶粒界の生成過程が大きく変化し，その結果，薄膜の電気・光学特性が変化することが挙げられる。そのため，新しい透明導電材料の開発や異なる材料との比較を行うためには，バルク単結晶あるいは平衡プロセスにより近い条件で作製された薄膜試料を用いることが好ましい。一方，透明導電膜の製造にはその用途にも依るが，低温プロセスが求められる。そこで，筆者らは，高い移動度を有するIn_2O_3薄膜を実現するために，以下の二つのアプローチを試みた。

① 結晶粒径がキャリアの平均自由行程に比べ十分大きく，粒界散乱の影響を完全に無視できる高品質エピタキシャル薄膜において，二価以上に帯電したイオン化不純物および中性不純物散乱を抑制することができるドーパント種をコンビナトリアル手法を取り入れたパルスレーザー堆積（PLD）法[10]を用いて探索する。見出した材料をスパッタ法を用いてガラス基板上に成長させ，多結晶薄膜においてもその性能を実現できるように製造条件の最適化を図る。

② 非晶質薄膜を固相結晶化させることにより，低温製造薄膜の高品質化を図る。具体的には，固相成長により薄膜内の歪の抑制と結晶粒径の増大を促し，キャリアの不純物散乱・粒界散乱の抑制を図る。

以下にこれらの研究内容について述べる。

3.2　金属原子添加による高移動度化

3.2.1　Ti，Zr，Sn添加In_2O_3エピタキシャル薄膜の電気特性比較[11)]

コンビナトリアルPLD法[10)]を用いて，酸化インジウムと格子不整合率の小さいイットリア安定化ジルコニア基板上に，基板温度650℃において$In_{2-2x}Me_{2x}O_3$（Me: Sn，Ti，Zr）($0 \leq x \leq 0.05$) 薄膜（厚さ約250nm）を作製した。X線回折（XRD）測定よりいずれの薄膜もエピタキシャル成長し，不純物添加による異相は観察されなかった。図4にこれらの薄膜の組成xに対する抵抗率，キャリア濃度，およびホール移動度の変化を示す。図中の点線は，全てのMeが四価としてInサイトに置換し，一個の電子を供給したと仮定したときに予想されるキャリア濃度を示す。

$In_{2-2x}Zr_{2x}O_3$，$In_{2-2x}Ti_{2x}O_3$薄膜のキャリア濃度は，$x=0$～0.005の範囲において点線とよく一致し，Zr，TiともにSn同様良いドナーとして働いていることが分かる。また，ホール移動度は，$In_{2-2x}Zr_{2x}O_3$，$In_{2-2x}Ti_{2x}O_3$（$x=0.003$，0.005）薄膜ともに無添加In_2O_3薄膜より高く，Sn添加量の増大とともに移動度が減少する$In_{2-2x}Sn_{2x}O_3$と異なる傾向を示している。その結果，表1に示すように$In_{2-2x}Zr_{2x}O_3$，$In_{2-2x}Ti_{2x}O_3$薄膜は$In_{2-2x}Sn_{2x}O_3$薄膜と比べ，少ない組成xで同等の抵抗率を実現している。

一般に，キャリア濃度$1 \times 10^{20} cm^{-3}$近傍の縮退した半導体におけるキャリアの散乱は，2節で述べたように結晶粒界，イオン化不純物，中性不純物による散乱が支配的である。作製した試料

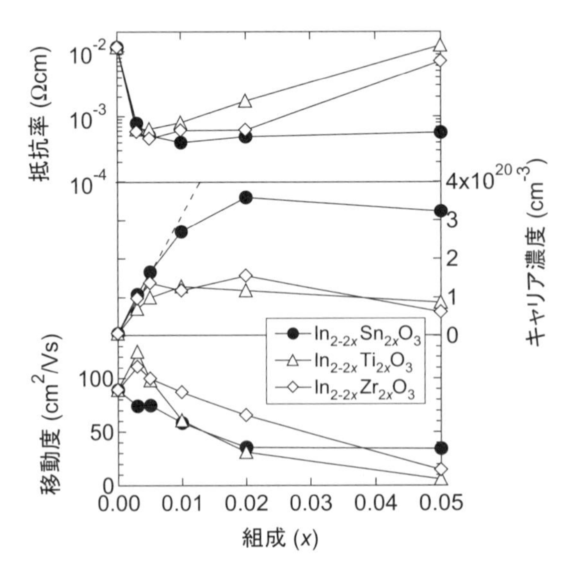

図4　$In_{2-2x}Me_{2x}O_3$（Me: Sn，Ti，Zr）($0 \leq x \leq 0.05$) エピタキシャル薄膜の組成xに対する抵抗率，キャリア濃度，およびホール移動度

表1　最小抵抗率を示した$In_{2-2x}Me_{2x}O_3$ (Me: Sn, Ti, Zr) エピタキシャル薄膜，$In_{2-2x}Zr_{2x}O_3$多結晶薄膜，水素添加In_2O_3非晶質薄膜，および水素添加In_2O_3多結晶薄膜の製造方法，製造温度，抵抗率，キャリア濃度，およびホール移動度

材　料	構　造	成長法	製造温度 (℃)	抵抗率 (Ωcm)	キャリア濃度 (cm^{-3})	移動度 (cm^2/Vs)
$In_{1.98}Sn_{0.02}O_3$	エピタキシャル	PLD	650	3.96×10^{-4}	2.70×10^{20}	58.4
$In_{1.994}Ti_{0.006}O_3$	エピタキシャル	PLD	650	6.33×10^{-4}	7.01×10^{19}	124
$In_{1.99}Zr_{0.01}O_3$	エピタキシャル	PLD	650	4.56×10^{-4}	1.37×10^{20}	99.7
$In_{1.956}Zr_{0.044}O_3$	多結晶	スパッタ	450	2.62×10^{-4}	2.92×10^{20}	81.7
In_2O_3: H	非晶質	スパッタ	非加熱	3.69×10^{-4}	3.03×10^{20}	55.8
In_2O_3: H	多結晶	スパッタ*	200*	2.71×10^{-4}	1.78×10^{20}	130

*非加熱でスパッタ成膜後，真空中200℃でポストアニール

はエピタキシャル薄膜であり，結晶粒径はキャリアの平均自由行程より十分大きいため，結晶粒界による散乱は無視することができる。これらの薄膜のホール移動度の温度依存性および室温でのホール移動度とキャリア濃度の関係を調べたところ，$x<0.01$においてはTi，Zr添加薄膜がSn添加薄膜に比べて二価に帯電したイオン化不純物（例えば酸素空孔など）・中性不純物散乱が抑制され，その結果高い移動度を実現していることを示唆する結果が得られた。一方，$x>0.01$においては，図4に示すようにキャリア濃度は飽和し，移動度は減少し，その結果抵抗率は増大している。Ti，Zr添加薄膜では，Sn添加薄膜に比べ小さいxで，キャリアの補償過程が生じている。添加金属の種類および量（x）によりキャリアの散乱・補償過程が異なる一つの要因としては，添加金属（Sn，Ti，Zr）と酸素との結合力が異なるため，薄膜内の酸素空孔と格子間酸素の生成過程の変化が関与していることが考えられる。

3.2.2　ガラス基板上Zr添加In_2O_3多結晶薄膜の電気特性[12]

本項ではガラス基板上$In_{2-2x}Zr_{2x}O_3$多結晶薄膜においてもエピタキシャル薄膜と同様，高い移動度を実現できるかを調べた。rfマグネトロンスパッタ法により，基板温度450℃にて$In_{2-2x}Zr_{2x}O_3$（$0\leq x\leq 0.038$）薄膜（厚さ約270nm）を作製した。XRD測定よりいずれの薄膜も多結晶であり，不純物添加による異相は確認されなかった。回折ピーク位置より最小二乗法により求めた格子定数は1.0132～1.0140nmとバルクの1.0118nm（JCPDS No. 6-416）より大きく，歪を有していることが示された。また，222回折ピーク半値幅よりシェラー式[13]を用いて計算した平均結晶子サイズは14.6～21.9nmであった。しかし，組成による格子定数および平均結晶子サイズの大きな変化は，いずれも見られなかった。このことはZr^{4+}のイオン半径（80pm）[14]がIn^{3+}のイオン半径（72pm）[14]とほぼ同じであることを反映していると考えられる。

図5にこれらの薄膜の組成xに対する抵抗率，キャリア濃度，およびホール移動度の変化を示

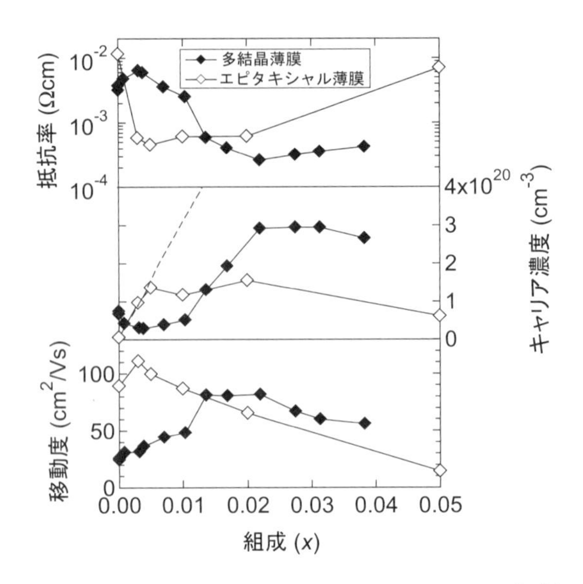

図5　$In_{2-2x}Zr_{2x}O_3$多結晶薄膜($0 \leq x \leq 0.0038$)とエピタキシャル薄膜($0 \leq x \leq 0.05$)の組成xに対する抵抗率，キャリア濃度，およびホール移動度

す。比較のため，3.2.1項で述べた$In_{2-2x}Zr_{2x}O_3$エピタキシャル薄膜の結果も合わせて示す。図中の点線は，全てのZrが四価としてInサイトに置換し，一個の電子を供給したと仮定したときに予想されるキャリア濃度を示す。スパッタ薄膜の電気特性の挙動は以下の三つに大別できる。(I) $x \leq 0.004$：x増加に伴いキャリア濃度は減少し，移動度は増加する。(II) $0.004 \leq x \leq 0.022$：x増加に伴いキャリア濃度・移動度ともに増加する。(III) $x \geq 0.022$：キャリア濃度は飽和し，x増加に伴い移動度は減少する。その結果，$x=0.022$において表1に示す最小抵抗率（2.6×10^{-4} Ωcm）を示し，ガラス基板上スパッタ薄膜においても単結晶薄膜と同様に高い移動度（82cm^2/Vs）を実現していることが分かる。多結晶薄膜とエピタキシャル薄膜において，高い移動度を示した組成xが大きく異なる要因としては，無添加薄膜の$In_2O_{3-\delta}$の非化学量論性に起因した酸素空孔数の違いが考えられる。実際，無添加多結晶薄膜の残留キャリア濃度は，図5に示すように，無添加エピタキシャル薄膜のものより著しく高く，酸素空孔などのドナー型欠陥が多数含まれることが予想される。また，多結晶薄膜においては，エピタキシャル薄膜では見られなかった (I) の現象が見られている。もし，多結晶薄膜におけるドナー型欠陥（酸素空孔など）の生成がZr添加により抑制されていると仮定したならば，(I) の現象を説明することができる。

3.3　水素原子添加および固相結晶化による高移動度化[15)]

3.2.2項で述べたZr添加によるIn_2O_3薄膜の高い移動度は，製膜温度400℃以上においてのみ観測され，製造温度の低温化に課題を残している。また，これまで報告されているMo[1~4)]，Ti[4,5)]，W[6)]，Zr[7,8,12)]，Hf[8,9)] 添加In_2O_3薄膜においても，290～550℃の比較的高い製膜温度において高い移動度が実現されている。そのため，これらの薄膜を適用できる基材あるいは素子は限られており，低温において高い移動度を実現できるドーパントあるいは製造方法が望まれている。そこで，筆者らは，①ZnOなどの金属酸化物においてHが浅いドナーを生成するとの理論的予測[16,17)]，および②ITO作製時に微量の水蒸気を導入することにより非晶質層が形成されるという知見[18,19)] を基に，In_2O_3への添加物としてHを選択し，非晶質層を固相結晶化させることにより，低温プロセスでの透明導電膜の高品質化を試みた。

rfマグネトロンスパッタ法によりガラス基板上にH添加In_2O_3薄膜（厚さ約240nm）を非加熱で作製し，真空中100～240℃にてポストアニール処理を行った。スパッタ装置としては，残留ガスの影響を低減するため，ロードロック式高真空スパッタ装置を用いた。H源としては水蒸気を用い，製膜中の水蒸気分圧を5×10^{-6}Pa未満～1×10^{-2}Paへと変化させることにより，薄膜内のH量を変化させた。薄膜の組成，構造，光学，および電気特性をラザフォード後方散乱分析装置（RBS），水素前方散乱分析装置（HFS），昇温脱離分析装置（TDS），XRD，分光光度計，分光エリプソメトリー，およびホール測定装置により評価した。図6にポストアニール処理(200℃）前後の薄膜のIn，O，およびHの組成を示す。水蒸気分圧増加に伴い，H組成が増大，In/O比が減少している。またポストアニール処理による大きな組成変化は見られない。このことから，製膜中の水蒸気分圧を変化させることにより，In_2O_3薄膜内におけるH組成の制御が可能であることが分かる。図7にアニール処理（200℃）前後のH添加薄膜のXRDパターンを示す。水

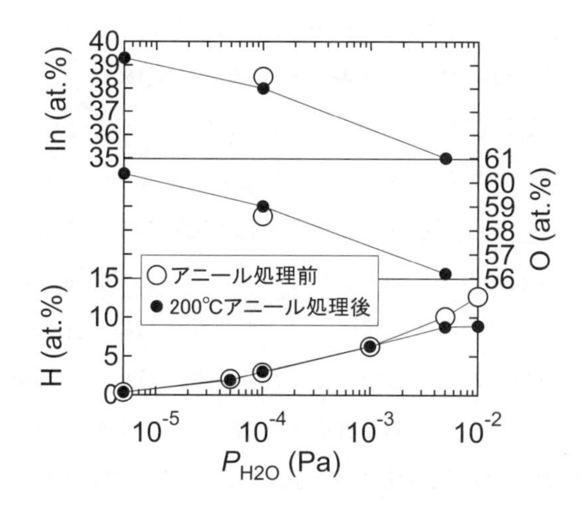

図6　H添加In_2O_3薄膜の薄膜成長時の水蒸気分圧に対するIn，O，およびHの組成

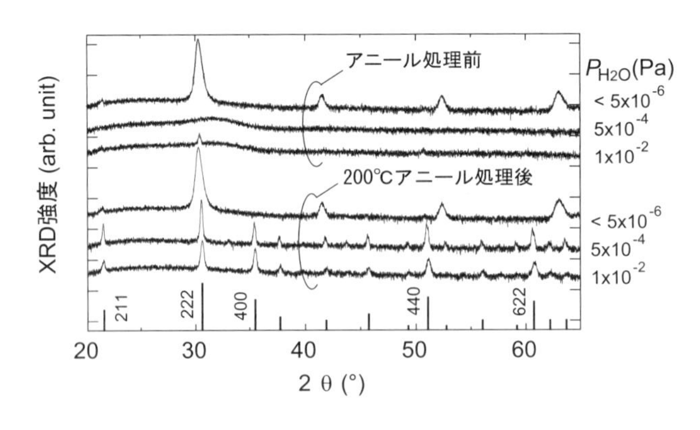

図7　H添加In_2O_3薄膜のXRDパターン

蒸気分圧5×10^{-5}Pa ≤ P_{H2O} ≤ 5×10^{-3}Paにおいて作製された試料は非晶質であり，アニール処理により結晶化している。また，これらの薄膜は，他の水蒸気分圧（P_{H2O} ≤ 1×10^{-5}Pa，$P_{H2O}=1\times10^{-2}$Pa）で作製し，気相成長で結晶化した薄膜に比べ，結晶子サイズは著しく増大していること，および薄膜内の歪は著しく抑制されていることが回折ピークの半値幅および回折ピーク位置の解析により分かった。

図8にポストアニール処理温度に対する薄膜の抵抗率，キャリア濃度，およびホール移動度の変化を示す。ポストアニール処理前において，水蒸気分圧5×10^{-5}Pa ≤ P_{H2O} ≤ 5×10^{-3}Paにおいて作製された試料は，水蒸気を意図的に導入していない薄膜に比べ，キャリア濃度は約3×10^{20}cm^{-3}と増加し，移動度は53～56cm^2/Vsと高い値を示している。このことから，H導入によりキャリアが生成されていることが示唆される。また，ポストアニール処理したこれらの薄膜は，結晶化温度（≥150℃）以上において移動度が著しく増大している。その結果，表1に示すように，200℃の低温製造プロセスで，低キャリア濃度（1.8×10^{20}cm^{-3}），高移動度（130cm^2/Vs），および低抵抗率（2.7×10^{-4}Ωcm）を示す薄膜を作製することができた。H添加薄膜のキャリアの生成起源および高い移動度のメカニズムは現在のところ必ずしも明らかではない。しかし，H添加薄膜の移動度は，一価に帯電したイオン化不純物散乱に支配された移動度の値とよく一致している。ここで，薄膜内の全てのキャリアは，この一価に帯電したイオン化不純物により生成されていると仮定している。この結果は，キャリア生成には一価に帯電したイオン化不純物が関与していること，二価以上に帯電したイオン化不純物あるいは中性不純物の生成が著しく抑制されていることを示唆している。なお，H原子一個あたり一個のキャリアが生成されていると仮定した場合，H添加薄膜（水蒸気分圧：5×10^{-5}Pa，ポストアニール処理温度：200℃）のキャリアの活性化率は24%であった。一般に低温で作製した薄膜は，非平衡プロセスに起因し，多

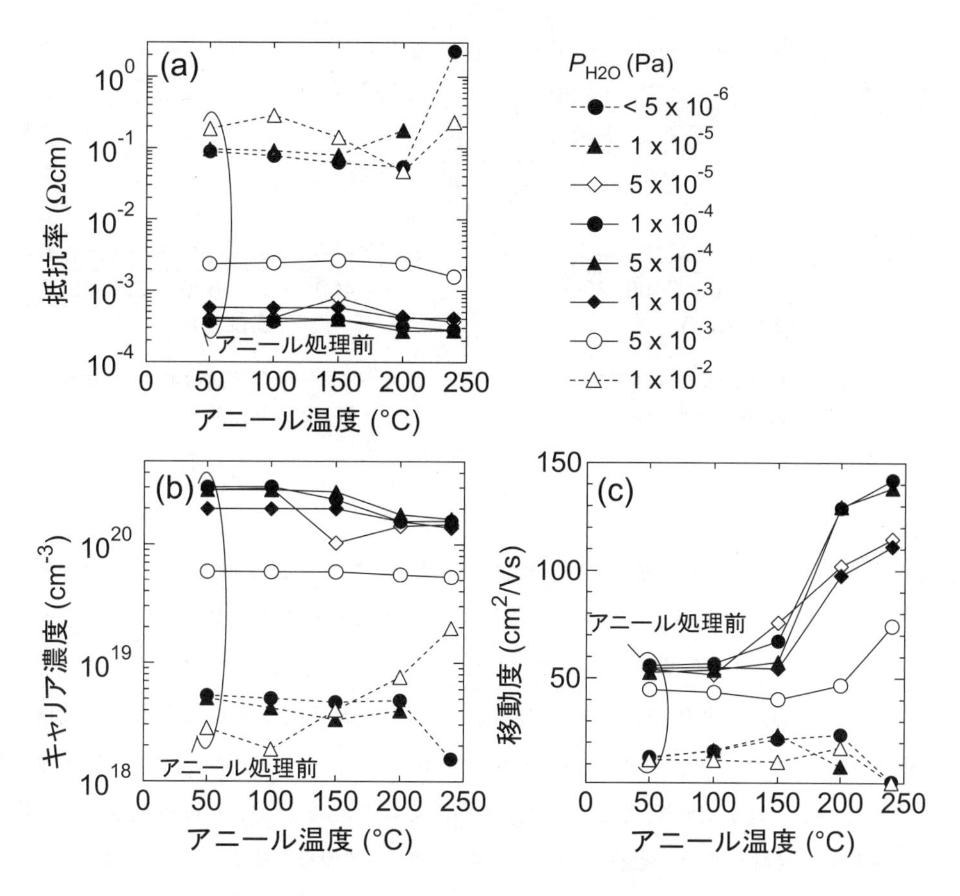

図8　H添加In_2O_3薄膜のポストアニール温度に対する
抵抗率，キャリア濃度，およびホール移動度

数の欠陥を有する。しかし，H添加薄膜は，低温（200，240℃）で作製しているにも関わらず，高温（650℃）で作製したTi，Zr添加In_2O_3エピタキシャル薄膜に比べ，高い移動度を有している。この要因としては，①固相結晶化した薄膜では，結晶粒径がキャリアの平均自由行程に対し十分大きいため，粒界散乱による影響は殆どない，②この薄膜では，歪は抑制されていることから，歪由来のミクロおよびマクロな欠陥の生成は抑制されている，③キャリアの生成に寄与していないHはミクロおよびマクロな欠陥を効果的にパッシベーションしているのではないかと考えている。

また，表1に示した200℃で作製した水素添加薄膜は，低いキャリア濃度と高い移動度を有しているため，図9に示すように，比較試料として作製したITO薄膜（$SnO_2$10wt.%含，膜厚240nm，抵抗率2.3×10^{-4}Ωcm，キャリア濃度$9.5\times10^{20}cm^{-3}$，移動度$29cm^2/Vs$）に比べ，近赤

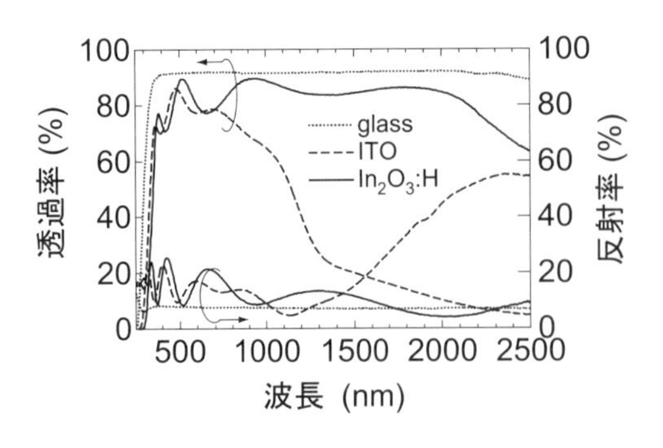

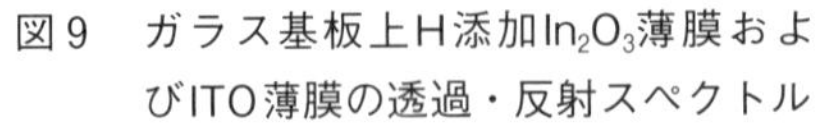
図9　ガラス基板上H添加In_2O_3薄膜およびITO薄膜の透過・反射スペクトル

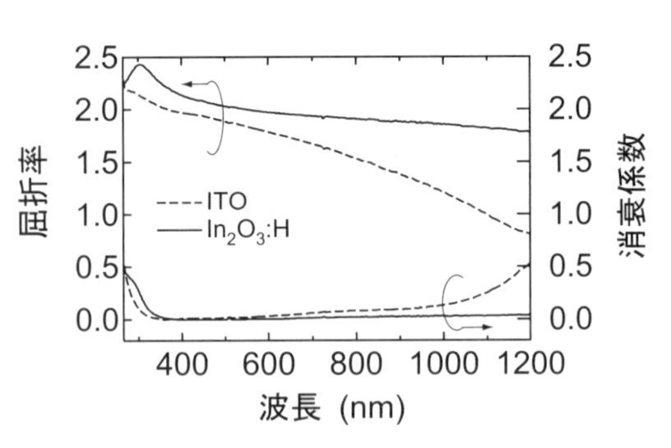

図10　H添加In_2O_3薄膜およびITO薄膜の屈折率と消衰係数

外領域の透明性に優れている。また，図10に同条件で作製した水素添加酸化インジウム薄膜およびITO薄膜の屈折率・消衰係数を示す。ここで，屈折率・消衰係数の算出には，分光エリプソメトリーを用い，測定値（位相差，振幅比）から数学的に反転させて求めた[20]。水素添加酸化インジウム薄膜はITO薄膜より低いキャリア濃度と高い移動度を有しているため，長波長領域で高い屈折率・低い消衰係数を有していることが分かる。このことは2節で述べた計算結果と良い一致を示している。光学定数の波長分散は，透明導電膜を光電子素子の透明電極として用いる際，素子の光学（反射・透過・吸収）損失を考える意味で重要な要素となる。そのため，可視領域から近赤外領域において屈折率・消衰係数の変化の小さい水素添加酸化インジウム薄膜は，素子の用途にも依るが，光学設計のしやすい材料といえる。例えばこの薄膜を（薄膜）太陽電池の窓電極に用いた場合，透明導電膜と光電変換層界面での屈折率不整合に起因した反射損失あるいは透明導電膜内での吸収損失の低減が図られ，分光感度の向上が期待される。

4　おわりに

本章では，主に筆者らが行ってきた酸化インジウム系の近赤外線透過高移動度透明導電膜の材料開発について紹介してきたが，酸化亜鉛系あるいは酸化錫系の材料においても同様な研究がなされはじめている。これらの薄膜は，従来の主に可視領域においてのみ透明な透明導電膜に比べ，高い移動度，低いキャリア濃度を有しているため，導電性を減少させることなく近赤外領域において高い屈折率・低い消衰係数を有する。そのため，（薄膜）太陽電池など近赤外領域に感度を有する光電子素子の透明電極として用いた場合，光学損失低減による素子性能向上が期待できる。

文　　献

1) Y. Meng, X. Yang, H. Chen, J. Shen, Y. Jiang, Z. Zhang and Z. Hua, *Thin Solid Films,* **394**, 219 (2001)
2) Y. Yoshida, D. M. Wood, T. A. Gessert and T. J. Coutts, *Appl. Phys. Lett.,* **84**, 2097 (2004)
3) C. Warmsingh, Y. Yoshida, D. W. Readey, C. W. Teplin, J. D. Perkins, P. A. Parilla, L. M. Gedvilas, B. M. Keyes and D. S. Ginley, *J. Appl. Phys.,* **95**, 3831 (2004)
4) A. E. Delahoy and S. Y. Guo, *J. Vac. Sci. Technol.,* **A23**, 1215 (2005)
5) M. F. A. M. van Hest, M. S. Dabney, J. D. Perkins, D. S. Ginley and M. P. Taylor, *Appl. Phys. Lett.,* **87**, 032111 (2005)
6) P. F. Newhouse, C.-H. Park, D. A. Keszler, J. Tate and P. S. Nyholm, *Appl. Phys. Lett.,* **87**, 112108 (2005)
7) T. Koida and M. Kondo, *Appl. Phys. Lett.,* **89**, 082104 (2006)
8) R. Groth, *Phys. Stat. Sol.,* **14**, 69 (1966)
9) Y. Kanai, *Jpn. J. Appl. Phys.,* **23**, 127 (1984)
10) T. Ohnishi, D. Komiyama, T. Koida, S. Ohashi, C. Stauter, H. Koinuma, A. Ohtomo, M. Lippmaa, N. Nakagawa, M. Kawasaki, T. Kikuchi and K. Omote, *Appl. Phys. Lett.,* **79**, 536 (2001)
11) T. Koida and M. Kondo, *J. Appl. Phys.,* **101**, 063713 (2007)
12) T. Koida and M. Kondo, *J. Appl. Phys.,* **101**, 063705 (2007)
13) B. D. Culity, "Elements of X-ray Diffraction", Addison-Wesley Pub. Reading, Massachusetts (1978)
14) R. D. Shannon, *Act Crystallogr., Sect. A: Cryst. Phys., Diffr., Theor. Gen. Crystallorgr.,* **32**, 751 (1976)
15) T. Koida, H. Fujiwara and M. Kondo, *Jpn. J. Appl. Phys.,* **46**, L685 (2007)
16) C. G. Van de Walle, *Phys. Rev. Lett.,* **85**, 1012 (2000)
17) C. Kilic and A. Zunger, *Appl. Phys. Lett.,* **81**, 73 (2002)
18) S. Ishibashi, Y. Higuchi, Y. Ohta and K. Nakamura, *J. Vac. Sci. Technol.,* **A8**, 1399 (1990)
19) M. Ando, M. Takabatake, E. Nishimura, F. Leblanc, K. Onisawa and T. Minemura, *J. Non-Cryst. Solids,* **198-200**, 28 (1996)
20) 藤原裕之，分光エリプソメトリー，p.175，丸善 (2003)

第12章　有機EL用透明電極

1　有機EL用透明電極

内田孝幸*

1.1　はじめに

有機EL素子の観点からすると，透明導電膜の進展は3つのステージに大別できると考えられる。1[st]ステージでは有機EL素子の市場が無かった頃であり，この時点では，透明導電膜（ここでは，TCO: 透明導電性酸化物と同義語とする）のその名の通り「透明性」と「導電性」という相反する点を両立することに注力されてきた。これらの技術によって，フラットパネルディスプレイ（FPD）や太陽電池等，広範囲におよぶ，光-電気に関わる素子を構築できる恩恵を受けてきた。ここでは，上記の要求を両立するためにガラス基板上に多結晶膜を構築し最良の特性を得ていた。

2[nd]ステージでは，これらを用いた有機EL素子の発展が進み，基板（側）にTCOを用いる，いわゆるボトムエミッションタイプの市場が現れた。この際のTCOには「ナノメートルオーダーでの平坦性」と「数Ω/sq程度の導電性」がさらに要求されるようになった。TCOの導電性を向上させる一つの方法として，結晶化を促進することが有効であるが，これは平坦性と相反する問題であり，TCOへの新たな技術の要求項目である。また，有機EL素子はキャリア注入性の素子であるため，TCOから有機膜へのキャリア注入が重要である。一般的なボトムエミッションタイプではホール注入性を上げるため，高い「仕事関数」をもつ材料の探索やTCOの表面処理方法の検討が数多くなされてきた。

3[rd]ステージでは，現在有機EL素子で主流になりつつあると思われる，トップエミッションタイプの素子への適用である。この場合，基板の反対側すなわち素子上部から発光を取り出すため，有機膜の上にTCOを設けるといった層構造を有することになる。この場合は後述するように，ガラスやSiといった耐熱性の高い材料でなく，ガラス転移温度が百数十度の有機膜上に，透明導電膜を付与しなければならない。有機膜が成膜された後では，高エネルギープロセスを加えることができないため，TCO成膜で一般的に利用されているスパッタなどのプラズマプロセス，アニールなどの加熱処理については，細心の「低ダメージプロセス」技術が必要となる。トップエミッション構造の場合，半透明の金属電極を用いる場合があるが，TCOを直接付与できるこ

*　Takayuki Uchida　東京工芸大学　工学部　メディア画像学科　准教授

とが理想である（キャビティ効果の付与を除く）。

また，ユビキタスへの時代のニーズとして，軽量，折り曲げ可能，衝撃に強いなどの特徴からプラスチック基板への応用がなされている。プラスチックは有機物の中では，硬い(結合が強い)材料であるが，それでも，ガラスに比べればはるかに耐熱性や寸法安定性に劣るので，成膜における「低ダメージプロセス」技術が必須項目である。

1.1.1　透明導電膜

1stステージについてはすでに，多くの読者が既知のことと思われるが，有機EL用TCOの序論としてまず簡単に述べる。これまでのFPD等に用いられていたTCOsへの要求項目は，透明性と導電性が主なものである。単純なエネルギーバンド図の解釈からすれば，可視領域での透明性を確保することはワイドバンドギャップ（約3.2eV以上）が必須項目であり，これは単純には絶縁体を意味する。今までのTCOsの開発はこの透明という条件の下で相反する，導電性を付与する点（折り合い）に注力されてきた（工業的にはパターニングのためのエッチング性も含む)。絶縁体を基本とした構造の伝導帯の直下にキャリアの供給元となる（ITOであれば酸素空孔とSn5sによる）ドナー準位を設け，さらにこれらの濃度を上げることで，伝導帯に重なりが生じ，結果として伝導帯にキャリアが供給され，絶縁体に近いバンドギャップをもつ半導体にも関わらず，金属に近いような導電材料として振舞う極めて特異な材料（縮退半導体）と位置づけられる。さらに，導電性を上げるには，キャリア密度を向上させればよいが，キャリア密度が$2\times10^{21}cm^{-3}$を超えると，可視領域での光の周波数が，プラズマ振動数を超える。この結果，格子中の電子の振動が光の振動数に追従できなくなり，この材料の表面で，ほぼ完全に光が反射される。その結果金属光沢をもち始め導電性向上の代わりに，当初の透明性が消失する。

TCOsはワイドバンドギャップを有し，さらに伝導帯の僅か下にドナー準位をもぐり込ませた(縮退したバンドを重ねた)，いわゆる縮退半導体を形成することで，上述の相反する特性を両立する物質である。このため，透明で導電性をもつ膜は材料自体も現状では限定されており，酸化物にほぼ限定されることから透明導電酸化物やさらに，これらの代表の材料である，スズ添加インジウム酸化膜（ITO）が同義語として頻繁に使われている。このような理由から，限られた特異な性質を引き出せる材料選択の中で，「透明性」と「導電性」の両立にこれまでは主に注力されてきたが，有機EL素子の登場によってさらなるTCOsへの特性の要求が増えることになった。

1.1.2　有機EL素子の市場の動向

1987年，Tangらは約50nmの薄膜を２層積層させた有機EL素子を発表[1]し従来にない高輝度，高効率の有機発光デバイスが作製可能なことを示した。このブレイクスルーをきっかけとして研究が盛んに行われ，市場では1997年に車載用FM文字多重レシーバーの市場投入[2]に始まり2002年には携帯電話のサブディスプレイにエリアカラーのものが販売される[3]に至った。また，三重項を利用するりん光性発光材料の報告[4,5]により効率の面でも新たなる推進力を得て，さらに実用化への弾みがついた。

次世代のFPDの一つとして「有機EL素子の期待」が高まり，展示会でのデモ機がそのまま量産されるように思えた。しかし，この時点で構築されていたSiを始めとする無機半導体の製造技術では適合できない多くの点があるにも関わらず，これらの基盤技術に当初は寄生せざるをえない部分があった。「期待」と「越えなければならない技術のハードル」のギャップで苦悩を続けながらもSiという主役に完璧にチューニングされた舞台で，有機材料に対して作製技術もドライブするTFTにも不整合を抱えたまま，離陸した。この時点では，真のポテンシャルを十分発揮する技術はまだ備わっていないまま，完成度の高いLCDとの比較として評価を受けることになった。さらに，他のFPDとの競争の激化や，有機EL素子が依然として抱える素子寿命や，特に量産における歩留まり向上の困難さから，この時点での課題の前に撤退を余儀なくされた報道もいくつかなされた。

しかしながら，一進一退を繰り広げながらも，着実に製造技術は向上しており，デジタル携帯オーディオや携帯電話のサブエリアでの小型情報パネルへの搭載を皮切りに，2007年には携帯電話のメイン画面への搭載が一部で開始され，さらに年末には他の数機種への携帯画面の搭載もアナウンスされている。また，2007年の展示会で最薄部約3 mm，100万：1の高コントラスト，そして豊かな色再現性で話題になっていた11V型有機ELテレビが市販されることになった[6]。このような経緯から，信頼性や競争力から製品として成立することへの懐疑的な意見は今では少なくなり，有機EL素子は次世代ディスプレイの一つとして社会的にも認知されてきたようである。今後，世界中で量産が始まる様相であり，有機EL素子も透明導電膜を用いた画像表示素子の一つとして市場を形成しつつある。この局面に伴って，これまでにはないような透明導電膜の評価項目，技術要素が必要になってきている。

1.1.3　有機EL素子のための透明導電膜

有機EL素子は動作機構の観点からすれば，無機半導体のp-n接合を利用した発光ダイオード（LED: light emitting diode（またはdevice））に類似の動作機構をもつキャリア注入型の発光素子であるため，有機ELはOLEDとも呼ばれる。OLEDにおいても，ITOは一般的に広く用いられる透明導電基板であるが，これまでの例えば液晶ディスプレイ（LCD）において重視された透過率，導電性といった物性評価の他にOLEDでは有機層の膜厚が数百nmと薄いことからくるnmオーダーの平坦性が必要である。また，さらにキャリア注入型の発光デバイスであるためヘテロ界面のキャリア注入効率と関わる電極材料のエネルギー準位という観点からの評価が特に必要となってきている。

さらに，次世代のユビキタス時代のデバイスに向けてOLEDの特徴を引き出す検討が進んでおり，プラスチック基板への素子作製など多くの新しい取り組みがなされている。この点でも今までとは異なったTCOへの技術的要求がある。本節では，OLED素子に用いるための透明導電膜の役割と課題について述べる。

OLED素子に用いる透明導電膜は，①下部基板側に陽極，上部有機膜上へ陰極とする通常の順積み構造と，②下部基板側に陰極，上部有機膜上を陽極とする逆積タイプに大別できる[7]。光取り出し用の透明電極はこの①，②の２通り×上部または下部＝４通り電極の選択のうち一つを透明電極とすればよいが，ここでは，一般的な①順積構造の場合のボトムエミッションとトップエミッション用の透明電極についてそれぞれ述べる。

1.2　有機EL素子のための透明導電膜

1.2.1　ボトムエミッション用TCO基板

有機ELはその名の通り，発光素子であるので少なくとも片方の電極は光取り出しのために透明にする必要がある。一般的な初期的検討ではITOガラス基板を用いて素子を作製する場合が多いため，ここではまず，このボトムエミッションタイプのために用いられる透明導電膜について説明する。

前述したように，OLEDにおける有機層は総膜厚で数百nmであるため，LCD等では問題にならないような微小な突起に対しても検討が必要である。図1(a)は市販のITOの一般的と思われるもの，図1(b)は低温でスパッタ成膜したX線的にはアモルファスなITO膜のAFM像である。市販のITOは導電性を向上させるため，通常多結晶化の状態にあり，この場合は図1(a)のように微小な突起の集合となる。この平均粗さ（Ra）は小さいものでも数nm程度あり，この突起がダークスポットの発生やリーク電流の増加の起因となることが指摘されている。このため，

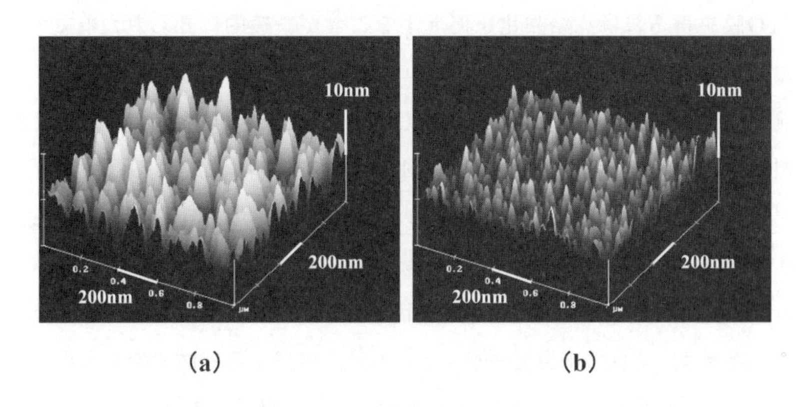

図１　ITOの表面AFM像
(a)市販の一般用ITO，(b)低温でスパッタ成膜したITO

OLEDでは，Raが数nm未満の高平坦性が求められる。最近では有機EL用の高平坦ITOグレードも紹介されている[8]。平坦性を向上させるには研磨する場合と，何らかの平坦化製造プロセス（通常はアモルファス化）によって達成されている。いずれにしても今までのLCD用多結晶ITO基板は有機ELの基板としては，まだ十分でない。

有機EL素子はその発光原理から別名，有機LED（OLED）と呼ばれるように，電流注入型の素子であり，LCDのような電圧駆動とは異なり，電流駆動型の素子である。極端な対比として記せば，LCDは低電流の電圧駆動素子であり，OLEDは高い電流（密度）の低電圧素子である。このため，電極に流れ込む電流はLCDと比べて大きく，ここでのオーム則にしたがった，電圧降下（RI）とこれに伴う発熱が無視できない。この観点からもTCOの低抵抗化が必須であり，有機EL用としてはシート抵抗で数オーム/sq程度を用いるのが一般的とされる。

OLEDは高い光応答性という特徴を有し，動画表示等に優れているという利点があるが，逆に残光性がないために画像表示素子であるマトリクスディスプレイにおいて単純マトリクス構成で陽極と陰極の交点を光らせるパッシブ方式で用いる場合，デューティ駆動時に行アドレス１本分で全画面の輝度を確保しなければならない制約を受ける。したがって，駆動電流は増大するため，配線の低抵抗化が必要で補助電極を付与する場合もある。このように，低抵抗な透明導電膜を得るためにITO膜では通常100nm以上の膜厚が必要となる。これはITO上に電子機能材料として積層される全有機膜厚とさほど変わらない事になる。したがって，ITOの凹凸はそのままその上に形成する電子機能材料の不均一性をもたらす。

ITO成膜時にH_2Oの分圧を制御して-Hや-OHの供給量を多くして，ITOの結晶成長を多くの箇所で終端させ結晶の成長を抑えることで，アモルファス構造にすることができ，これに伴って平坦性とウェットエッチングの加工性の向上が可能となる[9,10]。しかしながら，ITO中に多数の-OHを導入することになるため，有機ELへの素子寿命と併せて検討する必要があると思われる。

低抵抗のITO膜を得るには，結晶化を促進することが一般的に知られた有効な方法である。ITOの結晶化温度は約150℃であるが，通常200～250℃で結晶化することによって，透明性と導電性を兼ね備えた膜を得ることができる。しかし，これは結晶化を促進した結果であり，結晶粒は四角形の領域は（100），三角形の領域の（111），長方形の領域の（110）に配向した粒子によってスパイク上の突起を形成する。しかし，これは前述の平坦性の要求とは相反する問題であり，折り合う箇所がさらに難しくなる。

基板の平坦性は，基板の上の有機膜の第１層目である，キャリア注入バッファ層で確保する場合もある。この場合は，基板の平坦性の確保とともに，後述する界面でのエネルギー注入障壁を軽減する利点がある。いずれにしても，TCO基板は素子作製技術を支える基盤であるため，目的に応じた平坦性のTCO基板を選択または作製する必要がある。

(1) ボトムエミッション用TCO基板の仕事関数

OLEDは電流注入型の素子であるため，高効率な素子を得るためには，陽極からホールを，陰極から電子をそれぞれ効率よく注入し，発光層内で再結合させればよい。この観点に立って素子構造を考えた場合，エネルギーバンド図におけるキャリアの注入を考える必要がある。極めて簡単に言えば，陽極には仕事関数の高い電極を，反対に陰極には仕事関数の低い電極を用意すればよい。通常のタイプの有機ELはITOガラス基板を陽極に用いる場合が多いので，ここではまず陽極用のITO基板について述べる。

OLEDにおいて，基板前処理工程はその後の素子特性に大きな影響を与える。現在，基板処理の最終工程には，UVオゾン処理，プラズマ照射などを施すことが一般的である。この処理は単に基板洗浄のための有機残渣の除去といった目的だけでなく，仕事関数を向上させる目的としている場合が多い。TCOの仕事関数を向上させることによって，ホールの注入効率が増大しこの結果，OLED自体の特性が向上する。このような，影響がクローズアップされるにつれて，TCO基板の前処理過程によって仕事関数を制御する報告が数多くなされている。

(2) ITOの表面洗浄と仕事関数

OLEDは他の電子デバイスに比べ，汚れや水分の影響によって著しく素子寿命に影響を及ぼすことが知られている。特に水分は寿命に大きく影響し水分測定の一つであるMOCON法の測定限界以下の残留であっても影響をおよぼすことが知られている[11]。このため，ITO基板の洗浄は重要であるが，単に表面をクリーンにする（脱脂や脱水）というだけでなく，ITOのエネルギー準位をホール輸送層のエネルギー準位に整合させ，ホール注入障壁を軽減するという重要な役割を担っている。ITOの表面洗浄では，中性洗剤／脱イオン水／純水／有機溶媒など順に超音波洗浄を施し，最終段階としてオゾン洗浄やO_2プラズマ処理を行い炭化水素系の化合物を除去するのが一般的である。これらの方法は，ITO表面より水分や有機物を除去し，表面を酸化させ，ITOと有機層のエネルギー障壁を軽減させることを目的としている。UVオゾン洗浄を施した場合は仕事関数の増加が見られ，高エネルギーのエキシマー洗浄では，さらに高い仕事関数が得られる。陽極に用いるITOの仕事関数を増加させることは，ITOから有機層へのホール注入障壁を減少させ，OLEDの駆動電圧を低下させる効果があると考えられている。

また，ITOに対して酸やアルカリによって処理を行うと，酸では正方向にアルカリ処理では負方向に仕事関数がシフトする。無処理のITOの仕事関数が4.4eVに対し，3.9～5.1eV（−0.5～+0.7eV）の範囲で変化しうる報告がある[12]。図2(a)のモデルに示すように酸処理をした場合ITO側を正に酸分子側が負に帯電することにより電気二重層が形成される。この電気二重層が形成する静電ポテンシャル（ITO側が正，酸性分子の吸着が負に帯電）のため，ホールが飛び出しやすくなりITOの仕事関数が増加すると考えられている。アルカリ処理した場合は図2(b)に

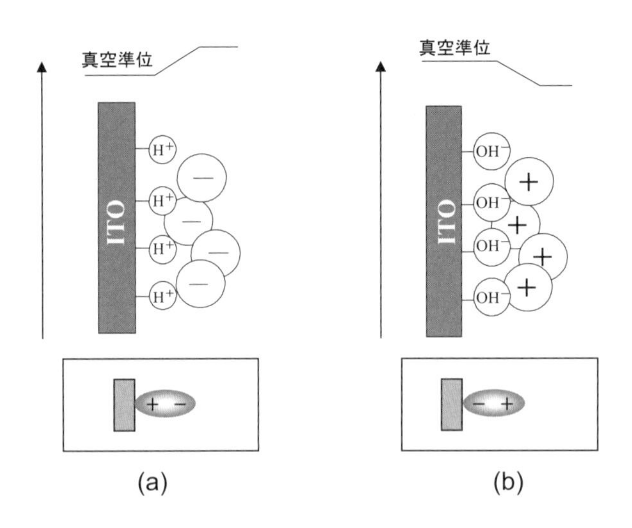

図2　酸，アルカリ処理を行ったITOのエネルギー準位モデル
(a)酸処理，(b)アルカリ処理

示すように，逆にITOの仕事関数は減少する。このように，ITOの仕事関数はその表面処理に敏感であるが，その組成や処理履歴だけでなくUVオゾン洗浄後，長時間放置すると元の仕事関数に戻るとの報告がある[13)]。このような状況において，処理を施したキャリア注入促進効果には初期特性しか見込めないとする場合があるが，素子を形成しITO界面で一種のダイポールを形成することで，安定化を図っているものと思われる。

無機半導体のエネルギーバンドにおいて，価電子帯，伝導帯をそれぞれ，HOMO，LUMOに対応させ論ずる場合が多い。これは（完全）結晶と，アモルファスという点で全く異質のものであるため，同一の概念で論ずるべきではないが，材料選択等の指針としてこのような，バンドダイアグラムを用いている。しかしながら，真空準位が各材料に対して同じであるという，無機材料では当り前の暗黙の了解が有機材料のほとんどの場合において適応できない（もしくは，補正が必要）ことが分かってきた。上述したITOと有機材料との界面においても，この点が数多く示唆されるようになっており，ITOの表面処理の実験的な有効性と整合がとれる。すなわち，ITO電極と有機物を接触させた場合，真空準位は必ずしも一致せず，この真空準位シフト[14,15)]を考慮に入れることで，OLEDにおける注入障壁は従来の真空準位を一致させるモデルで予想するよりも小さくなる報告がある。このように通常，有機／金属界面で起こるとされていた真空準位シフトは，縮退した酸化物半導体のITOにおいても起こることが示されている[16)]。

有機材料における接触界面におけるエネルギーバンドのシフトは，有機電子デバイスの動作機構を調べる上で極めて重要な事象である。OLEDのエネルギーバンド図は通常，図3(a)のように

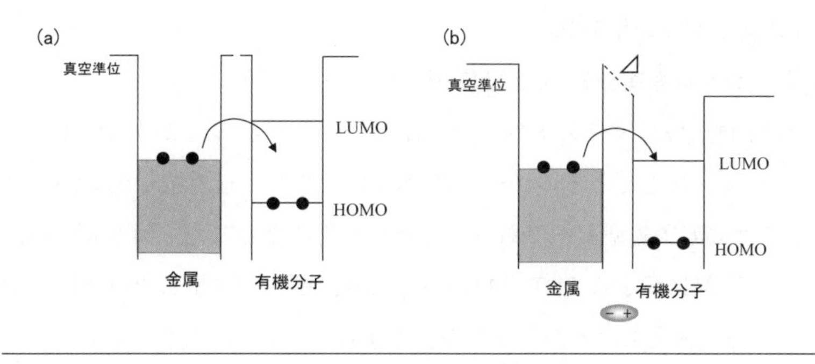

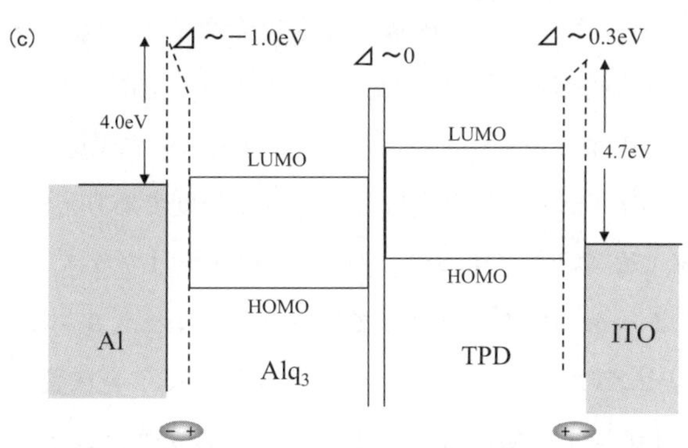

図３　有機／金属等，電極界面での真空準位シフト
(a)有機／金属において真空準位シフトを考慮に入れない場合
(b)有機／金属において真空準位シフトを考慮に入れた場合
(c)真空準位シフトを考慮に入れた有機EL素子のバンド図

示される場合が多いが，有機／金属，有機／有機，それぞれの界面において図３(b)のように上述のシフト量⊿が存在することが示されている。一般的なOLEDの基本層構造であるITO/TPD/Alq_3/Alの場合図３(c)のように最大で１eV程度のシフト量を考慮に入れる必要がある[17]。

特に，TCOのような材料に選択枝が限定される場合には，この⊿を有効に用いることが，高効率なOLEDのための一つの技術である。例えば極性分子をつけることで，電極の実効的な仕事関数を制御できる。このような表面修飾による電荷注入の特性向上についていくつかの報告がなされている。また，正孔注入層として有名なPEDT-PSSはPSS側がITO基板と反対に整列することが知られており，この結果，強いホール注入性（電子授与性）を示すものと考えられる。

上述したように，最も広く用いられている，ボトムエミッションの順積み構造において，溶液塗布法を用いるホール注入材料では，ホールのエネルギー注入障壁を軽減するだけでなく，基板の凹凸やピンホールの被覆層としての機能を付与した形で，スピンコート法やインクジェット法，スプレー法を用いた検討がなされている。

1.2.2 トップエミッション用TCO

(1) トップエミッション型有機ELの上部電極

OLEDをふくむFPD全般はガラス基板を元に作製することから，この基板側から発光を取り出すボトムエミッション構造をとるのが一般的である。アクティブ方式では基板にTFTを配置するが，有機ELでは電流駆動型素子であり，高輝度を得るためまた，画素同士のばらつきを補正する結果として，下部に配するTFTの数が多くなり，図4(a)に示した概要図のように，発光を取り出す発光面積率（液晶でいう開口率）が低下する。これに対して，図4(b)に示したようなトップエミッション構造をとれば，TFTの配置に伴う発光面積率の減少の問題を回避できる。このトップエミッション構造を構築するためには，①有機膜上に透明陰極を作製する必要があることと，②透明電極からの効率よい電子注入を実現しなければならない。

有機ELに用いられる材料のガラス転移温度はおよそ百度程度であり，Siを代表とする無機半導体材料と比較して，極めて耐熱温度が低い。一方，TCO作製はプラズマプロセスの一つである，スパッタ法を用いるのが一般的である。よって，トップエミッション構造を実現するためには，この高エネルギープロセスの一つであるスパッタ法を用いて，有機膜の上にダメージなく，TCOを成膜する技術に注目が集まっている。図4(a)では，半透過金属を陰極に用いているが，透過率の点ではTCOを直接用いることが理想である（マイクロキャビティ効果を狙う場合を除く）。

OLEDの有機膜は数百nmの膜厚であり，この厚さは1/4λ（λは発光波長）に近くなる。このため，発光部分から直接上部に発光する直接光と，発光部から下部の基板側で反射して戻ってくる，反射光との干渉効果が顕著に現れる。この干渉に関わる光路内にTCOがある場合は，導電性，光透過率，仕事関数（キャリア注入性）といった検討以外にも，干渉の効果である，膜厚（光路差）の調整が必要である。素子上部から発する光は干渉効果すなわち，それぞれの位相によっ

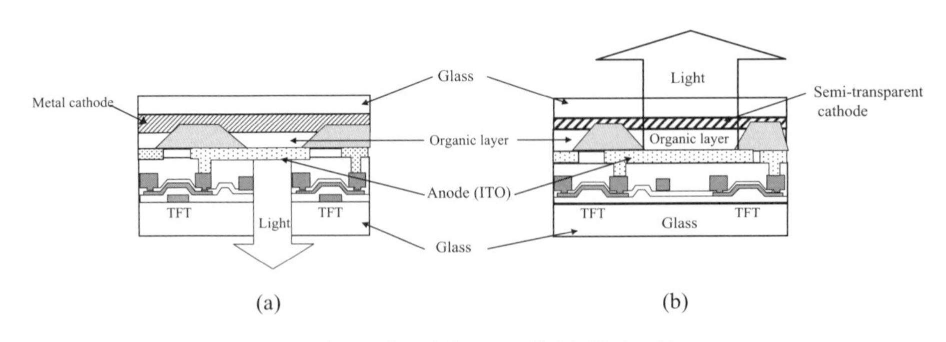

図4　光取り出し方向による発光面積率の違い
(a)ボトムエミッション型，(b)トップエミッション型

て，消滅（逆位相）または増強（同位相）するので，この光路差が干渉の強弱に直接関わる点としてTCOの膜厚も関わっていることも考慮に入れる必要がある。現在あるトップエミッション構造の一部の製品では，この干渉効果（マイクロキャビティ効果）を用いて外部に取り出す光のスペクトルが急峻かつ高強度にしてさらに，輝度と色純度を向上させている。

(2) 透明有機ELの透明陰極

このような観点に立って，トップエミッション型の素子作製を考えた場合，OLEDの上部，下部両方を透明にした素子，すなわち非発光時に透明な発光素子である，透明OLEDの作製と同じ技術要素を含んでいる。この透明有機ELに関する当初の報告はMg-Ag金属の半透過電極を用いた報告[18]，後に銅フタロシアニン（CuPc）をバッファ層にした報告がある[19]。CuPcバッファ層は，陽極の仕事関数とCuPcのHOMOレベルを整合させる場合に一般的に用いられているが，ここで用いている陰極側のCuPcバッファ層はスパッタ衝撃を緩和するだけでなく，その際に形成されたと考えられるCuPcのバンドギャップ内準位もしくは表面準位ならびにCuPcのLUMO側の準位が，陰極透明導電膜の仕事関数と電子輸送性発光材料のAlq_3のLUMOを整合させる目的で挿入されており，電子注入障壁を緩和している。また，透過性の高い透明バッファ層$Ni(acac)_2$[20]，BCPを用いた報告，電子輸送性の低分子材料にアルカリ金属であるLiやSrを共蒸着することで導電性と電子注入を容易にする，化学ドーピング層の報告がある[21]。

筆者らもこれらの手法に基づいて，図5に示すような透明OLEDを作製してきた。ここでは，バッファ層に化学ドーピング層を設け，陰極にはアモルファス透明導電膜である亜鉛添加インジウム酸化物（IZO）[22,23]を用いている。

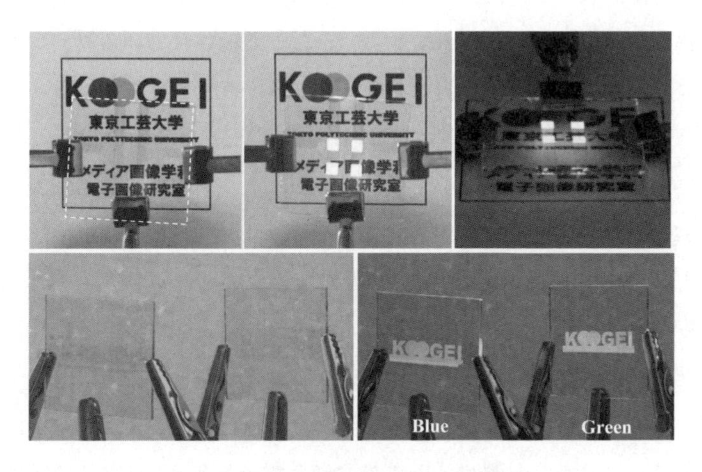

図5　透明有機EL素子の写真例

非発光時，発光時。点線部分にTOLED（ガラスと同様）を配置。

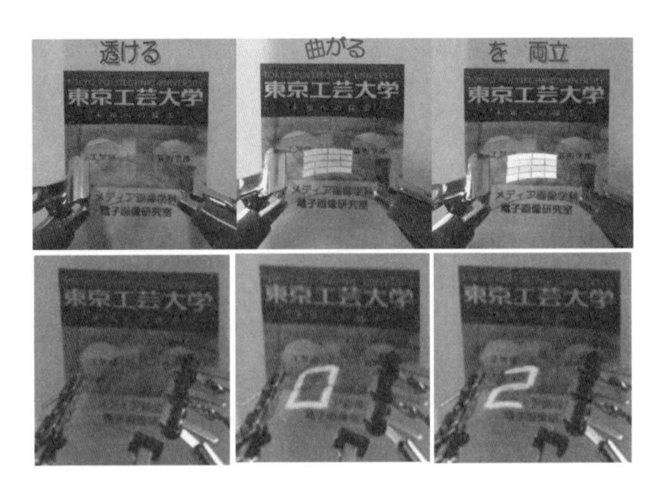

図6　フレキシブル透明有機EL素子の写真
非発光時，発光時

一見何の変哲もないガラス板に電気を流すことで発光する特徴をもつこれらの応用の一例として，例えば，赤，緑，青の透明OLEDを重ねれば，副画素を空間配置しない（横に置かない）フルカラーの画素が実現できる[24]。さらに同様な手法と，低ダメージな陰極作製プロセスによって図6に示したプラスチック基板上へのフレキシブル透明両面発光有機EL素子も作製可能である[25]。これは，機械的に折り曲げ可能でかつ非発光時に透明な特徴を併せもっている。

透明導電膜は透過率，導電率等の物性評価が主としてなされており，仕事関数については，OLEDの登場によって近年活発に研究が行われるようになった。各種透明導電膜ZnO: Al（AZO），In_2O_3: Sn（ITO），SnO_2: F（FTO）等さらに，3元系，多元系のエネルギーギャップと仕事関数の関係について報告がなされている[26]。ここで示されている材料は3.2eV以上のバンドギャップをもつため可視領域では透明である。一方，仕事関数を見てみると，表面処理によって変動があることを加味しても，それらの値はおおよそ4.5〜5.5eVの範囲にある。これらの値はホール注入側に適した値であり，電子注入に適するとすれば少なくとも4.2eV，さらに低電圧化を求めるためには4.0eV以下の材料が必要であるが，上述のTCOでこれらに適した値をもつものは，この報告のグラフの中からは見出すことができない。

そもそも，ホールを注入する役割の陽極は，仕事関数の高い材料，電子授与体，化学的に言えばルイス酸，または強いアクセプター性を有することが有利である。逆に，電子注入をする役割の陰極は，仕事関数の低い材料，電子供与体，化学的に言えばルイス塩基，または強いドナー性を有する材料である。これらの材料は，その性質通り電子を与えて自らは酸化する傾向を好む。簡単に言えば，大気中では活性な材料，極めて酸化しやすい材料であり，嫌気性の材料となるのが一般的であり，これらの特徴を有するための宿命と筆者は位置づけていた。しかしながら，最近，活性な電子を12CaO・7Al_2O_3（C12A7）の中に閉じ込めることで低仕事関数2.4eVで化学的に安定なC12A7エレクトロライドという非常に興味深い物質が報告されている[27]。このことは，安定で低仕事関数である材料の探索はまだ始まったばかりであることを示している。

透明導電膜は「導電性」と「透明性」という相反する要因に折り合いをつけた，限定された材料であり透明酸化物導電体（TCO）という名の通り，そのほとんどは酸化物である。新しいタイプのトップエミッション型のOLEDの陰極には，仕事関数の低い透明導電膜が必要であるが，言い換えれば活性な電子供与体（酸化されやすい材料）をTCO（酸化物）の中から探すというさらなる矛盾に折り合いを付けなければならない。

(3)　低ダメージな透明電極プロセス

トップエミッションもしくは透明OLEDのための上部電極を作製する際には，有機膜へのダメージについても検討が必要である。ITOを代表とするTCOsはそのほとんどが，高エネルギープロセスのプラズマプロセスであるスパッタ法を用いて作製するため，ガラス転移温度が百数十度でしかない有機膜上にこのプロセスを施して，透明導電膜を付与することは作製プロセスとしても困難を伴う。

スパッタ法はプラズマを用いた成膜プロセスであるため，膜の原料となる粒子のもつエネルギーが大きく，試料への付着力が大きく強い膜ができるのが特徴である。この場合，基板がガラスのように耐熱性の高い材料ならばそのダメージは問題にならないが，ガラス転移温度T_gが百度程度の有機膜上にこれらのプロセスを付与する場合，高いエネルギー密度に由来する有機層へのダメージが危惧される。

通常これらのダメージが加わると，素子の破壊や，それに至らない場合でも発光効率や寿命の低下を招く場合が多い。スパッタリング成膜のダメージを避けるためには，そのダメージの主たる原因を特定し，それらを有効な方法で軽減する必要がある。しかしながら，スパッタにおける有機膜へのダメージの要因は，スパッタ粒子だけでなく，反跳Ar，2次電子，－イオン等の衝撃があるが，これらはプラズマ内から発生する同一の事象のため，区別が難しく，現在もダメージの特定とその回避方法について検討が行われている。無機材料を取り扱う場合，イオンと電子では，著しい質量の差があり主たるダメージの要因はイオンに帰されていたが，有機電子材料へのダメージを考えた場合，バンド内準位の形成を含め質量の軽い電子が与える影響も無視できないと思われる。

最近では，透明有機EL素子（TOLED）における，有機膜への影響も検討されており，実際に作製した有機ELの発光強度の変化だけでなく，発光材料の蛍光強度の変化[28]や，スパッタ中における2次電子の電流値をモニタ[29]するなどの検討や，CuPc有機膜へのスパッタによる影響

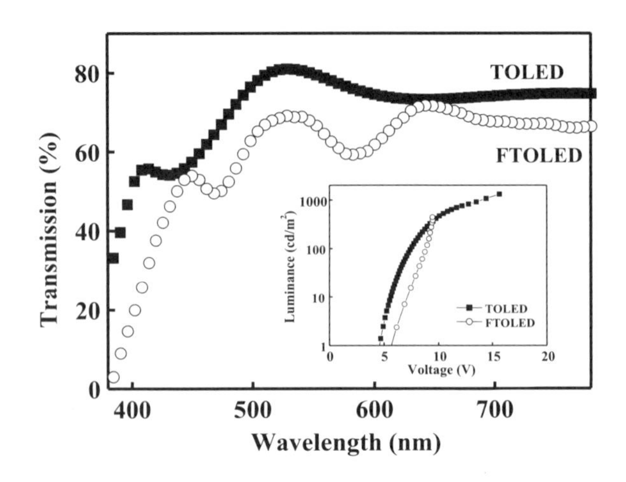

図7　透明有機EL素子（TOLED）とフレキシブル透明有機EL素子（FTOLED）の光透過率と*L*-*V*特性

をXPSによって観測した報告もある[30)]。成膜速度の向上と下層へのダメージの軽減という相反する両面から，２段階スパッタ，対向ターゲットスパッタ（Facing Target Sputtering: FTS）法[31)]，V字カソード対向ターゲットスパッタ法，新型（プラズマ拘束）FTS法，ミラートロンスパッタ法[32)]，対向＆コニカル形状ターゲットスパッタ法[33,34)]など，多岐にわたる，スパッタ法の提案がなされている。

有機電子デバイス用TCOsとして考えた場合，有機EL素子のような電気→光変換だけでなく，赤，緑，青の受光層を積層させた，新規な有機イメージセンサの提案もなされており[35)]，この分野においても上述の新しい低ダメージなTCO構築技術は必須であると思われる。

低ダメージなTCOの成膜技術の検討は本当の意味では，ダメージの定義，その原因を見出す必要があるが未だに明確でない。プラズマクリーニングは付与する膜の付着力を高める上で有効な手段であるが，ある意味，必須の表面へのダメージ処理である。したがって，TCOが機能する範囲内での低ダメージ性が技術的な目標であって，ダメージレスを目指す必要はないのかも知れない。さらには，これらのダメージ準位を不要なキャリアトラップとしてではなく，有効な注入サイトとして利用することが，今後の発展の鍵を握っている可能性がある。

1.3　まとめ

今まで透明導電膜は，ガラス基板側に形成し適切な熱処理を行うことで，目的の導電性と透明性の折り合いをつけてきた。しかしながら，有機EL素子の登場によって，nmオーダーの平坦性

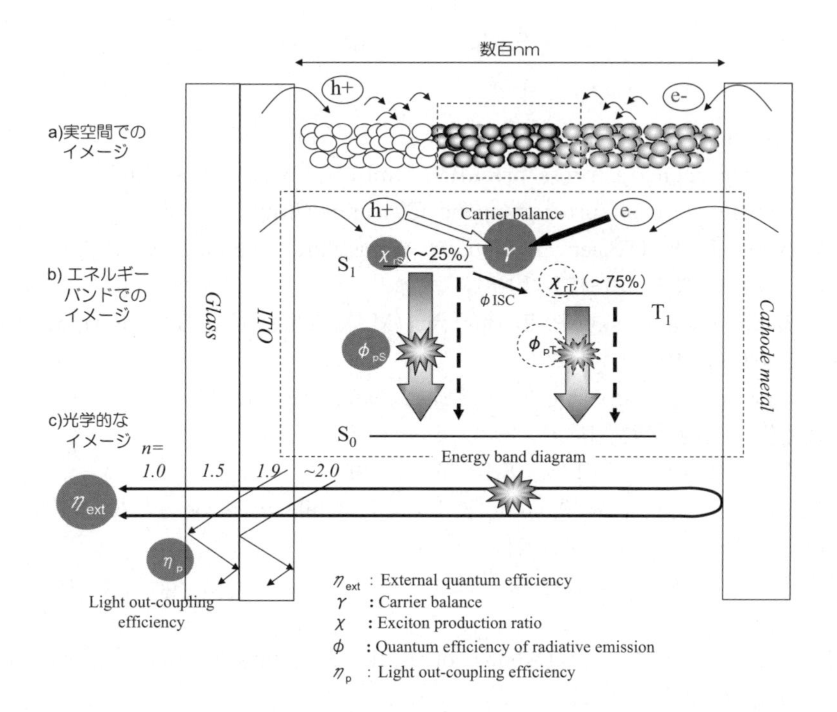

図8　有機EL素子の発光機構の概要

a）実空間でのイメージ，b）エネルギーバンドでのイメージ，c）光学的なイメージ

や仕事関数の制御といった，新しい評価項目が加わってきた。図8に有機ELの発光過程の概略図を示す。上段 a)は実空間，中段 b)はエネルギー準位，下段 c)は光学的なイメージをそれぞれ描いている。この図が示すようにキャリア移動，電極からのキャリア注入，エネルギーの励起，失活，光学的な反射，屈折，干渉等が積層された薄膜中で絡み合った結果として発光を得ている。TCOもこれらに関わるメンバーであり単独での物性評価だけでなく有機EL素子の一部として総合的に適合されることが重要と思われる。さらに，有機EL素子の特徴を打出す点からトップエミッション構造が主流になりつつあり，薄膜作製にも低ダメージな透明導電膜作製方法が求められている。

プラスチック基板や有機TFTとともにユビキタス時代を視野に入れながら，有機電子デバイスの一つである有機EL素子を構築する上では，今まで以上に新しい機能を内包し，かつ信頼性や長寿命を損なわない透明導電膜の登場が期待される。

文　　献

1) C. W. Tang, S. A. VanSlyke, *Appl. Phys. Lett.*, **51**, 913 (1987)
2) http://www.pioneer.co.jp/press/press1997.html；電波新聞，10. 1 (1997)
3) http://www.fmworld.net/product/phone/f504i/index.html
4) M. A. Baldo, D. F. O'Brien, Y. You, A. Shoustikov, S. Sibley, M. E. Thompson, S. R. Forrest, *Nature*, **395**, 151-154 (1998)
5) M. A. Baldo, S. Lamansky, P. E. Burrows, M. E. Thompson, S. R. Forrest, *Appl. Phys. Lett.*, **75**, 4-6 (1999)
6) http://www.sony.jp/CorporateCruise/Press/200710/07-1001/
7) 澤田豊監修，『透明導電膜II』，シーエムシー出版，pp189-198 (2007)
8) 内海健太郎，月刊ディスプレイ，**8**(9), 58-61 (2002)
9) H. Kitahara, T. Uchida, M. Atsumi, Y. Kida, K. Ichikawa, Proc. 1st Symp. On Sputtering and Plasma Processes, p.149 (1991)
10) 西村恵理子，大川秀樹，佐藤泰史，宋豊根，重里有三，*J. Vac. Soc. Jpn.*, **47** (11), 796-801 (2004)
11) P. E. Burrows *et al.*, Proceedings of SPIE-The International Society for Optical Engineering, 4105, 75 (2001)
12) F. Nuesch, L. J. Rothberg, *Appl. Phy. Lett.*, **74**, 880-882 (1999)
13) Y. Nakajima, T. Wakimoto, T. Tsuji, T. Watanabe, M. Uda, The 10th International Workshop on Inorganic, Organic Electroluminescence (EL'00), 239-240 (2000)
14) H. Ishii, K. Sugiyama, E. Ito, K, Seki, *Adv. Mater.*, **11**, 605 (1999)
15) 石井久夫，関一彦，応用物理学会，有機分子・バイオエレクトロニクス分科会会誌，**13** (1), 19-24 (2002)
16) 石井久夫，関一彦，『有機EL材料とディスプレイ』，城戸淳二編，シーエムシー出版，p. 40 (2001)
17) H. Ishii, K. Sugiyama, E. Ito, K. Seki, *Adv.Mat.*, **11**, 605 (1999)
18) G. Gu, V. Khalfin, S. R. Forrest, *Appl. Phy. Lett.*, **73**, 2399 (1998)
19) G. Gu, G. Parthasaraty, S. R. Forrest, *Appl. Phys. Lett.*, **74**, 305 (1999)
20) 林祥子，山盛明日香，市川結，小山俊樹，谷口彬雄，第61回秋季応用物理学会学術講演会予稿集，p. 1114 (2000)
21) J. Kido, T. Matsumoto, *Appl. Phy. Lett.*, **73**, 2866 (1998)
22) 海上暁，ディスプレイアンドイメージング，**4**, 143-149 (1996)
23) 重里有三，笹林朋子，セラミックス，**37** (9), 679-683 (2002)
24) T. Uchida, M. Ichihara, T. Tamura, M. Ohtsuka, T. Otomo, Y. Nagata, *Jpn. J. Appl. Phy.*, **45** (9A), 7126-7128 (2006)
25) T. Uchida, S. Kaneta, M. Ichihara, M. Ohtsuka, T. Otomo, D. R. Marx, *Jpn.J.Appl. Phys.*, **44**, L282-L284 (2005)
26) T. Minami, *J. Vac.Sci. Technol.*, **A17**, 1765 (1999)
27) S. Matsuishi, Y. Toda, M. Miyakawa, K. Hayashi, T. Kamiya, M. Hirano, I. Tanaka, H.

Hosono, *Science,* **301**, 626 (2003); http://www.jst.go.jp/pr/report/report340/
28) 内田孝幸，三村寿文，金田真吾，星作太郎，佐俣博章，永田勇二郎，大塚正男，電気学会論文誌C，**124** (6), 1244 (2004)
29) 継田淳平，栗屋豊，市川結，小川俊樹，谷口彬雄，信学技報OME107，55 (2003)
30) N. Isomura, T. Satoh, M. Suzuki, T. Ohwaki, Y. Taga, *Jpn. J. Appl. Phys,* **40** (10A), L1038 (2001)
31) 星陽一，直江正彦，電気情報通信学会論文誌C，**J72-C2** (4), 231 (1989)
32) 『有機ELディスプレイ産業の全貌2004』，イー・エクスプレス，pp.302-320 (2004)
33) 山本英利，小山田崇人，青島正一，雀部博之，安達千波矢，第51回春季応用物理学会学術講演会予稿集，28p-ZQ-5, p.1462 (2004)
34) 安達千波矢，*E_Express,* **43**, 2004.5.15号，p.61 (2004)
35) 横山大輔，荒木康，三ツ井哲郎，林誠之，高田俊二，日本写真学会誌，69巻別冊，2006年年次大会別冊，p.26 (2006)

2　有機EL用ITO膜－平坦化ITOの成膜技術

岩岡啓明*

2.1　有機ELの特徴と透明電極に求められる性能

2.1.1　有機ELの特徴

現代社会においてパソコンや携帯電話，家庭用のテレビなど，FPD（Flat Panel Display）は欠かすことのできない表示デバイスとなっている。FPDの種類は最終製品に応じて使い分けられているが，現在ではLCD（Liquid Crystal Display）やPDP（Plasma Display Panel）が大きなシェアをもっている。また，最近では有機半導体や色素増感型太陽電池[1,2]など有機材料を用いたデバイスの開発が進められており，それらを発光材料として用いる有機EL（Electro Luminescence）がLCDやPDPに代わる次世代のディスプレイとしても期待されている。有機ELは自発光型であるためコントラストが高く，応答速度が速いので動画の表示に適するなどの優れた特徴を有している[3]。また，LCDやPDPよりも薄型化が可能であり，将来的にはプラスチック基板を用いることによるフレキシブル化も可能と考えられている。

有機ELの駆動方式はパッシブ型とアクティブ型に分けられるが，現在では構造が比較的単純で低コスト化が可能なパッシブ型が主流である[4]。図1にパッシブ型有機ELの構造を示す。それぞれ垂直に交わるように配置された上部電極（陰極）と下部電極（陽極）に電流を流し，その交点が発光する仕組みとなっている。膜の構成はITO（Indium-Tin-Oxide）を陽極とし，その上にホール輸送層，発光層，電子輸送層などの有機化合物層を形成し，陰極としてメタル膜を形成したものが一般的である。

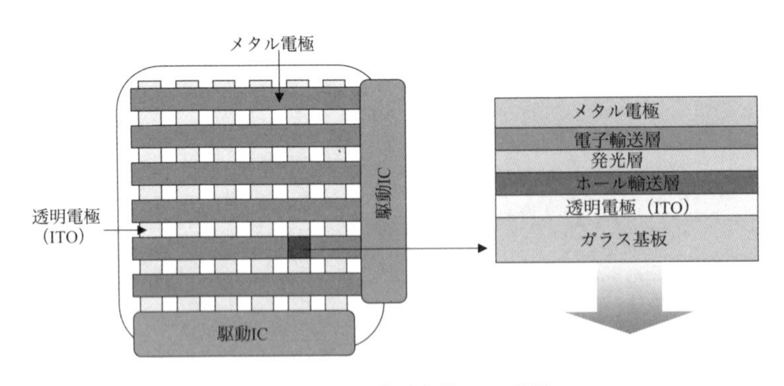

図1　パッシブ型有機ELの構造

＊ Hiroaki Iwaoka　ジオマテック㈱　R&Dセンター　研究員

2.1.2　有機EL用透明電極に求められる性能

有機ELでは陽極から注入され，ホール輸送層を経由したホールと陰極から注入され，電子輸送層を経由した電子が発光層で再結合することにより光を放射する。そのため，陽極からはホール輸送層に効率的にホールを注入する必要があるので，陽極材料の仕事関数は大きいほうがよい。ITOの仕事関数はウェットもしくはUVアッシングなどの表面処理により多少前後するが[5)]，概ね4.6～5.0eVと大きく，陽極材料として適しているといえる。

また，一般に有機化合物は高抵抗なので厚膜になると電流が流れにくくなることから，有機ELの有機化合物層は合計で100～200nm程度の非常に薄い膜で構成されている。そのため，基板となるITO表面に突起や凹凸があると薄い有機化合物層に電荷が集中し，素子の欠陥およびダークスポットを引き起こす原因となるので，平坦な表面形状が要求される。求められる表面粗さ(Ra)のグレードは，LCD用途では3nm程度であるが，有機EL用途では1.5nm以下が必要である[6)]。

また，シート抵抗に関しても10Ω/sq程度が求められるので低比抵抗であることも重要となる[7)]。

2.2　PVD法により成膜したITOの性能

ITOの成膜方法にはCVD（Chemical Vapor Deposition）法，ゾル-ゲル法[8)]，塗布法などもあるが，当社では真空蒸着法（以下EB：Electron Beam)，イオンプレーティング法（以下IP：Ion Plating)，スパッタリング法（以下SP：Sputtering）といったPVD（Physical Vapor Deposition）法を用いている。本項では，これらの各成膜方法の特徴を述べるとともに，ITOの性能を比較し，有機EL用途におけるメリット・デメリットについて考察する。

2.2.1　成膜装置の構成

図2にEBおよびIPの装置構成を示す。上部の回転機構がついたドームに基板を，チャンバー下方にはITOのタブレットがセットされる。そのタブレットに電子ビームを照射することによりITOを昇華させて基板上に膜を形成するが，成膜中には多少酸素の欠損が起こるので，チャンバー内に酸素を導入し，欠損分を補う必要がある。EBの場合は，このような機構で成膜を行うが，IPの場合にはチャンバー内に設置されたコイルにRF電力を付加し，酸素プラズマ中で成膜を行う。そのためIPはEBと比べて蒸着粒子のエネルギーが高く，比較的緻密で硬度の高い薄膜を得ることが可能である[9)]。

図3にSPの装置構成を示す。チャンバー中心部の回転機構がついたドラムに基板をセットし，チャンバー側部についたITOターゲットにDCおよびRF電力を投入することによりプラズマを発生させて成膜を行う。一般にスパッタガスにはAr，反応ガスとして酸素を導入する。この方法はターゲットサイズにより基板の大面積化に対応でき，膜質やプロセスの安定性にも優れているので，様々な分野で適用されている。

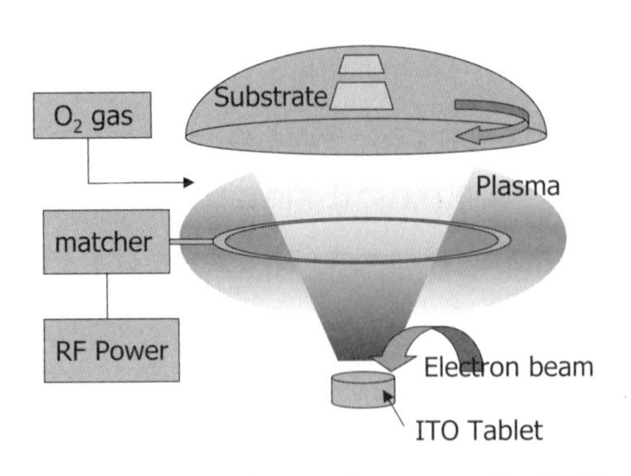

図2　真空蒸着およびイオンプレーティングの装置構成
イオンプレーティングの場合のみRF電力を付加してプラズマを生成する。

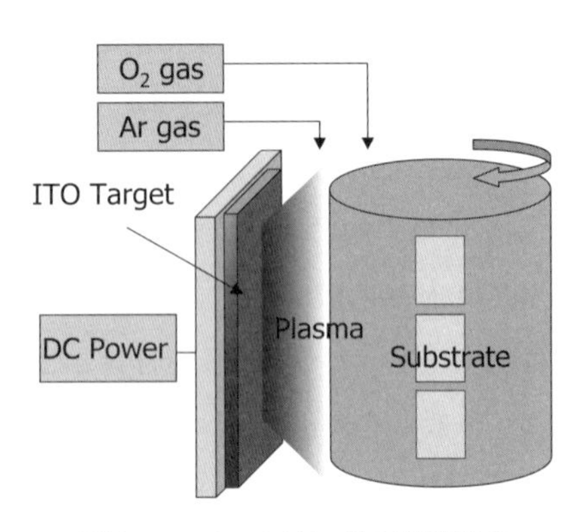

図3　スパッタリングの装置構成

2.2.2　構造的特性の比較

PVD法により成膜したITOの結晶性は成膜時の基板温度に強く依存することが知られている。結晶化温度は150～180℃程度であり，200℃以上ではXRD（X-ray diffraction）によって明確なピークを観測することができる[10)]。

図4には基板温度300℃でEB(A)，IP(B)，SP(C)により成膜した結晶質ITOの表面SEM像を示す。EBで成膜したITOは，細かい結晶粒からなる多結晶構造であり[11)]表面凹凸が大きく，表面粗さ（Ra）は8 nm程度である。SPで成膜したITOはプラズマ中の高エネルギー粒子の影響により，ドメイン構造といわれる特有の表面凹凸が現れ，Raは4 nm程度である。ただし，基板温度100℃以下でアモルファスにするとドメイン構造は現れずRaは1 nm以下が比較的簡単に得られる。

IPで成膜したITOは比較的平坦な表面形状が得られ，Raは2 nm程度である。これは，IPの

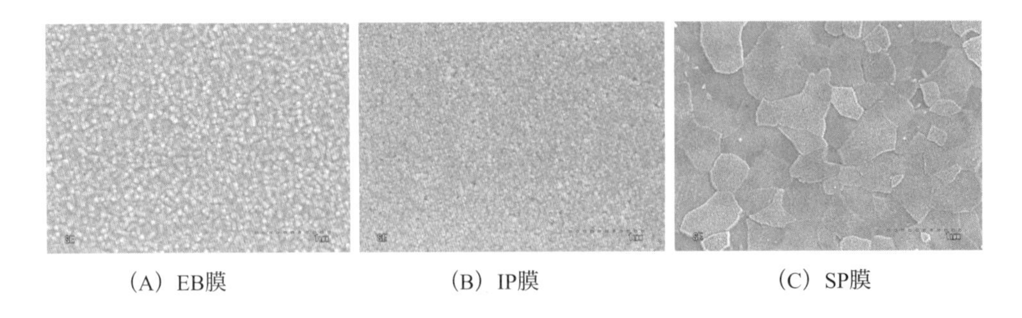

（A）EB膜　（B）IP膜　（C）SP膜

図4　PVD法により成膜した結晶質ITOの表面SEM像

成膜方法はEBとほぼ同様であるが，SPと同じようにプラズマを用いるので，発生させるプラズマのエネルギーを制御することによって，表面凹凸を抑制することも可能なためである。

2.2.3　電気的，光学的特性の比較

図5には各成膜方法による基板温度と比抵抗の関係を示す。いずれの成膜方法においても基板温度の増加に伴い比抵抗は減少している。これは結晶化が進み，ドーパントであるSnから効率的にキャリア電子が発生し，さらに種々の散乱の影響が小さくなり，移動度も増加していることが起因している。成膜方法で比較するとSP＜IP＜EBとなり，基板温度300℃の場合，SPで1.2×10^{-4}（Ω・cm）の低比抵抗が得られる。100℃以下の低温ではEB，IPで1×10^{-3}（Ω・cm）以上まで増大するが，SPでは5×10^{-4}（Ω・cm）程度までの上昇で抑えられている。

図6には各成膜方法における基板温度と透過率の関係を示す。基板温度の増加に伴って透過率も増加する傾向にあり，300℃ではいずれの成膜方法においてもほぼ同等で84％となった。100℃以下の低温ではEBで30％以下と極端に低くなるが，SPでは80％程度までの減少で抑えられている。EBの場合，成膜中にプラズマを用いないため酸素との反応性が著しく弱まり，膜中に低級酸化物が形成されるが，SPではプラズマ中の高エネルギー粒子の影響により低温でも酸素との強い反応性が得られることが要因である。上述のことから，比抵抗および透過率はSPが最も優れており，特に低温では優位性が高い。

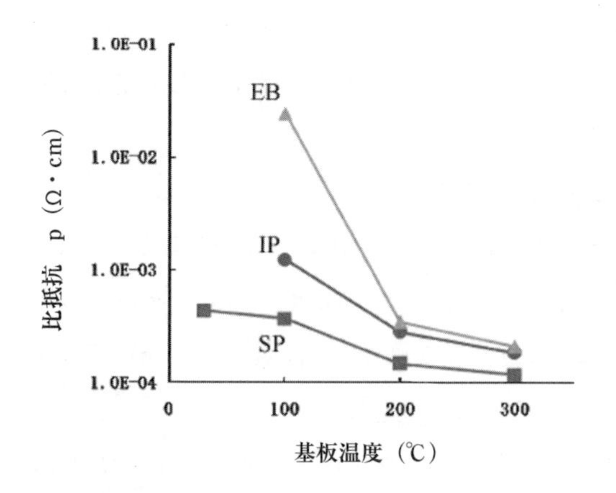

図5　各成膜方法における基板温度と比抵抗の関係

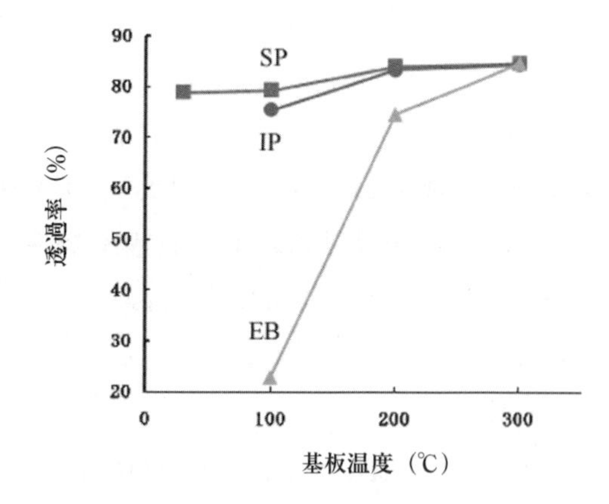

図6　各成膜方法における基板温度と透過率の関係
ITOの膜厚は150nm　1.1mmtソーダライムガラス基板込み。可視光の波長領域（400-700nm）において分光透過率を計測し，その領域での透過率の平均値を示している。

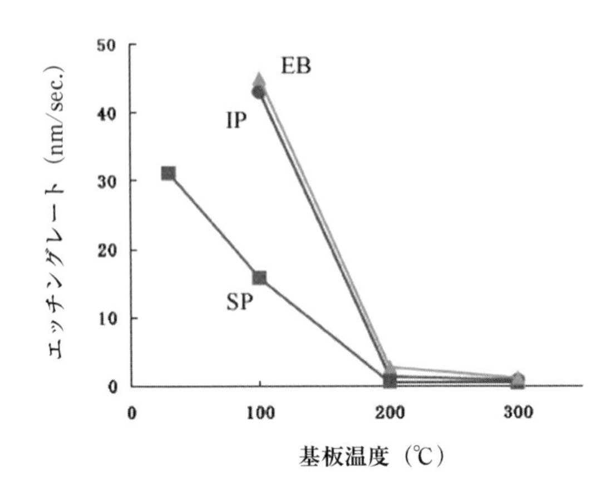

図7　各成膜方法における基板温度とエッチングレートの関係

2.2.4　エッチングレート・耐久性の比較

図7には各成膜方法による基板温度とエッチングレートの関係を示す。エッチャントには$FeCl_3$とHClの混合液を用いている。図から，いずれの成膜方法においても200℃以下の領域では基板温度の増加に伴ってエッチングレートは低下する傾向にあるが[12]，200℃以上ではほぼ一定となる。これは，ITOのエッチングレートは結晶性に強く依存していることを示しており，安定なエッチング性を得るためには十分に結晶化が起こる200℃以上とすることが望ましい。

また，これらの結果に対して別の見方をすると，結晶質になることで酸に対する耐性が向上しているといえる。結晶質は，その他にも耐熱性，耐湿性，アルカリ耐性なども向上し，安定な膜質となる。

2.2.5　各成膜方法におけるメリット・デメリット

表1に各種成膜方法におけるITO膜の特性をまとめた。EBおよびIPにて基板温度100℃以下の低温で成膜したITOは比抵抗，透過率が悪く，透明導電膜としての使用は困難であると考えられる。そのため，これら2つの方法に関しては200℃以上で成膜した結晶質ITOについてのみ記載している。

この表から，EBにて成膜したITOは平坦性が非常に悪いというデメリットがあり，有機ELへの応用は困難である。IPにて成膜したITOは比抵抗，透過率，平坦性に優れており，性能面でのメリットが多いため，有機ELへの応用も可能と考えられる。ただし，EBやIPは蒸着源がスポットであり，大面積基板に対して均一な膜をつけることが難しい。また，電子ビームの照射位置や成膜レートなどを精密に制御しなければ，膜質の再現性が悪化するなど，プロセス安定性にも多少の懸念がある。

表1　各成膜方法におけるITO膜の特性

成膜方法	EB	IP	SP	
構造	結晶質	結晶質	アモルファス	結晶質
基板温度	＞200℃	＞200℃	＜100℃	＞200℃
比抵抗	○	○	△	◎
透過率	○	○	△	◎
平坦性	×	○	◎	△
耐久性※	○	○	△	◎
大面積化	△	△	◎	
プロセス安定性	△	△	◎	

※耐久性は耐薬品性，耐熱性，耐湿性などを総合的に評価している。

それに対してSPは大面積化が比較的容易であり，プロセス安定性も良好であるというメリットがある。性能はアモルファスの場合，平坦性に優れるが比抵抗と透過率がやや劣っている。それに対して結晶質は比抵抗や透過率など非常に優れた性能を有しているが，平坦性に問題があり，これを有機EL用途に使用するためには成膜プロセスや後処理に何らかの工夫が必要である。

2.3　平坦化ITOの成膜技術

前項でも述べたように，スパッタリング法により成膜した結晶質ITOは透明導電膜として優れた特性を有しているが，有機EL用途で使用するには平坦性が不十分である。その改善策として現在では膜表面に研磨処理を施し，凹凸を除去することで実用化されている。しかし，研磨剤の残渣やキズなどが懸念され，さらに研磨工程により製造コストは増加するといった問題点がある。そのため，研磨処理を必要としないプロセス技術の開発が進められており，本項ではそれらの一部を説明する。

2.3.1　アニール処理による結晶化

ここではITOを室温で成膜した後，300℃の真空中でアニール処理を施した場合の特性変化について述べる。これによって平坦性を保ったまま結晶化して，比抵抗および透過率の向上が期待できる。

図8にはas-depo.とアニール処理後のX線回折パターンを示す。図からas-depo.ではアモルファスであるが，アニール処理後では結晶化していることが確認され，(222) に優先的に配向している。一般に基板温度300℃で成膜した結晶質ITOは (400) に優先的に配向することが多い[13]ので，これと比べると多少配向が異なっている。

図9にはas-depo.とアニール処理後の表面SEM像を示す。アニール処理を施して結晶化させ

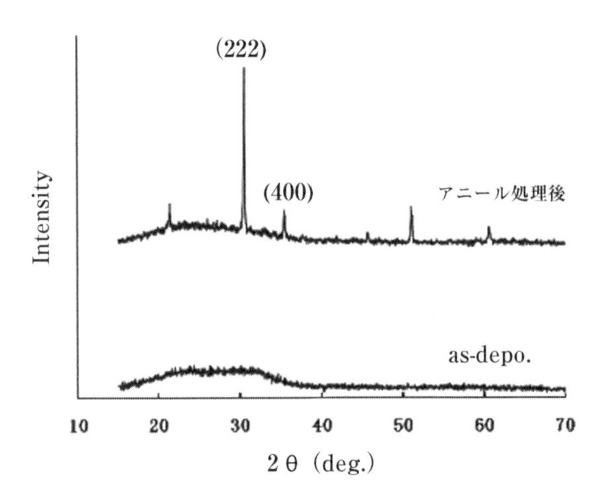

図8　as-depo.とアニール処理後のX線回折パターン

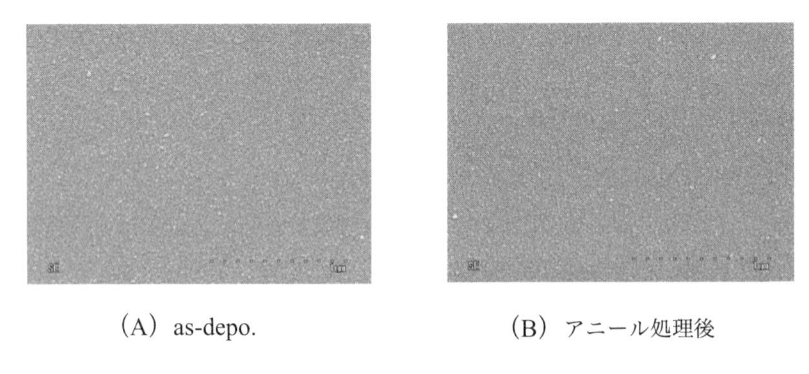

（A） as-depo.　　（B） アニール処理後

図9　as-depo.とアニール処理後における表面SEM像

た場合には表面形状は変化しておらず，表面粗さ（Ra）は1nm程度が得られる。前述の図4(C)に示している基板温度300℃で成膜した結晶質ITOと比較すると平坦であり，アニール処理により平坦性の良い結晶質ITOが得られた。

図10にはas-depo.とアニール処理後における，スパッタ成膜時の酸素分圧と比抵抗の関係を示す。as-depo.の場合には酸素分圧5×10^{-3}Pa程度で最も低比抵抗となり，この領域で酸素欠損が適度に形成されたことを示している。それに対して，アニール処理後ではスパッタ成膜時の酸素分圧が低いほど低比抵抗を示しており，アニール処理後に低比抵抗の膜を得るためにはスパッタ成膜時の酸素分圧を低く調整する必要がある。ただし，酸素分圧が低すぎると透過率が低下するので，導電性と透過率を共に満足させるためには，酸素分圧3×10^{-3}Pa程度が最適と考えられ

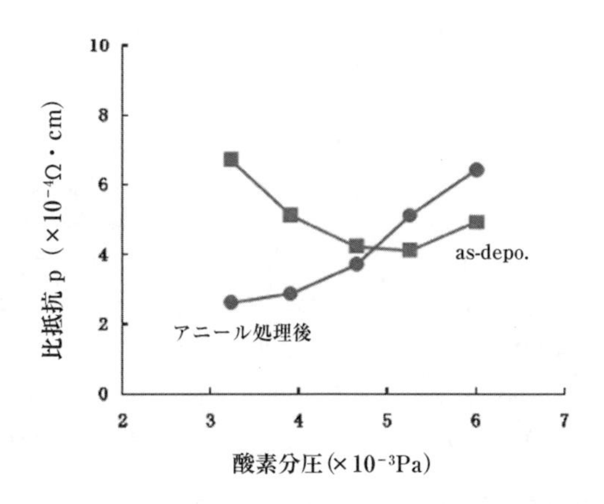

図10　スパッタ成膜時の酸素分圧と比抵抗の関係

る。

as-depo.とアニール処理後で最も低比抵抗となる膜を比較すると，それぞれ4×10^{-4}Ω・cmと2.5×10^{-4}Ω・cmとなるので，アニール処理を施して結晶化させることで低比抵抗化が可能であった。ただし，基板温度300℃で成膜した結晶質ITOは1.2×10^{-4}Ω・cmである（前述図5参照）ので，これと比較すると劣っており，期待されたほどの低比抵抗は得られていない。

as-depo.とアニール処理後に対してホール効果測定を行った結果，キャリア電子濃度はアニール処理後で増大しており，結晶化によりドーパントであるSnは十分に活性化しているものと考えられる。それに対して，移動度はアニール処理後で逆に低下しており，結晶化はするものの粒界や結晶の歪など，何らかの散乱因子が発生していると考えられ，これが低比抵抗化を妨げる要因となっている。

膜厚を150nmとした場合の透過率はas-depo.では80％であるが，アニール処理後では84％まで向上した。これは基板温度300℃で成膜した結晶質ITOとほぼ同等（前述図6参照）であり，アニール処理を施して結晶化させた場合でも期待通りに透過率を向上させることが可能であった。

上述のことから，室温にて成膜したアモルファスITOに対してアニール処理を施すと平坦性を保ったまま，結晶化させることが可能であったが，比抵抗は期待されたほどの低下がみられなかった。また，大面積基板の場合には面内で抵抗値やエッチング性が不均一になりやすいことや，アニール処理工程により製造コストが増加するなどの課題がある。

2.3.2　ドーパント濃度・物質の最適化

(1)　ドーパント濃度の最適化

図11にはターゲット中にドープされたSnO_2濃度（wt.％）と比抵抗の関係を，基板温度が室温と300℃の場合について示す。図から，基板温度が室温ではSnO_2濃度が0 wt.％（Snがドープさ

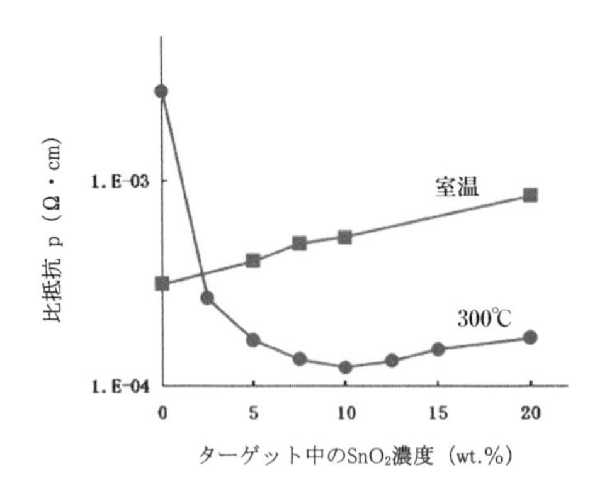

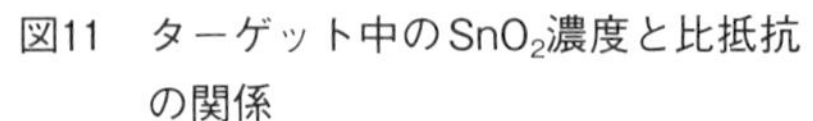
図11 ターゲット中のSnO_2濃度と比抵抗の関係

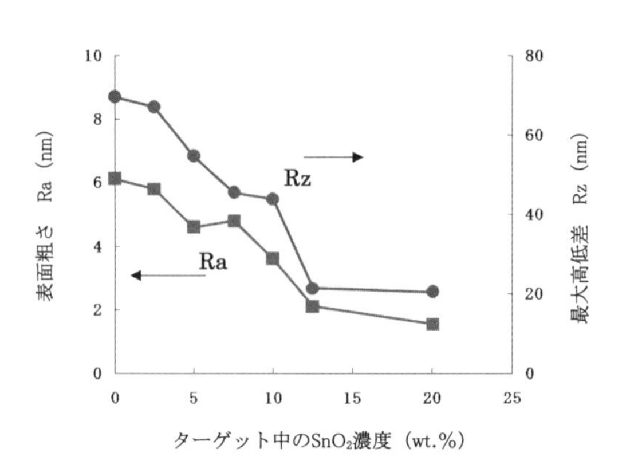

図12 ターゲット中のSnO_2濃度とRaおよびRzの関係

れていないIn_2O_3）のときに最も低比抵抗を示す。この場合には構造がアモルファスであるため，Snはキャリア電子の生成には寄与せず，単に移動度を減少させる中性不純物散乱の要因になっているからである。それに対して基板温度が300℃では結晶質であるためSnから有効的にキャリア電子が生成される。そのため，SnO_2濃度が0から10wt.%に増加するにしたがって，キャリア電子濃度も単調に増加し続け，比抵抗は減少する。しかし，10wt.%よりも増加させるとキャリア電子は生成されにくくなり，中性不純物散乱の要因となる割合も増加するので，比抵抗は増加する。このように結晶質ITOではSnO_2濃度が10wt.%のときに最も低比抵抗が得られるので，これが一般的なITOターゲットとして使用されている。

図12にはターゲット中にドープされたSnO_2濃度と結晶質ITOの表面粗さ（Ra）および最大高低差（Rz）の関係を示す。この場合，SnO_2濃度以外の成膜パラメータは固定し，ITOの膜厚は150nmとしている。図から，SnO_2濃度の増加に伴ってRaおよびRzは減少する傾向にある。このように，結晶質ITOの表面形状はSnO_2濃度と関係しているので，平坦性を重視する場合には濃度を高くすることが効果的である。ただし，SnO_2濃度が過剰になると比抵抗の増加やエッチング性，耐薬品性などの悪化を招くので注意が必要である。これらのことを総合的に評価すると，有機EL用途では平坦性と低抵抗であることが重視されるのでSnO_2濃度は10～15wt.%程度が適していると考えられる。

(2) ドーパント物質の最適化

Sn以外のドーパントとしては，ZnをドープしたIZO[14]（Indium-Zinc-Oxide）があげられる。IZOは350℃以下の広い温度領域において安定なアモルファスになるという特徴を有しており，平坦性，エッチング性に優れているので，有機EL用途で使用されることもある。ただし，比抵抗は3～4×10^{-4}Ω・cmと結晶質ITOと比べて高い。

また，MgをドープしたV-1[15]（MgをドープしたITOターゲットの名称）も平坦性，耐久性に優れているが，比抵抗が一般的な結晶質ITOよりも高く，有機EL用途で使用されることはあまりない。ただし，V-1はこれらの特徴を生かして主にタッチパネル用途で使用されている。

2.3.3　成膜パラメータの最適化

図13にはスパッタリング法により成膜した結晶質ITOについて，代表的な表面SEM像を示す。(A)はドメイン構造が現れている表面であり，スパッタリング法にて基板温度200℃以上で成膜すると，ほとんどの場合このような形状となる。(B)は表面に直径数百nm程度の異常粒子が現れている表面であり，このような形状は成膜時の酸素分圧が低いときに発生することが多い。これら(A)，(B)は共に表面凹凸が大きく，有機EL用途で使用する場合には研磨処理が必要になる。(C)は各ドメインの高低差が小さく，異常粒子も現れていないため比較的平坦である。このような表面形状を得るためには成膜パラメータの最適化が重要である。特に平坦性を重視する場合にはスパッタ圧の上昇やキャリア電子の生成を阻害しないプロセスガスの導入によって結晶成長が妨げら

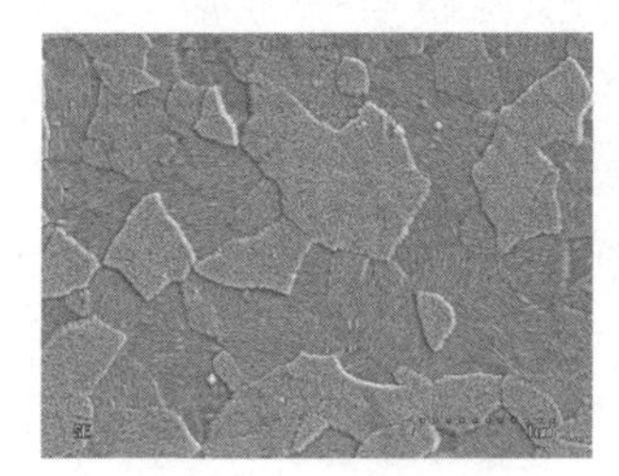

(A) ドメイン構造が発生している表面

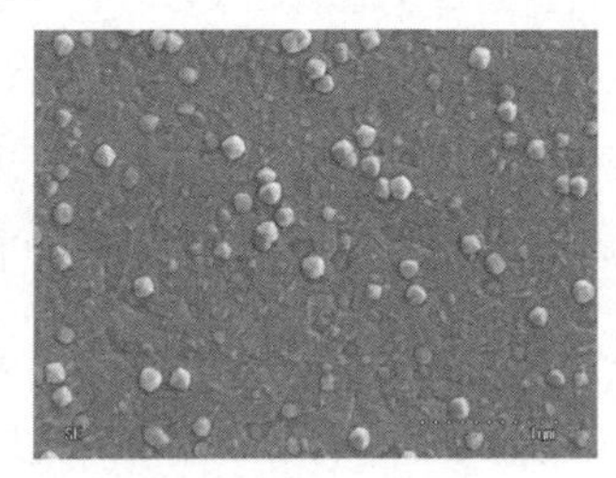

(B) 異常粒子が発生している表面

(C) 比較的平坦な表面

図13　スパッタリング法により成膜した結晶化ITOの表面SEM像

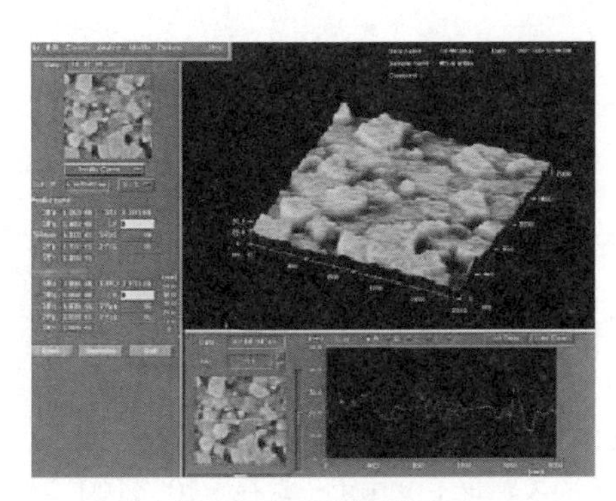

(A) 一般的な結晶質ITO

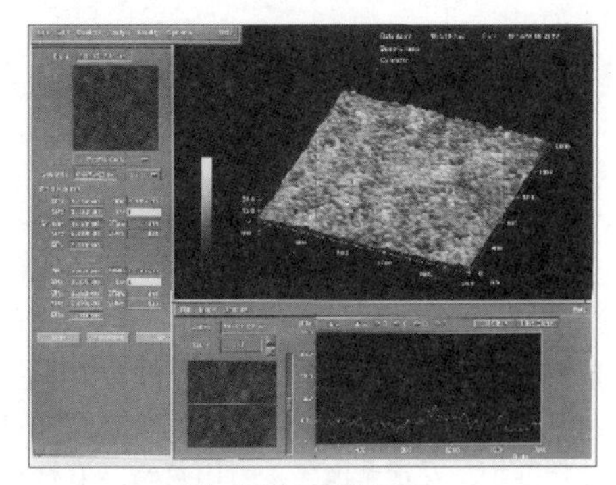

(B) 有機EL用ITO

図14　一般的な結晶質ITOと有機EL用ITOのAFM像

表2　一般的な結晶質ITOと有機EL用ITOの特性比較

	一般的な結晶質ITO	有機EL用ITO
シート抵抗　[Ω/sq]	8.98	9.76
膜厚　[nm]	155	154
比抵抗　[μΩ・cm]	139.37	150.6
透過率　[%]	88.9	89.2
残留応力　[Mpa]	−45.4±1.6	−7.5±2.6
Ra　[nm]	4.26	0.75
Rmax　[nm]	41.12	8.41

ジオマテック㈱ホームページより

れ，結果的に平坦な膜が得られやすくなる[16]。

また，スパッタ成膜を繰り返すことによりターゲット表面にはノジュール[17]と呼ばれる黒色の突起物が発生し，アーキングを引き起こす原因となる。アーキングの発生は表面形状を大きく崩す要因となるので，定期的にノジュールを除去するなど，スパッタ積算時間の管理も重要となる。

図14には当社にて成膜した一般的な結晶質ITO(A)と有機EL用ITO(B)のAFM像を，表2には諸特性を示す[18]。(B)はドーパントや成膜パラメータの最適化によって得られ，表面形状は平坦である。そのため，いままで有機EL用途で施されていた研磨処理が不要であるため，研磨剤の残渣やキズなどに対しての懸念も解消される。また各ドメインの高低差が小さいのでシャープなパターニングエッジに仕上げることができる。

比抵抗に関しても一般的な結晶質ITOとほぼ同程度が得られており，有機EL用透明導電膜として適した性能を有している。

文　献

1）荒川裕則，色素増感太陽電池の最新技術，㈱シーエムシー出版（2001）
2）岩岡啓明，マテリアルステージ，**8**，90（2007）
3）時任静士，安達千波矢，村田英幸，有機ELディスプレイ，㈱オーム社，10（2004）
4）城戸淳二，有機ELのすべて，㈱日本実業出版社，106-110（2003）

5) 澤田豊，透明導電膜の新展開Ⅱ，㈱シーエムシー出版，203-204 (2002)
6) 本松徹，月刊ディスプレイ，**8**，23 (2003)
7) 澤田豊，透明導電膜の新展開Ⅱ，㈱シーエムシー出版，201-202 (2002)
8) 脱ITOにむけた透明導電膜の低抵抗・低温・大面積成膜技術，㈱技術情報協会，86-96 (2005)
9) ［図解］薄膜技術，日本表面科学会編，㈱培風館，55-56 (1999)
10) 岩岡啓明，第9回トライボコーティングの現状と将来シンポジウム予稿集，トライボコーティング技術研究会，48 (2007)
11) 日本学術振興会透明酸化物光・電子材料第166委員会，透明導電膜の技術，㈱オーム社，101 (1999)
12) 日本学術振興会透明酸化物光・電子材料第166委員会，透明導電膜の技術，㈱オーム社，228-233 (1999)
13) 日本学術振興会透明酸化物光・電子材料第166委員会，透明導電膜の技術，㈱オーム社，102-106 (1999)
14) 脱ITOにむけた透明導電膜の低抵抗・低温・大面積成膜技術，㈱技術情報協会，24-36 (2005)
15) ジオマテックホームページ，http://www.geomatec.co.jp/product/ito/touch.html
16) 本松徹，月刊ディスプレイ，**11**，31 (2003)
17) 日本学術振興会透明酸化物光・電子材料第166委員会，透明導電膜の技術，㈱オーム社，200 (1999)
18) ジオマテックホームページ，http://www.geomatec.co.jp/product/ito/el.html

第13章　ZnO系透明導電膜の新しい応用展開

1　PLD法による高性能透明導電膜

鈴木晶雄*

1.1　はじめに

現在，透明導電膜として広く実用化されているITOについては，抵抗率の限界性能を探るため2000年頃から高性能な透明導電膜（$10^{-5}\Omega\cdot cm$オーダーの抵抗率）の研究が盛んに行われ，相次いで最小抵抗率の値が更新された。その成膜方法のほとんどが，その頃から盛んに薄膜作製の研究，例えば超伝導体や強誘電体などに用いられていたPLD（パルスレーザー堆積）法であった。近年，ディスプレイの分野では大型のTFT液晶ディスプレイが主流となり，さらに省インジウム化が進みITOは低抵抗化から大面積化および超薄膜化へと成膜技術は変遷を遂げた[1~3]。

一方，資源･環境面で大きな優位性を示すZnO系の透明導電膜については以前より有望視され，特に資源面で優位なAZO透明導電膜（豊富な材料のZnとAlが構成元素のため）について精力的に金沢工業大学の南らにより実用化を目指した成膜手法のスパッタリング法・CVD法・アークプラズマ法などを用いて詳細に亘り報告されてきた[4]。また，最近ではGZO透明導電膜を用いて高知工科大学の山本らにより実用化を視野に入れた大面積基板への成膜技術と超薄膜化技術が確立された[5,6]。

著者らは以前よりPLD法をITOおよびZnO系透明導電膜の成膜手段に用いていたため[7,8]，ZnO系透明導電膜の限界性能（評価の対象を抵抗率，透過率，表面形態に絞込んだ）を追求するためにPLD法の優れた特長を活かして高性能なZnO系透明導電膜の作製に取り組み，現在までに以下の成果を挙げることができた。

① 資源面で優位なAZO透明導電膜に着目し，ITOの抵抗率の限界性能と同等の極めて低い抵抗率（$8.54\times10^{-5}\Omega\cdot cm$）を達成

② AZO透明導電膜でITOの実使用膜厚領域（TFT液晶ディスプレイやタッチパネル用など），すなわち超薄膜領域（50nm以下）においてITOと同等の低抵抗率（20～40nmで$2.61\sim3.91\times10^{-4}\Omega\cdot cm$）を達成

③ AZOおよびGZO透明導電膜で低温（室温～90℃）状態の有機基板上に低抵抗率（GZOで$2.64\times10^{-4}\Omega\cdot cm$，AZOで$4.12\times10^{-4}\Omega\cdot cm$）を有する透明導電膜を形成

---

* Akio Suzuki　大阪産業大学　工学部　電子情報通信工学科　教授

④　AZO透明導電膜とITOを積層させたハイブリッド透明導電膜を作製し，ITO（インジウム）の使用を最大93％削減し，低抵抗率（AZO：250nm＋ITO：50nmの積層状態で1.99×10^{-4} Ω・cm）を有する省インジウムタイプの透明導電膜を形成

1.2　高性能なZnO系透明導電膜が得られるPLD（パルスレーザー堆積）法

PLD法（Pulsed Laser Deposition：図1に本実験に用いた代表的な実験装置の概略を示す）とはレーザーアブレーションの応用技術の一種で，主に薄膜形成に用いられる物理的成膜法のひとつと位置づけられている[9]。成膜プロセスはまず強力なパルスレーザー光をレンズで集光させながら透明な窓を通して真空チャンバー内に置かれたターゲットに照射する。そこでは極めてエネルギー密度が高いためターゲット表面からプルームと呼ばれるプラズマ状態が発生しターゲットの対面に置かれた基板にターゲット材料を薄膜状に堆積させることが可能となる。レーザー光源には，小型で容易に高出力のパルス光が得られるエキシマレーザーやNd: YAGレーザーなどがよく使われる。PLD法の一般的な特徴は，ターゲットと薄膜の組成ずれが少ないため組成制御が容易で，低温で成膜でき（プラズマによる基板温度の上昇が少ないため），成膜制御が容易（レーザーエネルギー・パルス数の制御が精度よくできるため）で，コンタミネーションが少ないためターゲットが多種類同時に使える等で，従来の物理的成膜法にくらべ電気的・光学的特性に優れた電子デバイス用薄膜を容易に作製することができる手法とされている。一方，問題点としては成膜レートが低く大面積化には不利，薄膜表面に微粒子（ドロップレット現象のため）が発生，ターゲットが部分的に損傷する（故に利用効率が低い）などが挙げられるが，現在は装置全体の改良によりこれらの問題が解決され新しい成膜方法が種々考案されている。

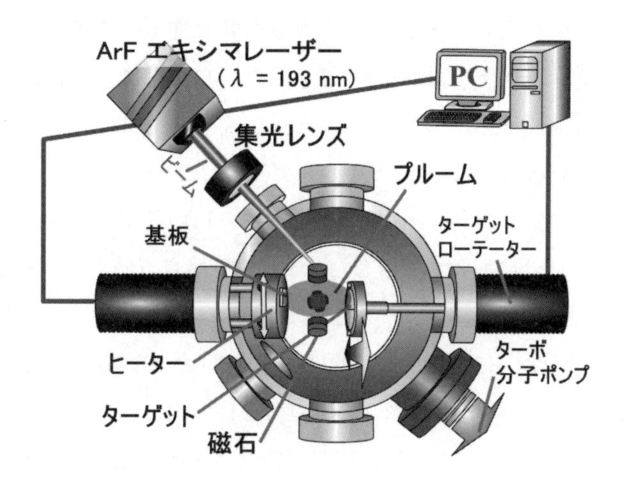

図1　ZnO系透明導電膜の作製に用いた代表的なPLD装置の概略

ZnO系透明導電膜をPLD法で作製する場合，電気的・光学的特性に大きく影響する成膜条件としては，レーザー光源側ではレーザー波長，レーザー出力およびターゲット表面のエネルギー密度（レンズの集光度），繰り返し周波数，照射時間（レーザーショット数）などがあるが，エキシマレーザーの場合，矩形ビームの形状（横長か縦長か？）を反映したプルーム形状（横広がりか縦広がりか？）に対して基板配置などが重要となりレイアウトに注意を要する。一方，チャンバー側ではターゲット組成および形状，雰囲気ガス種およびガス分圧，ターゲット基板間距離，基板温度，ターゲットホルダーおよび基板ホルダーの移動方法などが重要な因子となる。

PLD法は大面積化には不向きとされるが材料が有する潜在的な極限性能を引き出すことができる成膜方法のため，研究レベルでは広く用いられ材料固有の到達目標値の設定には大きく貢献している。

1.3　PLD法によるZnO系透明導電膜の作製

PLD法を用いて作製したZnO系薄膜に関する報告は以前よりされていたが，安定性に問題があるノンドープZnOおよび抵抗率が高い透明導電膜の報告に限られていた[10~12]。そこで著者は種々ドーパントを添加したZnO系透明導電膜の特性について調べ，AZO（ZnO: Al_2O_3）およびGZO（ZnO: Ga_2O_3）透明導電膜で低抵抗率を示し且つ平滑な表面形態を有する透明導電膜が得られることがわかり，それらについて詳しい報告を行った。その中で，1996年に既述した一般的なPLD法を用いた成膜装置で最適な成膜条件下においてAZO（Al_2O_3が2 wt.%）透明導電膜を作製し，それまでの報告の中で最小の抵抗率が得られたことについて報告した[13~16]。

さらに低抵抗と優れた表面形態を両立させるためAZO + GZO積層型透明導電膜を作製したことについて報告した[17]。また，Nd: YAGレーザーを光源に用いて大きな光閉じ込め効果を有するテクスチャー構造を有するミルキーGZO透明導電膜を作製したことについて報告した[18]。2000年頃より10^{-5}Ω・cmオーダーの抵抗率を達成したITOが相次いで報告されたが[19~22]，著者らは2003年頃にITO作製時と同様のプルームに垂直な磁場を印加したPLD法を用い，極めて低い抵抗率のAZO透明導電膜が得られたことについて報告した[23]。

最近では，AZO透明導電膜とITOを積層し希少金属のInの使用を大幅に削減したハイブリッド透明導電膜を作製したことについて報告した。また，低融点（低ガラス転移温度）基板の使用を前提に室温成膜を目指して後処理アニールとしてレーザーアニーリングの手法を確立した。さらに低温（室温～100℃程度）有機基板上に低抵抗なAZOおよびGZO透明導電膜を作製したことについて報告した。TFT液晶ディスプレイ用のITOにおいては膜厚が超薄膜領域といわれる50nm以下で用いられることがあるが，この膜厚はZnO系透明導電膜が不得意（150nm以下では特性が急激に悪化する傾向にある）とする膜厚領域である。これをPLD法の利点を活用し，成膜条件の徹底的な見直しを行うことにより，ITO同等の抵抗率が得られ，現在，さらなる低温化を目指して研究を進めている[24~29]。

1.3.1　極めて低い抵抗率（10^{-5}Ω・cmオーダー）を達成したAZO透明導電膜

以前にITOを作製するときに，図2に示すように強力な希土類永久磁石でプルームに対して垂直な磁場を印加できるような独特の工夫を施したPLD法を用い，7.19×10^{-5}Ω・cmの極めて低い抵抗率が一般的なガラス基板上で得られたことについて報告した[21,22]。そこで本手法をAZO透明導電膜に適用し10^{-5}Ω・cmオーダーの低い抵抗率を実現することを目指したが，単に磁場を印加するだけではこの値は達成できないため同時に徹底的に成膜条件の見直しを行った。成膜条件を最適化するため，主にAZOターゲットのドーパント量，レーザー出力（レーザーエネルギー密度），基板温度を見直した。その結果，不純物のAl_2O_3のドーパント量はスプリットターゲット法（Al_2O_3が1wt.%と2wt.%を2分の1ずつ組み合わせ，レーザービーム照射比を詳細に変えることにより結果的にドーパント量を変化させる手法：この場合極めて高速に交互に2種類の薄膜を堆積させるため積層構造にはならない）を用い1.8wt.%（従来は2wt.%），レーザー出力は15mJ（従来は100mJ），基板温度は230℃（従来は300℃）が磁場を印加したPLD法で

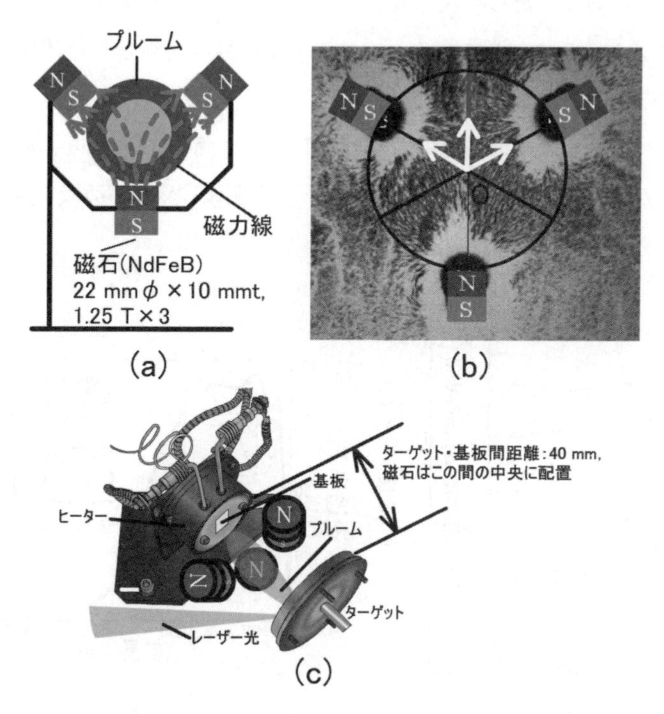

図2　プルームに対して垂直に磁場を印加する方法(a)とそのときの可視化した磁束分布(b)および磁石配置の詳細(c)

$10^{-5}\Omega\cdot$cmオーダーの抵抗値を得るための最適値であることが判明した[23]。

図3に$10^{-5}\Omega\cdot$cmオーダーの抵抗率が得られたAZO透明導電膜の電気的・光学的特性を示す。同図(a)に電気的特性のレーザーエネルギー密度依存性を示す。レーザーエネルギー密度が増加するに伴い抵抗率が上昇する傾向を示した。ZnO系透明導電膜としては現在までに報告された中で最小の抵抗率$8.54\times10^{-5}\Omega\cdot$cmが最小のエネルギー密度0.75J/cm^{2}で作製した膜厚280nmのAZO透明導電膜で得られた。このようにレーザーエネルギー密度の減少と共に高い導電性つまり大きなキャリア密度および移動度が得られた要因として以下のことが考えられる。図2に示したプルームへの磁場印加，特に(b)の磁束分布からわかるようにプルーム中心付近でターゲット基板方向に対して垂直で一方向に強められた磁場によりターゲットより放出されたアブレーション粒子群（荷電粒子）の運動エネルギーおよび方向がローレンツ力により大きく変化し，特に低エネルギー密度のプルーム（基板方向への潜在的な運動エネルギーが小さい荷電粒子が支配的な状態）では，その効果が顕著となる。その結果キャリアの生成・結晶形態に大きく影響し極めて大きな導電性が得られたと考えている。一方，光学的特性として同図(b)に，このAZO透明導電膜の透過率スペクトルと成膜したAZO透明導電膜の実際の写真を示す。赤外領域では大きなキャリア密度のためプラズマ共鳴現象で900nm付近から透過率が急激に低下し，拡大挿入図の紫外領域ではBurstein-Moss効果のため吸収端波長がZnOのバンドギャップ（3.37eV: $\lambda\fallingdotseq$370nm）より若干短波長側にブルーシフトしている。次に大きな移動度が得られた機構を解明するためにAZO透明導電膜の結晶構造解析を行った。

図4にX線回折パターンと基板界面付近の断面TEM像を示す。同図(a)より磁場を印加して作製した場合，ZnOの（0002）面と（0004）面のピークが明確に現れ，ガラス基板に対し強くC軸

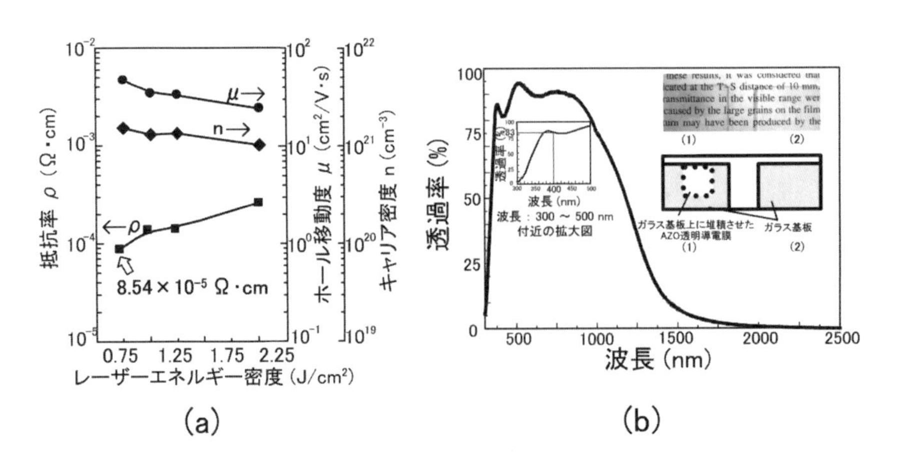

図3　磁場を印加したPLD法で作製したAZO透明導電膜の電気的(a)・光学的特性(b)

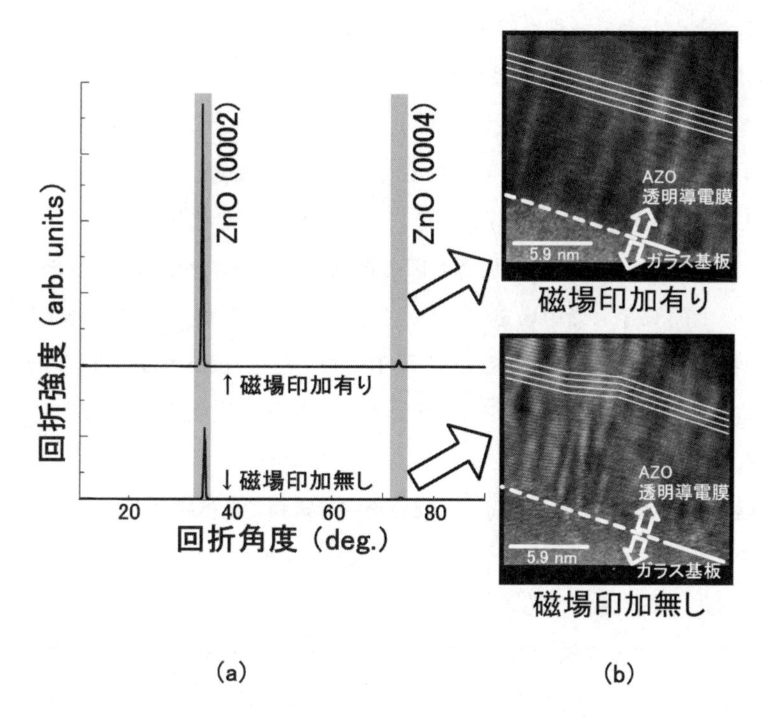

図4　磁場を印加して作製したAZO透明導電膜のX線回折パターン(a)と断面TEM写真(b)

表1　AZOおよびGZO透明導電膜の低抵抗化技術の一覧

年	AZOの抵抗率（Ω・cm）	GZOの抵抗率（Ω・cm）	成膜方法など	備　考
1984	1.9×10^{-4}		RFスパッタ	南内嗣ら（金沢工業大学）
1985	2.0×10^{-4}		無電界メッキ	
1995	1.7×10^{-4}		反応性DCスパッタ	
1995		1.2×10^{-4}	減圧CVD	サファイヤ基板上
1996	1.4×10^{-4}		PLD(ArFエキシマ)	著者ら
1996		1.7×10^{-4}	PLD(ArFエキシマ)	著者ら
1999	1.4×10^{-4}		PLD(XeClエキシマ)	
2001	1.5×10^{-4}		ゾル-ゲル	
2001		1.6×10^{-4}	アーク放電イオン	
2003	1.0×10^{-4}		DCスパッタ	対抗ターゲット
2003	8.5×10^{-5}		PLD(ArFエキシマ)	著者ら（磁場を印加したPLD）
2004		2.8×10^{-4}	反応性プラズマ	山本哲也ら（高知工科大学）
2006		2.8×10^{-4}	PLD(ArFエキシマ)	著者ら（室温有機基板）
2007	2.6×10^{-4}		PLD(ArFエキシマ)	著者ら(超薄膜領域: 40nm以下)

に配向していることがわかる。また同図(b)より，磁場を印加して作製した場合，ガラスとの界面から結晶配列に乱れが少ないことがよくわかる。これらの結果より，$10^{-5}\Omega\cdot cm$オーダーの抵抗率に大きく寄与した高い移動度は，ガラス基板との界面付近からの結晶成長に依存し，磁場を印加して成膜することで大きく改善されていることがわかった。

成膜手法としてのPLD法の位置づけを明確にするためにITO代替の実用化に向けて一番大きな問題点とされるAZOおよびGZO透明導電膜の抵抗率について歴史的な開発経緯を表1にまとめた。これより，図3に示した磁場を印加したPLD法で作製したAZO透明導電膜の電気的（同図(a)）・光学的特性（同図(b)）で達成した$8.54\times10^{-5}\Omega\cdot cm$の抵抗率は，ITOのチャンピオンデータに匹敵し遜色はない。尚，$10^{-5}\Omega\cdot cm$オーダーの超低抵抗な透明導電膜が得られた成膜方法はITO，AZO透明導電膜共ほとんどがPLD法である。

1.3.2　超薄膜領域（膜厚50nm以下）のAZO透明導電膜で低抵抗率と平坦化を達成

ITOはあらゆる面において良好な特性を有する透明導電膜のため広く用いられ，省インジウムを目指した薄い膜厚領域においても優れた性質を示すことはよく知られている。ところが脱インジウムを目指しZnO系のみで透明導電膜を作製した場合，150nm以下の薄い膜厚，特に超薄膜領域といわれる50nm以下の膜厚でITO同等の電気特性が得られないことが大きなウイークポイントとなりITO代替を拒んでいる理由のひとつといえる。その理由のひとつは，薄膜成長の初期過程の島状構造から連続膜へ移行する膜厚領域がZnOの物性定数の違い，例えば粘性係数や膜内の残留応力歪および結晶構造がITOと大きく異なるため，スパッタリング法などでは150nm以上の膜厚が必要になると考えられている[30]。そこで著者の研究室では成膜条件を徹底的に見直し，PLD法の利点を活かして薄膜成長初期段階の最適化をはかりZnO系透明導電膜で薄い領域（20～40nm前後）でITOに匹敵する特性を目指した。その結果，ZnO系透明導電膜（AZO）においても20～40nmの超薄膜領域の膜厚でITO同等のデータを得ることができた。

図5(a)にAZO（Al_2O_3: 1.5wt.%）透明導電膜の電気的特性の膜厚依存性を示す。これより，膜厚20nm以上でITO同等の$4\times10^{-4}\Omega\cdot cm$以下の抵抗率が得られていることがわかる。

特に膜厚40nmにおいては$2.61\times10^{-4}\Omega\cdot cm$と酸化亜鉛系の超薄膜領域としては良好な値が得られている。同図(b)にX線回折の膜厚依存性を示す。これより膜厚の増加に伴い結晶性が向上しZnOの（0002）面のピーク値および半値幅が向上していることがよくわかる。また，膜厚20nmにおいてもZnO（0002）面のピークが明確に確認できることからC軸に配向した結晶成長を伴う薄膜構造であることが伺える。図6に超薄膜領域の膜厚40nm(a)および20nm(b)のAZO透明導電膜のAFM像とSEM像を示す。これより，極めて平坦な表面形態（Ra=1.78～2.41nm）を有し，薄膜成長時の初期過程によく見られる島状構造などが一切見られない膜構造（C軸に配向した連続膜）であることがよくわかる。

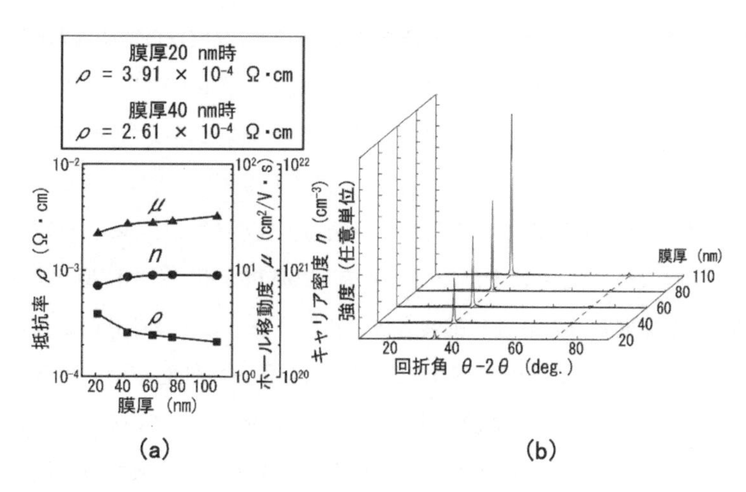

図5　超薄膜領域のAZO透明導電膜の電気的特性(a)とX線回折(b)の膜厚依存性

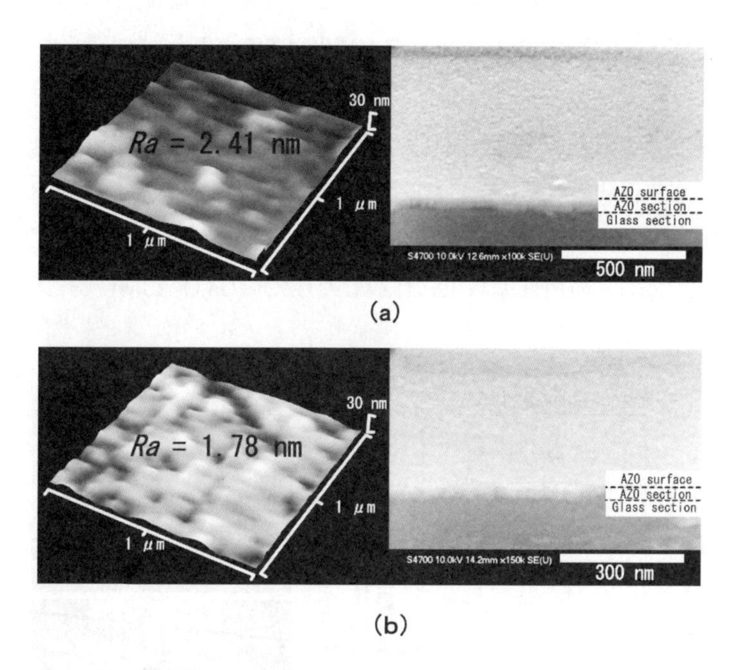

図6　超薄膜領域（(a)膜厚40nm，(b)膜厚20nm）のAZO透明導電膜のAFM像とSEM像

1.3.3 低温（室温～90℃）有機基板上の低抵抗なAZOおよびGZO透明導電膜

ITOは，優れた特性を有し以前からプラスチック基板（フィルム）上へ成膜され，抵抗膜（中程度の導電性）や透明電極（高導電性）としてタッチパネルなどに広く用いられている。タッチパネルはゲーム機を代表に，さらにはバリアフリーデバイスとしてのマンマシーンインターフェースとして新たな展開時期を迎えているため，今後益々需要が拡大することが予想される。また，薄くて軽くて割れない，さらに安価なプラスチック基板を用いた超薄型ディスプレイや電子ペーパーは有機ELの発展と共に急速に進展し広く市販されることはそれほど遠い将来ではないことは簡単に予測がつく。ところが，ガラス基板でITO並みの性能が得られるZnO系透明導電膜もプラスチック（有機）基板への成膜技術は現時点では確立されていない。特に吸水性の大きいプラスチック基板への耐湿性に問題があるZnO系透明導電膜を形成するにはITOを使用するときより下地層･バリア層および耐溶剤層堆積などの前処理に，より一層の工夫が必要とされる。

著者は，以前より種々のプラスチック基板にAZOおよびGZO透明導電膜をPLD法で低温基板温度下（室温～90℃）において成膜を行ってきた。その結果，下地層（アンダーコート層）の有用性を結晶成長の観点から立証し，種々の無機の酸化物薄膜の中からバッファー層として最適な材料を探索してきた[25,28]。

GZO透明導電膜はガラス基板上で室温状態（25℃）でも良好な特性が得られることはよく知られている。そこで室温状態（25℃）でも成膜可能な耐熱温度の低いPET（ポリエチレンテレフタレート）基板を用いたGZO透明導電膜作製の実験を行った。図7でバッファー層にGa_2O_3薄膜を用いて室温（25℃）のPET基板上に作製したGZO（Ga_2O_3: 3 wt.%）透明導電膜の電気

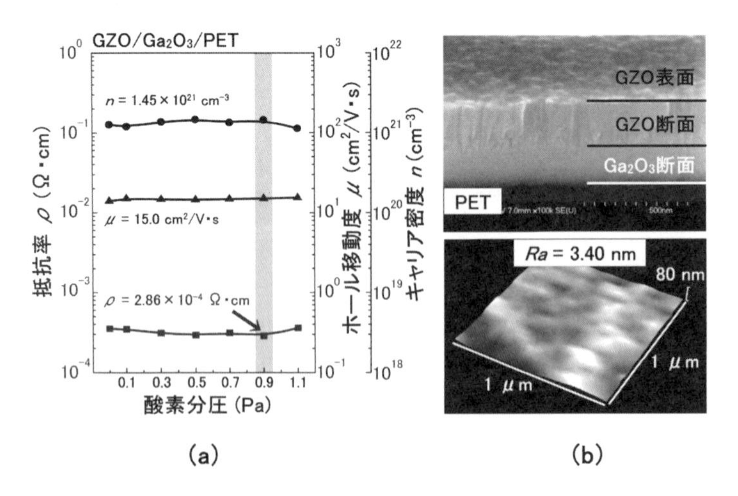

図7　GZO透明導電膜をGa_2O_3バッファー層として用いたPET基板に室温で成膜したときの電気的特性の酸素分圧依存性(a)とSEM（上）およびAFM像（下）(b)

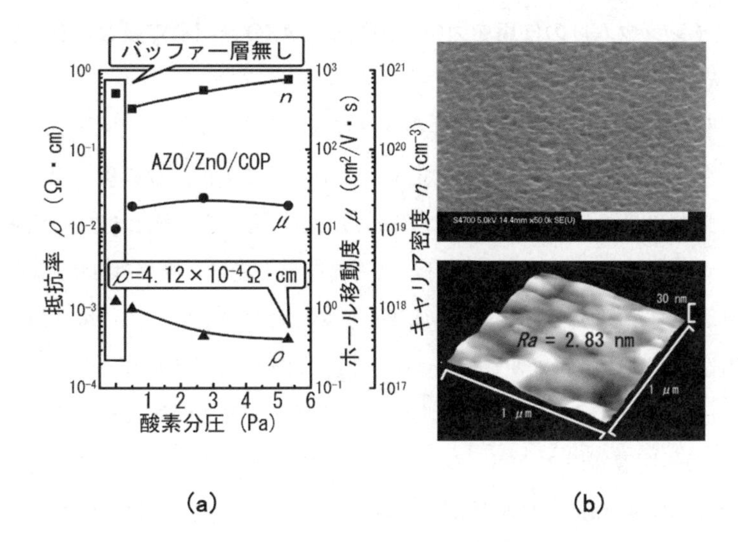

図8　AZO透明導電膜のZnOをバッファー層として用いたCOP基板上に低温（90℃）で成膜したときの電気的特性の酸素分圧依存性(a)とSEM（上）およびAFM像（下）(b)

的特性のGa_2O_3バッファー層の酸素分圧依存性を同図(a)に，SEM（上）およびAFM像（下）を同図(b)に示す。Ga_2O_3バッファー層およびGZO透明導電膜の膜厚をそれぞれ230nmとし最適酸素分圧0.9Paのときに，最小抵抗率$2.86\times10^{-4}\Omega\cdot cm$と可視光平均透過率（$\lambda=400\sim700$nm）は80%以上の値が得られた。同図(b)より$Ga_2O_3$バッファー層とGZO透明導電膜が相互拡散などの痕跡は認められず界面付近で明確に分離していることがよくわかる。また，そのときの表面平均荒さRaは3.40nmの室温基板としては良好な値が得られている[28]。

AZO透明導電膜はPLD法では室温状態（25℃付近）の基板では良好な特性を示さないため，バッファー層にPET基板より耐熱性が高いCOP（シクロオレフィンポリマー）基板を用いて，基板温度を90℃に上げノンドープのZnO薄膜をバッファー層としてAZO（Al_2O_3: 1.5wt.%）透明導電膜を作製した。その結果を図8に示す。同図(a)は電気的特性のZnOバッファー層の酸素分圧依存性，同図(b)はSEMおよびAFM像である。ZnOバッファー層の膜厚を200nm，AZO透明導電膜の膜厚を230nmとし酸素分圧が5.3Paのとき，最小抵抗率は$4.12\times10^{-4}\Omega\cdot cm$が得られ，可視光平均透過率（$\lambda$=400～700nm）は80%以上の値が得られた。また，そのときの表面平均荒さRaは2.83nmの良好な値が得られた。

1.3.4 ITO（インジウム）の使用を大幅に削減したAZO透明導電膜とITOを積層させて作製したハイブリッド透明導電膜

酸化亜鉛系透明導電膜は既述のように作製手法によりITOに匹敵する電気特性が得られるが，現段階では耐熱性や耐湿性に劣ることは否定できない。そこで，ITOの優れた特長（耐熱性，耐湿性）を活用し且つITOの使用量を大幅に削減したAZO透明導電膜とITOを積層させたハイブリッド透明導電膜を考案した。太陽電池用の透明導電膜の場合，膜厚は300～500nmあるいはそれ以上の厚い膜が必要となり，さらに使用面積も広いため省インジウムの効果はディスプレイやタッチパネル用などの薄い膜厚で使う場合より格段に大きいと考えられる[29]。

図9(a)にAZO透明導電膜とITOを積層させたハイブリッド透明導電膜の概略図を示す。このようにITOはAZO透明導電膜のカバーレイヤーとして機能する。同図(b)に太陽電池用透明導電膜を想定した合計膜厚300nmでAZO透明導電膜とITOの積層膜厚の比を変化させて作製したときの電気的特性を示す。これより，AZO:250nmとITO:50nmを積層させた場合，最小抵抗率ρ（AZO＋ITO）は$1.99\times10^{-4}\Omega\cdot\mathrm{cm}$，シート抵抗は$Rs$=6.44Ω/□となりITO単層膜と遜色のない特性が得られた。また光学的特性も屈折率などに大きな差がないためITOの単層膜と大きな差異は認められなかった。一方，耐湿・耐熱特性においてもITO単層膜と同等の優れた特性を示すことがわかった。以上，AZO透明導電膜＋ITO積層のハイブリッド透明導電膜は，抵抗率，シート抵抗，透過率および表面形態，さらには耐湿・耐熱特性においてもITOとほぼ同じ性能を得ることができ，計算上ITOの使用率を50～93％程度削減できることがわかった。

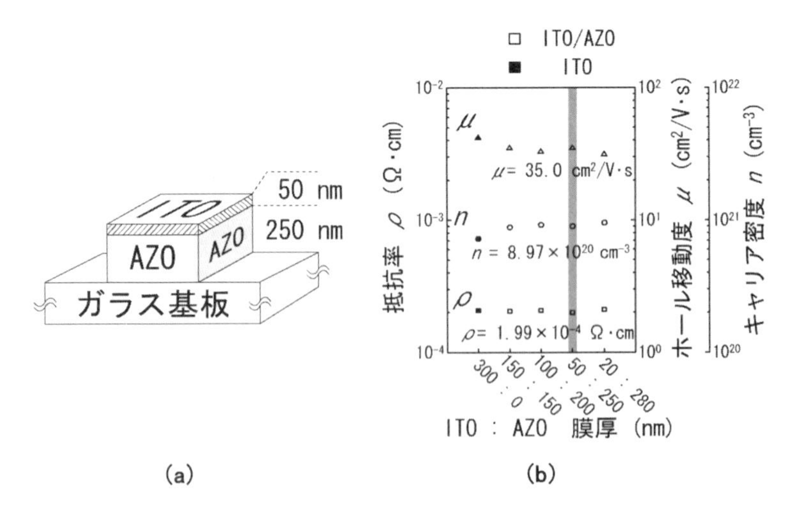

図9　省インジウムを目指したAZO透明導電膜とITOを積層させたハイブリッド透明導電膜の概略図(a)と電気的特性(b)

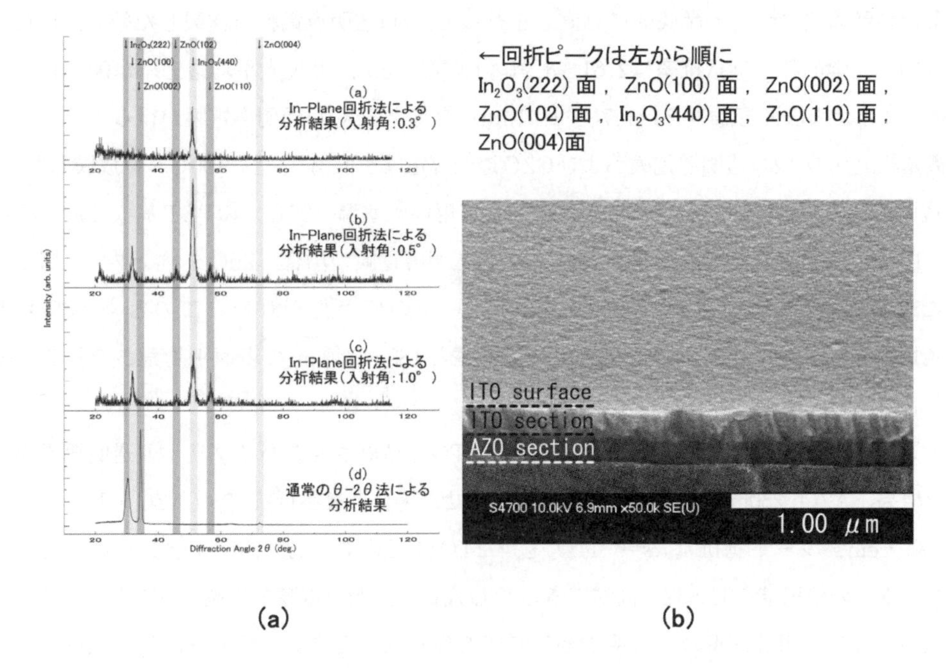

図10　AZO透明導電膜とITOを積層させたハイブリッド透明導電膜の
インプレーンX線回折パターン(a)と断面SEM写真(b)

また，図10に積層されたそれぞれの膜が相互拡散せずに分離されていることを確認するために測定したXRDのIn-Plane測定結果(a)とSEMによる膜の断面像(b)を示す。これより，ハイブリッド透明導電膜は内部でITOとAZO透明導電膜が混合せず，二層に明確に積層していることがわかり，ITOを100％使用したデバイスに代替可能であることがわかった[29]。

1.4　まとめ

超低抵抗（$10^{-5}\Omega$・cmオーダーの抵抗率）なZnO系透明導電膜を得るためには，徹底的に成膜条件を最適化し（主にターゲット組成，レーザーエネルギー密度，基板温度），強力な磁束密度（1.25T）を有する希土類磁石（NdFeB）を用いプルームに垂直に磁場を印加することが可能な装置でアブレーション粒子群にローレンツ作用を生じさせ基板への衝突エネルギーの緩和をはかり結晶性の良い膜を堆積させることにより低抵抗化が実現できた。その結果として，Al_2O_3添加量が1.8wt.％，基板温度が230℃，レーザーエネルギー密度が0.75J/cm^2の条件下で作製した膜厚280nmのAZO透明導電膜で，現在までに報告された中で最小の抵抗率$8.54\times10^{-5}\Omega$・cmと可視光平均透過率85％以上の値が得られた。

ITOの実使用膜厚領域（TFT液晶ディスプレイ用）の超薄膜領域（20～40nm）においても，

成膜条件の最適化について徹底的に見直しを行ってAZO透明導電膜を作製した結果，ITO同等の電気的・光学的特性（抵抗率は2.61～3.91×10^{-4}Ω・cm，可視光平均透過率は90％以上）および極めて平坦な表面形態（*Ra*=1.78～2.41nm）を有するAZO透明導電膜が得られた。

有機基板上へのAZO透明導電膜およびGZO透明導電膜を低温（室温～90℃）で成膜した結果，GZO透明導電膜ではGa_2O_3をバッファー層として用いた室温（25℃）のPET基板で最小抵抗率2.86×10^{-4}Ω・cmの良好な値が得られた。AZO透明導電膜の場合，ZnOをバッファー層として用いた低温（90℃）のCOP基板で4.12×10^{-4}Ω・cmの値が得られた。このときAZOおよびGZO透明導電膜共に80％以上の可視光平均透過率と2.83～3.40nmの表面平均荒さを得ることができた。

省インジウムを目指して，AZO透明導電膜とITOを積層させたハイブリッド透明導電膜を作製した結果，AZO: 250nmとITO: 50nmを積層させた場合，最小抵抗率ρ（AZO＋ITO）は1.99×10^{-4}Ω・cm，シート抵抗は*Rs*=6.44Ω/□のITOに匹敵する電気的・光学的特性を有し，最大インジウムの使用量を93％程度削減できるITO代替の透明導電膜を作製することができた。

既述のように透明導電膜の作製手法としてPLD法を用いた場合，研究室段階の抵抗率についてはITOとAZO透明導電膜では限界値はどちらも10^{-5}Ω・cmオーダーが得られている。しかしながら実用化レベルの成膜技術のほとんどを占めるマグネトロンスパッタリング法を用いた場合は，基板付近の結晶構造，グレインサイズの違いなどによりITOより抵抗率が増加し，耐久性（特に耐熱性，耐湿性）も劣る報告が多い。この差を埋めるにはAZO透明導電膜の短所（基板付近の結晶不均一性など）を克服する成膜技術の開発が急務となる。

著者は成膜技術で大きく特性が変化するZnO系透明導電膜は，PLD法で高性能な薄膜が実現できているため既存のITO用の成膜・加工技術＋アルファー（ZnOの材料の見直し含む）でスパッタリングなどの実用化成膜技術への転用が可能になる日も近いと考えている。

文　　献

1）例えば，日本学術振興会透明酸化物光・電子材料第166委員会編，透明導電膜の技術（改定2版），オーム社（2006）
2）鈴木晶雄ほか，脱ITOに向けた透明導電膜の低抵抗化・低温・大面積化技術，㈱技術情報協会（2005）
3）鈴木晶雄ほか，最新透明導電膜動向－材料設計と製膜技術・応用展開－，㈱情報機構（2005）

4) 例えば，T. Minami *et al., Jpn. J. Appl. Phys.,* **24**, L781 (1985)
5) 例えば，T. Yamamoto *et al., Thin Solid Films,* **451-452**, 439 (2004)
6) 例えば，T. Yamada *et al., Superlattices and Microstructures,* **42**, 68 (2007)
7) 鈴木晶雄，PLD法により作製した超低抵抗透明導電膜，HITACHI SCIENTIFIC INSTRUMENT NEWS, **48** (1)，10 (2005)
8) 鈴木晶雄，ITO代替材料の最有力!! 酸化亜鉛の応用製品が未来を切り開く－酸化亜鉛系透明導電膜－，MATERIALSTAGE，**3** (1)，1，㈱技術情報協会 (2006)
9) 例えば，電気学会編，レーザアブレーションとその応用，コロナ社 (1999)
10) V. Craciun *et al., Appl. Phys., Lett.,* **65**, 2963 (1994)
11) S. Hayamizu *et al., J. Appl. Phys.,* **80**, 787 (1996)
12) J. M. Phillip *et al., Appl. Phys. Lett.,* **67**, 2246 (1995)
13) A. Suzuki *et al., Jpn. J. Appl. Phys.,* **35**, L56 (1996)
14) A. Suzuki *et al., Transactions of the Material Research Society of Japan,* **20**, 526 (1996)
15) 鈴木晶雄ほか，*J. Vac, Soc,* (真空)，**39**, 331 (1996)
16) A. Suzuki *et al., Jpn. J. Appl. Phys.,* **35**, 5457 (1996)
17) 鈴木晶雄ほか，*IEEJ Tran. EIS.* (電気学会論文誌A)，**117**, 405 (1997)
18) A. Suzuki *et al., Jpn. J. Appl. Phys.,* **38**, L71 (1999)
19) H. Ohta *et al., J. Appl. Phys.,* **76**, 2740 (2000)
20) F. O. Audurodija *et al., Jpn. J. Appl. Phys.,* **39**, L377 (2000)
21) A. Suzuki *et al., Jpn. J. Appl. Phys.,* **40**, L401 (2001)
22) A. Suzuki *et al., Thin Solid Films,* **441**, 263 (2002)
23) H. Agura *et al., Thin Solid Films,* **445**, 263 (2003)
24) 安倉秀明ほか，*IEEJ Tran. EIS.* (電気学会論文誌C)，**125**, 1641 (2005)
25) 前田 剛ほか，*IEEJ Tran. EIS.* (電気学会論文誌C)，**126**, 132 (2006)
26) 鈴木晶雄，*J. Vac, Soc,* (真空)，**50**, 118 (2007)
27) 東村佳則，*J. Vac, Soc,* (真空)，**50**, 158 (2007)
28) 上原賢二，*J. Vac, Soc,* (真空)，**50**, 161 (2007)
29) 鈴木晶雄，イノベーションジャパン2007，ナノテク材料セッションN-36“希少金属の使用を大幅に削減した酸化亜鉛系透明導電膜”(2007)
30) T. Yamada *et al., Appl. Phys. Lett.,* **91**, 051915 (2007)

2 ZnO透明導電膜の新機能

仁木 栄[*1]，松原浩司[*2]，反保衆志[*3]，柴田 肇[*4]

2.1 はじめに

透明導電膜は「透明」かつ「導電性」を有する薄膜である。透明導電膜の定義は，抵抗率$\rho \leqq 1 \times 10^{-3}\Omega$cm，可視域での平均透過率$T_{AVE}$（380〜780nm）≧80％の特性を有する薄膜とされており，今ではフラットパネルディスプレイや太陽電池などの応用に不可欠な重要技術となっている。

透明導電膜として現在最も広く使われているのはSnドープのIn_2O_3（ITO）である。ITOは，抵抗率が低く，かつ加工性に優れるなどの長所を有している。しかしながら，近年のIn原料価格の高騰に伴ってITO透明導電膜に替わる新材料の開発が待望されている。

ワイドギャップ半導体の一つである酸化亜鉛（ZnO）は，技術開発によって透明導電膜としての特性が著しく向上している。原料も安価で低コスト化も可能なことからITO代替材料として酸化亜鉛透明導電膜（ZnO-TCO）に対する期待がますます高まっている。

2.2 次世代の透明導電膜への要求

前項で透明導電膜の定義について述べたが，抵抗率$\rho \leqq 1 \times 10^{-3}\Omega$cmかつ可視域での平均透過率$T_{AVE}$（380〜780nm）≧80％という条件を満たせばすべての応用に対して十分なのであろうか。フラットパネルディスプレイの大型化や太陽電池の高性能化など，技術の急速な進展に伴って，次世代の透明導電膜には抵抗率や光透過性に対するさらに高い性能が求められている。また，抵抗率や光透過性という基本的な特性に対する要求以外にも，①平坦性の制御（原子層レベルの平坦性，テクスチャー構造等），②製膜時に下地材料へのダメージフリー，③低温成長（プラスチック基板等への製膜可能），④禁制帯幅の制御等の新しい機能が求められている。

酸化亜鉛（ZnO）は禁制帯幅3.4eVのワイドギャップ半導体である。III族元素のAlやGa，VII族のClやFをドープすることで導電性が向上する。抵抗率ではITOにやや劣るものの，①還元雰囲気での耐性に優れている，②原料が安価で低コスト化が可能，などの利点を有しており透明導電膜として非常に有望である。ZnO-TCOの製膜法については，ゾルゲル法，スパッタリング法，CVD法，パルスレーザ蒸着法等数多くの報告がある。RFスパッタリング法によってGa:

＊1 Shigeru Niki ㈱産業技術総合研究所 太陽光発電研究センター 副センター長
＊2 Koji Matsubara ㈱産業技術総合研究所 太陽光発電研究センター
＊3 Hitoshi Tampo ㈱産業技術総合研究所 太陽光発電研究センター
＊4 Hajime Shibata ㈱産業技術総合研究所 エレクトロニクス研究部門

ZnO，Al: ZnOなどで抵抗率 $2\times10^{-4}\,\Omega$cm以下の低抵抗膜が実現されている。ZnO-TCOの特性や作製法の詳細については他の文献を参照されたい[1,2]。

2.3　ZnO系透明導電膜の製膜と赤外吸収

本研究グループでは，スパッタ法，反応性プラズマ堆積法(Reactive Plasma Deposition: RPD)，分子線エピタキシャル法（Molecular Beam Epitaxy: MBE)，パルスレーザ堆積法（Pulsed Laser Deposition: PLD）など，いろいろな製膜法を用いてZnO透明導電膜を作製している。酸素源には通常酸素ガスを用いているが，酸素ラジカル（酸素原子）を用いた手法も検討している。酸素ラジカルは，酸素分子に比べて反応性が高く，膜中に効率良く取り込まれるためである。本項に示す実験には，PLD法が用いられており，KrFエキシマレーザ（波長248nm）をZnO焼結体に照射することでZnO透明導電膜を製膜している（図１)。

最初に，ZnO-TCOをガラス基板上へ室温（非加熱）で製膜を行った。室温での製膜にもかかわらず，抵抗率 $5\times10^{-4}\,\Omega$cmで可視光平均透過率88%という高品質な透明導電膜が作製できた。この薄膜の表面を原子間力顕微鏡で観察したところ，表面粗さ（rms値）は1nm以下と非常に平坦な透明導電膜が作製でき，この手法がZnO-TCOの製膜に有効であることがわかった。

次にZnO-TCOのさらなる低抵抗化と光透過特性の向上を目指して，異なるドーパントによる電気特性と光透過特性の違いを検討した。不純物として，Al_2O_3，Ga_2O_3，B_2O_3を用い，製膜温度は200℃とした。図２にAl，Ga，Bをドープした場合のドーピング濃度と抵抗率の関係を示す。抵抗率はGa: ZnOが $\rho=2.1\times10^{-4}\,\Omega$cmで，Al: ZnOは $\rho=2.5\times10^{-4}\,\Omega$cm，Bは $\rho=7.4\times10^{-4}\,\Omega$cmと他のふたつに比べて最も低かった。AlとGaの違いに注目してみよう。Ga: ZnOは ρ

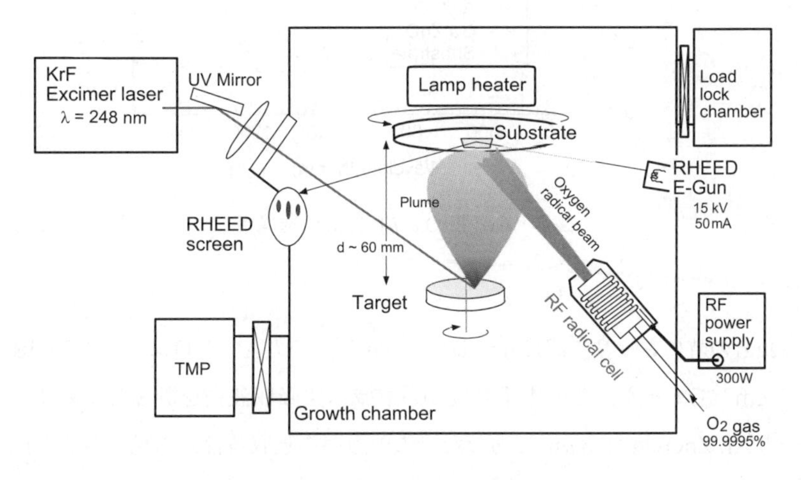

図１　パルスレーザ堆積装置の模式図

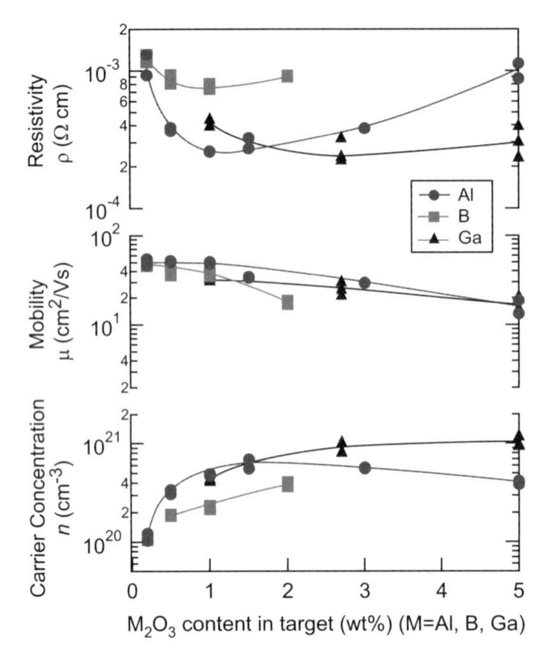

図2　Al, Ga, Bドープ ZnOの電気特性

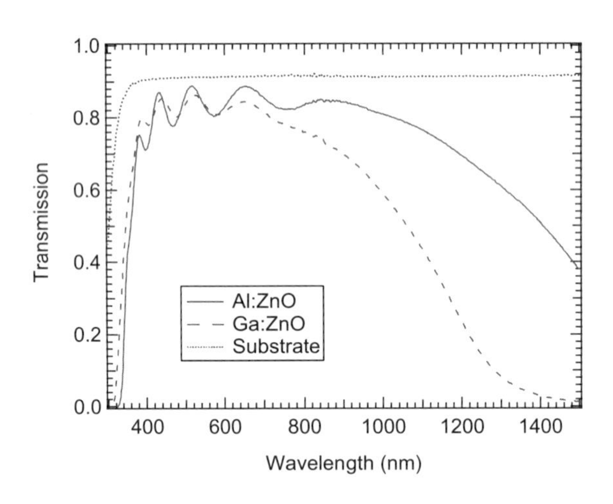

図3　Ga: ZnOとAl: ZnOの透過率

$=2.1\times10^{-4}\,\Omega$cmの時にキャリア濃度$n=1\times10^{21}$cm^{-3}，一方Al: ZnOは$\rho=2.5\times10^{-4}\,\Omega$cmの時に$n=5\times10^{20}$cm^{-3}であった。この電子濃度からプラズマ吸収波長を計算してみるとGa: ZnOは約1 μm，一方Al: ZnOは約1.5 μmであった。この違いを吸収特性から見てみると図3のようになる。膜厚はいずれの場合も約0.5 μmである。Ga: ZnOは近赤外域で吸収が顕著であるが，一

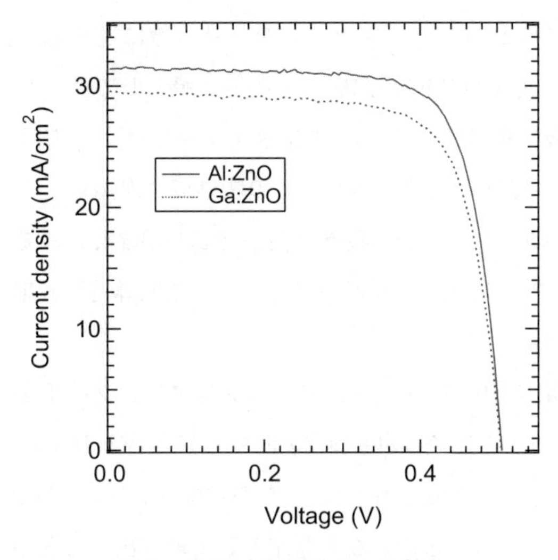

図4　CIGS太陽電池のJ-V特性

方Al: ZnOは近赤外域での吸収は小さい。透過率で比較してみると，Al: ZnOの場合には400～1100nmでは92%に対してGa: ZnOの場合には81%と，Al: ZnOの方がGa: ZnOより約1割程度透過率が高かった。実際に$CuInGaSe_2$ (CIGS) 太陽電池を作製してこの透過率の違いを検討した。Ga: ZnOではAl: ZnOと比べて，開放電圧と曲線因子は変化がないのに比べて短絡電流だけが約1割程度低下している（図4）。この損失は透過率の変化分に相当しており，赤外域での吸収が問題となる応用においては透明導電膜の抵抗率だけでなく，移動度とキャリア濃度も重要なパラメータであることがわかる。

2.4　バンドエンジニアリング

透明導電膜のワイドギャップ化やバンドエンジニアリング技術も重要な研究課題である。ダイヤモンドやワイドギャップ窒化物・酸化物による各種発光デバイスの研究が進展しており，紫外域まで透明な導電性薄膜への要求が高まっている。また，応用に合わせて禁制帯幅，価電子帯・伝導帯のエネルギーなどを制御することができると透明導電膜の応用範囲は飛躍的に拡大する。

ZnOはII族のZnをMgに置換することで禁制帯幅を拡大することができる。また，II族のCd，VI族のSやSeと置換することで禁制帯幅や価電子帯，伝導帯のエネルギーを制御することができるために，バンドエンジニアリングの点から非常に有効な材料である。以下にCIGS太陽電池を例にとりその重要性を示す。

透明導電膜を太陽電池等のヘテロ接合デバイス構造に組み込む場合にはワイドギャップ化だけ

ではなくバンドギャップ値とバンドオフセットを任意の値に連続的に制御する技術が必要となる。CIGS等の薄膜太陽電池ではZnOが窓層，透明導電膜として使われている。地上での太陽光スペクトルを考えた場合，単に窓層のZnOの禁制帯幅を広げても太陽電池の特性向上は期待できない。（大気圏外においては太陽光スペクトルの紫外成分が増加するために宇宙用太陽電池としては若干の特性向上が期待できるが）我々はMg-Zn-O混晶化によるワイドギャップ化だけではなく，バンドエンジニアリングという新機能によって透明導電膜の応用分野が拡大できると考えている。

CIGS太陽電池への応用を例にとってバンドエンジニアリングの重要性を考えてみよう。ZnOとCIGS間の伝導帯のバンド不連続はcliff型（$\Delta E_c < 0$）といわれている。図5(a)に示すようなcliff型の場合，理想的な界面が形成されれば，禁制帯幅の小さいCIGSで光吸収によって発生した電子－正孔対は障壁に妨げられることなく電流として取り出すことができるために良好な特性が得られるはずである。しかしながら，実際にはZnO/CIGS間の界面準位を経由して再結合が起こるために効率が低くなる。そのために，高効率が実現されているCIGS太陽電池においては図5(b)のように，CdSやZn系等のバッファ層をZnO/CIGS間に挿入し，伝導帯の不連続がspike型（$\Delta E_c \geqq 0$）になるようにしている。峯元等[3]はCIGS層と窓層間の伝導帯のバンド不連続（ΔE_c）と太陽電池特性の間の相関を理論的に検討した。ΔE_cがマイナスの場合（cliff型）は開放電圧（V_{OC}），曲線因子（FF）とも低下し，マイナスが大きくなるにつれて効率が低下する。一方，ΔE_cがプラスの場合（spike型）は，電子の障壁になりうるが，0.4eVまではほとんど効率への影響はなく高効率が達成できることを示した。そのモデルを基に$Mg_xZn_{1-x}O$/CIGS間のΔE_cのMg組成x依存性を実験的に検討した[4]。$x = 0$の場合には$\Delta E_c = -0.16$eVであったがxが増加す

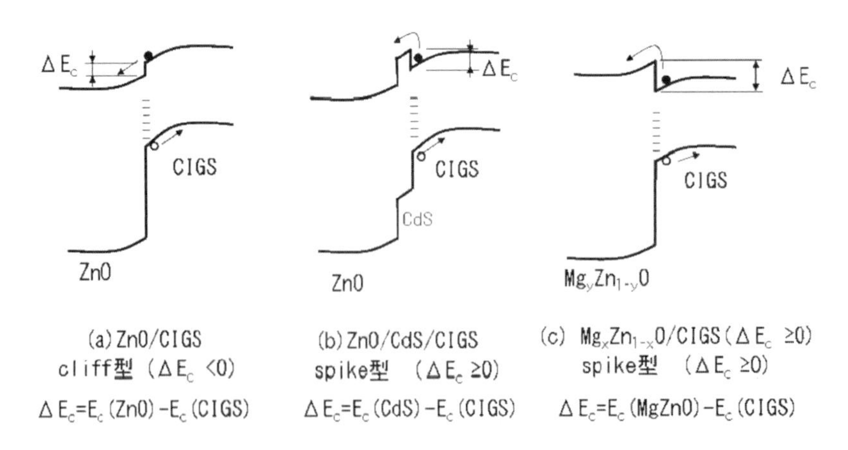

図5　CIGS太陽電池におけるバンド不連続

るにつれてΔE_cが増加し，$x=0.17$では$\Delta E_c=0.30eV$と，xを変えることでΔE_cを変えることが可能なことを示した。つまり，図5(c)に示すようにZnMgOを用いればCdSやZn系等のバッファ層無しでも理想的な伝導帯のバンド不連続を実現できることがわかった。また，峯元等の報告においては$Mg_xZn_{1-x}O$層はアンドープ層としてのみ用いられており，透明導電膜にはITOが用いられているが，高品質な$Mg_xZn_{1-x}O$透明導電膜ができればITOを置換することも可能になり，$Mg_xZn_{1-x}O$だけで窓層を形成することが可能になる。

Mg-Zn-O系混晶では，ZnO（$E_g=3.4eV$）の結晶構造はウルツ鉱型，一方MgO（$E_g=7.7eV$）はNaCl型であり，結晶構造も大きく異なる。混晶化する際に相分離などを起こさずにMgを高濃度化して禁制帯幅を広げられるかが課題である。大友等[5]はレーザMBE法で$Mg_xZn_{1-x}O$単結晶薄膜を作製した。$x=0.33$で禁制帯幅を3.99eVまで連続的に広げることに成功した。しかし$x=0.36$では異相が現れたと報告している。根上等[6]はＲＦスパッタ法により$Mg_xZn_{1-x}O$薄膜の作製を試みた。$0\leq x\leq 0.46$の範囲では禁制帯幅がMg濃度に対してほぼ線形的に増加することを示した。$x=0.46$で禁制帯幅は4.2eVであった。本研究グループではPLD法を用いて$Mg_xZn_{1-x}O$の製膜を行った。この結果から$Mg_xZn_{1-x}O$混晶を用いることで禁制帯幅を

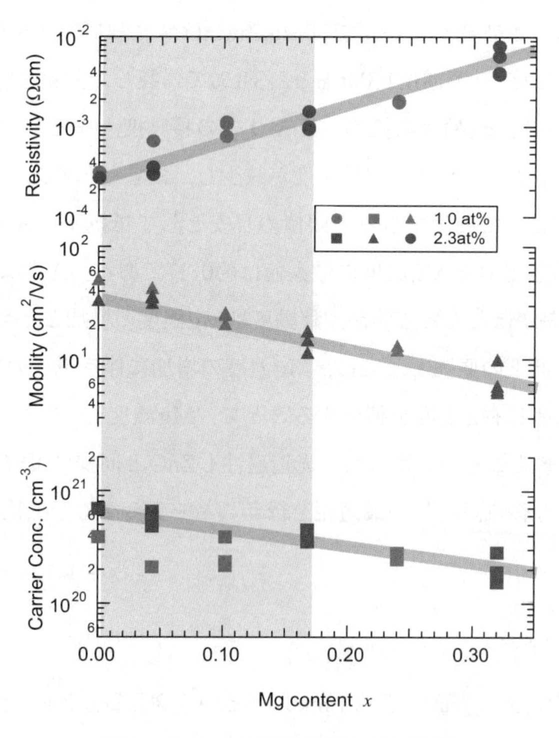

図6　ZnMgO透明導電膜の電気特性

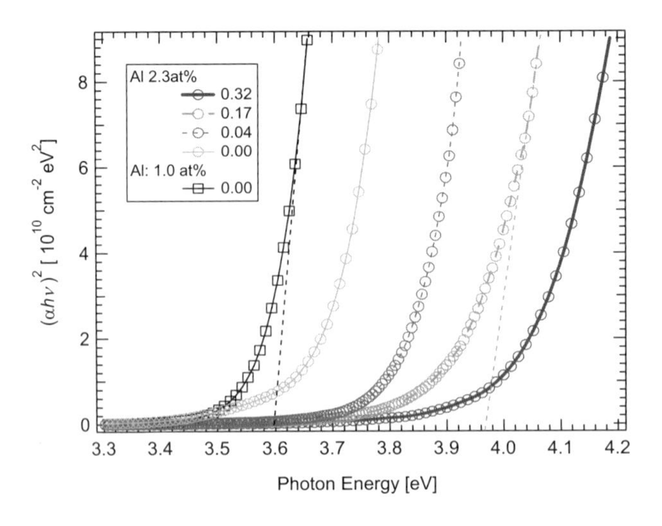

図7　Al：ZnMgOの吸収端の変化

幅広く連続的に制御できることがわかった。

次の課題は低抵抗化である。一般的に，禁制帯幅が大きくなるに伴って有効質量が大きくなり低抵抗化は難しくなる。本研究グループでは$Mg_xZn_{1-x}O$へドーピングを行うことで透明導電膜としての可能性を検討した[7]。Al濃度1.0at％と2.3at％で作製した薄膜の電気特性を図6に示す。図中横軸はMgの割合xで，縦軸は抵抗率，キャリアの移動度，キャリア電子密度である。Mg濃度が増えるにしたがって，移動度，電子密度が減少し，結果として抵抗率が増加していることがわかる。透明導電膜として利用できる上限値の目安として抵抗率1×10^{-3}Ωcmを用いるとすると，このAl濃度で許容されるMg濃度の最大値は約0.17である。Al濃度1.0at％の場合，電子密度はMg濃度による差がほとんどないが，移動度はMg濃度の増加とともに低下する。Mg濃度の増加に伴う移動度の低下の原因としては，Mg濃度の増加に伴う電子の有効質量の増加が考えられる。図7に示すようにMg濃度を制御することで，Mg濃度x＝0～0.17間で光吸収端が3.6～4.0eVの間で制御できることがわかった。光透過性もZnOと同様に可視域で平均80％以上の透過率が得られており，今後成長条件の最適化を行うことでさらなる低抵抗率化が可能と考えている。

2.5　まとめ

抵抗率$2\sim3\times10^{-4}$Ωcm，表面平坦性1nm以下という高品質なZnO透明導電膜を低温でも作製可能なことを示した。抵抗率と光透過性の点からはITOと遜色のないレベルに達している。

一方，ZnO-TCOは，バンドエンジニアリングや低温成長など，ITOにない機能や特性を持つ付加価値の高いTCO材料であることがわかる。実際にZnO-TCOがITOを代替していくためには，フラットパネルディスプレイや太陽電池の製造プロセスにおける耐プロセス性や長期信頼性などの点をクリアしていくことが重要である。透明導電膜は太陽電池などの新エネルギー技術やフラットパネルディスプレイなどの電子技術，省エネルギー技術など幅広い応用分野への貢献が期待される分野横断的技術である。さらなる高性能化，高機能化によってその応用分野はますます拡大するものと考える。

文　　献

1) 南　内嗣，応用物理，**61**，1256 (1992)
2) 日本学術振興会透明酸化物光･電子材料第166委員会，透明導電膜の技術，オーム社 (1999)
3) T. Minemoto, T. Matsui, H. Takakura, Y. Hamakawa, T. Negami, Y. Hashimoto, T. Uenoyama and M. Kitagawa, *Solar Energy Materials and Solar Cells,* **67**, 83 (2001)
4) T. Minemoto, Y. Hashimoto, T. Satoh, T. Negami, H. Takakura and Y. Hamakawa, *J. Appl. Phys.,* **89**, 8327 (2001)
5) A. Ohtomo, M. Kawasaki, T. Koida, K. Masubuchi, H. Koinuma, Y. Sakurai, Y. Toshida, Y. Yasuda and Y. Segawa, *Appl. Phys. Lett.,* **72**, 2466 (2002)
6) T. Minemoto, T. Negami, S. Nishiwaki, H. Takakura, Y. Hamakawa, *Thin Solid Films,* **372**, 173 (2002)
7) K, Matsubara, H. Tampo, H. Shibata, A. Yamada, P. Fons, K. Iwata and S. Niki, *Appl. Phys. Lett.,* **85**, 1374 (2004)

3 ZnO系透明導電膜のLEDへの応用

中原 健*

3.1 はじめに

透明導電膜といえば，ふつう，ITO（Indium Tin Oxide: スズドープインジウム酸化物）のことを指す。工業資源としてのインジウム（In）の使用量の80%がITOであるといわれるぐらい，ITOは工業的に大きく成功した材料で，特に液晶ディスプレイ（Liquid Crystal Display: LCD）用にガラス上に成膜されたものが良く使われている。

フラットパネルディスプレイ市場の隆盛により，ITO需要は旺盛であるが，Inの埋蔵量が少ないという問題があり，ITOの代替材料の必要性が言われるようになって久しい。その代替材料として最も注目を浴びているのがZnO（酸化亜鉛）であり，ITO代替材料として研究が盛んである。

ZnOのITO代替というのは透明導電膜としてのZnO研究のメインストリームであるが，本稿では，ZnOをITO代替そのものとしてではなく，発光ダイオード（Light Emitting Diode: LED）の電極に使うという，ロームでの開発事例の紹介を主に行う。代替材料開発のメインストリームから見れば一風変わった応用であるが，ITO代替だけを見据えていると，ZnOの産業化は進まないだろう。少々本道から外れた事例を紹介することで，透明導電膜というものの応用範囲がいかに広いか実感していただけると思う。その結果，ZnO透明導電膜の開発動機が多様になれば，本稿にも多少なりとも価値が出てくるだろう。

3.2 LEDと透明導電物質

ITO代替という観点からZnOを考えてこられた方には，LEDと透明導電物質としてのZnOとの結びつきがピンとこないかもしれない。そこでまず最初に，LEDにとっての透明導電膜の重要性を以下でやや詳しく紹介しておくことにする。

窒化ガリウム（GaN）をベースとした青色LEDと，LEDからの青色光を受けて光を発する，蛍光体を組み合わせた白色LEDの実用化は，ちょうど携帯電話の隆盛期と重なった。白色LEDが固体素子であるため非常に小型であること，駆動が電池レベルでできること，といった特徴が携帯電話用LCDのバックライトとしてうってつけであったため，主にその市場で大きく白色LEDは産業として成長してきた。

携帯電話ディスプレイがカラー化，高精細化するのにともない，白色LEDに明るさがもとめられるようになり，徐々に明るさを増していく過程で，LEDが本来もっている長寿命，低消費電力が，環境問題の意識の高まりの中で注意されるようになり，蛍光灯のような水銀を使わな

* Ken Nakahara ローム㈱ 研究開発本部 先端化合物半導体研究開発センター 技術主査

い，環境にやさしい次世代照明用光源として注目を集め始めた。ただし，ほんの数年前まで，市販されている白色LEDの発光効率（luminous efficiency: [lm/W]）は50～60 lm/W程度で，蛍光灯の100 lm/Wよりは劣っていた。しかし，近年の開発努力により，低電流注入域では優に100 lm/Wを超えるようになり，照明用光源が現実のものとなる感が出てきた。そのため，各LEDメーカーは高発光効率化に鎬を削っている。

このLEDを明るくする，という技術課題の解決案の一つとして透明導電膜が登場してくる。LEDの発光効率というのは，注入した電流が100％，LEDの内部にある発光層に入るとしても，発光層が本来材料の特性としてもっている発光効率（内部量子効率：η_{int}）だけで決まるのではなく，発光層で発生した光をLEDの外部へ取り出す効率が関係する。これを光取り出し効率（$\eta_{extraction}$）といい，実際に我々が目にする光となって出てくる量は，これら二つの効率の積である外部量子効率（$\eta_{ext} = \eta_{int} \cdot \eta_{extraction}$）で決まる。結晶性半導体薄膜を発光層として利用するLEDは，一般的にη_{int}が非常に高い（80％以上であることが殆ど）が，$\eta_{extraction}$は低いという宿痾をもっている。これは発光デバイスに使われる半導体の屈折率が一般に大きい(通常は3近傍)ことによるためで，この時，半導体/空気の界面の全反射角が小さくなり，折角発光層で光った光が半導体/空気界面で全反射される確率が増えるからである。この辺の事情は，図1を参照していただければ簡単にわかると思う。

よって，発光効率を向上させるには，光取り出し効率の改善を図ることが絶対条件である。一般的なGaN系LEDの構造を図2に示す。GaN系LEDでは，P型層側から電流を注入するための

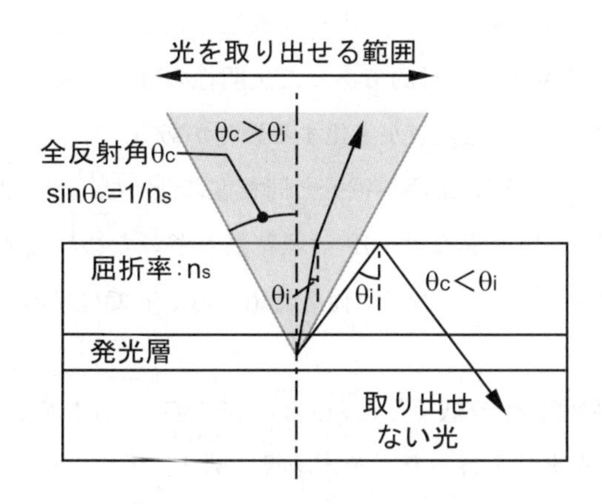

図1　光の取り出し効率と全反射の関係を示した図
半導体の屈折率n_sが大きいと，全反射角θcが小さくなる。発光層からの光がデバイス表面に入射する入射角をθiとすると，取り出せる光の条件は$\theta i < \theta c$であるため，θcが小さいと取り出せる光の範囲が狭くなる。

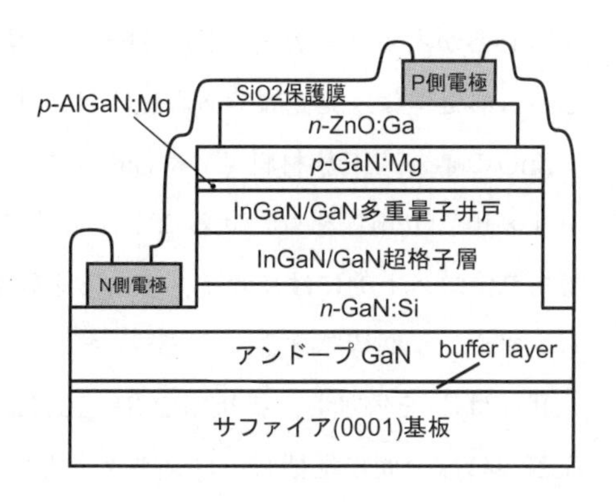

図2　サファイア基板上の一般的なInGaN-LED構造

P側電極層は，半透明で合計膜厚が10nmにも達しないような，非常に薄いNi/Au電極が形成されるのが一般的である。GaNでは，電極と接触する材料であるP型のGaNの抵抗が高い（概ね1 Ωcm程度）ため，コンタクト電極層の面積をP-GaN層と同程度に広くすることが必要である。こうしないと発光層への均一な電流注入が起こらない。しかし，そうすることによって発光層からの光の大部分は，この半透明電極層を通り抜けないと外部に出られないため，電極層が光のフィルターにもなってしまう。金属はたとえ1nm程度の膜厚しかなくても，見た目にわかるほど吸収をもっているのが普通であり，金属を使う限り，電極層が光のフィルターになってしまうのは避けがたい。

そこで，そもそも透明である材料を電極に使えないか，という当然の着想が出てくる。LEDの発光に対して完全に透明な材料を用いれば，他になんらの変更をともなうことなく，金属電極でフィルタリングされていた光を外へ取り出すことができ，非常に簡単に光取り出し効率が改善されるだろうことが，容易に想像できる。

3.3　透明導電材料としてのZnO

以上述べてきたことにより，LEDに透明導電物質を使おうという動機についてはご理解いただけたと思う。次はどんな透明導電材料を使うか，である。透明な導電材料といえば，まず誰でもITOがまず頭に浮かぶ。しかしITOにはよく言われる資源の問題を除いたとしても，LED応用と言う意味では問題が残る。

通常スパッタで形成されることが多いITOは，P-GaNとの間の電気特性がオーム性ではなく，良好なオーム性の電気特性を得るためには，間にNiを挟んだり，電極形成後の熱処理をしたりする必要がある[1,2]。ただ，Niを挟んだりするとそもそもの目的であった透明性の確保に難が生じる。熱処理は，発光層であるInGaNが熱に弱いため，発光層が劣化する恐れがある。

ZnOの場合，III族材料（AlやGa）をドープすると，ITO透明導電膜と同程度に低い抵抗率（2～4×10^{-4} Ωcm）をもたせることが可能である[3]。Inと異なり，Znは埋蔵量が多いために安価であり，コスト的にはリサイクルする必要もない。よって，ZnO電極を使用することで材料のコストダウンが期待できる。

我々はGaを添加し，抵抗率を3×10^{-4} Ω cm程度に十分低くしたZnO電極をInGaN LEDのP-GaNへほぼ全面に堆積し，コンタクト電極とする実験を行った。その結果，図3に示すように，期待通り発光効率が2倍程度に増大することを確認した。金属電極とちがい，透明度が高いためにP-GaNの全面に堆積しても光を妨げる効果もなく，また十分に電気伝導度が高いので，分厚く堆積して電流広がりを稼ぐ必要もない。よって，LEDにとっては理想的な電極として機能する。今後，高輝度LEDの開発にはLEDの材料特性に応じた透明電極の開発というのが必須案件

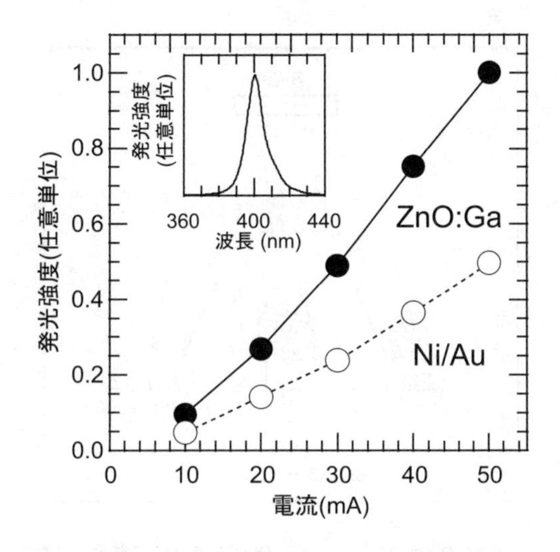

図3　電極材料の違いによるLEDの発光強度の比較

InGaN LEDにおけるP-GaNへのコンタクト電極材料の違いを比較している。同じ電流値で比較するとNi/Au電極（○）を使用した場合に比べてZnO電極（●）を使用することでLEDの発光強度が２倍になる。挿入図は発光スペクトル。

になるだろう。次項より，Gaを添加したZnO電極InGaN-LEDの実験について詳述する。

3.4　ZnO透明導電膜成長方法とLEDへの応用

InGaN-LED構造は，図２で示した一般的な構造を，有機金属気相成長（MOCVD）法を用いて作製した。ZnO透明電極の形成には，分子線エピタキシー（MBE）装置を用いた。

ここで，MBE法を用いた理由について少々述べておく。普通，ZnO透明導電膜の研究では，ITO代替が念頭にあるので，RFマグネトロンスパッタ法，反応性プラズマ蒸着法やパルスレーザー堆積法など，一般に広く流布している成膜方法を使うのが一般的である。MBE法はGaAsに代表される化合物半導体の結晶薄膜を成長するのにポピュラーな方法であって，ZnO透明電極のようなアモルファスもしくは多結晶でいいような場合の薄膜形成には普通，使われない。

ただし，MBEであると，ZnO/P-GaNの接触がどういう風になるか，の原理的な確認がしやすいメリットがある。MBE法は簡単に言うと，真空装置の中で原料を加熱し，基板上に結晶を形成するという，いたってシンプルな結晶成長方法である。装置内が非常に高真空に保たれているため，その場観察技術が使いやすい。その他，使用材料が金属単体で良いので，高純度化が簡単で，意図しない不純物の混入を防げるため，酸化物固体は純度が悪い（99.99％程度が通常限界）という普遍的事情を避けて通ることができる。また，今回のように，ある母体材料中へ意図的に不純物を添加する場合に，不純物濃度を$10^{17}cm^{-3}$程度の微量な領域から制御可能となるの

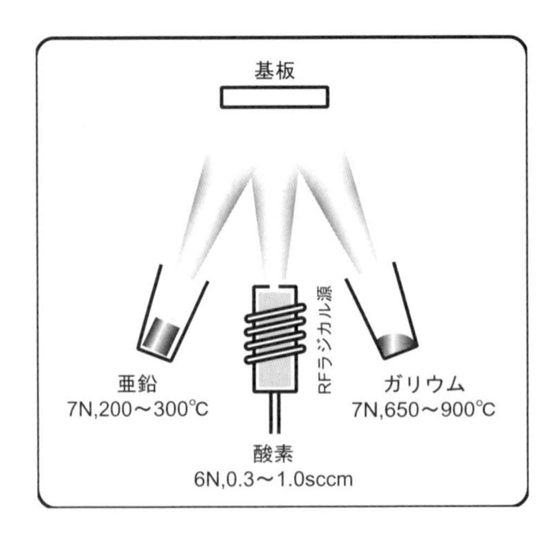

図4　ZnO電極のプロセスで使用したMBE装置の概略図

で，実験の範囲が広がる。以上のような事情でMBEを使った実験を行った。

図4に我々が使用しているMBE装置の概略図を示す。ZnO電極を形成する場合にMBE法で使用する原料はそれぞれZn（亜鉛），O（酸素）とGa（ガリウム）である。ZnとGaの原料の純度は99.99999％（7N）である。酸素ガスには純度99.9999％（6N）のものを使用する。酸素は生ガスそのままではZnOが成長しないので，プラズマセルを通過して，成膜用基板上に供給される。プラズマセルは13.56MHzの高周波（ラジオ波：Radio Frequency, RF）を印加して，セル内のガスをプラズマ状にする装置であり，RFを利用しているのでRFラジカル源と呼ぶ。プラズマセルを通過した酸素は反応活性が高くなり，Znとの反応でZnOが形成される。ZnとGaの金属原料は真空装置内のクヌーセンセル（Kセル）と呼ばれるルツボで加熱され，昇華で出てきた原料が成膜基板上へ供給される。原料の供給量は加熱温度で制御される。制御温度範囲はZnに対しては200～300℃，Gaに対しては650～900℃である。Gaの加熱温度を増加することで，ZnO中のGa濃度は増加し，ZnOは低抵抗化する。

3.5　開発した透明電極の実力

ZnO中のGa濃度が8×10^{20}cm^{-3}になると，抵抗率が2×10^{-4}Ωcmになる。これはITOと同程度の抵抗率である。ZnOの可視・近紫外領域（波長370～800 nm）における光の透過率は基板であるサファイア込みで80％以上はあり，基板の影響をのぞくとほぼ100％である。さらにNi/Au電極に比べて，特に近紫外から青色の領域（波長370～500 nm）で透過率は高い（図5）。

ZnOコンタクト電極形成後のP-GaNとの電気特性は良好で，ITOの場合と違い，ZnO/P-

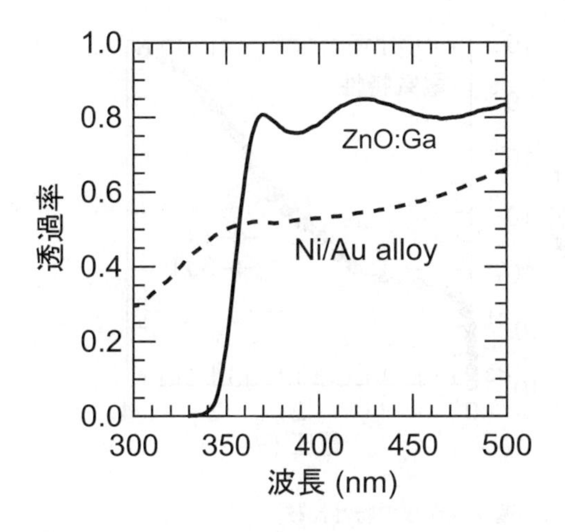

図5　Gaを添加したZnO電極（ZnO:Ga）の透過スペクトルとNi/Auの透過スペクトルの比較

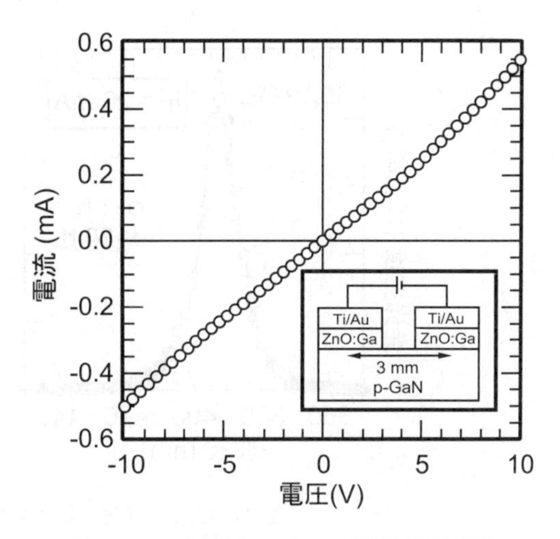

図6　ZnO電極とp-GaNの電流電圧特性
整流特性などを示さず，P-GaN/ZnO間はオーミックであることを示している。挿入図は測定の概略図。

GaN接触は良好な電気特性を示し，電極形成後の熱処理は不要であった。図6に熱処理をしていない場合のZnO/P-GaN間の電気特性を示す。

またZnO透明電極の透明性の効果により，先に述べたようにGaN系LEDの発光効率がNi/Au半透明電極を使用した場合に比べて改善された。積分球（直径10インチ＝25.4cm）を用いた全光速測定ではZnO電極を使用したLEDの光出力はNi/Au電極を使用したLEDに比べて2倍以上であった。ZnO電極を使用したLEDの外部量子効率は，青色LED（波長460nm）の場合で29%，近紫外LED（波長400nm）で21%であった（共に電流20mAのときの値）。デバイスの構造を何も変えず，単純に電極材料を変更するだけで輝度向上が図れる，という意味で非常に単純であり，かつLEDウエハ工程の最後の部分での変更のため，プロセス変更にともなう調整，コスト増といった負担は少なくできるのが特徴である。

新材料導入の際によくある，初期特性はOKだが信頼性試験はNGということが起こっていないかどうかを調べるため，ZnO電極の信頼性評価も行った。評価としては最も厳しい部類にはいる，加圧・湿気雰囲気下の加速試験　(Highly Accelerated Stress Test: HAST）試験を行った。ベアチップLEDを，温度121℃，湿度80%，1.6気圧の圧力の環境に曝し，20mAで駆動する。これを80時間行った。その結果，電極をZnOに変更したことによる電気特性の劣化は確認されなかった。発光強度の劣化は5%以内であり，実用上問題ないことを確認した（図7）。既に商品となっている黄緑色LEDの同様の試験の結果から，これら信頼性試験の結果，素子の期待寿命

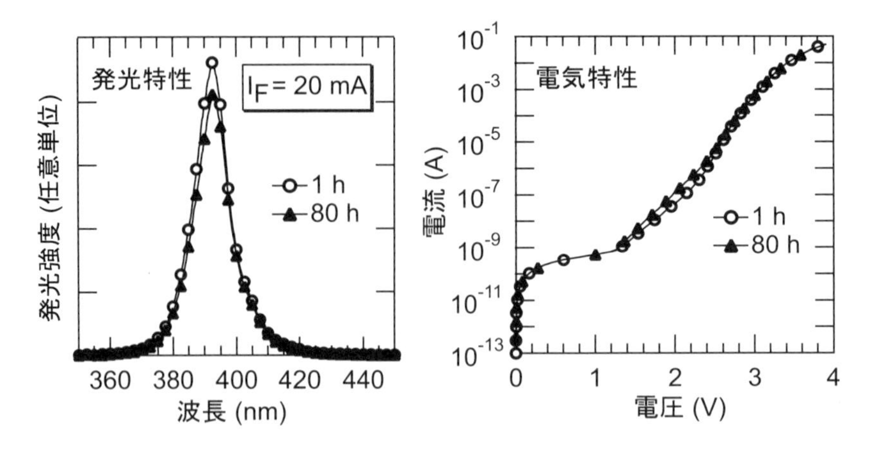

図7　LEDの発光，電気特性の加速試験前後の特性比較
左が発光スペクトル，右が電流電圧特性。殆ど劣化がないのがわかる。

は市場で5年以上あると予想できる。

3.6　今後の展開と他用途への応用

これまでInGaN系LEDへのZnO電極の利用について詳しく述べたが，青色以外のAlGaAs LED（赤色）やAlGaInP LED（赤，橙，黄色）への適用も可能であることは確認している。これらのLEDの高輝度化には，通常ウインドウ層と呼ばれる，厚みが3～10μm程度形成する，ということがよく行われる。ウインドウ層にはP型GaPがよく使われるが，その作製方法はGaP基板の貼り付けか，速い成長レートのCVDか，である。技術的には有効だが，いずれもコスト増を招く方法である点が問題である。ZnO電極を使えば，どのみち付けなければいけないP側電極のかわりにZnOを使用するだけで済む。

以上，我々が得意としているLED分野に話を限って詳述したが，最後に本命であると思われる，ZnOのITO代替について私見を述べてみたい。単純にITOをZnOで置き換えるには，少なくとも以下の問題を解決する必要があるだろう。

まず第一に使用装置の問題がある。ITOの最低抵抗率に迫るような非常に低抵抗のZnOは一般にパルスレーザーデポジション（PLD）という，焼結ターゲットをレーザーで昇華させる装置が使われていることが多い[4)]。が，PLDは小面積しかできず，研究用途には向くが，量産用としては甚だ問題が大きい。ITOは一般的にスパッタでガラス基板上に成長されているが，ZnOを最も一般的なマグネトロンスパッタで成膜しても，必要な抵抗率と透明度を同時に確保するのは難しい。Gaドープのターゲットを普通にスパッタすると，抵抗率は下がっても，黄色っぽい色がつくことが多い。透過率データではいかにも透明なように見えても，青色領域で透過率が落ちることが多く，青色部分が欠落するため，黄色っぽい色に見えてしまう。透明度を確保するだけなら，酸素の添加だけで簡単に透明度は増す。しかし，酸素添加によってZnOの抵抗率は一般に上がってしまう。

こう言った問題があるため，新しい装置の提案もなされている[5)]。通常のスパッタと違い，プラズマ銃からプラズマを飛び出させ，荷電粒子を磁場で曲げてターゲットに当ててスパッタする，という方式でイオンプレーティング法とも言う[6)]。大面積化ができる技術で，既に1m四方程度のガラス基板への成膜が可能であるといわれている。

ただし装置ができればOKかというとそうではなく，ZnOの化学活性の問題が残る。ZnOは両性酸化物といい，酸にもアルカリにも溶解する性質がある。よって仮にITOガラスの代わりにZnOガラスができ，LCDのラインに乗せたとしても，ITOラインのままで使える可能性は低い。LEDでは，電極付けは川下の工程にあたるため，新材料であるZnOを導入しても対策が少なくて済むが，ディスプレイ用ガラスの場合は，その工程の一番最初の部分が変更になるため，その後の工程を流れる間，ずっとエッチングや熱処理によるZnOの欠落や抵抗率変動をケアしなければならず，工程変更としては相当大がかりなものになるため，普通の製造工程技術者であれば導入はしない，という結論を出すであろう。

ただし，ITOの資源の問題はいつか直面する問題である。研究分野ではどうしてもZnOの低抵抗化ばかりを追いかけるきらいがあるが，抵抗率を究極に下げることに産業としてさほどの意味はなく，$\sim 2\times10^{-4}\,\Omega\mathrm{cm}$程度の抵抗率をコンスタントに出せば十分である。それよりも上記のような，産業展開の上で非常にクリティカルになってくる問題を解決するための開発に注力することが，ZnOがITOを代替する成否の分かれ目になるのではないかと思う。

文　　献

1) Y. C. Lin *et al., Solid-State Electronics,* **47**, 1565 (2003)
2) C. S. Chang *et al., Semiconductor Science and Technology,* **18**, L21 (2003)
3) K. Nakahara *et al., Japanese Journal of Applied Physics,* **43**, L180 (2004)
4) T. Minami *et al., Semiconductor Science and Technology,* **20**, S35 (2005)
5) 日経エレクトロニクス，871，70 (2004)
6) H. Hirasawa *et al., Solar Energy Materials & Solar Cells,* **67**, 231 (2001)

4　反応性スパッタによる高速成膜

重里有三[*1]，今　真人[*2]

4.1　スパッタ成膜法

スパッタリング成膜法は，蒸発源が原理的に点である真空蒸着法と比較しスパッタターゲットは基板と同程度のサイズ（幅）を持つ面であるため，大面積基板表面への極めて均一な成膜法として優れている。さらに，スパッタプロセスは蒸発とは異なり放出された粒子は数～十数eVもの運動エネルギーを有しており，また，直流（DC）や高周波（RF）のプラズマを用いるため薄膜成長表面は様々なラジカルやイオン照射の影響も受ける。それらの効果により，低温での高品質な薄膜の製作が可能になる場合もある。現在，実用化されている乾式の大面積成膜プロセスとしては，DCスパッタリングが主に用いられている。これは，大面積コーティングに対応できる大電力電源のコストがRFに比べて低い，また，複数のターゲットを用いて積層膜を作製するインラインスパッタプロセスではDCの方がプラズマの空間的な広がりが小さいためターゲット間の干渉が抑制できる，などの利点があるからである。種々の平面型ディスプレイなどの大面積に均一にマイクロデバイスを作製するジャイアントマイクロエレクトロニクスの分野において，このような利点は最大限発揮できることもあり，DCマグネトロンスパッタ成膜法に関して様々な技術革新が成し遂げられてきた。

近年，成膜コストを低減させるため，可能な限り速い成膜速度で大面積に高品質な薄膜を均一に作製するスパッタプロセスの技術開発が行われている。本稿では，我々が取り組んできた，*in-situ*フィードバックシステムを有する反応性パルスマグネトロンスパッタ法による酸化亜鉛系透明導電膜，特にAlドープZnO（AZO）薄膜の作製に関して解説する。

4.2　反応性パルスマグネトロンスパッタ法（アーキングの抑制）

成膜速度の向上のためには，ターゲットにできるだけ大きな電力を印加する必要がある。その場合，ターゲットのエロージョン領域で生じるトラッキングアークというアーク放電（異常放電）が起こりやすくなる。この異常放電を抑制するために，50～100kHz程度の周波数の中波（MF: mid frequency）を用いる方法が開発され，光学薄膜や透明導電膜の高速スパッタ成膜法として実用化されている。アーキングの発生メカニズムは通常次のように説明されている[1,2)]。DCスパッタ法による放電中，スパッタ粒子の一部やその反応生成物がターゲット表面に堆積するなどし

＊1　Yuzo Shigesato　青山学院大学　大学院理工学研究科　機能物質創成コース　教授
＊2　Masato Kon　青山学院大学　大学院理工学研究科
（現）凸版印刷㈱　ナノテクノロジー研究所

てカソードに絶縁性の微小領域あるいはターゲット材料に比べ高い比抵抗を持つ微小領域が形成されると，それらは微小なコンデンサを形成する。このコンデンサはプラズマポテンシャルに帯電するが，その小さな形状に対してかけられている電界が大きいために絶縁破壊を起こす。絶縁破壊を起こすまでの時間t_Bは次の式で与えられる。

$$t_B = \varepsilon_r \varepsilon_0 \ (E_B / j_i) \tag{1}$$

ここで，E_Bは絶縁物が電圧により破壊される限界（絶縁耐力），j_iはコンデンサに入射するイオン電流密度である。一旦絶縁破壊が起こるとその部分が荷電キャリアで満たされ，電流密度が局部的に増加し，プラズマをアーク状態に走らせる。アーキングが発生するとプラズマインピーダンスは急速に低下し有効エネルギーがすべてアーク放電に注入され，局所的に極めて高いエネルギー密度となる。これがターゲット表面を破裂させることになり，破片（チャンクと呼ばれている）は基板側にも飛来し，成長中の膜にピンホールなどのダメージを与える要因となる。従ってスパッタ法ではアーキングを無くすことが高い歩止りで高品質の膜を得るのに極めて重要である。

アーキングを低減させる方法としてMFのバイポーラパルシングによるデュアルマグネトロンスパッタ（DMS）法[3,4]が開発されてきた。これは10～100kHzのサイン波を二つの電極に正負交互に電圧印加してスパッタする技術で，ドイツで開発された（図1）。基本特許を旧東ドイツのForschungsinstitut Manfred von Ardenne（Ardenne研究所）が1986年に，旧西ドイツのLeybold社が1988年に出願しているが，1989年の東西ドイツ統一後の政府間協定により，Ardenne研究所から分かれたFraunhofer-Institut Elektronenstrahl-und Plasmatechnik（FEP）とVon Ardenne社，そしてLeybold社三者の共有特許となった。なお現在では，特にFEP方式ではさらなる成膜速度向上のため矩形波が用いられている。初めの半周期でカソードであった右側のターゲットは，次の半周期でアノードとなる。これにより，周波数が前式において$1/t_B$よりも大きい時ターゲット表面に前述のような絶縁体によるコンデンサが形成されそれが初めの半周期でチャージアップしたとしても，次の半周期でディスチャージされるため，アーキングの発生が抑えられるのである。またアノードが絶縁物で覆われると系の中で電子の逃げ場が無くなり，アーキ

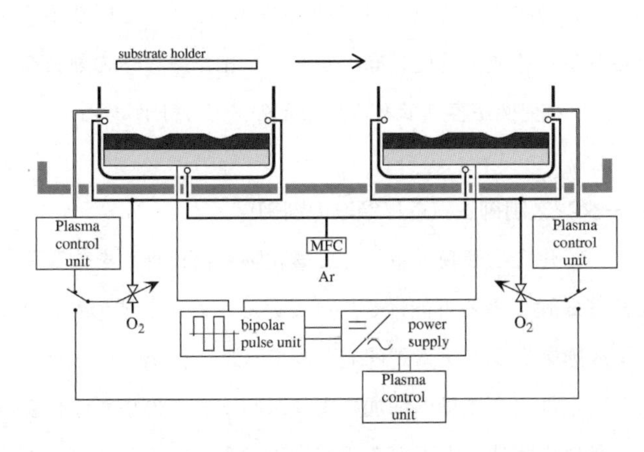

図1　バイポーラパルスマグネトロンスパッタ装置（DMSシステム）の概略図

ングを誘発するか放電が停止する原因となる。初めの半周期でアノードとして機能していた左側のターゲット上に仮に絶縁物が堆積したとしても，次の半周期ではそのアノードがカソードに切り替わるため少なくともエロージョン領域はスパッタリングによりクリーンな状態に保たれる。従ってさらに半周期経過して左側のターゲットが元のアノードに戻った時にはクリーンなアノードが確保できるのである。このアノードのセルフクリーニング機構によってグロー放電中の「電子の逃げ道」が確保できるため，望まれない場所でのチャージアップが抑制され，大きな体積のプラズマを極めて安定して維持することが可能となる。これら二つの工夫によりアーキングの発生率は通常のDCマグネトロンスパッタリングの場合と比較して1/10000に抑えられている[5]。この放電方法は，二つのカソードで交互に正負を切り換えるためバイポーラモードと呼ばれている。さらに，アノードを絶縁物が堆積しない位置へ巧妙に隠し（hidden anode），単一のカソードで電圧のオン・オフを切り換えるユニポーラパルス法も開発されている（図２）。アーキングの発生率は通常のDCスパッタリングと比較して1/100と，バイポーラモードと比較するとやや劣るが[5]，１周期中のパルスオンの時間（duty cycle）が上げられるため成膜速度の向上が図れ，また基板への熱負荷が小さい[6]，既存のスパッタ装置のカソードとの交換が容易である，などのメリットがある。

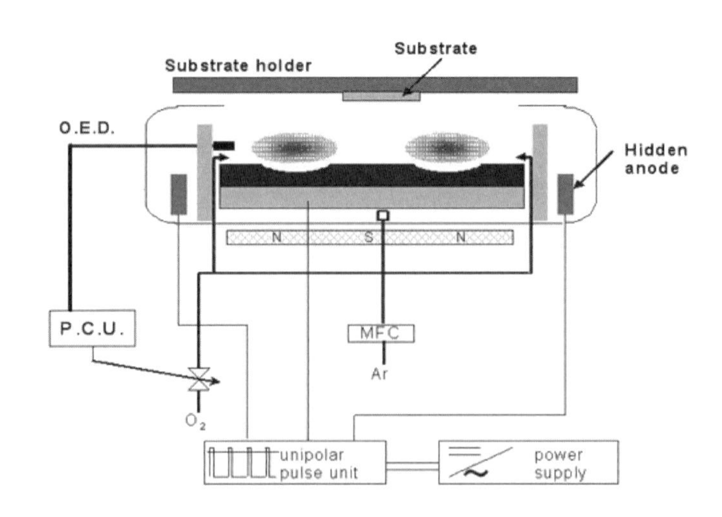

図２　ユニポーラパルススパッタ装置の概略図
アノードに絶縁物が堆積しない様に，隠れた位置にアノードが設置されている（hidden anode）。

4.3　プラズマ発光強度制御法とインピーダンス制御法（遷移領域の制御）

金属ターゲットを用い反応性ガスを導入して化合物薄膜（主として酸化物や窒化物）を作製する反応性スパッタリング法は低コストで高速成膜できる可能性を持っているため，前述のMFパルシングと組み合わせて，様々なスパッタ成膜制御システムが開発されてきた。金属ターゲットを用いた反応性スパッタでは，導入される反応性ガス流量の増加によりスパッタ率の小さな化合物がターゲット表面に生成されるために急激に成膜速度が下がる遷移領域が存在する。スパッタされた金属粒子のゲッタリング効果のために，ターゲットの履歴によってこの成膜速度が低下する反応性ガス流量は異なり，ヒステリシスの特性を持つ。このヒステリシスカーブを外れて元の流量設定までプロセスを戻すことは不可能なため，O_2の流量を設定して成膜を行う従来の方法ではこのような遷移は不可逆に進行する。従って系に導入するO_2の流量を自動的に制御してセットポイントを維持するための非常に高速なフィードバック法が必要である。ここで，プロセスを連続的に特徴づけるパラメーターとして，カソード電流，カソード電圧，O_2分圧，系の全圧，成膜速度，膜物性（特に光学特性），プラズマからの発光線の強度などがあるが，これらすべてのパラメーターがフィードバック信号として利用可能なわけではない。例えば，O_2分圧の測定では瞬間的に変化する系の状態を反映するには遅過ぎるし，膜質の評価に関しては，*in-situ*で膜質の評価をリアルタイムに行おうとすると特別に工夫された大がかりな装置が必要になってしまう（薄膜の光学特性をフィードバックするシステムはすでに提案されている）。我々は，遷移領域の制御にプラズマ発光強度を監視して（PEM: plasma emission monitoring）チャンバーに導入する酸素流量を制御する方法（プラズマ発光強度制御法）と，カソードの電流電圧を監視して酸素流量を制御する方法（インピーダンス制御法）の２種類に関して検討を行い実用レベルの技術開発に成功してきた。

プラズマ発光強度制御法では，系の成膜速度に関するデータを高速でフィードバックさせるため，薄膜を構成するカチオンの元素の発光強度（成膜速度と正の相関関係がある），あるいはアニオン元素（酸化物薄膜の場合は酸素）の発光強度（成膜速度と負の相関関係がある）を*in-situ*でモニターする。一方，カソード電圧は，カソード表面の状態によって変化する二次電子放出係数によって変化するため，カソード表面の反応状態の程度，すなわちターゲット表面が自身と反応性ガスによる反応生成物によって覆われる程度を反映する。従ってカソードの表面に化合物が形成されると放電のパワーが一定であってもカソード電圧は変化する。この電圧値を信号として反応性ガス流量を制御するコントローラーに送ることで，プラズマ発光強度モニタリングと同じ手法で系に導入するO_2流量を制御できる。定電力で放電する場合は電流は電圧によって決定されるため，電流値もパラメーターとして使用できる。従って双方を含めてインピーダンス制御法と呼ぶ。これらのプロセス制御システムはFEPによりPCU（Process Control Unit）と名付けられている。

ただしこのインピーダンスコントロール法はある特定の条件下でしか用いることができない。それは，①メタルターゲットをスパッタした時のカソード電圧と，その反応生成物をスパッタした時のカソード電圧の差が充分に大きいこと（通常は数百V程度必要）[7]，②カソード電圧が反応性ガス流量，あるいは反応性ガス分圧の関数であり，且つそれらに対して単一の値をとること[7,8]である。これらの手法を用いて透明導電膜[9~12]や酸化チタン光触媒薄膜[13~15]の高速成膜法も開発されてきた。この手法により従来のスパッタ法と比較して１桁以上速い成膜速度での光触媒の再現性のある安定した成膜が報告されている[15)]。

4.4　遷移領域におけるAZOの安定成膜

4.4.1　DMS成膜装置

AZO膜の作製は，発光強度またはカソード電圧値などのフィードバック信号を取りまとめ各種演算を行いO_2流量制御のためのピエゾバルブに信号を出力するプラズマコントロールユニット（PCU）と二つのカソード（DMS400，FEP）を組み込んだDMSシステム（SSE-1，コートテック社）を用いて行われた。この装置の概略は図1に示す。我々が用いたターゲットの大きさは1枚当たり400×130mmで，レーストラックの長さは同848mmである。ターゲット材はZn-Alの合金で，Alの含有率は1.5wt.％である。本研究では矩形波の周波数として50kHzのMFを用いた。

成膜は次のように行った。ターゲット表面と平行になるように設置された基板ホルダーに基板を固定し，ターボ分子ポンプを用いてBAゲージの示す背圧が1.4×10^{-3}Pa以下になるまで真空引きを行った。成膜時の全圧を測定する温度補正型絶対真空圧力計（Baratron，627B，MKS）の零点調整を行い，メインバルブの開口率を60％で固定し，マスフローコントローラー（MFC，79AX22CR14V，MKS）を通してスパッタガス（Ar）を導入し，電源からMF電力2000Wを投入して放電を開始した。この間，スパッタガス全圧が目標値である0.50Paを維持するよう，制御コンピューターがBaratron真空計の値を見ながらMFCへの信号を調節し，随時適切な流量のArが導入された。ターゲット表面をクリーニングする目的でそのまま5分間放電を続けた（プレプレスパッタリング）。この後，投入電力を2800Wに上げ，双方のカソードの電圧がDMSシステムを用いたすべての実験を通して等しくなるようターゲット背面の磁石の位置を調整した。ここでプラズマ発光強度コントロール法による成膜を行う場合には，この時点での発光強度がすべての実験を通して等しくなるよう発光強度検知器（OED: optical emission detector）の感度調整を行った。次に前述のPCUにより，ピエゾバルブを通して流量制御をしながら反応性ガスであるO_2を導入し，徐々にセットポイントを上げて目的の発光強度（フォトディテクターの出力電圧(V)で表示）あるいはカソード電流値を保つようにし，そのまま5分間放電を維持した（プレスパッタリング）。その後基板ホルダーを81mm/sの速度で一つの近接するターゲットの前まで搬送し，そのターゲットの正面で静止させて成膜を行った。

4.4.2　DMSプラズマ発光強度制御法

図3にO_2流量比$F_{O_2}/(F_{Ar}+F_{O_2})$とプラズマ発光（O*線，777nm）強度の関係を示す。O_2流量比が58％以下（発光強度がフォトディテクターの出力電圧で1.6V以下）の領域では発光強度はほとんど増加していない。これは反応性ガス（O_2）がターゲットからの金属（Zn）に消費される，

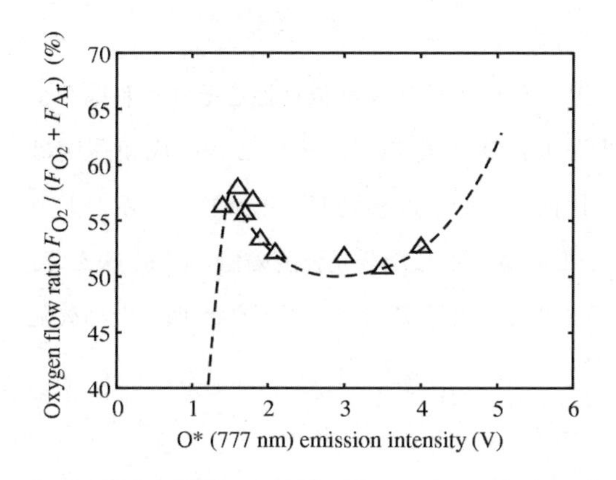

図3　酸素（反応性ガス）流量比$F_{O_2}/(F_{Ar}+F_{O_2})$のプラズマ中酸素発光強度（O＊：777nm）依存性

いわゆるゲッタリング効果が顕著に現れ，すべての酸素が消費されたためと考えられる。そこから少しずつ発光強度のセットポイントを上げていくとO_2流量比は減少している。これはターゲット表面に酸化物の層が形成され始めたからで，これによりスパッタされる金属原子の流速が減少しゲッタリングの効果が弱まったためである。さらにセットポイントを上げると発光強度はO_2流量比に対して単調に増加した（発光強度４V以上）。これはターゲット表面が完全に酸化され，それ以降はセットポイントを上げてもゲッタリングの効果は低いままほとんど一定で変化していないということであろう。このようなS字カーブはBergのモデルにより理論的に導き出されているが[16〜18]，実験的にもAlO_x系[19]やTiO_x系[13〜15,20]でこのようなS字カーブができることが報告されている。この図から明らかなように，プラズマ発光強度はO_2流量比に対して１：１に対応しており，このことは不安定な遷移領域内（本図の発光強度1.6〜5.0VまたはO_2流量比50〜58%）においても正確なプロセス制御ができることを意味している。それとは対照的に，O_2流量比は遷移領域内で三つの異なる発光強度を持っていることがわかる。それ故，O_2流量比の値はこの領域の制御信号には使用できない。

次にカソード電圧，カソード電流，成膜速度のプラズマ発光強度依存性を図４に示す。いずれもO＊の発光強度の増加と共に単調に変化していることがわかる。反応性スパッタ法では，ターゲットからスパッタされて飛び出してくる粒子の流束とO_2分圧のバランスを制御することが不可欠である。O_2分圧，ゲッタリング効果，成膜速度，スパッタ率，ターゲット表面の状態などが複雑に関与する不安定な遷移領域では，プロセスの精密な制御は特に困難である[18]。しかし，本研究では図４からも明らかなように，PCUにより発光強度を一定に保つようO_2流量を瞬時に制御することで，遷移領域内でも成膜速度を単調に制御することが可能になった。図４において基板温度300℃で作製した膜に関して，発光強度が1.4〜1.8Vの比較的低い領域で成膜速度が下がっているのは，Znの高い蒸気圧によるもので，そのような温度では基板に付着したZn原子の部分的な再蒸発[21]が増えているためと考えられる。基板へ到達するO_2の流束が増えると酸化物の形成が向上し，それ故再蒸発する確率は低くなる。さらにO_2の流束が増えるとスパッタ率の低い酸化物がターゲット表面に形成されるようになるため成膜速度が下がっているものと思われる。この様に成膜速度はターゲットからスパッタされた粒子の流束だけではなく，薄膜成長表面での付着確率も考慮しなければならない。

作製したAZO膜の比抵抗，ホール移動度，キャリア密度の発光強度依存性をそれぞれ図5に示す。最も低い比抵抗3.9×10^{-4}Ωcmの膜が発光強度1.7Vで得られ，そのときの成膜速度は290nm/minであった。ホール効果測定の結果から比抵抗の低下は移動度，キャリア密度が共に高かったことに因るものであった。キャリア密度が最高値を示した発光強度の値1.6Vを挟んで，発光強度が低い領域または高い領域でキャリア密度が低下しているのは，結晶性が低いため欠陥

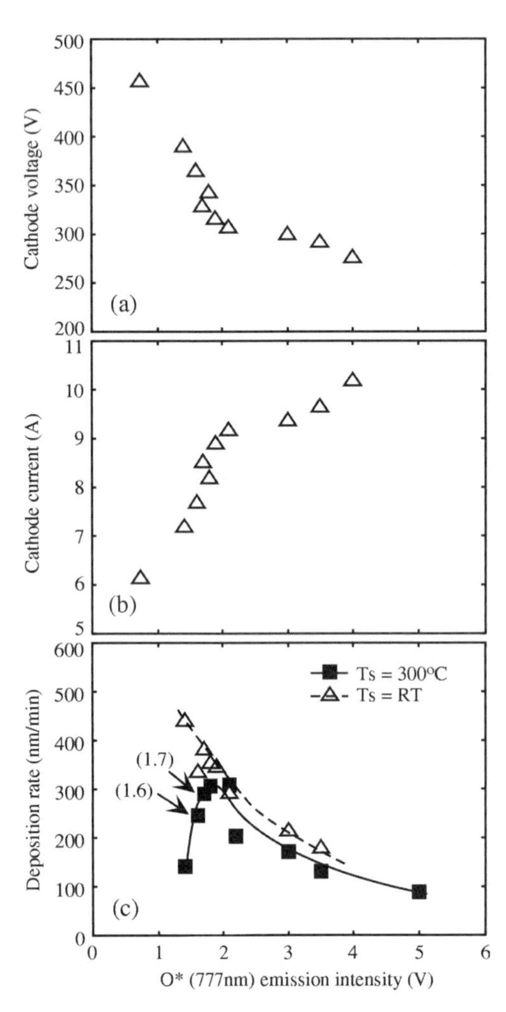

図4　(a)カソード電圧，(b)カソード電流，(c)成膜速度の酸素発光強度（O*：777nm）依存性
ラベル(1.6)は透明の膜が得られた最も低い発光強度の値。ラベル(1.7)は最も低い比抵抗3.9×10^{-4}Ωcmが得られたときの発光強度の値(V)。

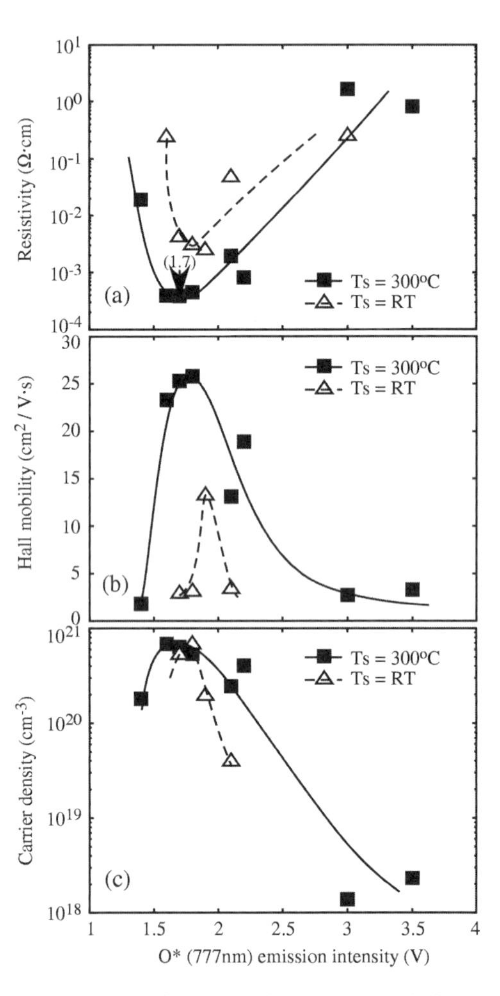

図5　AZO膜の(a)比抵抗，(b)ホール移動度，(c)キャリア密度の成膜時の酸素発光強度（O*：777nm）依存性

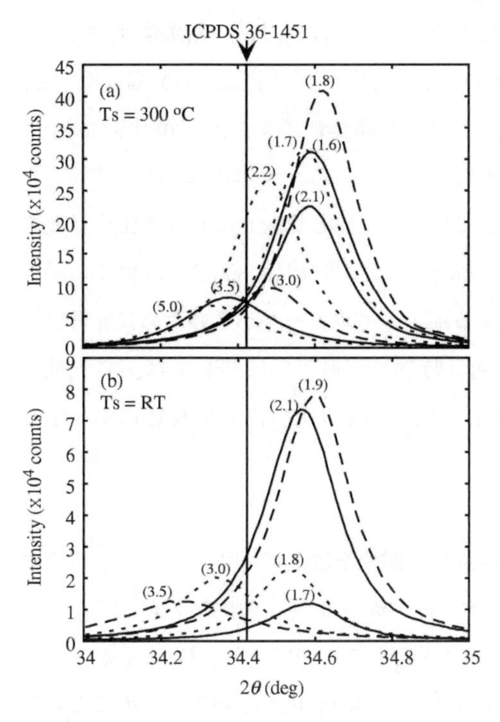

図6　基板温度が(a)300℃，(b)無加熱（60℃以下）で成膜したAZO膜のXRDパターン

図中の垂直な直線はZnO粉末の（002）面の回折線の位置を示す（JCPDS: 36-1451）。膜厚は(a)でラベル（1.6），（1.7），（1.8），（2.1），（2.2），（3.0），（3.5），（5.0）のものがそれぞれ246，290，307，309，271，229，175，118nm，(b)でラベル（1.7），（1.8），（1.9），（2.1），（3.0），（3.5）においてそれぞれ253，352，287，290，319，356nmである。ラベルの値はそれぞれ成膜時の酸素発光強度（O*：777nm）の値（V）に対応している。

にトラップされるキャリアが多くドーピング効率が低下したことなどが原因として考えられる。キャリアの移動度についても最高値を示した発光強度の値1.8Vを挟んで，発光強度が低い領域または高い領域で移動度が低下している。本実験での遷移領域は図3から発光強度の範囲で1.5～3.5Vであるので，反応性スパッタ法によるAZO膜の作製では，この遷移領域で最も低い比抵抗の膜が得られることが実験的に確かめられた。さらにその前後では比抵抗は高くなるため，DMS以外のアーキングに関する対策を行っていない成膜方法では適切な酸素分圧を選択しない限り，絶縁膜もしくは比較的比抵抗が高い膜がターゲットあるいはアノードに付着し，アーキングの一因となり得ることも明らかとなった。

基板温度300℃で作製した薄膜のXRDパターンを図6に示す。$2\theta=34.5°$付近の，六方晶系ZnOの（002）面に帰属できる強いピークが観測された。図6(a)に（1.8）と書き記した膜が，Scherrerの式[22]による計算で最も大きな結晶子サイズ77nmを示した。高い導電率を持つ膜の（002）ピークの位置はZnO粉末のピーク位置（JCPDSナンバー：36-1451）と比較して2θ値が大きくなる方向へシフトした。これは，Al^{3+}のイオン半径（0.053nm）がZn^{2+}のイオン半径（0.072nm）と比較して小さいので，c軸方向の結晶格子の長さが小さくなったためと考えられる。ParkらはAlドープZnOターゲットを用いたRFマグネトロンスパッタ法により作製した膜のXRDパターンの（002）ピークは，ターゲットへのAlのドープ量の増加と共にノンドープのZnO膜と比較して2θが大きくなる方向へシフトしたと報告している[23]。本実験もこれと同様の現象が生じているものと思われる。それ故本実験の結果は，これらの膜ではAl^{3+}のZn^{2+}サイトへの置換固溶の量が多くなっていると捉えることができる。Al^{3+}のZn^{2+}サイトへの置換固溶はキャリアの生成源となるため電気特性の向上を議論する上で大変重要である。これとは反対に，発光強度が比較的大きな範囲で作製した膜の(002)ピーク位置は2θ値の小さな方向へシフトし，半値幅は増大し，強度は低下した。酸素が過剰に入ることによって生じる格子間酸素原子や，Alの酸化物などが，圧縮応力を上げるなどして結晶性を低下させているものと推測される。無加熱基板上に作製した膜のXRDパターン図を図6(b)に示す。基板温度300℃で作製した膜と比較してピーク強度は弱まり，結晶子サイズも小さくなった。この基板温度での成膜では，基板温度300℃で成膜する場合と比較して基板に到達したスパッタ粒子が表面拡散する際のエネルギーが小さいために充分に結晶成長できなかったものと考えられる。AZO膜の光学特性（透過率）に関しては，発光強度1.7V以上で基板温度300℃の溶融石英基板上に作製した膜は90％以上の高い可視透過率を示した。

4.4.3　DMSインピーダンス制御法

様々なカソード電流値に対するO_2分圧またはO_2流量比の関係を図7に示す。カソード電流が7Aよりも低い領域では，O_2分圧を比較的低く維持するのに充分なゲッタリングレートがあるためターゲット表面はほとんど酸化されていないものと考えることができる。O_2流量が大きくなりゲッタリングが追いつかなくなると，ターゲット表面の一部が酸化し始める。このことがスパッタ率を低下させる。スパッタ率の低下はさらなるゲッタリングレートの低下を引き起こす。ゲッタリングレートの低下がO_2分圧の上昇を招き，ターゲット表面の酸化をさらに促進する。この循環はターゲット表面が完全に酸化されるまで続く（カソード電流で7～11A）。ターゲット表面が完全に酸化されると（カソード電流で11A以上）ゲッタリングレートは小さな値でほぼ一定となり，O_2分圧はO_2流量の増加と共に急激に増加する。図のS字カーブはこのように説明することができる。この図においてそれぞれのセットポイントである電流値はO_2分圧に1：1に

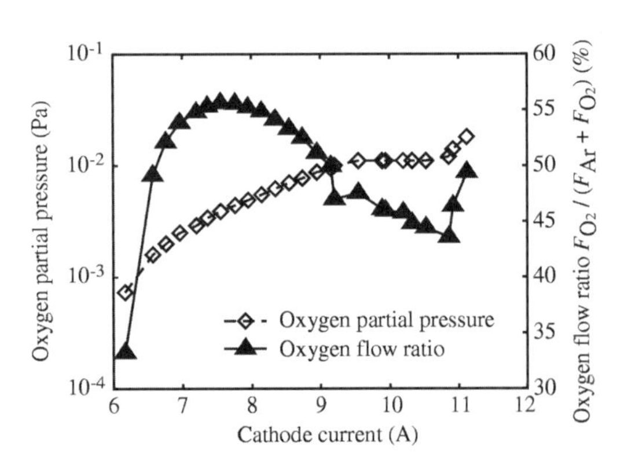

図7　PCUを使用した場合での，放電中の酸素分圧，あるいは酸素流量比のカソード電流依存性

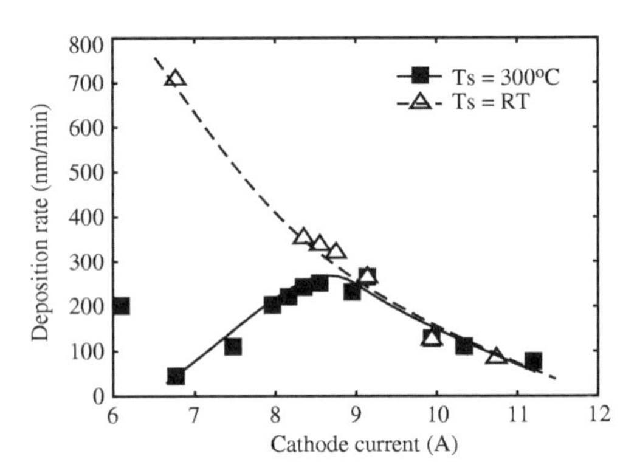

図8　成膜速度のカソード電流依存性

対応しているので，電流値は不安定な遷移領域におけるプロセスの安定な制御に使えると言える。反対にO_2流量比は遷移領域においてカソード電流値に対して異なる3点の値を持っているためO_2流量はこの領域でのプロセスの安定化のための信号には使用できない。なお，この図から本実験での遷移領域はカソード電流値で約6.5～11.5Aの範囲である。

図8に成膜速度とカソード電流の関係を示す。この図から明らかなように，成膜速度はカソード電流に対して単調に変化した。カソード電流が9A以下の低い範囲で，基板温度300℃で作製した膜に関して無加熱基板上に作製した膜と比較して成膜速度の低下が観測された。これは発光強度制御法でスパッタした場合と同様，Znの高い蒸気圧で説明できる[21]。

その他，膜の電気的，光学的特性，構造は，発光強度制御法により作製した膜とほぼ同等であった。

4.4.4　ユニポーラパルススパッタ法

バイポーラでパルスを用いるDMSによる反応性スパッタ成膜は，これまで解説してきたような圧倒的なメリットがある。しかし，二つのカソードを用いるため成膜システムが複雑で高価になりやすく，また，既存のインラインスパッタ装置やウエッブコーター（ポリマーフィルム上へRoll to Rollで成膜できるシステム）に設置する場合にカソードのサイズが大きいために大幅な改造が必要となってしまう。そこで，これらのシステムをさらに進化させたユニポーラのパルス法が開発された。このシステムではアノードに絶縁物が堆積しない様に，隠れた位置にアノードを巧妙に設置し（hidden anode），放電における電子の逃げ道が常に確保されるように工夫されている（図2）。単一のカソードで電圧のオン・オフを切り換えるのであるが，アーキングの発生率は通常のDCスパッタリングと比較して1/100と，バイポーラモードと比較するとやや劣るが[5]，1周期中のパルスオンの時間(duty cycle）が上げられるため成膜速度の向上が図れ，また基板への熱負荷が小さい[6]などのメリットがある。また，通常のカソードとサイズが近いため，既存のスパッタ成膜装置に比較的簡単に設置することができる。

ユニポーラパルススパッタシステムにおいて，プラズマ発光強度制御法を用いて遷移領域内でAZOを成膜した場合の酸素流量比$F_{O_2}/(F_{Ar}+F_{O_2})$と酸素の発光強度（777nm）の関係を図9に示す（ターゲットはDMSの場合と同じAl-Znの合金を使用している）。このようにユニポーラの場合でも遷移域内での安定成膜が可能である。基板温度が無加熱，200℃で成膜したAZOの電気特性の酸素発光強度（OEI: Optical Emission Intensity）依存性を図10に示す。このようにOEIが1.0～1.5Vの遷移領域内で膜の酸化度が変化し系統的に電気特性が変化することがわかる。さらに，インピーダンス制御法による成膜も行った。カソード電圧の酸素流量依存性を図11に示す。このようにインピーダンス制御法でも，遷移領域内で安定成膜を行うことが可能である。これらの膜はX線回折によりC軸配向をしたウルツ鉱型ZnOの多結晶であった（図12）。こ

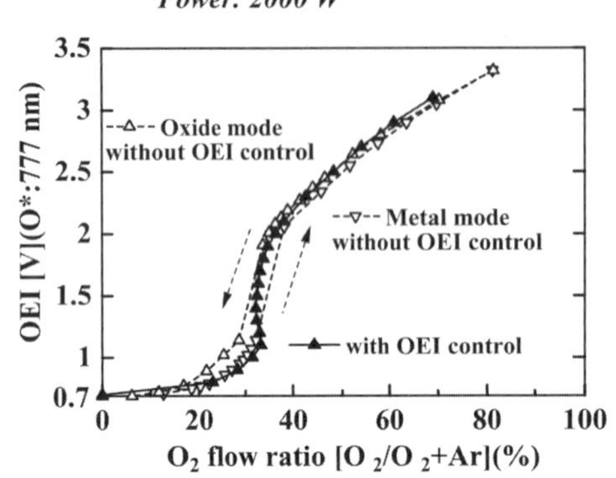

図9　ユニポーラパルススパッタシステムにおいて，プラズマ発光強度制御法を用いて遷移領域内でAZOを成膜した場合の酸素発光強度（O*：777nm）の酸素流量比$F_{O_2}/(F_{Ar}+F_{O_2})$依存性

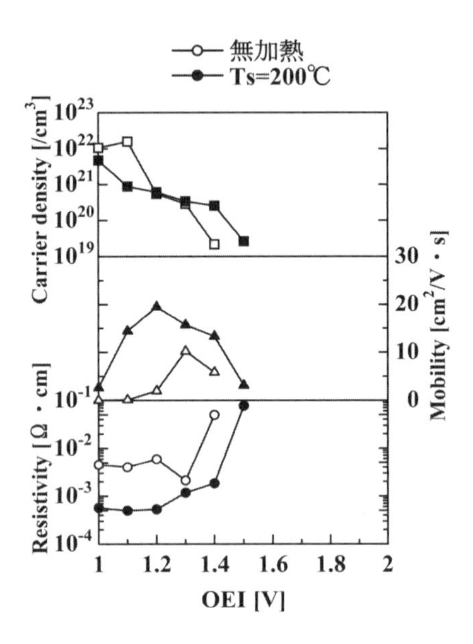

図10　ユニポーラパルススパッタシステムにおいて，プラズマ発光強度制御法を用いて遷移領域内で成膜したAZOの電気特性

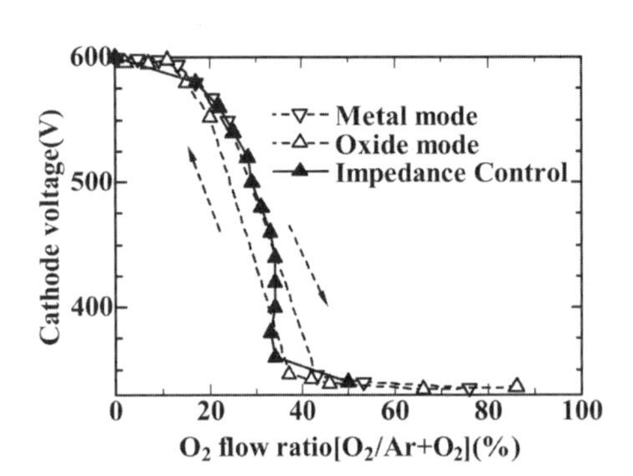

図11　ユニポーラパルススパッタシステムにおいて，インピーダンス制御法を用いて遷移領域で放電した場合の，カソード電圧の酸素流量比依存性

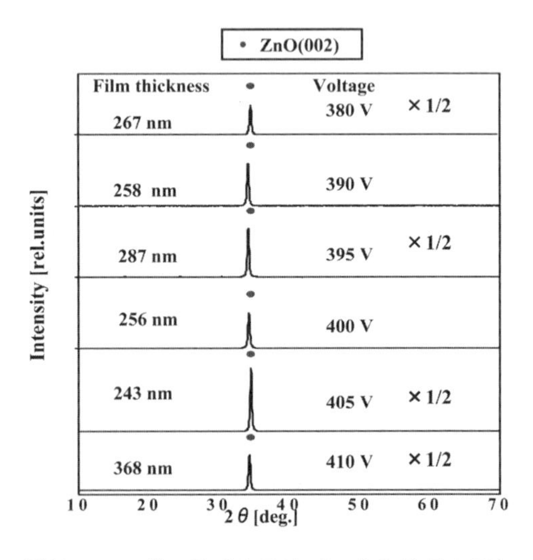

図12　ユニポーラパルススパッタシステムにおいて，インピーダンス制御法を用いて遷移領域で成膜したAZO膜のXRDパターン

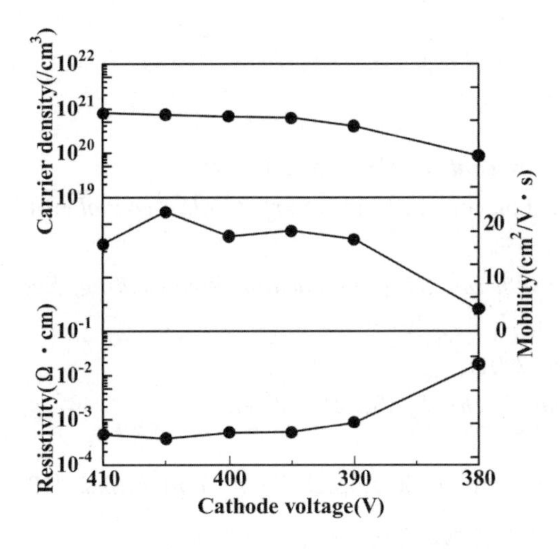

図13　ユニポーラパルススパッタシステムにおいて，インピーダンス制御法を用いて遷移領域で成膜したAZO膜の電気特性

れらのAZO膜の電気特性を図13に示す。

プラズマ発光制御法では，基板無加熱でOEI=1.3Vのとき，比抵抗2.1×10^{-3}Ωcm，成膜速度は235nm/minであった。また基板温度が200℃の場合はOEI=1.1Vのときに比抵抗5.0×10^{-4}Ωcmが得られた。さらに，インピーダンス制御法では，基板温度が無加熱の場合で比抵抗が1.4×10^{-3}ΩcmのAZO薄膜が247nm/minの成膜速度で得られており，高速成膜を実現した。また，基板温度が200℃では3.9×10^{-4}Ωcmの膜が得られた。これらの膜は可視光域で80%以上の透過率を示した。

4.5　まとめ

ターゲット表面の酸化により成膜速度や膜質がO_2流量比に対して急激に変化する遷移領域において，プラズマ発光強度制御法またはカソード電流値を利用するインピーダンス制御法により，安定かつ高い再現性で成膜ができた。Zn-Al金属ターゲットを使用したMF反応性デュアルカソードマグネトロンスパッタ法を用いて，比抵抗3.9×10^{-4}Ωcm，キャリア密度6.3×10^{20}/cm^3，ホール移動度25cm^2/(Vs)で透過率90%以上の透明導電性AZO薄膜が290nm/minの成膜速度で300℃のガラス基板上に得られた。高速成膜は，遷移領域で比較的高い成膜速度で成膜したこと，アーキングを抑える技術を導入して高電力を投入したことの二つによって達成された。膜の構造，電気特性は放電時のプラズマ発光強度またはカソード電流値の変化に従って系統的に変化した。反応性スパッタリングにおいて比抵抗の低いZnO系透明導電膜は遷移領域でのみ得られることが，実験的に明らかとなった。高品質の透明導電性AZO薄膜を反応性スパッタリングで得るためには，スパッタ成膜中，遷移領域においてO_2分圧を精密に制御することが重要である。これらの結果から明らかなように，成膜プロセスにおける発光強度制御法およびインピーダンス制御法は，化学量論組成比や結晶性を精密に制御して様々な透明導電膜を作製することを可能にし，またそれ故組成比に敏感な高品位の透明導電膜[10～12)]や光触媒薄膜[13,14)]の作製にも応用可能である。

さらに，単一カソードを用いるよりシンプルなユニポーラパルススパッタシステムにおいてもプラズマ発光制御法とインピーダンス制御法の両方が遷移領域内での高速安定成膜に有効であり，基板温度が無加熱で1.4×10^{-3}Ωcm，200℃では3.9×10^{-4}Ωcmの膜が再現性良く得られた。

文　　献

1) I. Safi, *Surf. Coat. Technol.,* **127**, 203 (2000)
2) J. Sellers, *Sputtering yield enhancement with arc control,* MKS Instrument
3) S. Schiller, K. Goedicke, J. Reschke, V. Kirchhoff and F. Milde, *Surf. Coat. Technol.,* **61**, 331 (1993)
4) S. Schiller, K. Goedicke and J. Reschke, *Proc. 8th Int. Conf. on Vacuum Web Coating, Las Vegas, Nevada* (1994)
5) 鈴木巧一，小島啓安，工業材料，**49** (5)，68 (2001)
6) H. Bartzsch, P. Frach, K. Goedicke, *Surf. Coat. Technol.,* **132**, 244 (2000)
7) J. Chapin, U. S. Patent 4166784 (1979)
8) S. Schiller, U. Heisig, G. Beister, K. Steinfelder and J. Strumpfel, *Thin Solid Films,* **118**, 255 (1984)
9) 今真人，重里有三，*J. Vac. Soc. Jpn.,* **47** (10), 727-733 (2004)
10) M. Kon, P. K. Song, Y. Shigesato, P. Frach, A. Mizukami and K.Suzuki, *Jpn. J. Appl. Phys.,* **41**, 814 (2002)
11) M. Kon, P. K. Song, Y. Shigesato, P. Frach, S. Ohno, K. Suzuki, *Jpn. J. Appl. Phys.,* **42**, 263 (2003)
12) S. Ohno, Y. Kawaguchi, A. Miyamura, Y. Sato, P. K. Song, M. Yoshikawa, P. Frach and Y. Shigesato, *Science and Technology of Advanced Materials,* **7**, 56 (2006)
13) S. Ohno, D. Sato, M. Kon, P. K. Song, Y. Shigesato, M. Yoshikawa, K. Suzuki and P. Frach, *Thin Solid Films,* **445**, 207 (2003)
14) S. Ohno, D. Sato, M. Kon, Y. Sato, M. Yoshikawa, P. Frach, Y. Shigesato, *Jpn. J. Appl. Phys.,* **43** (12), 8234 (2004)
15) S. Ohno, N. Takasawa, Y. Sato, M. Yoshikawa, K. Suzuki, P. Frach and Y. Shigesato, *Thin Solid Films,* **496**, 126 (2006)
16) S. Berg, T. Larsson, C. Nender and H.-O. Blom, *J. Appl. Phys.,* **63**, 887 (1988)
17) 小林春洋，細川直吉，「部品・デバイスのための薄膜技術入門」，第 4 章，p.155，総合電子出版，東京 (1992)
18) 小林春洋，「スパッタ薄膜」，第 5 章，p.61，日刊工業新聞，東京 (1993)
19) W. D. Sproul, M. E. Graham, M. S. Wong, S. Lopez, D. Li and R. A. Scholl, *J. Vac. Sci. & Technol. A,* **13**, 1189 (1995)
20) W. D. Sproul, P. J. Rudnik, C. A. Gogol and R. A. Mueller, *Surf. Coat. Technol.,* **39/40**, 499 (1989)
21) S. Jager, B. Szyszka, J. Szczyrbowski and G. Brauer, *Surf. Coat. Technol.,* **98**, 1304 (1998)
22) H. P. Klug and L. E. Alexander, *X-ray Diffraction Procedures for Polycrystalline and Amorphous Materials,* 2nd ed., Chap. 9, John Wiley & Sons, Inc., New York (1974)
23) K. C. Park, D. Y. Ma and K. H. Kim, *Thin Solid Films,* **305**, 201 (1997)

透明導電膜の新展開Ⅲ
―ITOとその代替材料開発の現状― 《普及版》 (B1116)

2008年3月7日 初 版 第1刷発行
2015年3月8日 普及版 第1刷発行

監 修 南 内嗣 Printed in Japan
発行者 辻 賢司
発行所 株式会社シーエムシー出版
東京都千代田区神田錦町 1-17-1
電話03 (3293) 7066
大阪市中央区内平野町 1-3-12
電話06 (4794) 8234
http://www.cmcbooks.co.jp/

〔印刷 株式会社遊文舎〕

ISBN978-4-7813-1009-1 C3054 ¥4800E